위험물기능장 실기 플래너

단기완성 1회독 합격 플랜

		한달 꼼꼼코스	2주 집중코스	일주일 속성코스
Part 1. 핵심요점	핵심요점 1~2	☐ DAY 1	☐ DAY 1	☐ DAY 1
	핵심요점 3	☐ DAY 2	☐ DAY 2	
	핵심요점 4~5	☐ DAY 3		
	핵심요점 6~7	☐ DAY 4	☐ DAY 3	
	핵심요점 8~9	☐ DAY 5		☐ DAY 2
	핵심요점 10	☐ DAY 6		
	핵심요점 11~12	☐ DAY 7	☐ DAY 4	
	핵심요점 13~15	☐ DAY 8		
	핵심요점 16~18	☐ DAY 9		
	핵심요점 19~21	☐ DAY 10	☐ DAY 5	
	핵심요점 22~24	☐ DAY 11		☐ DAY 3
	핵심요점 25~27	☐ DAY 12		
	핵심요점 28~29	☐ DAY 13	☐ DAY 6	
	핵심요점 30~32	☐ DAY 14		
	핵심요점 33~35	☐ DAY 15		
Part 2. 과년도 출제문제	2011년 제49~50회 위험물기능장 실기	☐ DAY 16	☐ DAY 7	
	2012년 제51~52회 위험물기능장 실기	☐ DAY 17		☐ DAY 4
	2013년 제53~54회 위험물기능장 실기	☐ DAY 18		
	2014년 제55~56회 위험물기능장 실기	☐ DAY 19	☐ DAY 8	
	2015년 제57~58회 위험물기능장 실기	☐ DAY 20		
	2016년 제59~60회 위험물기능장 실기	☐ DAY 21		
	2017년 제61~62회 위험물기능장 실기	☐ DAY 22	☐ DAY 9	
	2018년 제63~64회 위험물기능장 실기	☐ DAY 23		
	2019년 제65~66회 위험물기능장 실기	☐ DAY 24	☐ DAY 10	☐ DAY 5
	2020년 제67~68회 위험물기능장 실기	☐ DAY 25		
	2021년 제69~70회 위험물기능장 실기	☐ DAY 26	☐ DAY 11	
	2022년 제71~72회 위험물기능장 실기	☐ DAY 27		
	2023년 제73~74회 위험물기능장 실기	☐ DAY 28	☐ DAY 12	☐ DAY 6
	2024년 제75~76회 위험물기능장 실기	☐ DAY 29	☐ DAY 13	
복습	핵심요점 복습	☐ DAY 30	☐ DAY 14	☐ DAY 7

KB197631

유일무이 나만의 합격 플랜

나만의 합격코스

				1회독	2회독	3회독
Part 1. 핵심요점	핵심요점 1~2	월	일	☐	☐	☐
	핵심요점 3	월	일	☐	☐	☐
	핵심요점 4~5	월	일	☐	☐	☐
	핵심요점 6~7	월	일	☐	☐	☐
	핵심요점 8~9	월	일	☐	☐	☐
	핵심요점 10	월	일	☐	☐	☐
	핵심요점 11~12	월	일	☐	☐	☐
	핵심요점 13~15	월	일	☐	☐	☐
	핵심요점 16~18	월	일	☐	☐	☐
	핵심요점 19~21	월	일	☐	☐	☐
	핵심요점 22~24	월	일	☐	☐	☐
	핵심요점 25~27	월	일	☐	☐	☐
	핵심요점 28~29	월	일	☐	☐	☐
	핵심요점 30~32	월	일	☐	☐	☐
	핵심요점 33~35	월	일	☐	☐	☐
Part 2. 과년도 출제문제	2011년 제49~50회 위험물기능장 실기	월	일	☐	☐	☐
	2012년 제51~52회 위험물기능장 실기	월	일	☐	☐	☐
	2013년 제53~54회 위험물기능장 실기	월	일	☐	☐	☐
	2014년 제55~56회 위험물기능장 실기	월	일	☐	☐	☐
	2015년 제57~58회 위험물기능장 실기	월	일	☐	☐	☐
	2016년 제59~60회 위험물기능장 실기	월	일	☐	☐	☐
	2017년 제61~62회 위험물기능장 실기	월	일	☐	☐	☐
	2018년 제63~64회 위험물기능장 실기	월	일	☐	☐	☐
	2019년 제65~66회 위험물기능장 실기	월	일	☐	☐	☐
	2020년 제67~68회 위험물기능장 실기	월	일	☐	☐	☐
	2021년 제69~70회 위험물기능장 실기	월	일	☐	☐	☐
	2022년 제71~72회 위험물기능장 실기	월	일	☐	☐	☐
	2023년 제73~74회 위험물기능장 실기	월	일	☐	☐	☐
	2024년 제75~76회 위험물기능장 실기	월	일	☐	☐	☐
복습	핵심요점 복습	월	일	☐	☐	☐

더 플러스

더 쉽게 더 빠르게 합격 플러스

위험물기능장

실기

공학박사 현성호 지음

BM (주)도서출판 성안당

■ 도서 A/S 안내

고도의 산업화와 과학기술의 발전으로 현대사회는 화학물질 및 위험물의 종류가 다양해졌고 사용량의 증가로 인한 안전사고도 증가되어 많은 인명 및 재산상의 손실이 발생하고 있다. 특히, 최근 5년간 위험물제조소 등의 화재발생 누적 건수를 살펴 본 결과 주유취급소와 제조소에서의 화재 건수가 50%를 넘게 차지하였다. 위험물은 사용자의 잘못된 상식 및 부주의로 인하여 큰 사고로 이어질 수 있지만 현대산업사회에서의 사용은 불가피한 실정인데, 제대로 이해하여 바로 알고 사용한다면 매우 유용하게 사용될 수 있다.

본 교재는 물질의 본질 및 위험물의 성질, 조성, 구조를 실기시험에 대비하여 중요이론만 선별하여 핵심요점으로 수록하였으며, 위험물기능장 필기시험에 합격한 수험생이 실기시험을 한 번에 합격할 수 있도록 최근 10년간 출제경향 및 출제기준을 철저히 분석·연구하여 수험준비에 도움이 되도록 하였다. 또한 제4류 위험물의 물리 화학적 특성치는 국가위험물정보센터의 자료를 반영하여 수험생들의 혼란을 줄이고자 하였으며, 특히 위험물의 성질 및 취급과 관련하여 동영상을 QR코드로 탑재하였으니 학습하는 데 많은 도움이 될 것이라 생각한다.

본 교재의 특징은 다음과 같다.
1. 새롭게 바뀐 한국산업인력공단의 출제기준에 맞게 교재를 구성하였다.
2. 최근 10년간 출제된 문제들에 대한 분석 및 연구를 통해 핵심요점을 정리하였다.
3. QR코드를 통한 무료 동영상강의를 제공한다.

저자는 위험물 학문에 대한 오랜 강의 경험을 통하여 이해하기 쉽게 체계적으로 집필하고자 하였다. 특히 실기시험의 경우 해가 바뀔수록 어느 한 분야에 집중되는 것이 아니라 출제범위 전체에 걸쳐 골고루 출제되는 경향이 있어 가급적 고득점 취득이 가능한 분야를 집중적으로 학습할 수 있도록 편집하고자 하였다. 또한 본 교재로 위험물 분야에 대한 전문지식 및 숙련기능을 습득할 수 있는 지식을 배양하며 산업현장에서 위험물 및 소방시설 점검 등을 수행할 수 있는 능력을 갖출 수 있도록 하였다.

최근에는 국민의 안전을 위협하는 부분에 대해 정부의 규제가 강화될 움직임이 보이고 있다. 따라서 한번 사고가 나면 대형화재로 이어질 수 있는 위험물에 대한 각종 등록기준이 강화될 것으로 예측된다.

정성을 다하여 교재를 만들었지만 오류가 많을까 걱정된다. 본 교재 내용의 오류부분에 대해서는 여러분의 지적을 바라며, shhyun063@hanmail.net으로 알려주시면 다음 개정판 때 보다 정확성 있는 교재로 거듭날 것을 약속드리면서 위험물기능장 자격증을 준비하는 수험생들의 합격을 기원한다.

마지막으로 본서가 출간되도록 많은 지원을 해 주신 성안당 임직원 여러분께 감사의 말씀을 드린다.

저자 현성호

<위험물기능장 시험정보 안내>

✦ 자격명 : 위험물기능장(Master Craftsman Hazardous material)
✦ 관련부처 : 소방청
✦ 시행기관 : 한국산업인력공단(q-net.or.kr)

1 기본정보

(1) 개요

위험물은 발화성, 인화성, 가연성, 폭발성 때문에 사소한 부주의에도 커다란 재해를 가져올 수 있다. 또한 위험물의 용도가 다양해지고 제조시설도 대규모화되면서 생활공간과 가까이 설치되는 경우가 많아짐에 따라 위험물의 취급과 관리에 대한 안전성을 높이고자 자격제도가 제정되었다.

(2) 수행직무

위험물 관리 및 점검에 관한 최상급 숙련기능을 가지고 산업현장에서 작업관리, 위험물 취급 기능자의 지도 및 감독, 현장훈련, 경영층과 생산계층을 유기적으로 결합시켜 주는 현장의 중간관리 등의 업무를 수행한다.

(3) 진로 및 전망

위험물(제1류~제6류)의 제조·저장·취급 전문업체에 종사하거나 도료 제조, 고무 제조, 금속 제련, 유기합성물 제조, 염료 제조, 화장품 제조, 인쇄잉크 제조 업체 및 지정수량 이상의 위험물 취급 업체에 종사할 수 있으며, 일부는 소방직 공무원이나 위험물관리와 관련된 직업능력개발훈련 교사로 진출하기도 한다. 산업의 발전과 더불어 위험물은 그 종류가 다양해지고 범위도 확산추세에 있다. 특히 「소방법」상 1급 방화관리대상물의 방화관리자로 선임하도록 되어 있고 또 소방법으로 정한 위험물 제1류~제6류에 속하는 위험물 제조·저장·운반 시설업자 역시 위험물안전관리자로 자격증 취득자를 선임하도록 되어 있어 위험물을 안전하게 취급·관리하는 전문가의 수요는 꾸준할 전망이다.

(4) 연도별 검정현황

연도	필기			실기		
	응시	합격	합격률	응시	합격	합격률
2023년	7,531명	4,516명	60%	6,725명	3,305명	49.1%
2022년	5,275명	3,244명	61.5%	4,972명	1,739명	35%
2021년	5,799명	3,510명	60.5%	5,161명	1,966명	38.1%
2020년	4,839명	3,086명	63.8%	4,873명	2,580명	52.9%
2019년	5,258명	3,211명	61.1%	5,321명	1,445명	27.2%
2018년	4,575명	2,321명	50.7%	3,253명	1,452명	44.6%

❷ 응시자격 및 취득방법

(1) 응시자격

① 응시하려는 종목이 속하는 동일 및 유사 직무분야의 산업기사 또는 기능사 자격을 취득한 후 「근로자직업능력 개발법」에 따라 설립된 기능대학의 기능장 과정을 마친 이수자 또는 그 이수예정자

② 산업기사 등급 이상의 자격을 취득한 후 응시하려는 종목이 속하는 동일 및 유사 직무분야에서 5년 이상 실무에 종사한 사람

③ 기능사 자격을 취득한 후 응시하려는 종목이 속하는 동일 및 유사 직무분야에서 7년 이상 실무에 종사한 사람

④ 응시하려는 종목이 속하는 동일 및 유사 직무분야에서 9년 이상 실무에 종사한 사람

⑤ 응시하려는 종목이 속하는 동일 및 유사직무분야의 다른 종목의 기능장 등급의 자격을 취득한 사람

⑥ 외국에서 동일한 종목에 해당하는 자격을 취득한 사람

※ 관련학과 : 산업안전, 산업안전시스템, 화학공업, 화학공학 등 관련학과 또는 공공 직업훈련원, 정부 직업훈련원, 시도 직업훈련원, 사업체내 직업훈련원의 과정 등

※ 동일직무분야 : 경영·회계·사무 중 생산관리, 광업자원 중 채광, 기계, 재료, 섬유·의복, 안전관리, 환경·에너지

(2) 취득방법

① 시험과목

• 필기 – 화재 이론, 위험물의 제조소 등의 위험물안전관리 및 공업경영에 관한 사항

• 실기 – 위험물취급 실무

② 검정방법

• 필기 – 4지 택일형, 객관식 60문항(1시간)

• 실기 – 필답형(2시간)

③ 합격기준

• 필기 – 100점을 만점으로 하여 60점 이상

• 실기 – 100점을 만점으로 하여 60점 이상

★ 위험물기능장은 1년에 2회의 시험이 시행됩니다. 자세한 시험일정과 원서접수에 관한 사항은 한국산업인력공단에서 운영하는 국가기술자격 사이트인 큐넷(q-net.or.kr)을 참고해 주시기 바랍니다. ★

③ 자격증 취득과정

(1) 원서 접수 유의사항

① 원서 접수는 온라인(인터넷, 모바일앱)에서만 가능하다.

(스마트폰, 태블릿 PC 사용자는 모바일앱 프로그램을 설치한 후 접수 및 취소/환불 서비스를 이용할 수 있다.)

② 원서 접수 확인 및 수험표 출력기간은 접수 당일부터 시험 시행일까지이다.

(이외 기간에는 조회가 불가하며, 출력장애 등을 대비하여 사전에 출력하여 보관하여야 한다.)

③ 원서 접수 시 반명함 사진 등록이 필요하다.

(사진은 6개월 이내 촬영한 3.5cm×4.5cm 컬러사진으로, 상반신 정면, 탈모, 무 배경 을 원칙으로 한다.)

※ 접수 불가능 사진 : 스냅사진, 스티커사진, 측면사진, 모자 및 선글라스 착용 사진, 혼란한 배경사진, 기타 신분확인이 불가한 사진

STEP 01	STEP 02	STEP 03	STEP 04
필기시험 원서 접수	필기시험 응시	필기시험 합격자 확인	실기시험 원서 접수

• 필기시험은 온라인 접수만 가능 • Q-net(q-net.or.kr) 사이트 회원가입 및 응시자격 자가진단 확인 후 접수 진행	• 입실시간 미준수 시 시험 응시 불가 (시험 시작 20분 전까지 입실) • 수험표, 신분증, 필기구 지참 (공학용 계산기 지참 시 반드시 포맷)	• 문자메시지, SNS 메신저를 통해 합격 통보 (합격자만 통보) • Q-net 사이트 또는 ARS(1666-0100)를 통해서 확인 가능 • CBT 형식으로 시행되므로 시험 완료 즉시 합격 여부 확인 가능	• Q-net 사이트에서 원서 접수 • 응시자격서류 제출 후 심사에 합격 처리된 사람에 한하여 원서 접수 가능 (응시자격서류 미제출 시 필기시험 합격예정 무효)

(2) 시험문제와 가답안 공개

① 필기

위험물기능장 필기는 CBT(Computer Based Test)로 시행되므로 시험문제와 가답안은 공개되지 않는다.

② 실기

필답형 실기시험 시 특별한 시설과 장비가 필요하지 않고 시험장만 있으면 시험을 치를 수 있기 때문에 전 수험자를 대상으로 토요일 또는 일요일에 검정을 시행하고 있으며, 시험 종료 후 본인 문제지를 가지고 갈 수 없으며 별도로 시험문제지 및 가답안은 공개하지 않는다.

STEP 05	STEP 06	STEP 07	STEP 08
실기시험 응시	실기시험 합격자 확인	자격증 교부 신청	자격증 수령
• 수험표, 신분증, 필기구, 공학용 계산기, 종목별 수험자 준비물 지참 (공학용 계산기는 허용된 종류에 한하여 사용 가능하며, 지참 시 반드시 포맷)	• 문자메시지, SNS 메신저를 통해 합격 통보 (합격자만 통보) • Q-net 사이트 또는 ARS(1666-0100)를 통해서 확인 가능	• Q-net 사이트에서 신청 가능 • 상장형 자격증, 수첩형 자격증 형식 신청 가능	• 상장형 자격증은 합격자 발표 당일부터 인터넷으로 발급 가능 (직접 출력하여 사용) • 수첩형 자격증은 인터넷 신청 후 우편 수령만 가능

<NCS(국가직무능력표준) 기반 위험물기능장>

1 국가직무능력표준(NCS)이란?

국가직무능력표준(NCS, National Competency Standards)은 산업현장에서 직무를 행하기 위해 요구되는 지식·기술·태도 등의 내용을 국가가 체계화한 것이다.

(1) 국가직무능력표준(NCS) 개념도

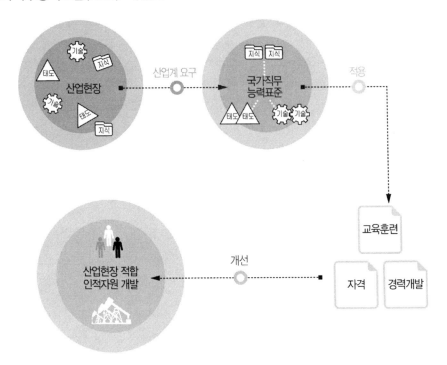

〈**직무능력**〉

능력=직업기초능력+직무수행능력

① **직업기초능력** : 직업인으로서 기본적으로 갖추어야 할 공통능력

② **직무수행능력** : 해당 직무를 수행하는 데 필요한 역량(지식, 기술, 태도)

〈**보다 효율적이고 현실적인 대안 마련**〉

① 실무 중심의 교육·훈련 과정 개편
② 국가자격의 종목 신설 및 재설계
③ 산업현장 직무에 맞게 자격시험 전면 개편
④ NCS 채용을 통한 기업의 능력중심 인사관리 및 근로자의 평생경력 개발·관리·지원

(2) 학습모듈의 개념

국가직무능력표준(NCS)이 현장의 '직무 요구서'라고 한다면, NCS 학습모듈은 NCS 능력단위를 교육훈련에서 학습할 수 있도록 구성한 '교수·학습 자료'이다.

NCS 학습모듈은 구체적 직무를 학습할 수 있도록 이론 및 실습과 관련된 내용을 상세하게 제시하고 있다.

2 국가직무능력표준(NCS)이 왜 필요한가?

능력 있는 인재를 개발해 핵심 인프라를 구축하고, 나아가 국가경쟁력을 향상시키기 위해 국가직무능력표준이 필요하다.

(1) 국가직무능력표준(NCS) 적용 전/후

🔍 지금은,
- 직업 교육 · 훈련 및 자격제도가 산업현장과 불일치
- 인적자원의 비효율적 관리 운용

국가직무 능력표준 →

⊕ 바뀝니다.
- 각각 따로 운영되었던 교육 · 훈련, 국가직무능력표준 중심 시스템으로 전환(일-교육 · 훈련-자격 연계)
- 산업현장 직무 중심의 인적자원 개발
- 능력중심사회 구현을 위한 핵심 인프라 구축
- 고용과 평생 직업능력개발 연계를 통한 국가경쟁력 향상

(2) 국가직무능력표준(NCS) 활용범위

기업체
Corporation

교육훈련기관
Education and training

자격시험기관
Qualification

- 현장 수요 기반의 인력 채용 및 인사관리 기준
- 근로자 경력개발
- 직무기술서

- 직업교육 훈련과정 개발
- 교수계획 및 매체, 교재 개발
- 훈련기준 개발

- 자격종목의 신설 · 통합 · 폐지
- 출제기준 개발 및 개정
- 시험문항 및 평가방법

★ 좀 더 자세한 내용에 대해서는  국가직무능력표준 National Competency Standards 홈페이지(ncs.go.kr)를 참고해 주시기 바랍니다. ★

< 실기 출제기준 >

직무분야	화학	중직무분야	위험물	자격종목	위험물기능장

• 직무 내용

위험물의 저장 · 취급 및 운반과 이에 따른 안전관리와 제조소 등의 설계 · 시공 · 점검을 수행하고, 현장 위험물 안전관리에 종사하는 자 등을 지도 · 감독하며, 화재 등의 재난이 발생한 경우 응급조치 등의 총괄 업무를 수행하는 직무이다.

• 수행 준거

1. 위험물 성상에 대한 전문지식 및 숙련기능을 가지고 작업을 할 수 있다.
2. 위험물 화재 등의 재난 예방을 위한 안전조치 및 사고 시 대응조치를 할 수 있다.
3. 산업현장에서 위험물시설 점검 등을 수행할 수 있다.
4. 위험물 관련 법규에 대한 전반적 사항을 적용하여 작업을 수행할 수 있다.
5. 위험물 운송 · 운반에 대한 전문지식 및 숙련기능을 가지고 작업을 수행할 수 있다.
6. 위험물 안전관리에 종사하는 자를 지도, 감독 및 현장 훈련을 수행할 수 있다.
7. 위험물 업무 관련하여 경영자와 기능 인력을 유기적으로 연계시켜 주는 작업 등 현장관리 업무를 수행할 수 있다.

실기 검정방법	필답형	시험시간	2시간

[실기 과목명] 위험물 취급 실무　　　　　　　　　　　　　• 적용기간 : 2021. 1. 1.~2024. 12. 31.

주요 항목	세부 항목	세세 항목
1. 위험물 성상	(1) 위험물의 유별 특성을 파악하고 취급하기	① 제1류 위험물 특성을 파악하고 취급할 수 있다. ② 제2류 위험물 특성을 파악하고 취급할 수 있다. ③ 제3류 위험물 특성을 파악하고 취급할 수 있다. ④ 제4류 위험물 특성을 파악하고 취급할 수 있다. ⑤ 제5류 위험물 특성을 파악하고 취급할 수 있다. ⑥ 제6류 위험물 특성을 파악하고 취급할 수 있다.
	(2) 화재와 소화 이론 파악하기	① 위험물의 인화, 발화, 연소범위 및 폭발 등의 특성을 파악할 수 있다. ② 화재의 종류와 소화이론에 관한 사항을 파악할 수 있다. ③ 일반화학에 관한 사항을 파악할 수 있다.
2. 위험물 소화 및 화재, 폭발 예방	위험물의 소화 및 화재, 폭발 예방하기	① 적응소화제 및 소화설비를 파악하여 적용할 수 있다. ② 화재예방법 및 경보설비 사용법을 이해하여 적용할 수 있다. ③ 폭발 방지 및 안전장치를 이해하여 적용할 수 있다. ④ 위험물제조소 등의 소방시설 설치, 점검 및 사용을 할 수 있다.
3. 시설 및 저장 · 취급	(1) 위험물의 시설 및 저장 · 취급에 대한 사항 파악하기	① 유별을 달리하는 위험물 재해발생 방지와 적재방법을 설명할 수 있다. ② 위험물제조소 등의 위치, 구조 및 설비를 파악할 수 있다. ③ 위험물제조소 등의 위치, 구조 및 설비에 대한 기준을 파악할 수 있다. ④ 위험물제조소 등의 소화설비, 경보설비 및 피난설비에 대한 기준을 파악할 수 있다.

주요 항목	세부 항목	세세 항목
	(2) 설계 및 시공하기	① 위험물제조소 등의 소방시설 설치 및 사용방법을 파악할 수 있다. ② 위험물제조소 등의 저장·취급 시설의 사고 예방 대책을 수립할 수 있다. ③ 위험물제조소 등의 설계 및 시공을 이해할 수 있다.
4. 관련 법규 적용	(1) 위험물제조소 등 허가 및 안전관리법규 적용하기	① 위험물제조소 등과 관련된 안전관리법규를 검토하여 허가, 완공 절차 및 안전기준을 파악할 수 있다. ② 위험물안전관리법규의 벌칙규정을 파악하고 준수할 수 있다.
	(2) 위험물제조소 등 관리	① 예방규정 작성에 대해 파악할 수 있다. ② 위험물시설의 일반점검표 작성에 대해 파악할 수 있다.
5. 위험물 운송·운반 기준 파악	(1) 운송·운반 기준 파악하기	① 운송기준을 검토하여 운송 시 준수사항을 확인할 수 있다. ② 운반기준을 검토하여 적합한 운반용기를 선정할 수 있다. ③ 운반기준을 검토하여 적합한 적재방법을 선정할 수 있다. ④ 운반기준을 검토하여 적합한 운반방법을 선정할 수 있다. ⑤ 국제기준을 검토하여 국내법과 비교 설명할 수 있다.
	(2) 운송시설의 위치·구조·설비 기준 파악하기	① 이동탱크저장소의 위치기준을 검토하여 위험물을 안전하게 관리할 수 있다. ② 이동탱크저장소의 구조기준을 검토하여 위험물을 안전하게 운송할 수 있다. ③ 이동탱크저장소의 설비기준을 검토하여 위험물을 안전하게 운송할 수 있다. ④ 이동탱크저장소의 특례기준을 검토하여 위험물을 안전하게 운송할 수 있다.
	(3) 운반시설 파악하기	① 위험물 운반시설(차량 등)의 종류를 분류하여 안전하게 운반을 할 수 있다. ② 위험물 운반시설(차량 등)의 구조를 검토하여 안전하게 운반할 수 있다.
6. 위험물 운송·운반 관리	운송·운반 안전조치하기	① 입·출하 차량 동선, 주정차, 통제 관련 규정을 파악하고 적용하여 운송·운반 안전조치를 취할 수 있다. ② 입·출하 작업 전에 수행해야 할 안전조치사항을 파악하고 적용하여 운송·운반 안전조치를 취할 수 있다. ③ 입·출하 작업 중 수행해야 할 안전조치사항을 파악하고 적용하여 운송·운반 안전조치를 취할 수 있다. ④ 사전 비상대응 매뉴얼을 파악하여 운송·운반 안전조치를 취할 수 있다.

Part 1 | 핵심요점

Part 2 | 과년도 출제문제

표준 주기율표
(Periodic Table of The Elements)

표기법:
원자 번호
기호
원소명(국문)
원소명(영문)
일반 원자량
표준 원자량

1	2	3	4	5	6	7	8	9	10	11	12	13	14	15	16	17	18
1 **H** 수소 hydrogen 1.008 [1.00078, 1.0082]																	2 **He** 헬륨 helium 4.0026
3 **Li** 리튬 lithium 6.94 [6.938, 6.997]	4 **Be** 베릴륨 beryllium 9.0122											5 **B** 붕소 boron 10.81 [10.806, 10.821]	6 **C** 탄소 carbon 12.011 [12.009, 12.012]	7 **N** 질소 nitrogen 14.007 [14.006, 14.008]	8 **O** 산소 oxygen 15.999 [15.999, 16.000]	9 **F** 플루오린 fluorine 18.998	10 **Ne** 네온 neon 20.180
11 **Na** 소듐 sodium 22.990	12 **Mg** 마그네슘 magnesium 24.305 [24.304, 24.307]											13 **Al** 알루미늄 aluminium 26.982	14 **Si** 규소 silicon 28.085 [28.084, 28.086]	15 **P** 인 phosphorus 30.974	16 **S** 황 sulfur 32.06 [32.059, 32.076]	17 **Cl** 염소 chlorine 35.45 [35.446, 35.457]	18 **Ar** 아르곤 argon 39.95 [39.792, 39.963]
19 **K** 포타슘 potassium 39.098	20 **Ca** 칼슘 calcium 40.078(4)	21 **Sc** 스칸듐 scandium 44.956	22 **Ti** 타이타늄 titanium 47.867	23 **V** 바나듐 vanadium 50.942	24 **Cr** 크로뮴 chromium 51.996	25 **Mn** 망가니즈 manganese 54.938	26 **Fe** 철 iron 55.845(2)	27 **Co** 코발트 cobalt 58.933	28 **Ni** 니켈 nickel 58.693	29 **Cu** 구리 copper 63.546(3)	30 **Zn** 아연 zinc 65.38(2)	31 **Ga** 갈륨 gallium 69.723	32 **Ge** 저마늄 germanium 72.630(8)	33 **As** 비소 arsenic 74.922	34 **Se** 셀레늄 selenium 78.971(8)	35 **Br** 브로민 bromine 79.904 [79.901, 79.907]	36 **Kr** 크립톤 krypton 83.798(2)
37 **Rb** 루비듐 rubidium 85.468	38 **Sr** 스트론튬 strontium 87.62	39 **Y** 이트륨 yttrium 88.906	40 **Zr** 지르코늄 zirconium 91.224(2)	41 **Nb** 나이오븀 niobium 92.906	42 **Mo** 몰리브데넘 molybdenum 95.95	43 **Tc** 테크네튬 technetium	44 **Ru** 루테늄 ruthenium 101.07(2)	45 **Rh** 로듐 rhodium 102.91	46 **Pd** 팔라듐 palladium 106.42	47 **Ag** 은 silver 107.87	48 **Cd** 카드뮴 cadmium 112.41	49 **In** 인듐 indium 114.82	50 **Sn** 주석 tin 118.71	51 **Sb** 안티모니 antimony 121.76	52 **Te** 텔루륨 tellurium 127.60(3)	53 **I** 아이오딘 iodine 126.90	54 **Xe** 제논 xenon 131.29
55 **Cs** 세슘 caesium 132.91	56 **Ba** 바륨 barium 137.33	57-71 란타넘족 lanthanoids	72 **Hf** 하프늄 hafnium 178.49(2)	73 **Ta** 탄탈럼 tantalum 180.95	74 **W** 텅스텐 tungsten 183.84	75 **Re** 레늄 rhenium 186.21	76 **Os** 오스뮴 osmium 190.23(3)	77 **Ir** 이리듐 iridium 192.22	78 **Pt** 백금 platinum 195.08	79 **Au** 금 gold 196.97	80 **Hg** 수은 mercury 200.59	81 **Tl** 탈륨 thallium 204.38 [204.38, 204.39]	82 **Pb** 납 lead 207.2	83 **Bi** 비스무트 bismuth 208.98	84 **Po** 폴로늄 polonium	85 **At** 아스타틴 astatine	86 **Rn** 라돈 radon
87 **Fr** 프랑슘 francium	88 **Ra** 라듐 radium	89-103 악티늄족 actinoids	104 **Rf** 러더포듐 rutherfordium	105 **Db** 더브늄 dubnium	106 **Sg** 시보귬 seaborgium	107 **Bh** 보륨 bohrium	108 **Hs** 하슘 hassium	109 **Mt** 마이트너륨 meitnerium	110 **Ds** 다름슈타튬 darmstadtium	111 **Rg** 뢴트게늄 roentgenium	112 **Cn** 코페르니슘 copernicium	113 **Nh** 니호늄 nihonium	114 **Fl** 플레로븀 flerovium	115 **Mc** 모스코븀 moscovium	116 **Lv** 리버모륨 livermorium	117 **Ts** 테네신 tennessine	118 **Og** 오가네손 oganesson

란타넘족 lanthanoids:

57	58	59	60	61	62	63	64	65	66	67	68	69	70	71
La 란타넘 lanthanum 138.91	**Ce** 세륨 cerium 140.12	**Pr** 프라세오디뮴 praseodymium 140.91	**Nd** 네오디뮴 neodymium 144.24	**Pm** 프로메튬 promethium	**Sm** 사마륨 samarium 150.36(2)	**Eu** 유로퓸 europium 151.96	**Gd** 가돌리늄 gadolinium 157.25(3)	**Tb** 터븀 terbium 158.93	**Dy** 디스프로슘 dysprosium 162.50	**Ho** 홀뮴 holmium 164.93	**Er** 어븀 erbium 167.26	**Tm** 툴륨 thulium 168.93	**Yb** 이터븀 ytterbium 173.05	**Lu** 루테튬 lutetium 174.97

악티늄족 actinoids:

89	90	91	92	93	94	95	96	97	98	99	100	101	102	103
Ac 악티늄 actinium	**Th** 토륨 thorium 232.04	**Pa** 프로트악티늄 protactinium 231.04	**U** 우라늄 uranium 238.03	**Np** 넵투늄 neptunium	**Pu** 플루토늄 plutonium	**Am** 아메리슘 americium	**Cm** 퀴륨 curium	**Bk** 버클륨 berkelium	**Cf** 캘리포늄 californium	**Es** 아인슈타이늄 einsteinium	**Fm** 페르뮴 fermium	**Md** 멘델레븀 mendelevium	**No** 노벨륨 nobelium	**Lr** 로렌슘 lawrencium

* 표준 원자량은 2011년 IUPAC에서 결정한 새로운 형식을 따른 것으로 [ ] 안에 표시된 숫자는 2종류 이상의 안정한 동위원소가 존재하는 경우에 자각 시료에서 발견되는 자연 존재비의 분포를 고려한 표준 원자량의 범위를 나타낸 것임.

원소와 화합물 명명법 안내

이 책에 수록된 원소와 화합물의 이름은 대한화학회에서 규정한 명명법에 따라 표기하였습니다. 자격시험에서는 새 이름과 옛 이름을 혼용하여 출제하고 있으므로 모두 숙지해 두는 것이 좋습니다.

다음은 대한화학회(new.kcsnet.or.kr)에서 발표한 원소와 화합물 명명의 원칙과 변화의 주요 내용 및 위험물기능장을 공부하는 데 필요한 주요 원소의 변경사항을 정리한 것입니다. 학습에 참고하시기 바랍니다.

〈주요 접두사와 변경내용〉

접두사	새 이름	옛 이름
di –	다이 –	디 –
tri –	트라이 –	트리 –
bi –	바이 –	비 –
iso –	아이소 –	이소 –
cyclo –	사이클로 –	시클로 –

■ alkane, alkene, alkyne은 각각 "알케인", "알켄", "알카인"으로 표기한다.

예 methane   메테인
    ethane   에테인
    ethene   에텐
    ethyne   에타인

■ "-ane"과 "-an"은 각각 "-에인"과 "-안"으로 구별하여 표기한다.

예 heptane   헵테인
    furan   퓨란

■ 모음과 자음 사이의 r은 표기하지 않거나 앞의 모음에 ㄹ 받침으로 붙여 표기한다.

예 carboxylic acid   카복실산
    formic acid   폼산(또는 개미산)
    chloroform   클로로폼

■ "-er"은 "-ㅓ"로 표기한다.

예 ester   에스터
    ether   에터

■ "-ide"는 "-아이드"로 표기한다.

예 amide   아마이
    carbazide   카바자이드

- g 다음에 모음이 오는 경우에는 "ㅈ"으로 표기할 수 있다.

  예 halogen   할로젠

- hy-, cy-, xy-, ty- 는 각각 "하이-", "사이-", "자이-", "타이-"로 표기한다.

  예 hydride   하이드라이드

      cyanide   사이아나이드

      xylene   자일렌

      styrene   스타이렌

      aldehyde   알데하이드

- u는 일반적으로 "ㅜ"로 표기하지만, "ㅓ", 또는 "ㅠ"로 표기하는 경우도 있다.

  예 toluen   톨루엔

      sulfide   설파이드

      butane   뷰테인

- i는 일반적으로 "ㅣ"로 표기하지만, "ㅏ이"로 표기하는 경우도 있다.

  예 iso   아이소

      vinyl   바이닐

〈기타 주요 원소와 화합물〉

새 이름	옛 이름
나이트로 화합물	니트로 화합물
다이아조 화합물	디아조 화합물
다이크로뮴	중크롬산
망가니즈	망간
브로민	브롬
셀룰로스	셀룰로오스
아이오딘	요오드
옥테인	옥탄
저마늄	게르마늄
크레오소트	클레오소트
크로뮴	크롬
펜테인	펜탄
프로페인	프로판
플루오린	불소
황	유황

※ 나트륨은 소듐으로, 칼륨은 포타슘으로 개정되었지만, 「위험물안전관리법」에서 옛 이름을 그대로 표기하고 있으므로,
    나트륨과 칼륨은 변경 이름을 적용하지 않았습니다.

PART

1

위험물기능장 실기

핵심요점

위험물기능장 35개 핵심요점

Part 1. 핵심요점

위험물기능장 실기

1. 기초화학

무료강의

1 밀도	밀도$=\dfrac{질량}{부피}$ 또는 $\rho=\dfrac{M}{V}$
2 증기비중	**증기의 비중**$=\dfrac{증기의\ 분자량}{공기의\ 평균\ 분자량}=\dfrac{증기의\ 분자량}{28.84(또는\ 29)}$ ※ 액체 또는 고체의 비중$=\dfrac{물질의\ 밀도}{4℃\ 물의\ 밀도}=\dfrac{물질의\ 중량}{동일\ 체적\ 물의\ 중량}$
3 기체밀도	기체의 밀도$=\dfrac{분자량}{22.4}$ (g/L) (단, 0℃, 1기압)
4 열량	$Q=mc\Delta T$ 여기서, m : 질량, c : 비열, T : 온도
5 보일의 법칙	일정한 온도에서 일정량의 기체의 부피는 압력에 반비례한다. $PV=k$ $P_1V_1=P_2V_2$ (기체의 몰수와 온도는 일정)
6 샤를의 법칙	일정한 압력에서 일정량의 기체의 부피는 절대온도에 비례한다. $V=kT$ $\dfrac{V_1}{T_1}=\dfrac{V_2}{T_2}$ $[T(\mathrm{K})=t(℃)+273.15]$
7 보일-샤를의 법칙	일정량의 기체의 부피는 절대온도에 비례하고, 압력에 반비례한다. $\dfrac{P_1V_1}{T_1}=\dfrac{P_2V_2}{T_2}=\dfrac{PV}{T}=k$
8 이상기체의 상태방정식	$PV=nRT$ 여기서, P : 압력, V : 부피, n : 몰수, R : 기체상수, T : 절대온도 기체상수 $R=\dfrac{PV}{nT}$ $\qquad\quad=\dfrac{1\,\mathrm{atm}\times22.4\mathrm{L}}{1\,\mathrm{mol}\times(0℃+273.15)\mathrm{K}}$ (아보가드로의 법칙에 의해) $\qquad\quad=0.082\,\mathrm{L}\cdot\mathrm{atm/K}\cdot\mathrm{mol}$ 기체의 체적(부피) 결정 $PV=nRT$에서 몰수$(n)=\dfrac{질량(w)}{분자량(M)}$이므로, $PV=\dfrac{w}{M}RT$ $\therefore\ V=\dfrac{w}{PM}RT$

9 그레이엄의 확산법칙	같은 온도와 압력에서 두 기체의 분출속도는 그들 기체의 분자량의 제곱근에 반비례한다. $$\frac{V_A}{V_B} = \sqrt{\frac{M_B}{M_A}} = \sqrt{\frac{d_B}{d_A}}$$ 여기서, M_A, M_B : 기체 A, B의 분자량 d_A, d_B : 기체 A, B의 밀도
10 화학식 만들기와 명명법	① 분자식과 화합물의 명명법 $M^{\lvert+m\rvert}$⤬$N^{\lvert-n\rvert} = M_nN_m$ $\qquad$ $Al^{\lvert+3\rvert}$⤬$O^{\lvert-2\rvert} = Al_2O_3$ ② 라디칼(radical＝원자단) 화학변화 시 분해되지 않고 한 분자에서 다른 분자로 이동하는 원자의 집단 $Zn + H_2SO_4 \longrightarrow ZnSO_4 + H_2$ ㉮ 암모늄기 : NH_4^+ $\qquad$ ㉯ 수산기 : OH^- ㉰ 질산기 : NO_3^- $\qquad$ ㉱ 염소산기 : ClO_3^- ㉲ 과망가니즈산기 : MnO_4^- $\qquad$ ㉳ 황산기 : SO_4^{2-} ㉴ 탄산기 : CO_3^{2-} $\qquad$ ㉵ 크로뮴산기 : CrO_4^{2-} ㉶ 다이크로뮴산기 : $Cr_2O_7^{2-}$ $\qquad$ ㉷ 인산기 : PO_4^{3-} ㉸ 사이안산기 : CN^- $\qquad$ ㉹ 붕산기 : BO_3^{3-} ㉺ 아세트산기 : CH_3COO^-
11 산화수	① 산화수 : 산화·환원 정도를 나타내기 위해 원자의 양성, 음성 정도를 고려하여 결정된 수 ② 산화수 구하는 법 ㉮ 산화수를 구할 때 기준이 되는 원소는 다음과 같다. $\quad$ H＝+1, O＝-2, 1족＝+1, 2족＝+2 $\quad$ (예외 : H_2O_2에서는 산소 -1, OF_2에서는 산소 +2, NaH에서는 수소 -1) ㉯ 홑원소 물질에서 그 원자의 산화수는 0이다. $\quad$ 예 H_2, C, Cu, P_4, S, Cl_2 … 에서 $\quad$ H, C, Cu, P, S, Cl의 산화수는 0이다. ㉰ 이온의 산화수는 그 이온의 가수와 같다. $\quad$ 예 Cl^- : -1, Cu^{2+} : +2 $\quad$ SO_4^{2-}에서 S의 산화수 : $x+(-2)\times4=-2$ $\quad\qquad\qquad\qquad\qquad \therefore \ x=+6$ ㉱ 중성 화합물에서 그 화합물을 구성하는 각 원자의 산화수의 합은 0이다. $\quad$ 예 $K\underline{Mn}O_4 \rightarrow (+1)+x+(-2)\times4=0$ $\quad\qquad\qquad\qquad \therefore \ x=+7$ $\quad$ $\underline{Mn}O_2^- \rightarrow x+(-2)\times2=-1$ $\quad\qquad\qquad\qquad \therefore \ x=+3$

⑫ 산화수와 산화, 환원	① 산화 : 산화수가 증가하는 반응 　　　　(전자를 잃음) ② 환원 : 산화수가 감소하는 반응 　　　　(전자를 얻음)			

⑬ 주요 사슬 모양 알케인(C_nH_{2n+2}) 및 알킬(C_nH_{2n+1})

어미 변화

	Alkane (C_nH_{2n+2})	명칭	Alkyl (C_nH_{2n+1})	명칭
기체	CH_4	Methane	CH_3-	Methyl
	C_2H_6	Ethane	C_2H_5-	Ethyl
	C_3H_8	Propane	C_3H_7-	Propyl
	C_4H_{10}	Butane	C_4H_9-	Butyl
액체	C_5H_{12}	Pentane	$C_5H_{11}-$	Pentyl
	C_6H_{14}	Hexane	$C_6H_{13}-$	Hexyl
	C_7H_{16}	Heptane	$C_7H_{15}-$	Heptyl
	C_8H_{18}	Octane	$C_8H_{17}-$	Octyl
	C_9H_{20}	Nonane	$C_9H_{19}-$	Nonyl
	$C_{10}H_{22}$	Decane	$C_{10}H_{21}-$	Decyl

⑭ 몇 가지 작용기와 화합물

작용기	이름	작용기를 가지는 화합물의 일반식	일반명	화합물의 예
$-OH$	하이드록실기	$R-OH$	알코올	• CH_3OH • C_2H_5OH
$-O-$	에터 결합	$R-O-R'$	에터	• CH_3OCH_3 • $C_2H_5OC_2H_5$
$-C{\overset{O}{\underset{H}{}}}$	포밀기	$R-C{\overset{O}{\underset{H}{}}}$	알데하이드	• $HCHO$ • CH_3CHO
$-\overset{\parallel}{\underset{O}{C}}-$	카보닐기 (케톤기)	$R-\overset{O}{\overset{\parallel}{C}}-R'$	케톤	$CH_3COC_2H_5$
$-C{\overset{O}{\underset{O-H}{}}}$	카복실기	$R-C{\overset{O}{\underset{O-H}{}}}$	카복실산	• $HCOOH$ • CH_3COOH
$-C{\overset{O}{\underset{O-}{}}}$	에스터 결합	$R-C{\overset{O}{\underset{O-R'}{}}}$	에스터	• $HCOOCH_3$ • CH_3COOCH_3
$-NH_2$	아미노기	$R-NH_2$	아민	• CH_3NH_2 • $CH_3CH_2NH_2$

2. 화재예방

무료강의

1 연소	열과 빛을 동반하는 산화반응
2 연소의 3요소	가연성 물질, 산소 공급원(조연성 물질), 점화원

3 연소의 4요소 (연쇄반응 추가 시)

① 가연성 물질
  ㉮ 산소와의 친화력이 클 것
  ㉯ 고체 · 액체에서는 분자구조가 복잡해질수록 열전도율이 작을 것
      (단, 기체분자의 경우 단순할수록 가볍기 때문에 확산속도가 빠르고
      분해가 쉽다. 따라서 열전도율이 클수록 연소폭발의 위험이 있다.)
  ㉰ 활성화에너지가 적을 것
  ㉱ 연소열이 클 것
  ㉲ 크기가 작아 접촉면적이 클 것
② 산소 공급원(조연성 물질)
  가연성 물질의 산화반응을 도와주는 물질로, 공기, 산화제(제1류 위험물,
  제6류 위험물 등), 자기반응성 물질(제5류 위험물), 할로젠 원소 등이 대
  표적인 조연성 물질이다.
③ 점화원(열원, heat energy sources)
  ㉮ 화학적 에너지원 : 반응열 등으로 산화열, 연소열, 분해열, 융해열 등
  ㉯ 전기적 에너지원 : 저항열, 유도열, 유전열, 정전기열(정전기 불꽃), 낙
      뢰에 의한 열, 아크방전(전기불꽃 에너지) 등
  ㉰ 기계적 에너지원 : 마찰열, 마찰스파크열(충격열), 단열압축열 등
④ 연쇄반응
  가연성 물질이 유기화합물인 경우 불꽃 연소가 개시되어 열을 발생하는
  경우 발생된 열은 가연성 물질의 형태를 연소가 용이한 중간체(화학에서
  자유 라디칼이라 함)를 형성하여 연소를 촉진시킨다. 이와 같이 에너지에
  의해 연소가 용이한 라디칼의 형성은 연쇄적으로 이루어지며, 점화원이
  제거되어도 생성된 라디칼이 완전하게 소실되는 시점까지 연소를 지속시
  킬 수 있는 현상이다.

4 온도에 따른 불꽃의 색상

불꽃 온도	불꽃 색깔	불꽃 온도	불꽃 색깔
500℃	적열	1,100℃	황적색
700℃	암적색	1,300℃	백적색
850℃	적색	1,500℃	휘백색
950℃	휘적색	–	–

5 연소의 형태	① 기체의 연소 　㉮ 확산연소(불균일연소) : 가연성 가스와 공기를 미리 혼합하지 않고 산소의 공급을 가스의 확산에 의하여 주위에 있는 공기와 혼합하여 연소하는 것 　㉯ 예혼합연소(균일연소) : 가연성 가스와 공기를 혼합하여 연소시키는 것 ② 액체의 연소 　㉮ 분무연소(액적연소) : 점도가 높고, 비휘발성인 액체를 안개상으로 분사하여 액체의 표면적을 넓혀 연소시키는 것 　㉯ 증발연소 : 가연성 액체를 외부에서 가열하거나 연소열이 미치면 그 액표면에 가연가스(증기)가 증발하여 연소되는 것 　　예 휘발유, 알코올 등 　㉰ 분해연소 : 비휘발성이거나 끓는점이 높은 가연성 액체가 연소할 때는 먼저 열분해하여 탄소가 석출되면서 연소하는 것 　　예 중유, 타르 등 ③ 고체의 연소 　㉮ 표면연소(직접연소) : 열분해에 의하여 가연성 가스를 발생치 않고 그 자체가 연소하는 형태로서 연소반응이 고체의 표면에서 이루어지는 것 　　예 목탄, 코크스, 금속분 등 　㉯ 분해연소 : 가연성 가스가 공기 중에서 산소와 혼합되어 연소하는 것 　　예 목재, 석탄, 종이 등 　㉰ **증발연소** : 가연성 고체에 열을 가하면 융해되어 여기서 생긴 액체가 기화되고 이로 인한 연소가 이루어지는 것 　　예 **황, 나프탈렌, 양초, 장뇌 등** 　㉱ 내부연소(자기연소) : 물질 자체의 분자 안에 산소를 함유하고 있는 물질이 연소 시 외부에서의 산소 공급을 필요로 하지 않고 물질 자체가 갖고 있는 산소를 소비하면서 연소하는 것 　　예 질산에스터류, 나이트로화합물류 등
6 연소에 관한 물성	① 인화점(flash point) : 가연성 액체를 가열하면서 액체의 표면에 점화원을 주었을 때 증기가 인화하는 액체의 최저온도를 인화점 혹은 인화온도라 하며, 인화가 일어나는 액체의 최저온도 ② 연소점(fire point) : 상온에서 액체상태로 존재하는 가연성 물질의 연소상태를 5초 이상 유지시키기 위한 온도 ③ 발화점(발화온도, 착화점, 착화온도, ignition point) : 점화원을 부여하지 않고 가연성 물질을 조연성 물질과 공존하는 상태에서 가열하여 발화하는 최저온도
7 정전기에너지 구하는 식	$$E = \frac{1}{2}CV^2 = \frac{1}{2}QV$$ 여기서, E : 정전기에너지(J), C : 정전용량(F), V : 전압(V), Q : 전기량(C)

8 자연발화의 분류	자연발화 원인	자연발화 형태
	산화열	건성유(정어리기름, 아마인유, 들기름 등), 반건성유(면실유, 대두유 등)가 적셔진 다공성 가연물, 원면, 석탄, 금속분, 고무조각 등
	분해열	나이트로셀룰로스, 셀룰로이드류, 나이트로글리세린 등의 질산에스터류
	흡착열	탄소분말(유연탄, 목탄 등), 가연성 물질+촉매
	중합열	아크릴로나이트릴, 스타이렌, 바이닐아세테이트 등의 중합반응
	미생물발열	퇴비, 먼지, 퇴적물, 곡물 등

9 자연발화 예방대책	① 통풍, 환기, 저장방법 등을 고려하여 **열의 축적을 방지**한다. ② 반응속도를 낮추기 위하여 **온도 상승을 방지**한다. ③ **습도를 낮게 유지**한다(습도가 높은 경우 열의 축적이 용이함).

10 르 샤틀리에 (Le Chatelier)의 혼합가스 폭발범위를 구하는 식	$$\frac{100}{L} = \frac{V_1}{L_1} + \frac{V_2}{L_2} + \frac{V_3}{L_3} + \cdots$$ $$\therefore \ L = \frac{100}{\left(\dfrac{V_1}{L_1} + \dfrac{V_2}{L_2} + \dfrac{V_3}{L_3} + \cdots\right)}$$ 여기서, L : 혼합가스의 폭발 한계치 L_1, L_2, L_3 : 각 성분의 단독폭발 한계치(vol%) V_1, V_2, V_3 : 각 성분의 체적(vol%)

11 위험도(H)	가연성 혼합가스의 연소범위에 의해 결정되는 값이다. $$H = \frac{U - L}{L}$$ 여기서, H : 위험도, U : 연소 상한치(UEL), L : 연소 하한치(LEL)

12 폭굉유도거리(DID)가 짧아지는 경우	① 정상연소속도가 큰 혼합가스일수록 ② 관 속에 방해물이 있거나 관 지름이 가늘수록 ③ 압력이 높을수록 ④ 점화원의 에너지가 강할수록

13 피뢰 설치대상	지정수량 10배 이상의 위험물을 취급하는 제조소 (제6류 위험물을 취급하는 제조소는 제외)

14 화재의 분류	화재 분류	명칭	비고	소화
	A급 화재	일반화재	연소 후 재를 남기는 화재	냉각소화
	B급 화재	유류화재	연소 후 재를 남기지 않는 화재	질식소화
	C급 화재	전기화재	전기에 의한 발열체가 발화원이 되는 화재	질식소화
	D급 화재	금속화재	금속 및 금속의 분, 박, 리본 등에 의해서 발생되는 화재	피복소화
	F급 화재 (또는 K급 화재)	주방화재	가연성 튀김기름을 포함한 조리로 인한 화재	냉각·질식소화

15 유류탱크 및 가스 탱크에서 발생하는 폭발현상	① 보일오버(boil-over) : 연소유면으로부터 100℃ 이상의 열파가 탱크 저부에 고여 있는 물을 비등하게 하면서 연소유를 탱크 밖으로 비산시키며 연소하는 현상 ② 슬롭오버(slop-over) : 물이 연소유의 뜨거운 표면에 들어갈 때 기름 표면에서 화재가 발생하는 현상 ③ 블레비(Boiling Liquid Expanding Vapor Explosion, BLEVE) : 액화가스탱크 주위에서 화재 등이 발생하여 기상부의 탱크 강판이 국부적으로 가열되면 그 부분의 강도가 약해져 그로 인해 탱크가 파열된다. 이때 내부에서 가열된 액화가스가 급격히 유출, 팽창되어 화구(fire ball)를 형성하며 폭발하는 현상 ④ 증기운폭발(Unconfined Vapor Cloud Explosion, UVCE) : 대기 중에 대량의 가연성 가스나 인화성 액체가 유출되어 그것으로부터 발생되는 증기가 대기 중의 공기와 혼합하여 폭발성인 증기운(vapor cloud)을 형성하고 이때 착화원에 의해 화구(fire ball)형태로 착화, 폭발하는 현상
16 위험장소의 분류	① 0종 장소 : 위험분위기가 정상상태에서 장시간 지속되는 장소 ② 1종 장소 : 정상상태에서 위험분위기를 생성할 우려가 있는 장소 ③ 2종 장소 : 이상상태에서 위험분위기를 생성할 우려가 있는 장소 ④ 준위험장소 : 예상사고로 폭발성 가스가 대량 유출되어 위험분위기가 되는 장소

3. 소화방법

1 **소화방법의 종류**	① **제거소화** : 연소에 필요한 가연성 물질을 제거하여 소화시키는 방법 ② **질식소화** : 공기 중의 산소의 양을 15% 이하가 되게 하여 산소 공급원의 양을 변화시켜 소화하는 방법 ③ **냉각소화** : 연소 중인 가연성 물질의 온도를 인화점 이하로 냉각시켜 소화하는 방법 ④ **부촉매(화학)소화** : 가연성 물질의 연소 시 연속적인 연쇄반응을 억제·방해 또는 차단시켜 소화하는 방법 ⑤ **희석소화** : 수용성 가연성 물질의 화재 시 다량의 물을 일시에 방사하여 연소범위의 하한계 이하로 희석하여 화재를 소화시키는 방법
2 **소화약제 관련 용어**	① NOAEL(No Observed Adverse Effect Level) 농도를 증가시킬 때 아무런 악영향도 감지할 수 없는 최대허용농도 → 최대허용설계농도 ② LOAEL(Lowest Observed Adverse Effect Level) 농도를 감소시킬 때 어떠한 악영향도 감지할 수 있는 최소허용농도 ③ ODP(오존층파괴지수) $= \dfrac{\text{물질 1kg에 의해 파괴되는 오존량}}{\text{CFC} - 11\ 1\text{kg에 의해 파괴되는 오존량}}$ ④ GWP(지구온난화지수) $= \dfrac{\text{물질 1kg이 영향을 주는 지구온난화 정도}}{CO_2\ 1\text{kg이 영향을 주는 지구온난화 정도}}$ ⑤ ALT(대기권 잔존수명) 물질이 방사된 후 대기권 내에서 분해되지 않고 체류하는 잔류기간 (단위 : 년) ⑥ LC_{50} : 4시간 동안 쥐에게 노출했을 때 그 중 50%가 사망하는 농도 ⑦ ALC : 사망에 이르게 할 수 있는 최소농도
3 **전기설비의 소화설비**	제조소 등에 전기설비(전기배선, 조명기구 등은 제외)가 설치된 경우에는 해당 장소의 면적 100m^2마다 소형 수동식 소화기를 1개 이상 설치해야 한다.
4 **능력단위** **(소방기구의** **소화능력)**	<table><tr><th>소화설비</th><th>용량</th><th>능력단위</th></tr><tr><td>마른모래</td><td>50L (삽 1개 포함)</td><td>0.5</td></tr><tr><td>팽창질석, 팽창진주암</td><td>160L (삽 1개 포함)</td><td>1</td></tr><tr><td>소화전용 물통</td><td>8L</td><td>0.3</td></tr><tr><td rowspan="2">수조</td><td>190L (소화전용 물통 6개 포함)</td><td>2.5</td></tr><tr><td>80L (소화전용 물통 3개 포함)</td><td>1.5</td></tr></table>

5 소요단위	소화설비의 설치대상이 되는 건축물의 규모 또는 위험물 양에 대한 기준단위이다.

소요단위		
1단위	제조소 또는 취급소용 건축물의 경우	내화구조 외벽을 갖춘 연면적 100m^2
		내화구조 외벽이 아닌 연면적 50m^2
	저장소 건축물의 경우	내화구조 외벽을 갖춘 연면적 150m^2
		내화구조 외벽이 아닌 연면적 75m^2
	위험물의 경우	지정수량의 10배

6 소화약제 총정리

소화약제	소화효과	종류		성상	주요 내용
물	• 냉각 • 질식(수증기) • 유화(에멀션) • 희석 • 타격	동결방지제 (에틸렌글리콜, 염화칼슘, 염화나트륨, 프로필렌글리콜)		• 값이 싸고, 구하기 쉬움 • 표면장력=72.7dyne/cm, 용융열=79.7cal/g • **증발잠열=539.63cal/g** • 증발 시 체적 : 1,700배 • 밀폐장소 : 분무희석소화효과	• 극성분자 • 수소결합 • 비압축성 유체
강화액	• 냉각 • 부촉매	• 축압식 • 가스가압식		• 물의 소화능력 개선 • 알칼리금속염의 탄산칼륨, 인산암모늄 첨가 • $K_2CO_3+H_2O \rightarrow K_2O+CO_2+H_2O$	• 침투제, 방염제 첨가로 소화능력 향상 • $-30℃$ 사용 가능
산-알칼리	질식+냉각	–		$2NaHCO_3+H_2SO_4 \rightarrow Na_2SO_4+2CO_2+2H_2O$	방사압력원 : CO_2
포소화	질식+냉각	기계포	단백포 (3%, 6%)	• 동식물성 단백질의 가수분해생성물 • 철분(안정제)으로 인해 포의 유동성이 나쁘며, 소화속도 느림 • 재연방지효과 우수(5년 보관)	Ring fire 방지
			합성계면활성제포 (1%, 1.5%, 2%, 3%, 6%)	• 유동성 우수, 내유성은 약하고 소포 빠름 • 유동성이 좋아 소화속도 빠름 (유출유화재에 적합)	• 고팽창, 저팽창 가능 • Ring fire 발생
			수성막포(AFFF) (3%, 6%)	• **유류화재에 가장 탁월**(일명 라이트워터) • 단백포에 비해 1.5 내지 4배 소화효과 • Twin agent system(with 분말약제) • 유출유화재에 적합	Ring fire 발생으로 탱크화재에 부적합
	희석		내알코올포 (3%, 6%)	• 내화성 우수 • 거품이 파포된 불용성 겔(gel) 형성	• 내화성 좋음 • 경년기간 짧고, 고가
		*성능 비교 : 수성막포＞계면활성제포＞단백포			
	질식+냉각	화학포		• A제 : $NaHCO_3$, B제 : $Al_2(SO)_4$ • $6NaHCO_3+Al_2SO_4 \cdot 18H_2O$ 　$\rightarrow 3Na_2SO_4+2Al(OH)_3+6CO_2+18H_2O$	• Ring fire 방지 • 소화속도 느림
CO_2	질식+냉각	–		• 표준설계농도 : 34%(산소농도 15% 이하) • 삼중점 : 5.1kg/cm^2, $-56.5℃$	• ODP=0 • 동상 우려, 피난 불편 • 줄-톰슨 효과

소화약제	소화효과	종류	성상	주요 내용
할론	• 부촉매작용 • 냉각효과 • 질식작용 • 희석효과 * 소화력 F<Cl<Br<I * 화학안정성 F>Cl>Br>I	할론 104 (CCl_4)	• 최초 개발 약제 • **포스겐 발생으로 사용 금지** • 불꽃연소에 강한 소화력	법적으로 사용 금지
		할론 1011 ($CClBrH_2$)	• 2차대전 후 출현 • 불연성, 증발성 및 부식성 액체	–
		할론 1211(ODP=2.4) (CF_2ClBr)	• 소화농도 : 3.8% • 밀폐공간 사용 곤란	• 증기비중 5.7 • 방사거리 4~5m 소 화기용
		할론 1301(ODP=14) (CF_3Br)	• 5%의 농도에서 소화(증기비중=5.11) • **인체에 가장 무해한 할론 약제**	• 증기비중 5.1 • 방사거리 3~4m 소 화설비용
		할론 2402(ODP=6.6) ($C_2F_4Br_2$)	• 할론 약제 중 유일한 에테인의 유도체 • 상온에서 액체	독성으로 인해 국내외 생산 무

※ 할론 소화약제 명명법 : 할론 XABC

Br 원자의 개수
Cl 원자의 개수
F 원자의 개수
C 원자의 개수

소화약제	소화효과	종류	성상	주요 내용
분말	• 냉각효과 (흡열반응) • 질식작용 (CO_2 발생) • 희석효과 • 부촉매작용	1종 ($NaHCO_3$)	• (B, C급) • **비누화효과(식용유화재 적응)** • 방습가공제 : 스테아린산 Zn, Mg	• 가압원 : N_2, CO_2 • 소화입도 : 10~$75\mu m$ • 최적입도 : 20~$25\mu m$ • Knock down 효과 : 10~20초 이내 소화
			• 1차 분해반응식(270℃) $2NaHCO_3 \rightarrow Na_2CO_3 + CO_2 + H_2O$ • 2차 분해반응식(850℃) $2NaHCO_3 \rightarrow Na_2O + 2CO_2 + H_2O$	
		2종 ($KHCO_3$)	• 담회색(B, C급) • 1종보다 2배 소화효과 • 1종 개량형	
			• 1차 분해반응식(190℃) $2KHCO_3 \rightarrow K_2CO_3 + CO_2 + H_2O$ • 2차 분해반응식(590℃) $2KHCO_3 \rightarrow K_2O + 2CO_2 + H_2O$	
		3종 ($NH_4H_2PO_4$)	• 담홍색 또는 황색(A, B, C급) • 방습가공제 : 실리콘 오일 • **열분해반응식 : $NH_4H_2PO_4 \rightarrow HPO_3 + NH_3 + H_2O$**	
			• 190℃에서 분해 $NH_4H_2PO_4 \rightarrow NH_3 + H_3PO_4$ (인산) • 215℃에서 분해 $2H_3PO_4 \rightarrow H_2O + H_4P_2O_7$ (피로인산) • 300℃에서 분해 $H_4P_2O_7 \rightarrow H_2O + 2HPO_3$ (메타인산)	
		4종 [$CO(NH_2)_2$ $+KHCO_3$]	• (B, C급) • 2종 개량 • 국내생산 무	
			$2KHCO_3 + CO(NH_2)_2 \rightarrow K_2CO_3 + 2NH_3 + 2CO_2$	

※ 소화능력 : 할론 1301=3 > 분말=2 > 할론 2402=1.7 > 할론 1211=1.4 > 할론 104=1.1 > CO_2=1

7 할로겐화합물 소화약제의 종류	소화약제	화학식
	펜타플루오로에테인 (HFC−125)	CHF_2CF_3
	헵타플루오로프로페인 (HFC−227ea)	CF_3CHFCF_3
	트라이플루오로메테인 (HFC−23)	CHF_3
	도데카플루오로−2−메틸펜테인−3−원 (FK−5−1−12)	$CF_3CF_2C(O)CF(CF_3)_2$

※ 명명법(첫째 자리 반올림)

HFC X Y Z
- └→ 분자 내 플루오린수
- └→ 분자 내 수소수+1
- └→ 분자 내 탄소수−1 (메테인계는 0이지만 표기안함)

8 불활성기체 소화약제의 종류	소화약제	화학식
	불연성·불활성 기체 혼합가스 (IG−01)	Ar
	불연성·불활성 기체 혼합가스 (IG−100)	N_2
	불연성·불활성 기체 혼합가스 (IG−541)	$N_2 : 52\%$, $Ar : 40\%$, $CO_2 : 8\%$
	불연성·불활성 기체 혼합가스 (IG−55)	$N_2 : 50\%$, $Ar : 50\%$

※ 명명법(첫째 자리 반올림)

IG−A B C
- └→ CO_2의 농도
- └→ Ar의 농도
- └→ N_2의 농도

9 소화기의 사용방법
① 각 소화기는 **적응화재**에만 사용할 것
② 성능에 따라 **화점 가까이** 접근하여 사용할 것
③ 소화 시에는 **바람을 등지고** 소화할 것
④ 소화작업은 좌우로 **골고루** 소화약제를 방사할 것

4. 소방시설

무료강의

1 소화설비의 종류	① 소화기구(소화기, 자동소화장치, 간이소화용구) ② 옥내소화전설비 ③ 옥외소화전설비 ④ 스프링클러소화설비 ⑤ **물분무 등 소화설비(물분무소화설비, 포소화설비, 불활성가스소화설비, 할로젠화합물소화설비, 분말소화설비)**
2 소화기의 설치기준	각 층마다 설치하되, 특정소방대상물의 각 부분으로부터 1개의 소화기까지의 보행거리가 **소형 소화기**의 경우에는 **20m 이내**, 대형 소화기의 경우에는 **30m 이내**가 되도록 배치할 것

3 옥내·옥외 소화전 설비의 설치기준

구분	옥내소화전설비	옥외소화전설비
방호대상물에서 호스 접속구까지의 거리	25m	40m
개폐밸브 및 호스 접속구	지반면으로부터 1.5m 이하	지반면으로부터 1.5m 이하
수원의 양(Q, m³)	$N \times 7.8\text{m}^3$ (N은 5개 이상인 경우 5개)	$N \times 13.5\text{m}^3$ (N은 4개 이상인 경우 4개)
노즐 선단의 방수압력	0.35MPa	0.35MPa
분당 방수량	260L	450L

4 스프링클러설비의 장단점

장점	단점
• 초기진화에 특히 절대적인 효과가 있다. • 약제가 물이라서 값이 싸고, 복구가 쉽다. • 오동작·오보가 없다(감지부가 기계적). • 조작이 간편하고 안전하다. • 야간이라도 자동으로 화재감지경보를 울리고, 소화할 수 있다.	• 초기시설비가 많이 든다. • 다른 설비와 비교했을 때 시공이 복잡하다. • 물로 인한 피해가 크다.

5 폐쇄형 스프링클러 헤드 부착장소의 평상시 최고주위온도에 따른 표시온도

최고주위온도(℃)	표시온도(℃)
28 미만	58 미만
28 이상, 39 미만	58 이상, 79 미만
39 이상, 64 미만	79 이상, 121 미만
64 이상, 106 미만	121 이상, 162 미만
106 이상	162 이상

6 포소화약제의 혼합장치	① 펌프혼합방식(펌프 프로포셔너 방식) : 농도조절밸브에서 조정된 포소화약제의 필요량을 포소화약제 탱크에서 펌프흡입측으로 보내어 이를 혼합하는 방식 ② 차압혼합방식(프레셔 프로포셔너 방식) : 벤투리관의 벤투리작용과 펌프 가압수의 포소화약제 저장탱크에 대한 압력에 의하여 포소화약제를 흡입·혼합하는 방식 ③ 관로혼합방식(라인 프로포셔너 방식) : 펌프와 발포기 중간에 설치된 벤투리관의 벤투리작용에 의해 포소화약제를 흡입하여 혼합하는 방식 ④ 압입혼합방식(프레셔 사이드 프로포셔너 방식) : 펌프의 토출관에 압입기를 설치하여 포소화약제 압입용 펌프로 포소화약제를 압입시켜 혼합하는 방식
7 이산화탄소 저장용기의 설치기준	① 방호구역 외의 장소에 설치할 것 ② 온도가 40℃ 이하이고, 온도 변화가 적은 장소에 설치할 것 ③ 직사일광 및 빗물이 침투할 우려가 적은 장소에 설치할 것 ④ 저장용기에는 안전장치를 설치할 것 ⑤ 저장용기의 외면에 소화약제의 종류와 양, 제조연도 및 제조자를 표시할 것
8 이산화탄소를 저장하는 저압식 저장용기의 기준	① 이산화탄소를 저장하는 저압식 저장용기에는 액면계 및 압력계를 설치할 것 ② 이산화탄소를 저장하는 저압식 저장용기에는 **2.3MPa 이상의 압력 및 1.9MPa 이하의 압력에서 작동하는 압력경보장치**를 설치할 것 ③ 이산화탄소를 저장하는 저압식 저장용기에는 용기 내부의 온도를 **−20℃ 이상, −18℃ 이하로 유지할 수 있는 자동냉동기**를 설치할 것 ④ 이산화탄소를 저장하는 저압식 저장용기에는 파괴판을 설치할 것 ⑤ 이산화탄소를 저장하는 저압식 저장용기에는 방출밸브를 설치할 것
9 경보설비	경보설비란 화재발생 초기단계에서 가능한 한 빠른 시간에 정확하게 화재를 감지하는 기능은 물론, 불특정 다수인에게 화재의 발생을 통보하는 기계, 기구 또는 설비로, 종류는 다음과 같다. ① 자동화재탐지설비 ② 자동화재속보설비 ③ 비상경보설비(비상벨, 자동식 사이렌, 단독형 화재경보기, 확성장치) ④ 비상방송설비 ⑤ 누전경보설비 ⑥ 가스누설경보설비
10 피난설비	피난설비란 화재발생 시 화재구역 내에 있는 불특정 다수인을 안전한 장소로 피난 및 대피시키기 위해 사용하는 설비로, 종류는 다음과 같다. ① 피난기구 ② 인명구조기구(방열복, 공기호흡기, 인공소생기 등) ③ 유도등 및 유도표시 ④ 비상조명설비

5. 위험물의 지정수량, 게시판

무료강의

1 위험물의 분류

지정수량 \ 유별	1류 산화성 고체		2류 가연성 고체		3류 자연발화성 및 금수성 물질		4류 인화성 액체		5류 자기반응성 물질	6류 산화성 액체	
10kg			**Ⅰ등급**		Ⅰ	칼륨 나트륨 알킬알루미늄 알킬리튬			• 제1종 : 10kg • 제2종 : 100kg 유기과산화물 질산에스터류 나이트로화합물 나이트로소화합물 아조화합물 다이아조화합물 하이드라진 유도체 하이드록실아민 하이드록실아민염류		
20kg					Ⅰ	황린					
50kg	Ⅰ	아염소산염류 염소산염류 과염소산염류 무기과산화물			Ⅱ	알칼리금속 및 알칼리토금속 유기금속화합물	Ⅰ	특수인화물 (50L)			
100kg			Ⅱ	황화인 적린 황							
200kg			**Ⅱ등급**				Ⅱ	제1석유류 (200~400L) 알코올류 (400L)			
300kg	Ⅱ	브로민산염류 아이오딘산염류 질산염류			Ⅲ	금속의 수소화물 금속의 인화물 칼슘 또는 알루미늄의 탄화물				Ⅰ	과염소산 과산화수소 질산
500kg			Ⅲ	철분 금속분 마그네슘							
1,000kg	Ⅲ	과망가니즈산염류 다이크로뮴산염류	Ⅲ	인화성 고체			Ⅲ	제2석유류 (1,000~2,000L)			
			Ⅲ등급				Ⅲ	제3석유류 (2,000~4,000L)			
							Ⅲ	제4석유류 (6,000L)			
							Ⅲ	동식물유류 (10,000L)			

❷ 위험물 게시판의 주의사항

내용 \ 유별	1류 산화성 고체	2류 가연성 고체	3류 자연발화성 및 금수성 물질	4류 인화성 액체	5류 자기반응성 물질	6류 산화성 액체
공통 주의사항	화기·충격주의 가연물접촉주의	화기주의	(자연발화성) 화기엄금 및 공기접촉엄금	화기엄금	화기엄금 및 충격주의	가연물접촉주의
예외 주의사항	무기과산화물 : 물기엄금	• 철분, 금속분 마그네슘분 : 물기엄금 • 인화성 고체 : 화기엄금	(금수성) 물기엄금	–	–	–
방수성 덮개	무기과산화물	철분, 금속분, 마그네슘	금수성 물질	×	×	×
차광성 덮개	○	×	자연발화성 물질	특수인화물	○	○
소화방법	주수에 의한 냉각소화 (단, 과산화물의 경우 모래 또는 소다재에 의한 질식소화)	주수에 의한 냉각소화 (단, 황화인, 철분, 금속분, 마그네슘의 경우 건조사에 의한 질식소화)	건조사, 팽창질석 및 팽 창진주암으로 질식소화 (물, CO_2, 할론 소화 일 체 금지)	질식소화(CO_2, 할론, 분말, 포) 및 안개상의 주수소화 (단, 수용성 알코올의 경 우 내알코올포)	다량의 주수에 의한 냉각소화	건조사 또는 분말소 화약제 (단, 소량의 경우 다 량의 주수에 의한 희 석소화)

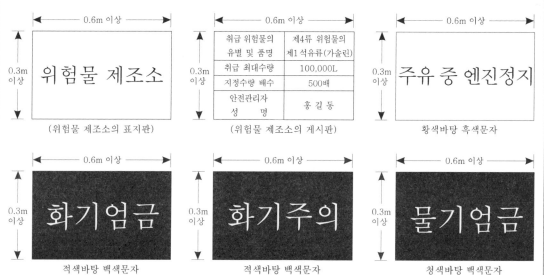

← 0.6m 이상 →		← 0.6m 이상 →		← 0.6m 이상 →	
0.3m 이상	위험물 제조소	0.3m 이상	(게시판)	0.3m 이상	주유 중 엔진정지

(위험물 제조소의 표지판)

취급 위험물의 유별 및 품명	제4류 위험물의 제1석유류(가솔린)
취급 최대수량	100,000L
지정수량 배수	500배
안전관리자 성　명	홍길동

(위험물 제조소의 게시판)

황색바탕 흑색문자

0.3m 이상	화기엄금	0.3m 이상	화기주의	0.3m 이상	물기엄금

적색바탕 백색문자　　　　적색바탕 백색문자　　　　청색바탕 백색문자

1. 액상 : 수직으로 된 시험관(안지름 30밀리미터, 높이 120밀리미터의 원통형 유리관을 말한다)에 시료를 55밀리미터 까지 채운 다음 해당 시험관을 수평으로 하였을 때 시료액면의 선단이 30밀리미터를 이동하는 데 걸리는 시간이 90초 이내에 있는 것을 말한다.

2. 황 : 순도가 **60중량퍼센트 이상**인 것을 말한다. 이 경우 순도측정에 있어서 불순물은 활석 등 불연성 물질과 수분에 한한다.

3. 철분 : 철의 분말로서 **53마이크로미터의 표준체를 통과하는 것이 50중량퍼센트 미만인 것은 제외**한다.

4. 금속분 : 알칼리금속·알칼리토류금속·철 및 마그네슘 외의 금속의 분말을 말하고, **구리분·니켈분** 및 **150마이크로미터의 체를 통과하는 것이 50중량퍼센트 미만인 것은 제외**한다.

5. 마그네슘 및 마그네슘을 함유한 것에 있어서 다음에 해당하는 것은 제외
   ① 2밀리미터의 체를 통과하지 아니하는 덩어리상태의 것
   ② 직경 2밀리미터 이상의 막대모양의 것

6. 인화성 고체 : **고형 알코올**, 그 밖에 1기압에서 **인화점이 섭씨 40도 미만인 고체**를 말한다.

7. 인화성 액체 : 액체(제3석유류, 제4석유류 및 동식물유류에 있어서는 1기압과 섭씨 20도에서 액상인 것에 한한다)로서 인화의 위험성이 있는 것을 말한다.

8. 특수인화물 : 이황화탄소, 다이에틸에터, 그 밖에 1기압에서 **발화점이 섭씨 100도 이하인 것** 또는 **인화점이 섭씨 영하 20도 이하**이고 **비점이 섭씨 40도 이하**인 것을 말한다.

9. 제1석유류 : **아세톤, 휘발유,** 그 밖에 1기압에서 **인화점이 섭씨 21도 미만**인 것을 말한다.

10. 알코올류 : 1분자를 구성하는 **탄소원자의 수가 1개부터 3개까지인 포화1가 알코올**(변성 알코올을 포함한다)을 말한다.

11. 제2석유류 : **등유, 경유,** 그 밖에 1기압에서 **인화점이 섭씨 21도 이상 70도 미만**인 것을 말한다.

12. 제3석유류 : **중유, 크레오소트유,** 그 밖에 1기압에서 **인화점이 섭씨 70도 이상 섭씨 200도 미만**인 것을 말한다.

13. 제4석유류 : **기어유, 실린더유,** 그 밖에 1기압에서 **인화점이 섭씨 200도 이상 섭씨 250도 미만**의 것을 말한다.

14. 동식물유류 : 동물의 지육 등 또는 식물의 종자나 과육으로부터 추출한 것으로서 1기압에서 인화점이 섭씨 250도 미만인 것을 말한다.

15. 과산화수소 : 그 농도가 **36중량퍼센트 이상**인 것

16. 질산 : 그 비중이 **1.49 이상**인 것

17. **복수성상물품(2가지 이상 포함하는 물품)의 판단기준**은 보다 **위험한 경우**로 판단한다.
    ① **제1류**(산화성 고체) 및 **제2류**(가연성 고체)의 경우 **제2류**
    ② **제1류**(산화성 고체) 및 **제5류**(자기반응성 물질)의 경우 **제5류**
    ③ **제2류**(가연성 고체) 및 **제3류**(자연발화성 및 금수성 물질)의 **제3류**
    ④ **제3류**(자연발화성 및 금수성 물질) 및 **제4류**(인화성 액체)의 경우 **제3류**
    ⑤ **제4류**(인화성 액체) 및 **제5류**(자기반응성 물질)의 경우 **제5류**

6. 중요 화학반응식

---

1 물과의 반응식 (물질 + H_2O → 금속의 수산화물 + 가스)

① 반응물질 중 금속(M)을 찾는다. 금속과 수산기(OH^-)와의 화합물을 생성물로 적는다.

　　$M^+ + OH^- \rightarrow MOH$

　　M이 1족 원소(Li, Na, K)인 경우 MOH, M이 2족 원소(Mg, Ca)인 경우 $M(OH)_2$, M이 3족 원소(Al)인 경우 $M(OH)_3$가 된다.

② 제1류 위험물은 수산화금속+산소(O_2), 제2류 위험물은 수산화금속+수소(H_2), 제3류 위험물은 품목에 따라 생성되는 가스는 H_2, C_2H_2, PH_3, CH_4, C_2H_6 등 다양하게 생성된다.

제1류
(과산화칼륨) $2K_2O_2 + 2H_2O \rightarrow 4KOH + O_2$
(과산화나트륨) $2Na_2O_2 + 2H_2O \rightarrow 4NaOH + O_2$
(과산화마그네슘) $2MgO_2 + 2H_2O \rightarrow 2Mg(OH)_2 + O_2$
(과산화바륨) $2BaO_2 + 2H_2O \rightarrow 2Ba(OH)_2 + O_2$

제2류
(오황화인) $P_2S_5 + 8H_2O \rightarrow 5H_2S + 2H_3PO_4$
(철분) $2Fe + 3H_2O \rightarrow Fe_2O_3 + 3H_2$
(마그네슘) $Mg + 2H_2O \rightarrow Mg(OH)_2 + H_2$
(알루미늄) $2Al + 6H_2O \rightarrow 2Al(OH)_3 + 3H_2$
(아연) $Zn + 2H_2O \rightarrow Zn(OH)_2 + H_2$

제3류
(칼륨) $2K + 2H_2O \rightarrow 2KOH + H_2$
(나트륨) $2Na + 2H_2O \rightarrow 2NaOH + H_2$
(트라이에틸알루미늄) $(C_2H_5)_3Al + 3H_2O \rightarrow Al(OH)_3 + 3C_2H_6$
(리튬) $2Li + 2H_2O \rightarrow 2LiOH + H_2$
(칼슘) $Ca + 2H_2O \rightarrow Ca(OH)_2 + H_2$
(수소화리튬) $LiH + H_2O \rightarrow LiOH + H_2$
(수소화나트륨) $NaH + H_2O \rightarrow NaOH + H_2$
(수소화칼슘) $CaH_2 + 2H_2O \rightarrow Ca(OH)_2 + 2H_2$
(탄화칼슘) $CaC_2 + 2H_2O \rightarrow Ca(OH)_2 + C_2H_2$
(인화칼슘) $Ca_3P_2 + 6H_2O \rightarrow 3Ca(OH)_2 + 2PH_3$
(인화알루미늄) $AlP + 3H_2O \rightarrow Al(OH)_3 + PH_3$
(탄화알루미늄) $Al_4C_3 + 12H_2O \rightarrow 4Al(OH)_3 + 3CH_4$
(탄화리튬) $Li_2C_2 + 2H_2O \rightarrow 2LiOH + C_2H_2$
(탄화나트륨) $Na_2C_2 + 2H_2O \rightarrow 2NaOH + C_2H_2$
(탄화칼륨) $K_2C_2 + 2H_2O \rightarrow 2KOH + C_2H_2$
(탄화마그네슘) $MgC_2 + 2H_2O \rightarrow Mg(OH)_2 + C_2H_2$
(탄화베릴륨) $Be_2C + 4H_2O \rightarrow 2Be(OH)_2 + CH_4$
(탄화망가니즈) $Mn_3C + 6H_2O \rightarrow 3Mn(OH)_2 + CH_4 + H_2$

제4류
(이황화탄소) $CS_2 + 2H_2O \rightarrow CO_2 + 2H_2S$

2 연소반응식

① 반응물 중 산소와의 화합물을 생성물로 적는다.

$C^{|+4|}\diagdown O^{|-2|} \longrightarrow C_2O_4 \longrightarrow CO_2$

$H^{|+1|}\diagdown O^{|-2|} \longrightarrow H_2O$

$P^{|+5|}\diagdown O^{|-2|} \longrightarrow P_2O_5$

$Mg^{|+2|}\diagdown O^{|-2|} \longrightarrow Mg_2O_2 \longrightarrow MgO$

$Al^{|+3|}\diagdown O^{|-2|} \longrightarrow Al_2O_3$

$S^{|+4|}\diagdown O^{|-2|} \longrightarrow SO_2$

② 예상되는 생성물을 적고나면 화학반응식 개수를 맞춘다.

(삼황화인) $P_4S_3 + 8O_2 \longrightarrow 2P_2O_5 + 3SO_2$

(오황화인) $2P_2S_5 + 15O_2 \longrightarrow 2P_2O_5 + 10SO_2$

(적린) $4P + 5O_2 \longrightarrow 2P_2O_5$ 제2류

(마그네슘) $2Mg + O_2 \longrightarrow 2MgO$

(알루미늄) $4Al + 3O_2 \longrightarrow 2Al_2O_3$

(황) $S + O_2 \longrightarrow SO_2$

(칼륨) $4K + O_2 \longrightarrow 2K_2O$

(트라이에틸알루미늄) $2(C_2H_5)_3Al + 21O_2 \longrightarrow 12CO_2 + Al_2O_3 + 15H_2O$ 제3류

(황린) $P_4 + 5O_2 \longrightarrow 2P_2O_5$

(에탄올) $C_2H_5OH + 3O_2 \longrightarrow 2CO_2 + 3H_2O$

(이황화탄소) $CS_2 + 3O_2 \longrightarrow CO_2 + 2SO_2$

(벤젠) $2C_6H_6 + 15O_2 \longrightarrow 12CO_2 + 6H_2O$

(톨루엔) $C_6H_5CH_3 + 9O_2 \longrightarrow 7CO_2 + 4H_2O$ 제4류

(아세트산) $CH_3COOH + 2O_2 \longrightarrow 2CO_2 + 2H_2O$

(아세톤) $CH_3COCH_3 + 4O_2 \longrightarrow 3CO_2 + 3H_2O$

(다이에틸에터) $C_2H_5OC_2H_5 + 6O_2 \longrightarrow 4CO_2 + 5H_2O$

3 열분해반응식

(염소산칼륨) $2KClO_3 \longrightarrow 2KCl + 3O_2$

(과산화칼륨) $2K_2O_2 \longrightarrow 2K_2O + O_2$

(과산화나트륨) $2Na_2O_2 \longrightarrow 2Na_2O + O_2$

(질산암모늄) $2NH_4NO_3 \longrightarrow 4H_2O + 2N_2 + O_2$ 제1류

(질산칼륨) $2KNO_3 \longrightarrow 2KNO_2 + O_2$

(과망가니즈산칼륨) $2KMnO_4 \longrightarrow K_2MnO_4 + MnO_2 + O_2$

(다이크로뮴산암모늄) $(NH_4)_2Cr_2O_7 \longrightarrow Cr_2O_3 + N_2 + 4H_2O$

(삼산화크로뮴) $4CrO_3 \longrightarrow 2Cr_2O_3 + 3O_2$

(나이트로글리세린) $4C_3H_5(ONO_2)_3 \longrightarrow 12CO_2 + 10H_2O + 6N_2 + O_2$

(나이트로셀룰로스) $2C_{24}H_{29}O_9(ONO_2)_{11} \longrightarrow 24CO_2 + 24CO + 12H_2O + 11N_2 + 17H_2$ 제5류

(트라이나이트로톨루엔) $2C_6H_2CH_3(NO_2)_3 \longrightarrow 12CO + 2C + 3N_2 + 5H_2$

(트라이나이트로페놀) $2C_6H_2(NO_2)_3OH \longrightarrow 4CO_2 + 6CO + 3N_2 + 2C + 3H_2$

(과염소산) $HClO_4 \longrightarrow HCl + 2O_2$

(과산화수소) $2H_2O_2 \longrightarrow 2H_2O + O_2$ 제6류

(질산) $4HNO_3 \longrightarrow 4NO_2 + 2H_2O + O_2$

(제1종 분말소화약제) $2NaHCO_3 \longrightarrow Na_2CO_3 + H_2O + CO_2$

(제2종 분말소화약제) $2KHCO_3 \longrightarrow K_2CO_3 + H_2O + CO_2$

(제3종 분말소화약제) $NH_4H_2PO_4 \longrightarrow NH_3 + H_2O + HPO_3$

4 기타 반응식

(염소산칼륨＋황산) $4KClO_3 + 4H_2SO_4 \longrightarrow 4KHSO_4 + 4ClO_2 + O_2 + 2H_2O$

(과산화마그네슘＋염산) $MgO_2 + 2HCl \longrightarrow MgCl_2 + H_2O_2$

(과산화나트륨＋염산) $Na_2O_2 + 2HCl \longrightarrow 2NaCl + H_2O_2$

(과산화나트륨＋초산) $Na_2O_2 + 2CH_3COOH \longrightarrow 2CH_3COONa + H_2O_2$

(과산화나트륨＋이산화탄소) $2Na_2O_2 + 2CO_2 \longrightarrow 2Na_2CO_3 + O_2$

(과산화바륨＋염산) $BaO_2 + 2HCl \longrightarrow BaCl_2 + H_2O_2$

(철분＋염산) $2Fe + 6HCl \longrightarrow 2FeCl_3 + 3H_2, \ Fe + 2HCl \longrightarrow FeCl_2 + H_2$

(마그네슘＋염산) $Mg + 2HCl \longrightarrow MgCl_2 + H_2$

(알루미늄＋염산) $2Al + 6HCl \longrightarrow 2AlCl_3 + 3H_2$

(아연＋염산) $Zn + 2HCl \longrightarrow ZnCl_2 + H_2$

(트라이에틸알루미늄＋에탄올) $(C_2H_5)_3Al + 3C_2H_5OH \longrightarrow (C_2H_5O)_3Al + 3C_2H_6$

(칼륨＋이산화탄소) $4K + 3CO_2 \longrightarrow 2K_2CO_3 + C$

(칼륨＋에탄올) $2K + 2C_2H_5OH \longrightarrow 2C_2H_5OK + H_2$

(인화칼슘＋염산) $Ca_3P_2 + 6HCl \longrightarrow 3CaCl_2 + 2PH_3$

(과산화수소＋하이드라진) $2H_2O_2 + N_2H_4 \longrightarrow 4H_2O + N_2$

7. 제1류 위험물(산화성 고체)

무료강의

위험등급	품명	품목별 성상	지정수량
Ⅰ	아염소산염류 (MClO₂)	**아염소산나트륨(NaClO₂)** : 산과 접촉 시 이산화염소(ClO₂)가스 발생 $3NaClO_2 + 2HCl \rightarrow 3NaCl + 2ClO_2 + H_2O$	50kg
	염소산염류 (MClO₃)	**염소산칼륨(KClO₃)** : 분해온도 400℃, 찬물, 알코올에는 잘 녹지 않고, 온수, 글리세린 등에는 잘 녹는다. $2KClO_3 \rightarrow 2KCl + 3O_2$ $4KClO_3 + 4H_2SO_4 \rightarrow 4KHSO_4 + 4ClO_2 + O_2 + 2H_2O$ **염소산나트륨(NaClO₃)** : 분해온도 300℃, $2NaClO_3 \rightarrow 2NaCl + 3O_2$ 산과 반응이나 분해 반응으로 독성이 있으며 폭발성이 강한 이산화염소(ClO₂)를 발생 $2NaClO_3 + 2HCl \rightarrow 2NaCl + 2ClO_2 + H_2O$	
	과염소산염류 (MClO₄)	**과염소산칼륨(KClO₄)** : 분해온도 400℃, 완전분해온도/융점 610℃ $KClO_4 \rightarrow KCl + 2O_2$	
	무기과산화물 (M₂O₂, MO₂)	**과산화나트륨(Na₂O₂)** : 물과 접촉 시 수산화나트륨(NaOH)과 산소(O₂)를 발생 $2Na_2O_2 + 2H_2O \rightarrow 4NaOH + O_2$ 산과 접촉 시 과산화수소 발생 $Na_2O_2 + 2HCl \rightarrow 2NaCl + H_2O_2$ **과산화칼륨(K₂O₂)** : 물과 접촉 시 수산화칼륨(KOH)과 산소(O₂)를 발생 $2K_2O_2 + 2H_2O \rightarrow 4KOH + O_2$ **과산화바륨(BaO₂)** : $2BaO_2 + 2H_2O \rightarrow 2Ba(OH)_2 + O_2$, $BaO_2 + 2HCl \rightarrow BaCl_2 + H_2O_2$ **과산화칼슘(CaO₂)** : $2CaO_2 \rightarrow 2CaO + O_2$, $CaO_2 + 2HCl \rightarrow CaCl_2 + H_2O_2$	
Ⅱ	브로민산염류 (MBrO₃)	–	300kg
	질산염류 (MNO₃)	**질산칼륨(KNO₃)** : 흑색화약(질산칼륨 75% + 황 10% + 목탄 15%)의 원료로 이용 $16KNO_3 + 3S + 21C \rightarrow 13CO_2 + 3CO + 8N_2 + 5K_2CO_3 + K_2SO_4 + 2K_2S$ **질산나트륨(NaNO₃)** : 분해온도 약 380℃ $2NaNO_3 \rightarrow 2NaNO_2(아질산나트륨) + O_2$ **질산암모늄(NH₄NO₃)** : 가열 또는 충격으로 폭발 $2NH_4NO_3 \rightarrow 4H_2O + 2N_2 + O_2$ **질산은(AgNO₃)** : $2AgNO_3 \rightarrow 2Ag + 2NO_2 + O_2$	
	아이오딘산염류 (MIO₃)	–	
Ⅲ	과망가니즈산염류 (M'MnO₄)	**과망가니즈산칼륨(KMnO₄)** : 흑자색 결정 열분해반응식 : $2KMnO_4 \rightarrow K_2MnO_4 + MnO_2 + O_2$	1,000kg
	다이크로뮴산염류 (MCr₂O₇)	**다이크로뮴산칼륨(K₂Cr₂O₇)** : 등적색	
Ⅰ~Ⅲ	그 밖에 행정안전부령이 정하는 것	① 과아이오딘산염류(KIO₄) ② 과아이오딘산(HIO₄) ③ 크로뮴, 납 또는 아이오딘의 산화물(CrO₃) ④ 아질산염류(NaNO₂)	300kg
		⑤ 차아염소산염류(MClO)	50kg
		⑥ 염소화아이소사이아누르산(OCNClONClCONCl) ⑦ 퍼옥소이황산염류(K₂S₂O₈) ⑧ 퍼옥소붕산염류(NaBO₃)	300kg

- **공통성질**
  ① 무색결정 또는 백색분말이며, 비중이 1보다 크고 **수용성**인 것이 많다.
  ② **불연성**이며, **산소 다량 함유, 지연성 물질**, 대부분 무기화합물
  ③ 반응성이 풍부하여 열, 타격, 충격, 마찰 및 다른 약품과의 접촉으로 분해하여 많은 산소를 방출하며 다른 가연물의 연소를 돕는다.
- **저장 및 취급 방법**
  ① **조해성이 있으므로 습기에 주의**하며, 용기는 밀폐하고 환기가 잘되는 찬곳에 저장할 것
  ② 열원이나 산화되기 쉬운 물질과 산 또는 화재 위험이 있는 곳으로부터 멀리 할 것
  ③ 용기의 파손에 의한 위험물의 누설에 주의하고, 다른 약품류 및 가연물과의 접촉을 피할 것
- **소화방법**
  불연성 물질이므로 원칙적으로 소화방법은 없으나 가연성 물질의 성질에 따라 주수에 의한 냉각소화
  (단, 과산화물은 모래 또는 소다재)

8. 제2류 위험물(가연성 고체)

위험등급	품명	품목별 성상	지정수량
Ⅱ	황화인	**삼황화인(P₄S₃)** : 착화점 100℃, 물, 황산, 염산 등에는 녹지 않고, 질산이나 이황화탄소(CS₂), 알칼리 등에 녹는다. $P_4S_3 + 8O_2 \rightarrow 2P_2O_5 + 3SO_2$ **오황화인(P₂S₅)** : 알코올이나 이황화탄소(CS₂)에 녹으며, 물이나 알칼리와 반응하면 분해하여 황화수소(H₂S)와 인산(H₃PO₄)으로 된다. $P_2S_5 + 8H_2O \rightarrow 5H_2S + 2H_3PO_4$ **칠황화인(P₄S₇)** : 이황화탄소(CS₂), 물에는 약간 녹으며, 더운 물에서는 급격히 분해하여 황화수소(H₂S)와 인산(H₃PO₄)을 발생	100kg
	적린(P)	착화점 260℃, 조해성이 있으며, 물, 이황화탄소, 에터, 암모니아 등에는 녹지 않는다. 연소하면 황린이나 황화인과 같이 유독성이 심한 백색의 오산화인을 발생 $4P + 5O_2 \rightarrow 2P_2O_5$	
	황(S)	물, 산에는 녹지 않으며 알코올에는 약간 녹고, 이황화탄소(CS₂)에는 잘 녹는다(단, 고무상황은 녹지 않는다). 연소 시 아황산가스를 발생 $S + O_2 \rightarrow SO_2$ 수소와 반응해서 황화수소(달걀 썩는 냄새) 발생 $S + H_2 \rightarrow H_2S$	
Ⅲ	철분(Fe)	$Fe + 2HCl \rightarrow FeCl_2 + H_2$ $2Fe + 3H_2O \rightarrow Fe_2O_3 + 3H_2$	500kg
	금속분	**알루미늄분(Al)** : 물과 반응하면 수소가스를 발생 $2Al + 6H_2O \rightarrow 2Al(OH)_3 + 3H_2$ **아연분(Zn)** : 아연이 염산과 반응하면 수소가스를 발생 $Zn + 2HCl \rightarrow ZnCl_2 + H_2$	
	마그네슘(Mg)	산 및 온수와 반응하여 수소(H₂)를 발생 $Mg + 2HCl \rightarrow MgCl_2 + H_2$, $Mg + 2H_2O \rightarrow Mg(OH)_2 + H_2$ 질소기체 속에서 연소 시 $3Mg + N_2 \rightarrow Mg_3N_2$	
	인화성 고체	래커퍼티, 고무풀, 고형알코올, 메타알데하이드, 제삼뷰틸알코올	1,000kg

- **공통성질**
  ① **이연성·속연성 물질**, 산소를 함유하고 있지 않기 때문에 **강력한 환원제**(산소결합 용이) 연소열 크고, 연소온도가 높다.
  ② 유독한 것 또는 연소 시 **유독가스를 발생**하는 것도 있다.
  ③ 철분, 마그네슘, 금속분류는 물과 산의 접촉으로 발열한다.
- **저장 및 취급 방법**
  ① 점화원으로부터 멀리하고 가열을 피할 것
  ② 용기의 파손으로 위험물의 누설에 주의할 것
  ③ 산화제와의 접촉을 피할 것
  ④ 철분, 마그네슘, 금속분류는 산 또는 물과의 접촉을 피할 것
- **소화방법** : 주수에 의한 냉각소화(단, 황화인, 철분, 마그네슘, 금속분류의 경우 건조사에 의한 질식소화)
- **황** : 순도가 60중량퍼센트 이상인 것을 말한다. 이 경우 순도측정에 있어서 불순물은 **활석 등 불연성 물질과 수분에** 한한다.
- **철분** : **철의 분말**로서 53마이크로미터의 표준체를 통과하는 것이 50중량퍼센트 미만인 것은 제외한다.
- **금속분** : 알칼리금속·알칼리토류금속·철 및 마그네슘 외의 금속의 분말을 말하고, 구리분·니켈분 및 150마이크로미터의 체를 통과하는 것이 50중량퍼센트 미만인 것은 제외한다.
- **마그네슘 및 마그네슘을 함유한 것에 있어서는 다음 각 목의 1에 해당하는 것은 제외한다.**
  ① 2밀리미터의 체를 통과하지 아니하는 덩어리상태의 것
  ② 직경 2밀리미터 이상의 막대모양의 것
- **인화성 고체** : **고형 알코올**, 그 밖에 1기압에서 인화점이 섭씨 40도 미만인 고체

9. 제3류 위험물
(자연발화성 물질 및 금수성 물질)

무료강의

위험등급	품명	품목별 성상	지정수량
I	**칼륨(K)** 석유 속 저장	$2K+2H_2O \rightarrow 2KOH(수산화칼륨)+H_2$ $4K+3CO_2 \rightarrow 2K_2CO_3+C(연소 \cdot 폭발)$, $4K+CCl_4 \rightarrow 4KCl+C(폭발)$	10kg
	나트륨(Na) 석유 속 저장	$2Na+2H_2O \rightarrow 2NaOH(수산화나트륨)+H_2$ $2Na+2C_2H_5OH \rightarrow 2C_2H_5ONa+H_2$	
	알킬알루미늄(RAl **또는 RAlX : $C_1\sim C_4$)** 희석액은 벤젠 또는 톨루엔	$(C_2H_5)_3Al+3H_2O \rightarrow Al(OH)_3(수산화알루미늄)+3C_2H_6(에테인)$ $(C_2H_5)_3Al+HCl \rightarrow (C_2H_5)_2AlCl+C_2H_6$ $(C_2H_5)_3Al+3CH_3OH \rightarrow Al(CH_3O)_3+3C_2H_6$ $(C_2H_5)_3Al+3Cl_2 \rightarrow AlCl_3+3C_2H_5Cl$	
	알킬리튬(RLi)	—	
	황린(P_4) 보호액은 물	황색 또는 담황색의 왁스상 가연성, 자연발화성 고체. 마늘냄새. 융점 44℃, 비중 1.82. 증기는 공기보다 무거우며, 자연발화성(발화점 34℃)이 있어 물속 에 저장하며, 매우 자극적이고 맹독성 물질 $P_4+5O_2 \rightarrow 2P_2O_5$, 인화수소($PH_3$)의 생성을 방지하기 위해 보호액은 약알칼리성 pH 9로 유지하기 위하여 알칼리제(석회 또는 소다회 등)로 pH 조절	20kg
II	**알칼리금속** **(K 및 Na 제외) 및** **알칼리토금속류**	$2Li+2H_2O \rightarrow 2LiOH+H_2$ $Ca+2H_2O \rightarrow Ca(OH)_2+H_2$	50kg
	유기금속화합물류 (알킬알루미늄 및 알킬리튬 제외)	대부분 자연발화성이 있으며, 물과 격렬하게 반응 (예외 : 사에틸납[$(C_2H_5)_4Pb$]은 인화점 93℃로 제3석유류(비수용성)에 해 당하며 물로 소화가능. 유연휘발유의 안티녹크제로 이용됨.) ※ 무연휘발유 : 납 성분이 없는 휘발유로 연소성을 향상시켜 주기 위해 　　MTBE가 첨가됨.	
III	**금속의 수소화물**	**수소화리튬(LiH)** : 수소화합물 중 안정성이 가장 큼 $LiH+H_2O \rightarrow LiOH+H_2$ **수소화나트륨(NaH)** : 회백색의 결정 또는 분말 $NaH+H_2O \rightarrow NaOH+H_2$ **수소화칼슘(CaH₂)** : 백색 또는 회백색의 결정 또는 분말 $CaH_2+2H_2O \rightarrow Ca(OH)_2+2H_2$	300kg
	금속의 인화물	**인화칼슘(Ca₃P₂)=인화석회** : 적갈색 고체 $Ca_3P_2+6H_2O \rightarrow 3Ca(OH)_2+2PH_3$	
	칼슘 또는 **알루미늄의** **탄화물류**	**탄화칼슘(CaC₂)=카바이드** : $CaC_2+2H_2O \rightarrow Ca(OH)_2+C_2H_2$ (습기가 없는 밀폐용기에 저장, 용기에는 질소가스 등 불연성 가스를 봉입) 질소와는 약 700℃ 이상에서 질화되어 칼슘사이안아마이드($CaCN_2$, 석회질소) 생성 $CaC_2+N_2 \rightarrow CaCN_2+C$ **탄화알루미늄(Al₄C₃)** : 황색의 결정, $Al_4C_3+12H_2O \rightarrow 4Al(OH)_3+3CH_4$	
	그 밖에 행정안전 **부령이 정하는 것**	염소화규소화합물	

● **공통성질**

① 공기와 접촉하여 **발열**, **발화**한다.

② 물과 접촉하여 발열 또는 발화하는 물질, 물과 접촉하여 가연성 가스를 발생하는 물질이 있다.

③ 황린(자연발화 온도 : 34℃)을 제외한 모든 물질이 물에 대해 위험한 반응을 일으킨다.

● **저장 및 취급 방법**

① 용기의 파손 및 부식을 막으며 **공기 또는 수분의 접촉을 방지**할 것

② 보호액 속에 위험물을 저장할 경우 위험물이 **보호액 표면에 노출되지 않게 할 것**

③ 다량을 저장할 경우는 소분하여 저장하며 화재발생에 대비하여 희석제를 혼합하거나 수분의 침입이 없도록 할 것

④ 물과 접촉하여 가연성 가스를 발생하므로 화기로부터 멀리할 것

● **소화방법**

건조사, 팽창진주암 및 질석으로 질식소화(물, CO_2, 할론소화 일체금지)

※ 불꽃 반응색

 • K – 보라색

 • Na – 노란색

 • Li – 빨간색

 • Ca – 주황색

10. 제4류 위험물(인화성 액체)

무료강의

위험등급	품명		품목별 성상	지정수량
I	**특수인화물** (1atm에서 발화점이 100℃ 이하인 것 또는 인화점이 −20℃ 이하로서 비점이 40℃ 이하인 것) 「위험물안전관리법」 에서는 특수인화물의 비수용성/수용성 구분 이 명시되어 있지 않지 만, 시험에서는 이를 구분하는 문제가 종종 출제되기 때문에, 특 수인화물의 비수용성 /수용성 구분을 알아 두는 것이 좋다.	비수용성 액체	**다이에틸에터($C_2H_5OC_2H_5$)** : ㉑ −40℃, ㉒1.9~48%, 제4류 위험물 중 인화점이 가장 낮다. 직사광선에 분해되어 과산화물을 생성하므로 갈색 병을 사용하여 밀전하고 냉암소 등에 보관하며 용기의 공간용적은 2% 이상으로 해야 한다. 정전기 방지를 위해 $CaCl_2$를 넣어 두고, 폭발성의 과산화물 생성 방지를 위해 40mesh의 구리망을 넣어 둔다. 과산화물의 검출은 10% 아이오딘화칼륨(KI) 용액과의 반응으로 확인 **이황화탄소(CS_2)** : ㉑ −30℃, ㉒1~50%, 황색, 물보다 무겁고 물에 녹지 않으나, 알코올, 에터, 벤젠 등에는 잘 녹는다. 가연성 증기의 발생을 억제하기 위하여 물(수조)속에 저장 $CS_2+3O_2 \rightarrow CO_2+2SO_2$, $CS_2+2H_2O \rightarrow CO_2+2H_2S$	50L
		수용성 액체	**아세트알데하이드(CH_3CHO)** : ㉑ −40℃, ㉒4.1~57%, 수용성, 은거울, 펠링반응, 구리, 마그네슘, 수은, 은 및 그 합금으로 된 취급설비는 중합반응을 일으켜 구조불명의 폭발성 물질 생성. 불활성 가스 또는 수증기를 봉입하고 냉각장치 등을 이용하여 저장온도를 비점 이하로 유지 **산화프로필렌(CH_3CHOCH_2)** : ㉑ −37℃, ㉒2.8~37%, ㉚35℃, 반응성이 풍부하여 구리, 철, 알루미늄, 마그네슘, 수은, 은 및 그 합금과 중합반응을 일으켜 발열하고 용기 내에서 폭발	
		암기법	다이아산	
II	**제1석유류** (인화점 21℃ 미만)	비수용성 액체	**가솔린(C_5~C_9)** : ㉑ −43℃, ㉓300℃, ㉒1.2~7.6% **벤젠(C_6H_6)** : ㉑ −11℃, ㉓498℃, ㉒1.4~8%, 연소반응식 $2C_6H_6+15O_2 \rightarrow 12CO_2+6H_2O$ **톨루엔($C_6H_5CH_3$)** : ㉑4℃, ㉓480℃, ㉒1.27~7%, 진한질산과 진한황산을 반응시키면 나이트로화하여 TNT의 제조 **사이클로헥세인** : ㉑ −18℃, ㉓245℃, ㉒1.3~8% **콜로디온** : ㉑ −18℃, 질소 함유율 11~12%의 낮은 질화도의 질화면을 에탄올과 에터 3 : 1 비율의 용제에 녹인 것 **메틸에틸케톤($CH_3COC_2H_5$)** : ㉑ −7℃, ㉒1.8~10% **초산메틸(CH_3COOCH_3)** : ㉑ −10℃, ㉒3.1~16% **초산에틸($CH_3COOC_2H_5$)** : ㉑ −3℃, ㉒2.2~11.5% **의산에틸($HCOOC_2H_5$)** : ㉑ −19℃, ㉒2.7~16.5% 아크릴로나이트릴 : ㉑ −5℃, ㉒3~17%, 헥세인 : ㉑ −22℃	200L
		수용성 액체	**아세톤(CH_3COCH_3)** : ㉑ −18.5℃, ㉒2.5~12.8%, 무색투명, 과산화물 생성(황색), 탈지작용 **피리딘(C_5H_5N)** : ㉑16℃ **아크롤레인($CH_2=CHCHO$)** : ㉑ −29℃, ㉒2.8~31% **의산메틸($HCOOCH_3$)** : ㉑ −19℃, **사이안화수소(HCN)** : ㉑ −17℃	400L
		암기법	가벤톨사콜메초초의 / 아피아의시	
	알코올류 (탄소원자 1~3개까지의 포화1가 알코올)		**메틸알코올(CH_3OH)** : ㉑11℃, ㉓464℃, ㉒6~36%, 1차 산화 시 폼알데하이드(HCHO), 최종 폼산(HCOOH), 독성이 강하여 30mL의 양으로도 치명적! **에틸알코올(C_2H_5OH)** : ㉑13℃, ㉓363℃, ㉒4.3~19%, 1차 산화 시 아세트알데하이드(CH_3CHO)가 되며, 최종적 초산(CH_3COOH) **프로필알코올(C_3H_7OH)** : ㉑15℃, ㉓371℃, ㉒2.1~13.5% **아이소프로필알코올** : ㉑12℃, ㉓398.9℃, ㉒2~12%	400L

위험등급	품명		품목별 성상	지정수량
Ⅲ	제2석유류 (인화점 21~70℃)	비수용성 액체	등유(C_9~C_{18}) : ㉑39℃ 이상, ㉕210℃, ㉓0.7~5% 경유(C_{10}~C_{20}) : ㉑41℃ 이상, ㉕257℃, ㉓0.6~7.5% 스타이렌($C_6H_5CH=CH_2$) : ㉑32℃ o-자일렌 : ㉑32℃, m-자일렌, p-자일렌 : ㉑25℃ 클로로벤젠 : ㉑27℃, 장뇌유 : ㉑32℃ 뷰틸알코올(C_4H_9OH) : ㉑35℃, ㉕343℃, ㉓1.4~11.2% 알릴알코올($CH_2=CHCH_2OH$) : ㉑22℃ 아밀알코올($C_5H_{11}OH$) : ㉑33℃, 아니솔 : ㉑52℃, 큐멘 : ㉑31℃	1,000L
		수용성 액체	폼산(HCOOH) : ㉑55℃ 초산(CH_3COOH) : ㉑40℃, $CH_3COOH+2O_2 \rightarrow 2CO_2+2H_2O$ 하이드라진(N_2H_4) : ㉑38℃, ㉓4.7~100%, 무색의 가연성 고체 아크릴산($CH_2=CHCOOH$) : ㉑46℃	2,000L
		암기법	등경스자클장뷰알아 / 포초하아	
	제3석유류 (인화점 70~200℃)	비수용성 액체	중유 : ㉑70℃ 이상 크레오소트유 : ㉑74℃, 자극성의 타르 냄새가 나는 황갈색 액체 아닐린($C_6H_5NH_2$) : ㉑70℃, ㉕615℃, ㉓1.3~11% 나이트로벤젠($C_6H_5NO_2$) : ㉑88℃, 담황색 또는 갈색의 액체, ㉕482℃ 나이트로톨루엔[$NO_2(C_6H_4)CH_3$] : ㉑o-106℃, m-102℃, p-106℃, 다이클로로에틸렌 : ㉑97~102℃	2,000L
		수용성 액체	에틸렌글리콜[$C_2H_4(OH)_2$] : ㉑120℃, 무색무취의 단맛이 나고 흡습성이 있는 끈끈한 액체로서 2가 알코올, 물, 알코올, 에터, 글리세린 등에는 잘 녹고 사염화탄소, 이황화탄소, 클로로폼에는 녹지 않는다. 글리세린[$C_3H_5(OH)_3$] : ㉑160℃, ㉕370℃, 물보다 무겁고 단맛이 나는 무색 액체, 3가의 알코올, 물, 알코올, 에터에 잘 녹으며 벤젠, 클로로폼 등에는 녹지 않는다. 아세트사이안하이드린 : ㉑74℃, 아디포나이트릴 : ㉑93℃ 염화벤조일 : ㉑72℃	4,000L
		암기법	중크아나나 / 에글	
	제4석유류 (인화점 200℃ 이상 ~250℃ 미만)		기어유 : ㉑230℃ 실린더유 : ㉑250℃	6,000L
	동식물유류 (1atm, 인화점이 250℃ 미만인 것)		아이오딘값 : 유지 100g에 부가되는 아이오딘의 g수, 불포화도가 증가할수록 아이오딘값이 증가하며, 자연발화의 위험이 있다. ① 건성유 : 아이오딘값이 130 이상 　　이중결합이 많아 불포화도가 높기 때문에 공기 중에서 산화되어 액 표면에 피막을 만드는 기름 　㈀ 아마인유, 들기름, 동유, 정어리기름, 해바라기유 등 ② 반건성유 : 아이오딘값이 100~130인 것 　　공기 중에서 건성유보다 얇은 피막을 만드는 기름 　㈀ 참기름, 옥수수기름, 청어기름, 채종유, 면실유(목화씨유), 콩기름, 쌀겨유 등 ③ 불건성유 : 아이오딘값이 100 이하인 것 　　공기 중에서 피막을 만들지 않는 안정된 기름 　㈀ 올리브유, 피마자유, 야자유, 땅콩기름, 동백기름 등	10,000L

※ ㉑은 인화점, ㉕은 발화점, ㉓은 연소범위, ㉕는 비점

- **공통성질**
  ① 인화되기 매우 쉽다.
  ② 착화온도가 낮은 것은 위험하다.
  ③ 증기는 공기보다 무겁다.
  ④ 물보다 가볍고 물에 녹기 어렵다.
  ⑤ 증기는 공기와 약간 혼합되어도 연소의 우려가 있다.
- **제4류 위험물 화재의 특성**
  ① 유동성 액체이므로 연소의 확대가 빠르다.
  ② 증발연소하므로 불티가 나지 않는다.
  ③ 인화성이므로 풍하의 화재에도 인화된다.
- **소화방법**
  질식소화 및 안개상의 주수소화 가능
- 인화성 액체 : 액체(제3석유류, 제4석유류 및 동식물유류에 있어서는 1기압과 섭씨 20도에서 액상인 것에 한한다)로서 인화의 위험성이 있는 것을 말한다.
- **특수인화물 : 이황화탄소, 다이에틸에터**, 그 밖에 1기압에서 발화점이 섭씨 100도 이하인 것 또는 인화점이 섭씨 영하 20도 이하이고 비점이 섭씨 40도 이하인 것을 말한다.
- 제1석유류 : **아세톤, 휘발유**, 그 밖에 1기압에서 **인화점이 섭씨 21도 미만**인 것을 말한다.
- 알코올류 : 1분자를 구성하는 탄소원자의 수가 1개부터 3개까지인 포화1가 알코올(변성 알코올을 포함한다)을 말한다. 다만, 다음 각 목의 1에 해당하는 것은 제외한다.
  ① 1분자를 구성하는 탄소원자의 수가 1개 내지 3개의 포화1가 알코올의 함유량이 60중량퍼센트 미만인 수용액
  ② 가연성 액체량이 60중량퍼센트 미만이고 인화점 및 연소점(태그개방식 인화점측정기에 의한 연소점을 말한다. 이하 같다.)이 에틸알코올 60중량퍼센트 수용액의 인화점 및 연소점을 초과하는 것
- 제2석유류 : **등유, 경유**, 그 밖에 1기압에서 **인화점이 섭씨 21도 이상 70도 미만**인 것을 말한다. 다만, 도료류, 그 밖의 물품에 있어서 가연성 액체량이 40중량퍼센트 이하이면서 인화점이 섭씨 40도 이상인 동시에 연소점이 섭씨 60도 이상인 것은 제외한다.
- 제3석유류 : **중유, 크레오소트유**, 그 밖에 1기압에서 **인화점이 섭씨 70도 이상 섭씨 200도 미만**인 것. 다만, 도료류, 그 밖의 물품은 가연성 액체량이 40중량퍼센트 이하인 것은 제외한다.
- 제4석유류 : **기어유, 실린더유**, 그 밖에 1기압에서 **인화점이 섭씨 200도 이상 섭씨 250도 미만**의 것. 다만, 도료류, 그 밖의 물품은 가연성 액체량이 40중량퍼센트 이하인 것은 제외한다.
- 동식물유류 : 동물의 지육 등 또는 식물의 종자나 과육으로부터 추출한 것으로서 1기압에서 인화점이 섭씨 250도 미만인 것을 말한다.

※ **인화성 액체의 인화점 시험방법**
  ① 인화성 액체의 인화점 측정기준
    ㉠ 측정결과가 0℃ 미만인 경우에는 해당 측정결과를 인화점으로 할 것
    ㉡ 측정결과가 0℃ 이상 80℃ 이하인 경우에는 동점도 측정을 하여 동점도가 $10mm^2/S$ 미만인 경우에는 해당 측정결과를 인화점으로 하고, 동점도가 $10mm^2/S$ 이상인 경우에는 다시 측정할 것
    ㉢ 측정결과가 80℃를 초과하는 경우에는 다시 측정할 것
  ② 인화성 액체 중 수용성 액체란 온도 20℃, 기압 1기압에서 동일한 양의 증류수와 완만하게 혼합하여, 혼합액의 유동이 멈춘 후 해당 혼합액이 균일한 외관을 유지하는 것을 말한다.

11. 제5류 위험물(자기반응성 물질)

무료강의

품명	품목	지정수량
유기과산화물 (-O-O-)	**벤조일퍼옥사이드[$(C_6H_5CO)_2O_2$, 과산화벤조일]** : 무미, 무취의 백색분말. 비활성 희석제(프탈산다이메틸, 프탈산다이뷰틸 등)를 첨가되어 폭발성 낮춤. **메틸에틸케톤퍼옥사이드[$(CH_3COC_2H_5)_2O_2$, MEKPO, 과산화메틸에틸케톤]** : 인화점 58℃, 희석제(DMP, DBP를 40%) 첨가로 농도가 60% 이상 되지 않게 하며 저장온도는 30℃ 이하를 유지 **아세틸퍼옥사이드** : 인화점(45℃), 발화점(121℃), 희석제 DMF를 75% 첨가 $CH_3-C-O-O-C-CH_3$	시험결과에 따라 위험성 유무와 등급을 결정하여 제1종과 제2종으로 분류한다. • 제1종 : 10kg • 제2종 : 100kg
질산에스터류 (R-ONO$_2$)	**나이트로셀룰로스([$C_6H_7O_2(ONO_2)_3]_n$, 질화면)** : 인화점(13℃), 발화점(160~170℃), 분해온도(130℃), 비중(1.7) $2C_{24}H_{29}O_9(ONO_2)_{11} \rightarrow 24CO_2 + 24CO + 12H_2O + 11N_2 + 17H_2$ **나이트로글리세린[$C_3H_5(ONO_2)_3$]** : 다이너마이트, 로켓, 무연화약의 원료로 순수한 것은 무색투명하나 공업용 시판품은 담황색, 다공질 물질을 규조토에 흡수시켜 다이너마이트 제조 $4C_3H_5(ONO_2)_3 \rightarrow 12CO_2 + 10H_2O + 6N_2 + O_2$ **질산메틸(CH_3ONO_2)** : 분자량(약 77), 비중[1.2(증기비중 2.65)], 비점(66℃), 무색투명한 액체이며, 향긋한 냄새가 있고 단맛 **질산에틸($C_2H_5ONO_2$)** : 비중(1.11), 융점(-112℃), 비점(88℃), 인화점(-10℃) **나이트로글리콜[$C_2H_4(ONO_2)_2$]** : 순수한 것 무색, 공업용은 담황색, 폭발속도 7,800m/s	
나이트로화합물 (R-NO$_2$)	**트라이나이트로톨루엔[TNT, $C_6H_2CH_3(NO_2)_3$]** : 순수한 것은 무색 결정이나 담황색의 결정, 직사광선에 의해 다갈색으로 변하며 중성으로 금속과는 반응이 없으며 장기 저장해도 자연발화의 위험 없이 안정하다. 분자량(227), 발화온도(약 300℃) $2C_6H_2CH_3(NO_2)_3 \rightarrow 12CO + 2C + 3N_2 + 5H_2$ **트라이나이트로페놀(TNP, 피크르산)** : 순수한 것은 무색이나 보통 공업용은 휘황색의 침전 결정. 폭발온도(3,320℃), 폭발속도(약 7,000m/s) $2C_6H_2OH(NO_2)_3 \rightarrow 6CO + 2C + 3N_2 + 3H_2 + 4CO_2$	
나이트로소화합물	–	
아조화합물	–	
다이아조화합물	–	
하이드라진 유도체	–	
하이드록실아민	–	
하이드록실아민염류	–	
그 밖에 행정안전부령이 정하는 것	① 금속의 아지화합물[NaN_3, $Pb(N_3)_2$] ② 질산구아니딘[$C(NH_2)_3NO_3$]	

- **공통성질**

다량의 주수냉각소화. 가연성 물질이며, 내부연소. 폭발적이며, 장시간 저장 시 산화반응이 일어나 열분해되어 자연발화한다.

① 자기연소를 일으키며 연소의 속도가 매우 빠르다.

② 모두 유기질화물이므로 가열, 충격, 마찰 등으로 인한 폭발의 위험이 있다.

③ 시간의 경과에 따라 자연발화의 위험성을 갖는다.

- **저장 및 취급 방법**

① 점화원 및 분해를 촉진시키는 물질로부터 멀리할 것

② 용기의 파손 및 균열에 주의하며 실온, 습기, 통풍에 주의할 것

③ 화재발생 시 소화가 곤란하므로 소분하여 저장할 것

④ 용기는 밀전, 밀봉하고 포장 외부에 화기엄금, 충격주의 등 주의사항 표시를 할 것

- **소화방법**

다량의 냉각주수소화

12. 제6류 위험물(산화성 액체)

무료강의

위험등급	품명	품목별 성상	지정수량
I	과염소산 ($HClO_4$)	무색무취의 유동성 액체. 92℃ 이상에서는 폭발적으로 분해 $HClO_4 \rightarrow HCl + 2O_2$ $HClO < HClO_2 < HClO_3 < HClO_4$	300kg
	과산화수소 (H_2O_2)	순수한 것은 청색을 띠며 점성이 있고 무취, 투명하고 질산과 유사한 냄새. 농도 60% 이상인 것은 충격에 의해 단독폭발의 위험, **분해방지 안정제(인산, 요산 등)**를 넣어 발생기 산소의 발생을 억제한다. 용기는 밀봉하되 작은 구멍이 뚫린 마개를 사용. 가열 또는 촉매(KI)에 의해 산소 발생 $2H_2O_2 \rightarrow 2H_2O + O_2$	
	질산 (HNO_3)	직사광선에 의해 분해되어 이산화질소(NO_2)를 생성시킨다. $4HNO_3 \rightarrow 4NO_2 + 2H_2O + O_2$ **크산토프로테인 반응**(피부에 닿으면 노란색), **부동태 반응**(Fe, Ni, Al 등과 반응 시 산화물피막 형성)	
	그 밖에 행정안전부령이 정하는 것	할로젠간화합물(ICl, IBr, BrF_3, BrF_5, IF_5 등)	

● **공통성질**
물보다 무겁고, 물에 녹기 쉬우며, 불연성 물질이다.
① 부식성 및 유독성이 강한 강산화제이다.
② 산소를 많이 포함하여 다른 가연물의 연소를 돕는다.
③ 비중이 1보다 크며 물에 잘 녹는다.
④ 물과 만나면 발열한다.
⑤ 가연물 및 분해를 촉진하는 약품과 분해 폭발한다.

● **저장 및 취급 방법**
① 저장용기는 내산성일 것
② 물, 가연물, 무기물 및 고체의 산화제와의 접촉을 피할 것
③ 용기는 밀전 밀봉하여 누설에 주의할 것

● **소화방법**
불연성 물질이므로 원칙적으로 소화방법이 없으나 가연성 물질에 따라 마른모래나 분말소화약제

● 과산화수소 : 농도 36wt% 이상인 것. 질산의 비중 1.49 이상인 것

※ 황산(H_2SO_4) : 2003년까지는 비중 1.82 이상이면 위험물로 분류하였으나, 현재는 위험물안전관리법상 위험물에 해당하지 않
는다.

13. 위험물시설의 안전관리(1)

무료강의

1 설치 및 변경	① 위험물의 품명·수량 또는 지정수량의 배수를 변경 시 : 1일 전까지 행정안전부령이 정하는 바에 따라 시·도지사에게 신고
	② 제조소 등의 설치자의 지위를 승계한 자는 30일 이내에 시·도지사에게 신고
	③ **제조소 등의 용도를 폐지한 날부터 14일 이내에 시·도지사에게 신고**
	④ **허가 및 신고가 필요 없는 경우**
	  ㉮ 주택의 난방시설(공동주택의 중앙난방시설을 제외한다)을 위한 저장소 또는 취급소
	  ㉯ 농예용·축산용 또는 수산용으로 필요한 난방시설 또는 건조시설을 위한 지정수량 20배 이하의 저장소
	⑤ **허가취소 또는 6월 이내의 사용정지 경우**
	  ㉮ 규정에 따른 변경허가를 받지 아니하고 제조소 등의 위치·구조 또는 설비를 변경한 때
	  ㉯ 완공검사를 받지 아니하고 제조소 등을 사용한 때
	  ㉰ 규정에 따른 수리·개조 또는 이전의 명령을 위반한 때
	  ㉱ 규정에 따른 위험물안전관리자를 선임하지 아니한 때
	  ㉲ 대리자를 지정하지 아니한 때
	  ㉳ 정기점검을 하지 아니한 때
	  ㉴ 정기검사를 받지 아니한 때
	  ㉵ 저장·취급기준 준수명령을 위반한 때

2 위험물 안전관리자	① **해임하거나 퇴직한 때에는 해임하거나 퇴직한 날부터 30일 이내에 다시 안전관리자를 선임** ② **선임한 경우에는 선임한 날부터 14일 이내에 소방본부장 또는 소방서장에게 신고** ③ 대리자가 안전관리자의 직무를 대행하는 기간은 30일을 초과할 수 없다.

3 예방규정을
정하여야 하는
제조소 등
	① 지정수량의 10배 이상의 위험물을 취급하는 제조소
	② 지정수량의 100배 이상의 위험물을 저장하는 옥외저장소
	③ 지정수량의 150배 이상의 위험물을 저장하는 옥내저장소
	④ 지정수량의 200배 이상을 저장하는 옥외탱크저장소
	⑤ **암반탱크저장소**
	⑥ **이송취급소**
	⑦ 지정수량의 10배 이상의 위험물 취급하는 일반취급소[다만, 제4류 위험물(특수인화물을 제외한다)만을 지정수량의 50배 이하로 취급하는 일반취급소(제1석유류·알코올류의 취급량이 지정수량의 10배 이하인 경우에 한한다)로서 다음의 어느 하나에 해당하는 것을 제외]
	  ㉮ 보일러·버너 또는 이와 비슷한 것으로서 위험물을 소비하는 장치로 이루어진 일반취급소
	  ㉯ 위험물을 용기에 옮겨 담거나 차량에 고정된 탱크에 주입하는 일반취급소

4 정기점검대상 제조소 등	① 예방규정을 정하여야 하는 제조소 등 ② 지하탱크저장소 ③ 이동탱크저장소 ④ 제조소(지하탱크)·주유취급소 또는 일반취급소
5 정기검사대상 제조소 등	액체위험물을 저장 또는 취급하는 50만L 이상의 옥외탱크저장소
6 위험물저장소의 종류	① 옥내저장소　　　　② 옥외저장소　　　　③ 옥외탱크저장소 ④ 옥내탱크저장소　　⑤ 지하탱크저장소　　⑥ 이동탱크저장소 ⑦ 간이탱크저장소　　⑧ 암반탱크저장소

14. 위험물시설의 안전관리(2)

1 탱크시험자	① 필수장비 : 방사선투과시험기, 초음파탐상시험기, 자기탐상시험기, 초음파두께측정기
	② 시설 : 전용사무실
	③ 규정에 따라 등록한 사항 가운데 행정안전부령이 정하는 중요사항을 변경한 경우에는 그 날부터 30일 이내에 시·도지사에게 변경신고

2 압력계 및 안전장치	위험물의 압력이 상승할 우려가 있는 설비에 설치해야 하는 안전장치
	① 자동적으로 압력의 상승을 정지시키는 장치
	② 감압측에 안전밸브를 부착한 감압밸브
	③ 안전밸브를 병용하는 경보장치
	④ 파괴판(위험물의 성질에 따라 안전밸브의 작동이 곤란한 가압설비에 한한다.)

3 자체소방대

① 설치대상 : 제4류 위험물을 지정수량의 3천배 이상 취급하는 제조소 또는 일반취급소와 50만배 이상 저장하는 옥외탱크저장소에 설치

② 자체소방대에 두는 화학소방자동차 및 인원

사업소의 구분	화학소방 자동차의 수	자체소방 대원의 수
제조소 또는 일반취급소에서 취급하는 제4류 위험물의 최대수량의 합이 지정수량의 3천배 이상 12만배 미만인 사업소	1대	5인
제조소 또는 일반취급소에서 취급하는 제4류 위험물의 최대수량의 합이 지정수량의 12만배 이상 24만배 미만인 사업소	2대	10인
제조소 또는 일반취급소에서 취급하는 제4류 위험물의 최대수량의 합이 지정수량의 24만배 이상 48만배 미만인 사업소	3대	15인
제조소 또는 일반취급소에서 취급하는 제4류 위험물의 최대수량의 합이 지정수량의 48만배 이상인 사업소	4대	20인
옥외탱크저장소에 저장하는 제4류 위험물의 최대수량이 지정수량의 50만배 이상인 사업소	2대	10인

4 화학소방 자동차에 갖추어야 하는 소화능력 및 소화설비의 기준

화학소방자동차의 구분	소화능력 및 소화설비의 기준
포수용액방사차	• 포수용액의 방사능력이 2,000L/분 이상일 것 • 소화약액탱크 및 소화약액혼합장치를 비치할 것 • 10만L 이상의 포수용액을 방사할 수 있는 양의 소화약제를 비치할 것
분말방사차	• 분말의 방사능력이 35kg/초 이상일 것 • 분말탱크 및 가압용 가스설비를 비치할 것 • 1,400kg 이상의 분말을 비치할 것
할로젠화합물방사차	• 할로젠화합물의 방사능력이 40kg/초 이상일 것 • 할로젠화합물 탱크 및 가압용 가스설비를 비치할 것 • 1,000kg 이상의 할로젠화합물을 비치할 것
이산화탄소방사차	• 이산화탄소의 방사능력이 40kg/초 이상일 것 • 이산화탄소 저장용기를 비치할 것 • 3,000kg 이상의 이산화탄소를 비치할 것
제독차	가성소다 및 규조토를 각각 50kg 이상 비치할 것
※ 포수용액을 방사하는 화학소방자동차의 대수는 규정에 의한 화학소방자동차의 대수의 3분의 2 이상으로 하여야 한다.	

15. 위험물시설의 안전관리(3)

무료강의

1 제조소 등에 대한 행정처분기준

위반사항	행정처분기준		
	1차	2차	3차
① 제조소 등의 위치 · 구조 또는 설비를 변경한 때	경고 또는 사용정지 15일	사용정지 60일	허가취소
② 완공검사를 받지 아니하고 제조소 등을 사용한 때	사용정지 15일	사용정지 60일	허가취소
③ 수리 · 개조 또는 이전의 명령에 위반한 때	사용정지 30일	사용정지 90일	허가취소
④ 위험물 안전관리자를 선임하지 아니한 때	사용정지 15일	사용정지 60일	허가취소
⑤ 대리자를 지정하지 아니한 때	사용정지 10일	사용정지 30일	허가취소
⑥ 정기점검을 하지 아니한 때	사용정지 10일	사용정지 30일	허가취소
⑦ 정기검사를 받지 아니한 때	사용정지 10일	사용정지 30일	허가취소
⑧ 저장 · 취급 기준 준수명령을 위반한 때	사용정지 30일	사용정지 60일	허가취소

2 위험물취급 자격자의 자격

위험물취급 자격자의 구분	취급할 수 있는 위험물
「국가기술자격법」에 따라 위험물기능장, 위험물산업기사, 위험물기능사의 자격을 취득한 사람	위험물안전관리법 시행령 [별표 1]의 모든 위험물
안전관리자 교육 이수자(법 28조 제1항에 따라 소방청장이 실시하는 안전관리자 교육을 이수한 자)	제4류 위험물
소방공무원 경력자(소방공무원으로 근무한 경력이 3년 이상인 자)	

3 위험물안전관리 대행기관 지정기준

기술인력	① 위험물기능장 또는 위험물산업기사 1인 이상 ② 위험물산업기사 또는 위험물기능사 2인 이상 ③ 기계분야 및 전기분야의 소방설비기사 1인 이상
시설	전용사무실을 갖출 것
장비	① 절연저항계 ② 접지저항측정기(최소눈금 0.1Ω 이하) ③ 가스농도측정기 ④ 정전기전위측정기 ⑤ 토크렌치 ⑥ 진동시험기 ⑦ 안전밸브시험기 ⑧ 표면온도계(-10~300℃) ⑨ 두께측정기(1.5~99.9mm) ⑩ 유량계, 압력계 ⑪ 안전용구(안전모, 안전화, 손전등, 안전로프 등) ⑫ 소화설비 점검기구(소화전밸브압력계, 방수압력측정계, 포컬렉터, 헤드렌치, 포컨테이너)

4 예방 규정의 작성내용	① 위험물의 안전관리업무를 담당하는 자의 **직무 및 조직**에 관한 사항
	② 안전관리자가 여행 · 질병 등으로 인하여 그 직무를 수행할 수 없을 경우 그 **직무의 대리자**에 관한 사항
	③ 자체소방대를 설치하여야 하는 경우에는 **자체소방대의 편성과 화학소방자동차의 배치**에 관한 사항
	④ 위험물의 안전에 관계된 작업에 종사하는 자에 대한 **안전 교육 및 훈련**에 관한 사항
	⑤ 위험물 시설 및 작업장에 대한 **안전순찰**에 관한 사항
	⑥ 위험물 시설 · 소방시설, 그 밖의 관련 시설에 대한 **점검 및 정비**에 관한 사항
	⑦ 위험물 시설의 **운전 또는 조작**에 관한 사항
	⑧ 위험물 취급 **작업의 기준**에 관한 사항
	⑨ 이송취급소에 있어서는 배관공사 현장책임자의 조건 등 배관공사 현장에 대한 감독체제에 관한 사항과 배관 주위에 있는 이송취급소 시설 외의 공사를 하는 경우 **배관의 안전확보**에 관한 사항
	⑩ 재난, 그 밖의 **비상시**의 경우에 취하여야 하는 **조치**에 관한 사항
	⑪ 위험물의 **안전에 관한 기록**에 관한 사항
	⑫ 제조소 등의 위치 · 구조 및 설비를 명시한 **서류와 도면의 정비**에 관한 사항
	⑬ 그 밖에 위험물의 **안전관리에 관하여 필요한 사항**
	⑭ 예방 규정은 「산업안전보건법」 규정에 의한 안전보건관리규정과 통합하여 작성할 수 있다.
	⑮ 예방 규정을 제정하거나 변경한 경우에는 예방규정제출서에 제정 또는 변경한 예방 규정 1부를 첨부하여 시 · 도지사 또는 소방서장에게 제출하여야 한다.

5 탱크안전성능검사의 대상이 되는 탱크 및 신청시기	① 기초 · 지반 검사	검사대상	옥외탱크저장소의 액체 위험물 탱크 중 그 용량이 100만L 이상인 탱크
		신청시기	위험물탱크의 기초 및 지반에 관한 공사의 개시 전
	② 충수 · 수압 검사	검사대상	액체 위험물을 저장 또는 취급하는 탱크
		신청시기	위험물을 저장 또는 취급하는 탱크에 배관, 그 밖에 부속설비를 부착하기 전
	③ 용접부검사	검사대상	①의 규정에 의한 탱크
		신청시기	탱크 본체에 관한 공사의 개시 전
	④ 암반탱크검사	검사대상	액체 위험물을 저장 또는 취급하는 암반 내의 공간을 이용한 탱크
		신청시기	암반탱크의 본체에 관한 공사의 개시 전

6 위험물탱크 안전성능시험자의 등록결격사유	① **피성년후견인** 또는 **피한정후견인**
	② 「위험물안전관리법」, 「소방기본법」, 「소방시설 설치 · 유지 및 안전관리에 관한 법률」 또는 「소방시설공사업법」에 따른 금고 이상의 실형의 선고를 받고 그 집행이 종료(집행이 종료된 것으로 보는 경우를 포함한다)되거나 **집행이 면제된 날부터 2년이 지나지 아니한 자**
	③ 「위험물안전관리법」, 「소방기본법」, 「소방시설 설치 · 유지 및 안전관리에 관한 법률」 또는 「소방시설공사업법」에 따른 **금고 이상의 형의 집행유예 선고를 받고 그 유예기간 중에 있는 자**
	④ **탱크시험자의 등록이 취소된 날부터 2년이 지나지 아니한 자**
	⑤ 법인으로서 그 대표자가 ① 내지 ②에 해당하는 경우

16. 위험물의 저장기준

1 저장기준	① 유별을 달리하더라도 서로 **1m 이상 간격을 둘 때 저장 가능한 경우**는 다음과 같다.

① 유별을 달리하더라도 서로 **1m 이상 간격을 둘 때 저장 가능한 경우**는 다음과 같다.
  ㉮ 제1류 위험물(알칼리금속의 과산화물 또는 이를 함유한 것을 제외한다)과 제5류 위험물을 저장하는 경우
  ㉯ 제1류 위험물과 제6류 위험물을 저장하는 경우
  ㉰ 제1류 위험물과 제3류 위험물 중 자연발화성 물질(황린 또는 이를 함유한 것에 한한다)을 저장하는 경우
  ㉱ 제2류 위험물 중 인화성 고체와 제4류 위험물을 저장하는 경우
  ㉲ 제3류 위험물 중 알킬알루미늄 등과 제4류 위험물(알킬알루미늄 또는 알킬리튬을 함유한 것에 한한다)을 저장하는 경우
  ㉳ 제4류 위험물과 제5류 위험물 중 유기과산화물 또는 이를 함유한 것을 저장하는 경우
② 옥내저장소에서 동일 품명의 위험물이더라도 자연발화할 우려가 있는 위험물 또는 재해가 현저하게 증대할 우려가 있는 위험물을 다량 저장하는 경우에는 지정수량의 10배 이하마다 구분하여 상호 간 0.3m 이상의 간격을 두어 저장하여야 한다. 다만, 위험물 또는 기계에 의하여 하역하는 구조로 된 용기에 수납한 위험물에 있어서는 그러하지 아니하다.
③ 옥내저장소에 저장하는 경우 규정높이 이상으로 용기를 겹쳐 쌓지 않아야 한다.
  ㉮ **기계에 의하여 하역하는 구조로 된 용기만을 겹쳐 쌓는 경우에 있어서는 6m**
  ㉯ **제4류 위험물 중 제3석유류, 제4석유류 및 동식물유류를 수납하는 용기만을 겹쳐 쌓는 경우에 있어서는 4m**
  ㉰ 그 밖의 경우에 있어서는 3m
④ 옥내저장소에서는 용기에 수납하여 저장하는 위험물의 온도가 55℃를 넘지 아니하도록 필요한 조치를 강구하여야 한다(중요기준).
⑤ 옥외저장소에서 위험물을 수납한 용기를 선반에 저장하는 경우에는 6m를 초과하여 저장하지 아니하여야 한다.

2 위험물 저장탱크의 용량

① 위험물을 저장 또는 취급하는 탱크의 용량은 해당 탱크의 내용적에서 공간용적을 뺀 용적으로 한다. 단, 이동탱크저장소의 탱크인 경우에는 내용적에서 공간용적을 뺀 용적이 자동차관리관계법령에 의한 최대적재량 이하이어야 한다.
② 탱크의 공간용적
  ㉮ **일반탱크** : 탱크 내용적의 100분의 5 이상 100분의 10 이하로 한다.
  ㉯ **소화설비(소화약제 방출구를 탱크 안의 윗부분에 설치하는 것에 한한다)를 설치하는 탱크** : 해당 소화설비의 소화약제 방출구 아래의 0.3미터 이상 1미터 미만 사이의 면으로부터 윗부분의 용적으로 한다.
  ㉰ **암반탱크** : 해당 탱크 내에 용출하는 7일간의 지하수의 양에 상당하는 용적과 해당탱크의 내용적의 100분의 1의 용적 중에서 보다 큰 용적을 공간용적으로 한다.

3 탱크의 내용적

① 타원형 탱크의 내용적

㉮ 양쪽이 볼록한 것

$$내용적 = \frac{\pi ab}{4}\left(l + \frac{l_1 + l_2}{3}\right)$$

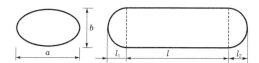

㉯ 한쪽이 볼록하고 다른 한쪽은 오목한 것

$$내용적 = \frac{\pi ab}{4}\left(l + \frac{l_1 - l_2}{3}\right)$$

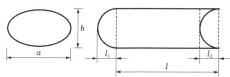

② 원형 탱크의 내용적

㉮ 가로로 설치한 것

$$내용적 = \pi r^2\left(l + \frac{l_1 + l_2}{3}\right)$$

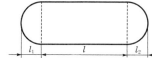

㉯ 세로로 설치한 것

$$내용적 = \pi r^2 l$$

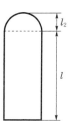

17. 위험물의 취급기준

무료강의

1 적재방법	① 위험물의 품명 · 위험 등급 · 화학명 및 수용성 ('수용성' 표시는 제4류 위험물로서 수용성인 것에 한한다.) ② 위험물의 수량 ③ 수납하는 위험물에 따른 주의사항

③ 수납하는 위험물에 따른 주의사항

유별	구분	주의사항
제1류 위험물 (산화성 고체)	알칼리금속의 무기과산화물	"화기 · 충격주의", "물기엄금", "가연물접촉주의"
	그 밖의 것	"화기 · 충격주의", "가연물접촉주의"
제2류 위험물 (가연성 고체)	철분 · 금속분 · 마그네슘	"화기주의", "물기엄금"
	인화성 고체	"화기엄금"
	그 밖의 것	"화기주의"
제3류 위험물 (자연발화성 및 금수성 물질)	자연발화성 물질	"화기엄금", "공기접촉엄금"
	금수성 물질	"물기엄금"
제4류 위험물(인화성 액체)	–	"화기엄금"
제5류 위험물(자기반응성 물질)	–	"화기엄금", "충격주의"
제6류 위험물(산화성 액체)	–	"가연물접촉주의"

2 지정수량의 배수	지정수량 배수의 합 $$= \frac{\text{A품목 저장수량}}{\text{A품목 지정수량}} + \frac{\text{B품목 저장수량}}{\text{B품목 지정수량}} + \frac{\text{C품목 저장수량}}{\text{C품목 지정수량}} + \cdots$$
3 제조과정 취급기준	① 증류공정 : 설비의 **내부압력**의 변동 등에 의하여 액체 또는 증기가 새지 아니하도록 할 것 ② 추출공정 : 추출관의 **내부압력**이 비정상으로 상승하지 아니하도록 할 것 ③ 건조공정 : **온도**가 국부적으로 **상승**하지 않는 방법으로 가열 또는 건조할 것 ④ 분쇄공정 : 분말이 현저하게 기계 · 기구 등에 부착되어 있는 상태로 그 기계 · 기구를 취급하지 아니할 것
4 소비하는 작업에서 취급기준	① **분사도장작업**은 방화상 유효한 격벽 등으로 구획된 안전한 장소에서 실시할 것 ② **담금질** 또는 **열처리작업**은 위험물이 위험한 온도에 이르지 아니하도록 하여 실시할 것 ③ **버너를 사용하는 경우**에는 버너의 역화를 방지하고 위험물이 넘치지 아니하도록 할 것
5 표지 및 게시판	① 표지 : 한 변의 길이가 **0.3m 이상**, 다른 한 변의 길이가 **0.6m 이상**인 직사각형 ② 게시판 : 저장 또는 취급하는 위험물의 유별 · 품명 및 저장최대수량 또는 취급최대수량, 지정수량의 배수 및 안전관리자의 성명 또는 직명을 기재

18. 위험물의 운반기준

무료강의

1 운반기준	① 고체는 95% 이하의 수납률, 액체는 98% 이하의 수납률 유지 및 55℃ 온도에서 누설되지 않도록 유지할 것 ② 제3류 위험물은 다음의 기준에 따라 운반용기에 수납할 것 ㉮ 자연발화성 물질에 있어서는 불활성 기체를 봉입하여 밀봉하는 등 공기와 접하지 아니하도록 할 것 ㉯ 자연발화성 물질 외의 물품에 있어서는 파라핀·경유·등유 등의 보호액으로 채워 밀봉하거나 불활성기체를 봉입하여 밀봉하는 등 수분과 접하지 아니하도록 할 것 ㉰ 자연발화성 물질 중 알킬알루미늄 등은 **운반용기 내용적의 90% 이하의 수납률**로 수납하되, **50℃의 온도에서 5% 이상의 공간용적을 유지**하도록 할 것
2 운반용기 재질	금속판, 강판, 삼, 합성섬유, 고무류, 양철판, 짚, 알루미늄판, 종이, 유리, 나무, 플라스틱, 섬유판
3 운반용기	① 고체 위험물 : 유리 또는 플라스틱 용기 10L, 금속제 용기 30L ② 액체 위험물 : 유리용기 5L 또는 10L, 플라스틱 10L, 금속제 용기 30L

4 적재하는 위험물에 따른 조치사항	차광성이 있는 것으로 피복해야 하는 경우	방수성이 있는 것으로 피복해야 하는 경우
	• 제1류 위험물 • 제3류 위험물 중 자연발화성 물질 • 제4류 위험물 중 특수 인화물 • 제5류 위험물 • 제6류 위험물	• 제1류 위험물 중 알칼리 금속의 과산화물 • 제2류 위험물 중 철분, 금속분, 마그네슘 • 제3류 위험물 중 금수성 물질

5 위험물의 운송	① 운송책임자의 감독·지원을 받아 운송하여야 하는 물품 : **알킬알루미늄, 알킬리튬** ② 위험물 운송자는 장거리(고속국도에 있어서는 340km 이상, 그 밖의 도로에 있어서는 200km 이상을 말한다)에 걸치는 운송을 하는 때에는 2명 이상의 운전자로 할 것. 다만, 다음의 하나에 해당하는 경우에는 그러하지 아니하다. ㉮ 운송책임자를 동승시킨 경우 ㉯ 운송하는 위험물이 제2류 위험물·제3류 위험물(칼슘 또는 알루미늄의 탄화물과 이것만을 함유한 것에 한한다) 또는 제4류 위험물(특수 인화물을 제외한다)인 경우 ㉰ 운송 도중에 2시간 이내마다 20분 이상씩 휴식하는 경우 ③ 위험물(제4류 위험물에 있어서는 특수 인화물 및 제1석유류에 한한다)을 운송하게 하는 자는 **위험물 안전카드**를 위험물운송자로 하여금 휴대하게 할 것

6 혼재기준	위험물의 구분	제1류	제2류	제3류	제4류	제5류	제6류
	제1류		×	×	×	×	○
	제2류	×		×	○	○	×
	제3류	×	×		○	×	×
	제4류	×	○	○		○	×
	제5류	×	○	×	○		×
	제6류	○	×	×	×	×	

19. 소화난이도등급 I
(제조소 등 및 소화설비)

무료강의

---

1 소화난이도등급 I 에 해당하는 제조소 등

제조소 등의 구분	제조소 등의 규모, 저장 또는 취급하는 위험물의 품명 및 최대수량 등
제조소, 일반취급소	• **연면적 1,000m² 이상**인 것 • **지정수량의 100배 이상**인 것 • **지반면으로부터 6m 이상**의 높이에 위험물 취급설비가 있는 것 • 일반취급소로 사용되는 부분 외의 부분을 갖는 건축물에 설치된 것
주유취급소	[별표 13] Ⅴ 제2호에 따른 면적의 합이 500m²를 초과하는 것
옥내저장소	• **지정수량의 150배 이상**인 것 • **연면적 150m²를 초과**하는 것 • **처마높이가 6m 이상인 단층건물**의 것 • 옥내저장소로 사용되는 부분 외의 부분이 있는 건축물에 설치된 것
옥외탱크저장소	• **액표면적이 40m² 이상**인 것 • 지반면으로부터 탱크 옆판의 상단까지 **높이가 6m 이상**인 것 • 지중탱크 또는 해상탱크로서 **지정수량의 100배 이상**인 것 • 고체 위험물을 저장하는 것으로서 **지정수량의 100배 이상**인 것
옥내탱크저장소	• **액표면적이 40m² 이상**인 것 • 바닥면으로부터 탱크 옆판의 상단까지 **높이가 6m 이상**인 것 • 탱크 전용실이 단층건물 외의 건축물에 있는 것으로서 **인화점 38℃ 이상, 70℃ 미만의 위험물**을 지정수량의 **5배 이상** 저장하는 것
옥외저장소	• 덩어리상태의 황을 저장하는 것으로서 경계표시 내부의 면적(2 이상의 경계표시가 있는 경우에는 각 경계표시의 내부의 면적을 합한 면적)이 100m² 이상인 것 • 인화성 고체, 제1석유류 또는 알코올류의 위험물을 저장하는 것으로서 지정수량의 100배 이상인 것
암반탱크저장소	• 액표면적이 40m² 이상인 것(제6류 위험물을 저장하는 것 및 고인화점 위험물만을 100℃ 미만의 온도에서 저장하는 것은 제외) • 고체 위험물만을 저장하는 것으로서 지정수량의 100배 이상인 것
이송취급소	모든 대상

---

2 소화난이도등급 Ⅰ의 제조소 등에 설치하여야 하는 소화설비

제조소 등의 구분			소화설비
제조소 및 일반취급소			옥내소화전설비, 옥외소화전설비, 스프링클러설비 또는 물분무 등 소화설비 (화재발생 시 연기가 충만할 우려가 있는 장소에는 스프링클러설비 또는 이동식 외의 물분무 등 소화설비에 한한다)
주유취급소			스프링클러설비(건축물에 한정한다), 소형 수동식 소화기 등(능력단위의 수치가 건축물, 그 밖의 공작물 및 위험물의 소요단위 수치에 이르도록 설치할 것)
옥내 저장소	처마높이가 6m 이상인 단층건물 또는 다른 용도의 부분이 있는 건축물에 설치한 옥내저장소		스프링클러설비 또는 이동식 외의 물분무 등 소화설비
	그 밖의 것		옥외소화전설비, 스프링클러설비, 이동식 외의 물분무 등 소화설비 또는 이동식 포소화설비 (포소화전을 옥외에 설치하는 것에 한한다)
옥외 탱크 저장소	지중탱크 또는 해상탱크 외의 것	황만을 저장·취급하는 것	**물분무소화설비**
		인화점 70℃ 이상의 제4류 위험물만을 저장·취급하는 것	**물분무소화설비 또는 고정식 포소화설비**
		그 밖의 것	고정식 포소화설비 (포소화설비가 적응성이 없는 경우에는 분말소화설비)
	지중탱크		고정식 포소화설비, 이동식 이외의 불활성가스소화설비 또는 이동식 이외의 할로젠화합물소화설비
	해상탱크		고정식 포소화설비, 물분무포소화설비, 이동식 이외의 불활성가스소화설비 또는 이동식 이외의 할로젠화합물소화설비
옥내 탱크 저장소	황만을 저장·취급하는 것		물분무소화설비
	인화점 70℃ 이상의 제4류 위험물만을 저장·취급하는 것		물분무소화설비, 고정식 포소화설비, 이동식 이외의 불활성가스소화설비, 이동식 이외의 할로젠화합물소화설비 또는 이동식 이외의 분말소화설비
	그 밖의 것		고정식 포소화설비, 이동식 이외의 불활성가스소화설비, 이동식 이외의 할로젠화합물소화설비 또는 이동식 이외의 분말소화설비
옥외저장소 및 이송취급소			옥내소화전설비, 옥외소화전설비, 스프링클러설비 또는 물분무 등 소화설비 (화재발생 시 연기가 충만할 우려가 있는 장소에는 스프링클러설비 또는 이동식 이외의 물분무 등 소화설비에 한한다)
암반 탱크 저장소	황만을 저장·취급하는 것		물분무소화설비
	인화점 70℃ 이상의 제4류 위험물만을 저장·취급하는 것		물분무소화설비 또는 고정식 포소화설비
	그 밖의 것		고정식 포소화설비 (포소화설비가 적응성이 없는 경우에는 분말소화설비)

20. 소화난이도등급 Ⅱ
(제조소 등 및 소화설비)

❶ 소화난이도등급 Ⅱ에 해당하는 제조소 등

제조소 등의 구분	제조소 등의 규모, 저장 또는 취급하는 위험물의 품명 및 최대수량 등
제조소, 일반취급소	• **연면적 600m² 이상인 것** • **지정수량의 10배 이상인 것** • 일반취급소로서 소화난이도 등급 Ⅰ의 제조소 등에 해당하지 아니하는 것
옥내저장소	• 단층건물 이외의 것 • 제2류 또는 제4류의 위험물만을 저장·취급하는 단층건물 또는 지정수량의 50배 이하인 소규모 옥내저장소 • 지정수량의 10배 이상인 것 • 연면적 150m² 초과인 것 • 지정수량 20배 이하의 옥내저장소로서 소화난이도등급 Ⅰ의 제조소 등에 해당하지 아니하는 것
옥외탱크저장소, 옥내탱크저장소	소화난이도등급 Ⅰ의 제조소 등 외의 것
옥외저장소	• 덩어리상태의 황을 저장하는 것으로서 경계표시 내부의 면적(2 이상의 경계표시가 있는 경우에는 각 경계표시의 내부의 면적을 합한 면적)이 5m² 이상, 100m² 미만인 것 • 인화성 고체, 제1석유류, 알코올류의 위험물을 저장하는 것으로서 지정수량의 10배 이상, 100배 미만인 것 • 지정수량의 100배 이상인 것(덩어리상태의 황 또는 고인화점 위험물을 저장하는 것은 제외)
주유취급소	옥내주유취급소로서 소화난이도등급 Ⅰ의 제조소 등에 해당하지 아니하는 것
판매취급소	제2종 판매취급소

❷ 소화난이도등급 Ⅱ의 제조소 등에 설치하여야 하는 소화설비

제조소 등의 구분	소화설비
제조소, 옥내저장소, 옥외저장소, 주유취급소, 판매취급소, 일반취급소	방사능력범위 내에 해당 건축물, 그 밖의 공작물 및 위험물이 포함되도록 대형 수동식 소화기를 설치하고, 해당 위험물의 소요단위의 1/5 이상에 해당되는 능력단위의 소형 수동식 소화기 등을 설치할 것
옥외탱크저장소, 옥내탱크저장소	대형 수동식 소화기 및 소형 수동식 소화기 등을 각각 1개 이상 설치할 것

21. 소화난이도등급 Ⅲ
(제조소 등 및 소화설비)

❶ 소화난이도등급 Ⅲ에 해당하는 제조소 등

제조소 등의 구분	제조소 등의 규모, 저장 또는 취급하는 위험물의 품명 및 최대수량 등
제조소, 일반취급소	• 화약류에 해당하는 위험물을 취급하는 것 • 화약류에 해당하는 위험물 외의 것을 취급하는 것으로서 소화난이도등급 Ⅰ 또는 소화난이도등급 Ⅱ의 제조소 등에 해당하지 아니하는 것
옥내저장소	• 화약류에 해당하는 위험물을 취급하는 것 • 화약류에 해당하는 위험물 외의 것을 취급하는 것으로서 소화난이도등급 Ⅰ 또는 소화난이도등급 Ⅱ의 제조소 등에 해당하지 아니하는 것
지하탱크저장소, 간이탱크저장소, 이동탱크저장소	모든 대상
옥외저장소	• 덩어리상태의 황을 저장하는 것으로서 경계표시 내부의 면적(2 이상의 경계표시가 있는 경우에는 각 경계표시의 내부의 면적을 합한 면적)이 $5m^2$ 미만인 것 • 덩어리상태의 황 외의 것을 저장하는 것으로서 소화난이도등급 Ⅰ 또는 소화난이도등급 Ⅱ의 제조소 등에 해당하지 아니하는 것
주유취급소	옥내주유취급소 외의 것으로서 소화난이도등급 Ⅰ의 제조소 등에 해당하지 아니하는 것
제1종 판매취급소	모든 대상

❷ 소화난이도등급 Ⅲ의 제조소 등에 설치하여야 하는 소화설비

제조소 등의 구분	소화설비	설치기준	
지하탱크저장소	소형 수동식 소화기 등	능력단위의 수치가 3 이상	2개 이상
이동탱크저장소	**자동차용 소화기**	• **무상의 강화액 8L 이상** • **이산화탄소 3.2kg 이상** • 브로모클로로다이플루오로메테인(CF_2ClBr) 2L 이상 • 브로모트라이플루오로메테인(CF_3Br) 2L 이상 • 다이브로모테트라플루오로에테인($C_2F_4Br_2$) 1L 이상 • **소화분말 3.3kg 이상**	2개 이상
	마른모래 및 팽창질석 또는 팽창진주암	• 마른모래 150L 이상 • 팽창질석 또는 팽창진주암 640L 이상	
그 밖의 제조소 등	소형 수동식 소화기 등	능력단위의 수치가 건축물, 그 밖의 공작물 및 위험물의 소요단위의 수치에 이르도록 설치할 것. 다만, 옥내소화전설비, 옥외소화전설비, 스프링클러설비, 물분무 등 소화설비 또는 대형 수동식소화기를 설치한 경우에는 해당 소화설비의 방사능력범위 내의 부분에 대하여는 수동식소화기 등을 그 능력단위의 수치가 해당 소요단위의 수치의 1/5 이상이 되도록 하는 것으로 족하다.	

22. 경보설비

무료강의

1 제조소 등별로 설치하여야 하는 경보설비의 종류	제조소 등의 구분	제조소 등의 규모, 저장 또는 취급하는 위험물의 종류 및 최대수량 등	경보설비
	① 제조소 및 일반취급소	• 연면적 500m^2 이상인 것 • 옥내에서 지정수량의 100배 이상을 취급하는 것 • 일반취급소로 사용되는 부분 외의 부분이 있는 건축물에 설치된 일반취급소	자동화재탐지설비
	② 옥내저장소	• 지정수량의 100배 이상을 저장 또는 취급하는 것 • 저장창고의 연면적이 150m^{2}를 초과하는 것 • 처마높이가 6m 이상인 단층건물의 것 • 옥내저장소로 사용되는 부분 외의 부분이 있는 건축물에 설치된 옥내저장소	
	③ 옥내탱크저장소	단층건물 외의 건축물에 설치된 옥내탱크저장소로서 소화난이도 등급 I에 해당하는 것	
	④ 주유취급소	옥내주유취급소	
	⑤ ① 내지 ④의 자동화재탐지설비 설치대상에 해당하지 아니하는 제조소 등	지정수량의 10배 이상을 저장 또는 취급하는 것	**자동화재탐지설비, 비상경보설비, 확성장치 또는 비상방송설비 중 1종 이상**
2 자동화재탐지설비의 설치기준	① 자동화재탐지설비의 경계구역은 건축물, 그 밖의 공작물의 2 이상의 층에 걸치지 아니하도록 할 것. 다만, 하나의 경계구역의 면적이 500m^2 이하이면서 해당 경계구역이 두 개의 층에 걸치는 경우이거나 계단·경사로·승강기의 승강로, 그 밖에 이와 유사한 장소에 연기감지기를 설치하는 경우에는 그러하지 아니하다. ② **하나의 경계구역의 면적은 600m^2 이하로 하고 그 한 변의 길이는 50m(광전식 분리형감지기를 설치할 경우에는 100m) 이하로 할 것.** 다만, 해당 건축물, 그 밖의 공작물의 주요한 출입구에서 그 내부의 전체를 볼 수 있는 경우에 있어서는 그 면적을 1,000m^2 이하로 할 수 있다. ③ 자동화재탐지설비의 감지기는 지붕(상층이 있는 경우에는 상층의 바닥) 또는 벽의 옥내에 면한 부분(천장이 있는 경우에는 천장 또는 벽의 옥내에 면한 부분 및 천장의 뒷부분)에 유효하게 화재의 발생을 감지할 수 있도록 설치할 것 ④ 자동화재탐지설비에는 비상전원을 설치할 것		

23. 피난설비

1 종류	① 피난기구 : 피난사다리, 완강기, 간이완강기, 공기안전매트, 피난밧줄, 다수인피난장비, 승강식 피난기, 하향식 피난구용 내림식 사다리, 구조대, 미끄럼대, 피난교, 피난로프, 피난용 트랩 등 ② 인명구조기구, 유도등, 유도표지, 비상조명등
2 설치기준	① 주유취급소 중 건축물의 2층 이상의 부분을 점포·휴게음식점 또는 전시장의 용도로 사용하는 것에 있어서는 **해당 건축물의 2층 이상으로부터** 직접 주유취급소의 부지 밖으로 통하는 출입구와 해당 출입구로 통하는 **통로·계단 및 출입구에 유도등을 설치하여야 한다.** ② 옥내주유취급소에 있어서는 해당 사무소 등의 출입구 및 피난구와 해당 피난구로 통하는 통로·계단 및 출입구에 **유도등**을 설치하여야 한다. ③ 유도등에는 비상전원을 설치하여야 한다.

24. 소화설비의 적응성

무료강의

소화설비의 구분	건축물·그 밖의 공작물	전기설비	제1류 위험물 알칼리금속 과산화물 등	제1류 위험물 그 밖의 것	제2류 위험물 철분·금속분·마그네슘 등	제2류 위험물 인화성 고체	제2류 위험물 그 밖의 것	제3류 위험물 금수성 물품	제3류 위험물 그 밖의 것	제4류 위험물	제5류 위험물	제6류 위험물
옥내소화전 또는 옥외소화전 설비	O			O		O	O		O		O	O
스프링클러설비	O			O		O	O		O	△	O	O
물분무등소화설비 물분무소화설비	O	O		O		O	O		O	O	O	O
포소화설비	O			O		O	O		O	O	O	O
불활성가스소화설비		O				O				O		
할로젠화합물소화설비		O				O				O		
분말소화설비 인산염류 등	O	O		O		O	O			O		O
분말소화설비 탄산수소염류 등		O	O		O	O		O		O		
분말소화설비 그 밖의 것			O		O			O				
대형·소형 수동식 소화기 봉상수(棒狀水)소화기	O			O		O	O		O		O	O
무상수(霧狀水)소화기	O	O		O		O	O		O		O	O
봉상강화액소화기	O			O		O	O		O		O	O
무상강화액소화기	O	O		O		O	O		O		O	O
포소화기	O			O		O	O		O	O	O	O
이산화탄소소화기		O				O				O		△
할로젠화합물소화기		O				O				O		
분말소화기 인산염류소화기	O	O		O		O	O			O		O
분말소화기 탄산수소염류소화기		O	O		O	O		O		O		
분말소화기 그 밖의 것			O		O			O				
기타 물통 또는 수조	O			O		O	O		O		O	O
건조사			O	O	O	O	O	O	O	O	O	O
팽창질석 또는 팽창진주암			O	O	O	O	O	O	O	O	O	O

※ 소화설비는 크게 물주체(옥내·옥외, 스프링클러, 물분무, 포)와 가스주체(불활성가스소화설비, 할로젠화합물소화설비)로 구분하여 대상물별로 물을 사용하면 되는 곳과 안 되는 곳을 구분해서 정리하면 쉽게 분류할 수 있다. 다만, 제6류 위험물의 경우 소규모 누출 시를 가정하여 다량의 물로 희석소화한다는 관점으로 정리하는 것이 좋다.

25. 위험물제조소의 시설기준

무료강의

① 안전거리	구분	안전거리
	사용전압 7,000V 초과, 35,000V 이하	3m 이상
	사용전압 35,000V 초과	5m 이상
	주거용	10m 이상
	고압가스, 액화석유가스, 도시가스	20m 이상
	학교 · 병원 · 극장	30m 이상
	유형문화재, 지정문화재	50m 이상

② 단축기준 적용 방화격벽 높이

방화상 유효한 담의 높이

① $H \leq pD^2 + a$인 경우, $h = 2$

② $H > pD^2 + a$인 경우, $h = H - p(D^2 - d^2)$

   (p : 목조=0.04, 방화구조=0.15)

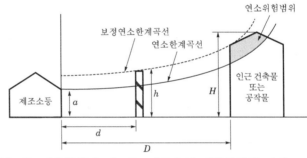

여기서, H : 건축물의 높이, D : 제조소와 건축물과의 거리

   a : 제조소의 높이, d : 제조소와 방화격벽과의 거리

   h : 방화격벽의 높이, p : 상수

③ 보유공지

지정수량 10배 이하 : 3m 이상

지정수량 10배 초과 : 5m 이상

④ 표지 및 게시판

① 백색바탕 흑색문자

② 유별, 품명, 수량, 지정수량 배수, 안전관리자 성명 및 직명

③ 규격 : 한 변의 길이 0.3m 이상, 다른 한 변의 길이 0.6m 이상

⑤ 방화상 유효한 담을 설치한 경우의 안전 거리

구분	취급하는 위험물의 최대수량 (지정수량의 배수)	안전거리(이상)		
		주거용 건축물	학교, 유치원 등	문화재
제조소 · 일반취급소	10배 미만	6.5m	20m	35m
	10배 이상	7.0m	22m	38m

6 건축물 구조기준	① **지하층**이 없도록 한다. ② 벽, 기둥, 바닥, 보, 서까래 및 계단은 **불연재료**로 하고, 연소의 우려가 있는 외벽은 개구부가 없는 **내화구조**의 벽으로 하여야 한다. ③ 지붕은 폭발력이 위로 방출될 정도의 가벼운 **불연재료**로 덮어야 한다. ④ 출입구와 비상구는 **60분＋방화문·60분방화문** 또는 **30분방화문**을 설치하며, 연소의 우려가 있는 외벽에 설치하는 출입구에는 수시로 열 수 있는 자동폐쇄식의 **60분＋방화문·60분방화문**을 설치한다. ⑤ 위험물을 취급하는 건축물의 창 및 출입구에 유리를 이용하는 경우에는 **망입유리**로 한다. ⑥ 액체의 위험물을 취급하는 건축물의 바닥은 **위험물이 스며들지 못하는 재료**를 사용하고, 적당한 경사를 두어 그 최저부에 **집유설비**를 한다.
7 환기설비	① 자연배기방식 ② 급기구는 낮은 곳에 설치하며, **바닥면적 150m^{2}마다** 1개 이상으로 하되 **급기구의 크기는 800cm^2 이상**으로 한다. 다만, 바닥면적이 150m^2 미만인 경우에는 다음의 크기로 하여야 한다. 〈표〉 ③ 인화방지망 설치 ④ 환기구는 지상 2m 이상의 회전식 고정 벤틸레이터 또는 루프팬 방식 설치
8 배출설비	① 국소방식 ② 강제배출, **배출능력 : 1시간당 배출장소 용적의 20배 이상** ③ 전역방식의 바닥면적 1m^{2}당 18m^3 이상 ④ 급기구는 높은 곳에 설치 ⑤ 인화방지망 설치
9 정전기제거설비	① **접지** ② 공기 중의 **상대습도를 70% 이상** ③ **공기를 이온화**
10 방유제 설치	① 옥내 　㉮ 1기일 때 : 탱크용량 이상 　㉯ 2기 이상일 때 : 최대 탱크용량 이상 ② 옥외 　㉮ 1기일 때 : 해당 탱크용량의 50% 이상 　㉯ 2기 이상일 때 : 최대용량의 50%＋나머지 탱크용량의 10%를 가산한 양 이상

환기설비 표:

바닥면적	급기구의 면적
60m^2 미만	150cm^2 이상
60m^2 이상, 90m^2 미만	300cm^2 이상
90m^2 이상, 120m^2 미만	450cm^2 이상
120m^2 이상, 150m^2 미만	600cm^2 이상

⑪ 자동화재탐지설비 설치대상 제조소	① 연면적 500m^2 이상인 것 ② 옥내에서 지정수량의 100배 이상을 취급하는 것 (고인화점 위험물만을 $100℃$ 미만의 온도에서 취급하는 것을 제외한다) ③ 일반취급소로 사용되는 부분 외의 부분이 있는 건축물에 설치된 일반취급소
⑫ 하이드록실아민 등을 취급하는 제조소	① 지정수량 이상의 하이드록실아민 등을 취급하는 제조소의 안전거리 $$D = 51.1 \times \sqrt[3]{N}$$ 여기서, D : 거리(m) 　　　　　N : 해당 제조소에서 취급하는 하이드록실아민 등의 지정수량의 배수 ② 제조소의 주위에는 담 또는 토제(土堤)를 설치할 것 　㉮ 담 또는 토제는 해당 제조소의 외벽 또는 이에 상당하는 공작물의 외측으로 　　부터 2m 이상 떨어진 장소에 설치할 것 　㉯ 담 또는 토제의 높이는 해당 제조소에 있어서 하이드록실아민 등을 취급하는 　　부분의 높이 이상으로 할 것 　㉰ 담은 두께 15cm 이상의 철근콘크리트조·철골철근콘크리트조 또는 두께 　　20cm 이상의 보강콘크리트블록조로 할 것 　㉱ 토제의 경사면의 경사도는 $60°$ 미만으로 할 것 ③ 하이드록실아민 등을 취급하는 설비에는 철이온 등의 혼입에 의한 위험한 반응을 방지하기 위한 조치를 강구할 것

26. 옥내저장소의 시설기준

무료강의

1 안전거리 제외대상	① 제4석유류 또는 동식물유류의 위험물을 저장 또는 취급하는 옥내저장소로서 그 최대수량이 **지정수량의 20배 미만인 것**
	② 제6류 위험물을 저장 또는 취급하는 옥내저장소
	③ 지정수량 20배 이하의 위험물을 저장 또는 취급기준
	  ㉮ 저장창고의 벽·기둥·바닥·보 및 지붕이 내화구조인 것
	  ㉯ 저장창고의 출입구에 수시로 열 수 있는 자동폐쇄방식의 60분+방화문 또는 60분방화문이 설치되어 있을 것
	  ㉰ 저장창고에 창을 설치하지 아니할 것

2 보유공지

저장 또는 취급하는 위험물의 최대수량	공지의 너비	
	벽·기둥 및 바닥이 내화구조로 된 건축물	그 밖의 건축물
지정수량의 5배 이하	–	0.5m 이상
지정수량의 5배 초과, 10배 이하	1m 이상	1.5m 이상
지정수량의 10배 초과, 20배 이하	2m 이상	3m 이상
지정수량의 20배 초과, 50배 이하	3m 이상	5m 이상
지정수량의 50배 초과, 200배 이하	5m 이상	10m 이상
지정수량의 200배 초과	10m 이상	15m 이상

3 저장창고 기준

① 지면에서 처마까지의 높이(이하 "처마높이"라 한다)가 **6m 미만인 단층건물**로 하고 그 바닥을 지반면보다 높게 하여야 한다. 다만, 제2류 또는 제4류 위험물만 저장하는 경우 다음의 조건에서는 20m 이하로 가능하다.
  ㉮ 벽·기둥·바닥·보는 내화구조
  ㉯ 출입구는 60분+방화문 또는 60분방화문
  ㉰ 피뢰침 설치
② **벽·기둥·보 및 바닥 : 내화구조, 보와 서까래 : 불연재료**
③ **지붕**은 폭발력이 위로 방출될 정도의 가벼운 **불연재료**
④ **출입구에는 60분+방화문·60분방화문 또는 30분방화문**을 설치할 것
⑤ 저장창고의 창 또는 출입구에 유리를 이용하는 경우에는 **망입유리**를 설치할 것
⑥ 액상위험물의 저장창고의 **바닥은 위험물이 스며들지 아니하는 구조**로 하고, 적당하게 경사지게 하여 그 최저부에 **집유설비**를 할 것
⑦ **지정수량의 10배 이상의 저장창고**(제6류 위험물의 저장창고를 제외한다)에는 **피뢰침을 설치**할 것

4 담/토제 설치기준	① 담 또는 토제는 저장창고의 외벽으로부터 2m 이상 떨어진 장소에 설치할 것 ② 담 또는 토제의 높이는 저장창고의 처마높이 이상으로 할 것 ③ 담은 두께 15cm 이상의 철근콘크리트조나 철골철근콘크리트조 또는 두께 20cm 이상의 보강콘크리트블록조로 할 것 ④ **토제의 경사면의 경사도는 60° 미만으로 할 것**

5 하나의 저장창고의 바닥면적

위험물을 저장하는 창고	바닥면적
가. ㉠ 제1류 위험물 중 아염소산염류, 염소산염류, 과염소산염류, 무기과산화물, 그 밖에 지정수량이 50kg인 위험물 ㉡ 제3류 위험물 중 칼륨, 나트륨, 알킬알루미늄, 알킬리튬, 그 밖에 지정수량이 10kg인 위험물 및 황린 ㉢ 제4류 위험물 중 특수 인화물, 제1석유류 및 알코올류 ㉣ 제5류 위험물 중 유기과산화물, 질산에스터류, 그 밖에 지정수량이 10kg인 위험물 ㉤ 제6류 위험물	1,000m² 이하
나. ㉠~㉤ 외의 위험물을 저장하는 창고	2,000m² 이하
다. 내화구조의 격벽으로 완전히 구획된 실에 각각 저장하는 창고 (가목의 위험물을 저장하는 실의 면적은 500m²를 초과할 수 없다.)	1,500m² 이하

6 다층건물 옥내저장소 기준	① 저장창고는 각층의 바닥을 지면보다 높게 하고, 바닥면으로부터 상층의 바닥(상층이 없는 경우에는 처마)까지의 높이(이하 "층고"라 한다)를 6m 미만으로 하여야 한다. ② 하나의 저장창고의 바닥면적 합계는 1,000m² 이하로 하여야 한다. ③ 저장창고의 벽·기둥·바닥 및 보를 내화구조로 하고, 계단을 불연재료로 하며, 연소의 우려가 있는 외벽은 출입구 외의 개구부를 갖지 아니하는 벽으로 하여야 한다. ④ 2층 이상의 층의 바닥에는 개구부를 두지 아니하여야 한다. 다만, 내화구조의 벽과 60분+방화문·60분방화문 또는 30분방화문으로 구획된 계단실에 있어서는 그러하지 아니하다.

27. 옥외저장소의 시설기준

1 설치기준	① 안전거리를 둘 것 ② 습기가 없고 배수가 잘 되는 장소에 설치할 것 ③ 위험물을 저장 또는 취급하는 장소의 주위에는 경계표시를 할 것
2 보유공지	(아래 표 참조)

<table>
<tr><td colspan="2">저장 또는 취급하는 위험물의 최대수량</td><td>공지의 너비</td></tr>
<tr><td colspan="2">지정수량의 10배 이하</td><td>3m 이상</td></tr>
<tr><td colspan="2">지정수량의 10배 초과, 20배 이하</td><td>5m 이상</td></tr>
<tr><td colspan="2">지정수량의 20배 초과, 50배 이하</td><td>9m 이상</td></tr>
<tr><td colspan="2">지정수량의 50배 초과, 200배 이하</td><td>12m 이상</td></tr>
<tr><td colspan="2">지정수량의 200배 초과</td><td>15m 이상</td></tr>
</table>

제4류 위험물 중 제4석유류와 제6류 위험물을 저장 또는 취급하는 보유공지는 공지너비의 $\frac{1}{3}$ 이상으로 할 수 있다.

3 선반 설치기준	① 선반은 불연재료로 만들고 견고한 지반면에 고정할 것 ② 선반은 해당 선반 및 그 부속설비의 자중·저장하는 위험물의 중량·풍하중·지진의 영향 등에 의하여 생기는 응력에 대하여 안전할 것 ③ **선반의 높이는 6m를 초과하지 아니할 것** ④ 선반에는 위험물을 수납한 용기가 쉽게 낙하하지 아니하는 조치를 할 것
4 옥외저장소에 저장할 수 있는 위험물	① 제2류 위험물 중 황, 인화성 고체(인화점이 0℃ 이상인 것에 한함) ② 제4류 위험물 중 제1석유류(인화점이 0℃ 이상인 것에 한함), **제2석유류, 제3석유류, 제4석유류, 알코올류, 동식물유류** ③ 제6류 위험물
5 덩어리상태의 황 저장기준	① 하나의 경계표시의 내부의 면적은 100m² 이하일 것 ② 2 이상의 경계표시를 설치하는 경우에 있어서는 각각의 경계표시 내부의 면적을 합산한 면적은 1,000m² 이하로 하고, 인접하는 경계표시와 경계표시와의 간격은 공지의 너비의 2분의 1 이상으로 할 것 ③ 경계표시는 불연재료로 만드는 동시에 황이 새지 아니하는 구조로 할 것 ④ **경계표시의 높이는 1.5m 이하로 할 것** ⑤ 경계표시에는 황이 넘치거나 비산하는 것을 방지하기 위한 천막 등을 고정하는 장치를 설치하되, 천막 등을 고정하는 장치는 경계표시의 길이 2m마다 한 개 이상 설치할 것 ⑥ 황을 저장 또는 취급하는 장소의 주위에는 **배수구**와 **분리장치**를 설치할 것
6 기타 기준	① 과산화수소 또는 과염소산을 저장하는 옥외저장소에는 불연성 또는 난연성의 천막 등을 설치하여 햇빛을 가릴 것 ② 눈·비 등을 피하거나 차광 등을 위하여 옥외저장소에 캐노피 또는 지붕을 설치하는 경우에는 환기 및 소화활동에 지장을 주지 아니하는 구조로 할 것. 이 경우 기둥은 내화구조로 하고, 캐노피 또는 지붕을 불연재료로 하며, 벽을 설치하지 아니하여야 한다.

28. 옥내탱크저장소의 시설기준

무료강의

1 옥내탱크저장소의 구조	① 단층건축물에 설치된 탱크 전용실에 설치할 것 ② 옥내저장탱크와 탱크 전용실의 벽과의 사이 및 옥내저장탱크의 **상호간에는 0.5m 이상의 간격을 유지할 것** ③ 옥내저장탱크의 용량(동일한 탱크 전용실에 옥내저장탱크를 2 이상 설치하는 경우에는 각 탱크 용량의 합계를 말한다)은 **지정수량의 40배**(제4석유류 및 동식물유류 외의 제4류 위험물에 있어서 해당 수량이 20,000L를 초과할 때에는 20,000L) 이하일 것 ④ 압력탱크(최대상용압력이 부압 또는 정압 5kPa을 초과하는 탱크를 말한다) 외의 탱크에 있어서는 밸브 없는 통기관을 설치하고, 압력탱크에 있어서는 안전장치를 설치할 것
2 탱크 전용실의 구조	① 탱크 전용실은 **벽 · 기둥 및 바닥을 내화구조**로 하고, **보를 불연재료**로 하며, 연소의 우려가 있는 외벽은 출입구 외에는 개구부가 없도록 할 것 ② 탱크 전용실은 **지붕을 불연재료**로 하고, 천장을 설치하지 아니할 것 ③ 탱크 전용실의 창 및 출입구에는 60분+방화문 · 60분방화문 또는 30분방화문을 설치할 것 ④ 탱크 전용실의 창 또는 출입구에 유리를 이용하는 경우에는 **망입유리**로 할 것 ⑤ 액상위험물의 옥내저장탱크를 설치하는 탱크 전용실의 **바닥은 위험물이 침투하지 아니하는 구조**로 하고, 적당한 경사를 두는 한편, **집유설비**를 설치할 것 ⑥ 탱크 전용실의 출입구의 턱의 높이를 해당 탱크 전용실 내의 옥내저장탱크(옥내저장탱크가 2 이상인 경우에는 최대용량의 탱크)의 용량을 수용할 수 있는 높이 이상으로 하거나 옥내저장탱크로부터 누설된 위험물이 탱크 전용실 외의 부분으로 유출하지 아니하는 구조로 할 것
3 단층건물 외의 건축물	① 옥내저장탱크는 탱크 전용실에 설치할 것. 이 경우 제2류 위험물 중 황화인, 적린 및 덩어리 황, 제3류 위험물 중 황린, 제6류 위험물 중 질산의 탱크 전용실은 건축물의 1층 또는 지하층에 설치해야 한다. ② 주입구 부근에는 해당 탱크의 위험물의 양을 표시하는 장치를 설치할 것 ③ 탱크 전용실이 있는 건축물에 설치하는 옥내저장탱크의 펌프설비 　㉮ 탱크 전용실 외의 장소에 설치하는 경우 　　㉠ 펌프실은 **벽 · 기둥 · 바닥 및 보를 내화구조**로 할 것 　　㉡ 펌프실은 상층이 있는 경우에 있어서는 상층의 바닥을 내화구조로 하고, 상층이 없는 경우에 있어서는 **지붕을 불연재료**로 하며, 천장을 설치하지 아니할 것 　　㉢ 펌프실에는 창을 설치하지 아니할 것 　　㉣ 펌프실의 출입구에는 **60분+방화문 또는 60분방화문을 설치**할 것 　　㉤ 펌프실의 환기 및 배출의 설비에는 방화상 유효한 댐퍼 등을 설치할 것 　㉯ 탱크 전용실에 펌프설비를 설치하는 경우에는 견고한 기초 위에 고정한 다음 그 주위에는 불연재료로 된 **턱을 0.2m 이상의 높이**로 설치하는 등 누설된 위험물이 유출되거나 유입되지 아니하도록 하는 조치를 할 것
4 기타	① 안전거리와 보유공지에 대한 기준이 없으며, 규제 내용 역시 없다. ② 원칙적으로 옥내탱크저장소의 탱크는 단층건물의 탱크 전용실에 설치해야 한다.

29. 옥외탱크저장소의 시설기준

무료강의

1 보유공지	

저장 또는 취급하는 위험물의 최대수량	공지의 너비
지정수량의 500배 이하	3m 이상
지정수량의 500배 초과, 1,000배 이하	5m 이상
지정수량의 1,000배 초과, 2,000배 이하	9m 이상
지정수량의 2,000배 초과, 3,000배 이하	12m 이상
지정수량의 3,000배 초과, 4,000배 이하	15m 이상

■ 특례 : **제6류 위험물**을 저장, 취급하는 옥외탱크저장소의 경우
- **해당 보유공지의 $\frac{1}{3}$ 이상의 너비**로 할 수 있다(단, 1.5m 이상일 것).
- 동일 대지 내에 2기 이상의 탱크를 인접하여 설치하는 경우에는 해당 보유공지 너비의 $\frac{1}{3}$ 이상에 다시 $\frac{1}{3}$ 이상의 너비로 할 수 있다(단, 1.5m 이상일 것).

2 탱크 통기장치의 기준

밸브 없는 통기관	① **통기관의 직경 : 30mm 이상** ② **통기관의 선단은 45° 이상 구부려** 빗물 등의 침투를 막는 구조 ③ 인화점이 38℃ 미만인 위험물만을 저장·취급하는 탱크의 통기관에는 화염방지장치를 설치하고, 인화점이 38℃ 이상 70℃ 미만인 위험물을 저장·취급하는 탱크의 통기관에는 40mesh 이상의 구리망으로 된 인화방지장치를 설치할 것
대기밸브부착 통기관	① 5kPa 이하의 압력 차이로 작동할 수 있을 것 ② 가는 눈의 구리망 등으로 인화방지장치를 설치

3 방유제 설치기준

① 용량 : 방유제 안에 설치된 탱크가 하나인 때에는 그 **탱크용량의 110% 이상**, 2기 이상인 때에는 그 탱크 용량 중 용량이 **최대인 것의 용량의 110% 이상**으로 한다. 다만, 인화성이 없는 액체 위험물의 옥외저장탱크의 주위에 설치하는 방유제는 "110%"를 "100%"로 본다.

② 높이 및 면적 : **0.5m 이상 3.0m 이하, 두께 0.2m 이상, 지하매설 깊이 1m 이상으로 할 것. 면적 80,000m² 이하**

③ 하나의 방유제 안에 설치하는 탱크의 수는 10기 이하(단, 방유제 내 전 탱크의 용량이 20만kL 이하이고, 인화점이 70℃ 이상 200℃ 미만인 경우에는 20기 이하). 다만, **인화점이 200℃ 이상인 위험물을 저장 또는 취급하는 옥외저장탱크의 경우 제한없다.**

④ 방유제와 탱크 측면과의 이격거리

㉮ 탱크 지름이 15m 미만인 경우 : 탱크 높이의 $\frac{1}{3}$ 이상

㉯ 탱크 지름이 15m 이상인 경우 : 탱크 높이의 $\frac{1}{2}$ 이상

4 방유제의 구조	① 방유제는 철근콘크리트로 하고, 방유제와 옥외저장탱크 사이의 지표면은 불연성과 불침윤성이 있는 구조(철근콘크리트 등)로 할 것
	② 내부에 고인 물을 외부로 배출하기 위한 **배수구**를 설치하고 이를 **개폐하는 밸브** 등을 방유제의 외부에 설치할 것
	③ 용량이 100만L 이상인 위험물을 저장하는 옥외저장탱크에 있어서는 밸브 등에 그 개폐상황을 쉽게 확인할 수 있는 장치를 설치할 것
	④ **높이가 1m를 넘는 방유제** 및 칸막이둑의 안팎에는 방유제 내에 출입하기 위한 계단 또는 경사로를 **약 50m마다** 설치할 것
	⑤ 이황화탄소의 옥외탱크저장소 설치기준 : 탱크 전용실(수조)의 구조 　㉮ 재질 : 철근콘크리트조(바닥에 물이 새지 않는 구조) 　㉯ 벽, 바닥의 두께 : **0.2m 이상**

30. 지하탱크저장소의 시설기준

무료강의

1 저장소 구조	① 지하저장탱크의 윗부분은 **지면으로부터 0.6m 이상 아래**에 있어야 한다. ② 지하저장탱크를 2 이상 인접해 설치하는 경우에는 그 **상호간에 1m 이상의 간격을 유지**하여야 한다. ③ 액체 위험물의 지하저장탱크에는 위험물의 양을 자동적으로 표시하는 장치 또는 계량구를 설치하여야 한다. ④ 지하저장탱크는 용량에 따라 압력탱크(최대상용압력이 46.7kPa 이상인 탱크를 말한다) 외의 탱크에 있어서는 70kPa의 압력으로, 압력탱크에 있어서는 최대상용압력의 1.5배의 압력으로 각각 10분간 수압시험을 실시하여 새거나 변형되지 아니하여야 한다.
2 과충전 방지장치	① 탱크용량을 초과하는 위험물이 주입될 때 자동으로 그 주입구를 폐쇄하거나 위험물의 공급을 자동으로 차단하는 방법 ② 탱크용량의 **90%가 찰 때 경보음**을 울리는 방법
3 탱크 전용실 구조	① 탱크 전용실은 지하의 가장 가까운 벽·피트·가스관 등의 시설물 및 대지경계선으로부터 0.1m 이상 떨어진 곳에 설치하고, 지하저장탱크와 탱크 전용실의 안쪽과의 사이는 0.1m 이상의 간격을 유지하도록 하며, 해당 탱크의 주위에 마른 모래 또는 습기 등에 의하여 응고되지 아니하는 **입자지름 5mm 이하의 마른 자갈분**을 채워야 한다. ② 탱크 전용실은 벽·바닥 및 뚜껑을 다음 기준에 적합한 철근콘크리트구조 또는 이와 동등 이상의 강도가 있는 구조로 설치하여야 한다. ㉮ 벽·바닥 및 뚜껑의 두께는 0.3m 이상일 것 ㉯ 벽·바닥 및 뚜껑의 내부에는 직경 9mm부터, 13mm까지의 철근을 가로 및 세로로 5cm부터, 20cm까지의 간격으로 배치할 것 ㉰ 벽·바닥 및 뚜껑의 재료에 수밀콘크리트를 혼입하거나 벽·바닥 및 뚜껑의 중간에 아스팔트층을 만드는 방법으로 적정한 방수조치를 할 것

31. 간이탱크저장소의 시설기준

1 설비기준	① 옥외에 설치한다.
	 ② 전용실 안에 설치하는 경우 채광, 조명, 환기 및 배출의 설비를 한다.
	 ③ 탱크의 구조기준
	   ㉮ **두께 3.2mm 이상의 강판**으로 흠이 없도록 제작
	   ㉯ 시험방법 : **70kPa의 압력으로 10분간 수압시험을 실시**하여 새거나 변형되지 아니할 것
	   ㉰ 하나의 탱크용량은 600L 이하로 할 것

2 탱크 설치방법	① 하나의 간이탱크저장소에 설치하는 **탱크의 수는 3기 이하로 할 것** ② 옥외에 설치하는 경우에는 그 탱크 주위에 너비 **1m 이상의 공지를 보유**할 것 ③ 탱크를 전용실 안에 설치하는 경우에는 **탱크와 전용실 벽과의 사이에 0.5m 이상의 간격을 유지**할 것

3 통기관 설치	① 밸브 없는 통기관
	   ㉮ 지름 : 25mm 이상
	   ㉯ 옥외 설치, 선단높이는 1.5m 이상
	   ㉰ 선단은 수평면에 의하여 45° 이상 구부려 빗물 침투 방지
	 ② 대기밸브부착 통기관은 옥외탱크저장소에 준함

32. 이동탱크저장소의 시설기준

무료강의

1 탱크 구조기준	① 본체 : 3.2mm 이상		② 측면틀 : 3.2mm 이상
	③ 안전칸막이 : 3.2mm 이상		④ 방호틀 : 2.3mm 이상
	⑤ 방파판 : 1.6mm 이상		

2 안전장치 작동압력	① 상용압력이 20kPa 이하 : 20kPa 이상, 24kPa 이하의 압력
	② 상용압력이 20kPa 초과 : 상용압력의 1.1배 이하의 압력

3 설치기준	측면틀	① 탱크 상부 네 모퉁이에 전단 또는 후단으로부터 1m 이내에 위치
		② 최외측선의 수평면에 대하여 내각이 75° 이상
	안전칸막이	① 재질은 두께 3.2mm 이상의 강철판
		② **4,000L 이하마다 구분하여 설치**
	방호틀	① 재질은 두께 2.3mm 이상의 강철판으로 제작
		② 정상부분은 부속장치보다 50mm 이상 높게 설치
	방파판	① 재질은 두께 1.6mm 이상의 강철판
		② 하나의 구획부분에 2개 이상의 방파판을 진행방향과 평행으로 설치

4 표지판 기준	① 차량의 전·후방에 설치할 것
	② 규격 : 한 변의 길이 0.3m 이상, 다른 한 변의 길이 0.6m 이상
	③ 색깔 : 흑색바탕에 황색반사도료로 '위험물'이라고 표시

5 게시판 기준	탱크의 뒷면 보기 쉬운 곳에 위험물의 **유**별, **품**명, 최대수량 및 적재**중**량 표시

6 외부도장	유별	도장의 색상	비고
	제1류	회색	① 탱크의 앞면과 뒷면을 제외한 면적의 40% 이내
	제2류	적색	의 면적은 다른 유별의 색상 외의 색상으로 도
	제3류	청색	장하는 것이 가능하다.
	제5류	황색	② 제4류에 대해서는 도장의 색상 제한이 없으나
	제6류	청색	적색을 권장한다.

7 기타	① 아세트알데히드 등을 저장 또는 취급하는 이동탱크저장소는 해당 위험물의 성질에 따라 강화되는 기준은 다음에 의하여야 한다.
	㉮ 이동저장탱크는 **불활성의 기체를 봉입**할 수 있는 구조로 할 것
	㉯ 이동저장탱크 및 그 설비는 **은·수은·동·마그네슘** 또는 이들을 성분으로 하는 합금으로 만들지 아니할 것
	② 이동저장탱크의 상부로부터 위험물을 주입할 때에는 위험물의 액표면이 주입관의 선단을 넘는 높이가 될 때까지 그 주입관 내의 유속을 초당 1m 이하로 할 것

33. 주유취급소의 시설기준

무료강의

1 주유 및 급유 공지	① 자동차 등에 직접 주유하기 위한 설비로서(현수식 포함) **너비 15m 이상, 길이 6m 이상**의 콘크리트 등으로 포장한 공지를 보유한다. ② 공지의 기준 ㉮ 바닥은 주위 지면보다 높게 한다. ㉯ 그 표면을 적당히 경사지게 하여 새어나온 기름, 그 밖의 액체가 공지의 외부로 유출되지 아니하도록 배수구·집유설비 및 유분리장치를 한다.

2 게시판

게시판	색상기준	게시판의 모습
화기엄금	**적색바탕 백색문자**	**화기엄금**
주유 중 엔진정지	**황색바탕 흑색문자**	**주유중 엔진정지**

3 탱크용량 기준	① 자동차 등에 주유하기 위한 고정주유설비에 직접 접속하는 전용탱크는 **50,000L 이하**이다. ② 고정급유설비에 직접 접속하는 전용탱크는 **50,000L 이하**이다. ③ 보일러 등에 직접 접속하는 전용탱크는 **10,000L 이하**이다. ④ 자동차 등을 점검·정비하는 작업장 등에서 사용하는 폐유·윤활유 등의 위험물을 저장하는 탱크는 **2,000L 이하**이다. ⑤ 고속국도 도로변에 설치된 주유취급소의 탱크용량은 **60,000L**이다.
4 고정주유설비	고정주유설비 또는 고정급유설비의 중심선을 기점으로, ① 도로경계면으로 : 4m 이상 ② 부지경계선·담 및 건축물의 벽까지 : 2m 이상 ③ 개구부가 없는 벽으로부터 : 1m 이상 ④ 고정주유설비와 고정급유설비 사이 : 4m 이상
5 설치 가능 건축물	작업장, 사무소, 정비를 위한 작업장, 세정작업장, 점포, 휴게음식점 또는 전시장, 관계자 주거시설 등
6 셀프용 고정주유설비	① 1회의 연속주유량 및 주유시간의 상한을 미리 설정할 수 있는 구조일 것 ② 연속주유량 및 주유시간의 상한은 **휘발유**는 **100L 이하·4분 이하**, **경유**는 **600L 이하·12분 이하**로 할 것
7 셀프용 고정급유설비	① 1회의 연속급유량 및 급유시간의 상한을 미리 설정할 수 있는 구조일 것 ② 급유량의 상한은 100L 이하, 급유시간의 상한은 6분 이하로 할 것

8 담 또는 벽 기준	① 자동차 등이 출입하는 쪽 외의 부분에 높이 2m 이상의 내화구조 또는 불연재료의 담 또는 벽을 설치해야 한다.
	② 담 또는 벽의 일부분에 방화상 유효한 구조의 유리를 부착할 수 있다.
	㉮ 유리를 부착하는 위치는 주입구, 고정주유설비 및 고정급유설비로부터 4m 이상 이격될 것
	㉯ 유리를 부착하는 방법은 다음의 기준에 모두 적합할 것
	㉠ 주유취급소 내의 지반면으로부터 70cm를 초과하는 부분에 한하여 유리를 부착할 것
	㉡ 하나의 유리판의 가로의 길이는 2m 이내일 것
	㉢ 유리판의 테두리를 금속제의 구조물에 견고하게 고정하고 해당 구조물을 담 또는 벽에 견고하게 부착할 것
	㉣ 유리의 구조는 접합유리(두 장의 유리를 두께 0.76mm 이상의 폴리바이닐뷰티랄 필름으로 접합한 구조를 말한다)로 하되, "유리구획부분의 내화시험방법(KS F 2845)"에 따라 시험하여 비차열 30분 이상의 방화성능이 인정될 것
	㉰ 유리를 부착하는 범위는 전체의 담 또는 벽의 길이의 10분의 2를 초과하지 아니할 것

34. 판매취급소의 시설기준

① 종류별	제1종	저장 또는 취급하는 위험물의 수량이 지정수량의 **20배 이하인 취급소**
	제2종	저장 또는 취급하는 위험물의 수량이 지정수량의 **40배 이하인 취급소**
② 배합실 기준	① **바닥면적은 6m² 이상 15m² 이하**이며, 내화구조 또는 불연재료로 된 벽으로 구획할 것 ② 바닥은 위험물이 침투하지 아니하는 구조로 하여 적당한 경사를 두고 집유설비를 하며, 출입구에는 60분+방화문 또는 60분방화문을 설치할 것 ③ **출입구 문턱의 높이는 바닥면으로 0.1m 이상**으로 하며, 내부에 체류한 가연성 증기 또는 가연성의 미분을 지붕 위로 방출하는 시설을 설치할 것	
③ 제2종 판매취급소에서 배합할 수 있는 위험물의 종류	① 황 ② 도료류 ③ 제1류 위험물 중 염소산염류 및 염소산염류만을 함유한 것	

35. 이송취급소의 시설기준

무료강의

1 설치하지 못하는 장소	① 철도 및 도로의 터널 안 ② 고속국도 및 자동차 전용도로의 차도 · 길 어깨 및 중앙분리대 ③ 호수, 저수지 등으로서 수리의 수원이 되는 곳 ④ 급경사지역으로서 붕괴의 위험이 있는 지역
2 지진 시의 재해방지 조치	① **진도계 5 이상의 지진정보** : 펌프의 정지 및 긴급차단밸브의 폐쇄를 행할 것 ② **진도계 4 이상의 지진정보** : 해당 지역에 대한 지진재해정보를 계속 수집하고 그 상황에 따라 펌프의 정지 및 긴급차단밸브의 폐쇄를 행할 것 ③ **배관계가 강한 과도한 지진동을 받은 때**에는 해당 배관에 관계된 최대상용압력의 1.25배의 압력으로 4시간 이상 수압시험을 하여 이상이 없음을 확인할 것
3 위치 및 주의표지	① **위치표지**는 지하매설의 배관경로에 설치할 것 ㉮ 배관 경로 약 100m마다의 개소, 수평곡관부 및 기타 안전상 필요한 개소에 설치할 것 ㉯ 위험물을 이송하는 배관이 매설되어 있는 상황 및 기점에서의 거리, 매설위치, 배관의 축방향, 이송자명 및 매설연도를 표시할 것 ② **주의표시**는 지하매설의 배관경로에 설치할 것 ③ **주의표지**는 지상배관의 경로에 설치할 것(재질 : 금속제의 판) ④ 바탕은 백색(역정삼각형 내는 황색)으로 하고, 문자 및 역정삼각형의 모양은 흑색으로 할 것 ⑤ 바탕색의 재료는 반사도료, 기타 반사성을 가진 것으로 할 것 ⑥ 역정삼각형 정점의 둥근 반경은 10mm로 할 것 ⑦ 이송품명에는 위험물의 화학명 또는 통칭명을 기재할 것 1,000mm / 250mm / 파이프라인 / 이송품명 : / 이송자명 : / 긴급연락처 : / 20mm / 주의 / 250mm / 250mm / 500mm
4 안전유지를 위한 경보설비	① 이송기지에는 **비상벨장치** 및 **확성장치**를 설치할 것 ② 가연성 증기를 발생하는 위험물을 취급하는 펌프실 등에는 **가연성 증기 경보설비**를 설치할 것

5 **기타 설비**	① **내압시험** : 배관 등은 최대상용압력의 1.25배 이상의 압력으로 4시간 이상 수압을 가하여 누설, 그 밖의 이상이 없을 것
	② **비파괴시험** : 배관 등의 용접부는 비파괴시험을 실시하여 합격할 것. 이 경우 이송기지 내의 지상에 설치된 배관 등은 전체 용접부의 20% 이상을 발췌하여 시험할 수 있다.
	③ **위험물 제거조치** : 배관에는 서로 인접하는 2개의 긴급차단밸브 사이의 구간마다 해당 배관 안의 위험물을 안전하게 물 또는 불연성 기체로 치환할 수 있는 조치를 하여야 한다.
	④ **감진장치 등** : 배관의 경로에는 안전상 필요한 장소와 25km의 거리마다 감진장치 및 강진계를 설치하여야 한다.

PART

2

위험물기능장 실기

과년도 출제문제

최근 실기 기출복원문제

Part 2. 과년도 출제문제

위험물기능장 실기

제49회
(2011년 5월 29일 시행)

위험물기능장 실기

01
이황화탄소의 옥외저장탱크는 벽 및 바닥의 두께가 (①)m 이상이고, 누수가 되지 아니하는 (②)의 수조에 넣어 보관하여야 한다. 이 경우 보유공지, 통기관, (③)는 생략한다. 괄호 안에 알맞은 말을 쓰시오.

해설

이황화탄소의 옥외저장탱크는 벽 및 바닥의 두께가 0.2m 이상이고 누수가 되지 아니하는 철근콘크리트의 수조에 넣어 보관하여야 한다. 이 경우 보유공지·통기관 및 자동계량장치는 생략할 수 있다.

해답

① 0.2
② 철근콘크리트
③ 자동계량장치

02
용량이 1,000만L인 옥외저장탱크의 주위에 설치하는 방유제에 해당 탱크마다 간막이둑을 설치하여야 할 때, 다음 사항에 대한 기준을 쓰시오. (단, 방유제 내에 설치되는 옥외저장탱크의 용량의 합계가 2억L를 넘지 않는다.)
① 간막이둑 높이
② 간막이둑 재질
③ 간막이둑 용량

해설

용량이 1,000만L 이상인 옥외저장탱크의 주위에 설치하는 방유제에는 다음의 규정에 따라 해당 탱크마다 간막이둑을 설치할 것
① 간막이둑의 높이는 0.3m(방유제 내에 설치되는 옥외저장탱크의 용량의 합계가 2억L를 넘는 방유제에 있어서는 1m) 이상으로 하되, 방유제의 높이보다 0.2m 이상 낮게 할 것
② 간막이둑은 흙 또는 철근콘크리트로 할 것
③ 간막이둑의 용량은 칸막이둑 안에 설치된 탱크 용량의 10% 이상일 것

해답

① 0.3m 이상으로 하되, 방유제 높이보다 0.2m 이상 낮게 한다.
② 흙 또는 철근콘크리트
③ 간막이둑 안에 설치된 탱크 용량의 10% 이상으로 한다.

03 알킬알루미늄 등을 저장·취급하는 이동저장탱크에 자동차용 소화기 외에 추가로 설치하여야 하는 소화설비는 무엇인지 쓰시오.

해설

소화난이도 등급 Ⅲ의 제조소 등에 설치하여야 하는 소화설비

제조소 등의 구분	소화설비	설치기준	
지하탱크저장소	소형 수동식소화기 등	능력단위의 수치가 3 이상	2개 이상
이동탱크저장소	자동차용 소화기	무상의 강화액 8L 이상	2개 이상
		이산화탄소 3.2kg 이상	
		브로모클로로다이플루오로메테인(CF_2ClBr) 2L 이상	
		브로모트라이플루오로메테인(CF_3Br) 2L 이상	
		다이브로모테트라플루오로에테인($C_2F_4Br_2$) 1L 이상	
		소화분말 3.3kg 이상	
이동탱크저장소	마른 모래 및 팽창질석 또는 팽창진주암	마른 모래 150L 이상	2개 이상
		팽창질석 또는 팽창진주암 640L 이상	
그 밖의 제조소 등	소형 수동식소화기 등	능력단위의 수치가 건축물, 그 밖의 공작물 및 위험물의 소요단위의 수치에 이르도록 설치할 것. 다만, 옥내소화전설비, 옥외소화전설비, 스프링클러설비, 물분무 등 소화설비 또는 대형 수동식소화기를 설치한 경우에는 해당 소화설비의 방사능력 범위 내의 부분에 대하여는 수동식소화기 등을 그 능력단위의 수치가 해당 소요단위의 수치의 1/5 이상이 되도록 하는 것으로 족하다.	

해답

마른 모래나 팽창질석 또는 팽창진주암

04 다이에틸에터를 공기 중에서 장시간 방치하면 산화되어 폭발성 과산화물이 생성될 수 있다. 다음 물음에 답하시오.
① 과산화물이 존재하는지 여부를 확인하는 방법
② 생성된 과산화물을 제거하는 시약
③ 과산화물 생성방지 방법

해설

㉮ 다이에틸에터의 위험성
　㉠ 인화점이 낮고 휘발성이 강하다(제4류 위험물 중 인화점이 가장 낮다).
　㉡ 증기 누출이 용이하며 장기간 저장 시 공기 중에서 산화되어 구조 불명의 불안정하고 폭발성의 과산화물을 만드는데 이는 유기과산화물과 같은 위험성을 가지기 때문에 100℃로 가열하거나 충격, 압축으로 폭발한다.
㉯ 다이에틸에터의 저장 및 취급 방법
　㉠ 직사광선에 분해되어 과산화물을 생성하므로 갈색병을 사용하여 밀전하고 냉암소 등에 보관하며 용기의 공간용적은 2% 이상으로 해야 한다.
　㉡ 불꽃 등 화기를 멀리하고 통풍이 잘 되는 곳에 저장한다.

ⓒ 대량저장 시에는 불활성가스를 봉입하고, 운반용기의 공간용적으로 10% 이상 여유를 둔다. 또한, 옥외저장탱크 중 압력탱크에 저장하는 경우 40℃ 이하를 유지해야 한다.
　　ⓔ 점화원을 피해야 하며 특히 정전기를 방지하기 위해 약간의 $CaCl_2$를 넣어 두고, 또한 폭발성의 과산화물 생성 방지를 위해 40mesh의 구리망을 넣어 둔다.
　　ⓕ 과산화물의 검출은 10% 아이오딘화칼륨(KI) 용액과의 황색반응으로 확인한다. 또한, 생성된 과산화물을 제거하는 시약으로는 황산제일철($FeSO_4$)을 사용한다.

해답

① 10%의 KI(아이오딘화칼륨) 용액을 첨가하여 황색으로 변색되면 과산화물이 존재한다.
② 황산제일철($FeSO_4$)
③ 40mesh의 구리망(Cu)을 넣어 준다.

05 다음 주어진 위험물의 구조식을 그리시오.
　① 메틸에틸케톤
　② 과산화벤조일

해설

㉮ 메틸에틸케톤의 일반적 성질
　　㉠ 아세톤과 유사한 냄새를 가진 무색의 휘발성 액체로 유기용제로 이용된다. 수용성이지만 위험물안전관리에 관한 세부기준 판정기준으로는 비수용성 위험물로 분류된다.
　　㉡ 열에 비교적 안정하나 500℃ 이상에서 열분해된다.
　　㉢ 분자량 72, 액비중 0.806(증기비중 2.44), 비점 80℃, 인화점 −7℃, 발화점 505℃, 연소범위 1.8~10%
　　㉣ 뷰테인, 부텐 유분에 황산을 반응한 후 가수분해하여 얻은 뷰탄올을 탈수소하여 만든다.
　　㉤ 공기 중에서 연소 시 물과 이산화탄소가 생성된다.
　　　$2CH_3COC_2H_5 + HO_2 \rightarrow 8CO_2 + 8H_2O$
㉯ 과산화벤조일의 일반적 성질
　　㉠ 무미, 무취의 백색 분말 또는 무색의 결정성 고체로 물에는 잘 녹지 않으나 알코올 등에는 잘 녹는다.
　　㉡ 운반 시 30% 이상의 물을 포함시켜 풀 같은 상태로 수송된다.
　　㉢ 상온에서는 안정하나 산화작용을 하며, 가열하면 약 100℃ 부근에서 분해된다.
　　㉣ 비중 1.33, 융점 103~105℃, 발화온도 125℃

해답

①
```
      H     H  H
      |     |  |
  H—C—C—C—C—H
      |     |  |
      H  O  H  H
```

②
```
  ⬡—C—O—O—C—⬡
      ‖         ‖
      O         O
```

06 152kPa, 100℃ 아세톤의 증기밀도를 구하시오.

해설

이상기체 상태방정식을 사용하여 증기밀도를 구할 수 있다.

$PV = nRT$

n은 몰(mole)수이며 $n = \dfrac{w(\text{g})}{M(\text{분자량})}$ 이므로

$PV = \dfrac{wRT}{M}$ 에서

$$\frac{152\text{kPa} \mid 1\text{atm}}{\mid 101.326\text{kPa} \mid} = 1.5\text{atm}$$

$\rho = \dfrac{W}{V} = \dfrac{PM}{RT} = \dfrac{1.5\text{atm} \times 58\text{g/mol}}{0.082\text{L} \cdot \text{atm/K} \cdot \text{mol} \times (100 + 273.15)\text{K}} = 2.84\text{g/L}$

해답

2.84g/L

07 회백색의 금속분말로 묽은염산에서 수소가스가 발생하며, 비중 약 7.86, 융점 1,535℃인 제2류 위험물이 위험물안전관리법상 위험물이 되기 위한 조건을 쓰시오.

해설

철분(Fe) − 지정수량 500kg

"철분"이라 함은 철의 분말로서 53μm의 표준체를 통과하는 것이 50wt% 미만인 것은 제외한다.

일반적 성질

㉠ 비중 7.86, 융점 1,535℃, 비등점 2,750℃

㉡ 회백색의 분말이며 강자성체이지만 766℃에서 강자성을 상실한다.

㉢ 공기 중에서 서서히 산화하여 산화철(Fe_2O_3)이 되어 은백색의 광택이 황갈색으로 변한다.

　　$4Fe + 3O_3 \rightarrow 2Fe_2O_3$

㉣ 강산화제인 발연질산에 넣었다 꺼내면 산화피복을 형성하여 부동태가 된다.

해답

"철분"이라 함은 철의 분말로서 53μm의 표준체를 통과하는 것이 50wt% 미만인 것은 제외한다.

08 1몰 염화수소(HCl)와 0.5몰 산소(O_2)의 혼합물에 촉매를 넣고 400℃에서 평형에 도달시킬 때 0.39몰 염소(Cl_2)가 생성되었다. 이 반응의 화학반응식이 다음 [보기]와 같을 때 ① 평형상태에서의 전체 몰수의 합, ② 전압이 1atm일 때 성분 4가지의 분압을 구하시오.

[보기] $4HCl + O_2 \rightarrow 2H_2O + 2Cl_2$

해설

4HCl	+	O_2	→	$2H_2O$	+	$2Cl_2$	
1		0.5		0		0	: 반응 전 몰수

$[1-(2\times0.39)]$ $[0.5-(0.5\times0.39)]$ 0.39 0.39 : 반응 후 몰수

① 전체 몰수의 합 : 0.22＋0.305＋0.39＋0.39＝1.305mol

② 각 성분의 분압

㉠ 염화수소(HCl)＝$1\times\dfrac{0.22}{1.305}=0.168$atm

㉡ 산소(O_2)＝$1\times\dfrac{0.305}{1.305}=0.2337$atm

㉢ 염소(Cl_2)＝$1\times\dfrac{0.39}{1.305}=0.2989$atm

㉣ 수증기(H_2O)＝$1\times\dfrac{0.39}{1.305}=0.2989$atm

해답

① 전체 몰수의 합 : 1.31mol

② ㉠ 염화수소(HCl)＝0.17atm

㉡ 산소(O_2)＝0.23atm

㉢ 염소(Cl_2)＝0.30atm

㉣ 수증기(H_2O)＝0.30atm

09 벤젠에 수은(Hg)을 촉매로 하여 질산을 반응시켜 제조하는 물질로 DDNP(diazodinitro phenol)의 원료로 사용되는 위험물의 구조식과 품명을 쓰시오.

해설

트라이나이트로페놀[$C_6H_2(NO_2)_3OH$, 피크르산]의 일반적 성질

㉠ 순수한 것은 무색이나 보통 공업용은 휘황색의 침전 결정이며 충격, 마찰에 둔감하고 자연 분해하지 않으므로 장기 저장해도 자연발화의 위험이 없이 안정하다.

㉡ 찬물에는 거의 녹지 않으나 온수, 알코올, 에터, 벤젠 등에는 잘 녹는다.

㉢ 비중 1.8, 융점 122.5℃, 인화점 150℃, 비점 255℃, 발화온도 약 300℃

㉣ 강한 쓴맛이 있고 유독하며 물에 전리되어 강한 산이 된다.

㉤ 페놀을 진한황산에 녹여 질산으로 작용시켜 만든다.

$C_6H_5OH+3HNO_3 \xrightarrow{H_2SO_4} C_6H_2(OH)(NO_2)_3+3H_2O$

㉥ 벤젠에 수은을 촉매로 하여 질산을 반응시켜 제조하는 물질로 DDNP(diazodinitro phenol) 의 원료로 사용되는 물질이다.

해답

① 구조식 :

$$O_2N \underset{NO_2}{\overset{OH}{\bigcirc}} NO_2$$

② 품명 : 나이트로화합물

10 특정 옥외저장탱크에 에눌러판을 설치하여야 하는 경우 3가지를 쓰시오.

해설

옥외저장탱크의 밑판[① 에눌러판(특정 옥외저장탱크의 옆판의 최하단 두께가 15mm를 초과하는 경우, ② 내경이 30m를 초과하는 경우 또는 ③ 옆판을 고장력강으로 사용하는 경우에 옆판의 직하에 설치하여야 하는 판을 말한다.)을 설치하는 특정 옥외저장탱크에 있어서는 에눌러판을 포함한다.]을 지반면에 접하게 설치하는 경우에는 다음 기준에 따라 밑판 외면의 부식을 방지하기 위한 조치를 강구하여야 한다.
㉠ 탱크의 밑판 아래에 밑판의 부식을 유효하게 방지할 수 있도록 아스팔트샌드 등의 방식재료를 댈 것
㉡ 탱크의 밑판에 전기방식의 조치를 강구할 것
㉢ 밑판의 부식을 방지할 수 있는 조치를 강구할 것

해답

① 저장탱크의 옆판의 최하단 두께가 15mm를 초과하는 경우
② 내경이 30m를 초과하는 경우
③ 저장탱크의 옆판을 고장력강으로 사용하는 경우

11 위험물안전관리법상 제조소의 기술기준을 적용함에 있어 위험물의 성질에 따른 강화된 특례기준을 적용하는 위험물은 다음과 같다. (   ) 안을 알맞게 채우시오.
① 제3류 위험물 중 (   ), (   ) 또는 이 중 어느 하나 이상을 함유하는 것
② 제4류 위험물 중 (   ), (   ) 또는 이 중 어느 하나 이상을 함유하는 것
③ 제5류 위험물 중 (   ), (   ) 또는 이 중 어느 하나 이상을 함유하는 것

해설

위험물안전관리법상 제조소의 기술기준을 적용함에 있어 위험물의 성질에 따른 강화된 특례기준을 적용하는 위험물
① 제3류 위험물 중 알킬알루미늄, 알킬리튬 또는 이 중 어느 하나 이상을 함유하는 것
② 제4류 위험물 중 특수 인화물의 아세트알데하이드, 산화프로필렌 또는 이 중 어느 하나 이상을 함유하는 것
③ 제5류 위험물 중 하이드록실아민, 하이드록실아민염류 또는 이 중 어느 하나 이상을 함유하는 것

해답

① 알킬알루미늄, 알킬리튬
② 아세트알데하이드, 산화프로필렌
③ 하이드록실아민, 하이드록실아민염류

12 위험물제조소와 학교와의 거리가 20m로 위험물안전에 의한 안전거리를 충족할 수 없어서 방화상 유효한 담을 설치하고자 한다. 위험물제조소 외벽 높이 10m, 학교 높이 30m이며 위험물제조소와 방화상 유효한 담의 거리는 5m인 경우 방화상 유효한 담의 높이를 쓰시오. (단, 학교건물은 방화구조이고, 위험물제조소에 면한 부분의 개구부에 방화문이 설치되지 않았다.)

해설

제조소 등의 안전거리의 단축기준

취급하는 위험물이 최대수량(지정수량 배수)의 10배 미만이고, 주거용 건축물, 문화재, 학교 등의 경우 불연재료로 된 방화상 유효한 담 또는 벽을 설치하는 경우에는 안전거리를 단축할 수 있다.

㉮ 방화상 유효한 담의 높이

   ㉠ $H \leq pD^2 + a$인 경우

     $h = 2$

   ㉡ $H > pD^2 + a$인 경우

     $h = H - p(D^2 - d^2)$

   ㉢ D, H, a, d, h 및 p는 다음과 같다.

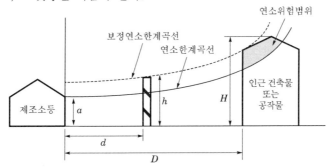

여기서, D : 제조소 등과 인근 건축물 또는 공작물과의 거리(m)

       H : 인근 건축물 또는 공작물의 높이(m)

       a : 제조소 등의 외벽의 높이(m)

       d : 제조소 등과 방화상 유효한 담과의 거리(m)

       h : 방화상 유효한 담의 높이(m)

인근 건축물 또는 공작물의 구분	p의 값
• 학교·주택·문화재 등의 건축물 또는 공작물이 목조인 경우 • 학교·주택·문화재 등의 건축물 또는 공작물이 방화구조 또는 내화구조이고, 제조소 등에 면한 부분의 개구부에 60분+방화문·60분방화문 또는 30분방화문이 설치되지 않은 경우	0.04
• 학교·주택·문화재 등의 건축물 또는 공작물이 방화구조인 경우 • 학교·주택·문화재 등의 건축물 또는 공작물이 방화구조 또는 내화구조이고, 제조소 등에 면한 부분의 개구부에 30분방화문이 설치된 경우	0.15
학교·주택·문화재 등의 건축물 또는 공작물이 내화구조이고, 제조소 등에 면한 개구부에 60분+방화문 또는 60분방화문이 설치된 경우	∞

㉯ 산출된 수치가 2 미만일 때에는 담의 높이를 2m로, 4 이상일 때에는 담의 높이를 4m로 하되, 다음의 소화설비를 보강하여야 한다.

   ㉠ 해당 제조소 등의 소형 소화기 설치대상인 것에 있어서는 대형 소화기를 1개 이상 증설을 할 것

   ㉡ 해당 제조소 등이 대형 소화기 설치대상인 것에 있어서는 대형 소화기 대신 옥내소화전 설비·옥외소화전설비·스프링클러설비·물분무소화설비·포소화설비·불활성가스소화설 비·할로젠화합물소화설비·분말소화설비 중 적응소화설비를 설치할 것

   ㉢ 해당 제조소 등이 옥내소화전설비·옥외소화전설비·스프링클러설비·물분무소화설비· 포소화설비·불활성가스소화설비·할로젠화합물소화설비 또는 분말소화설비 설치대상인 것에 있어서는 반경 30m마다 대형 소화기 1개 이상을 증설할 것

따라서, 학교건물은 방화구조이고, 위험물제조소에 면한 부분의 개구부에 방화문이 설치되지 않았으므로 상수 $p=0.04$이고, $H > pD^2 + a$인 경우에 해당한다.

$$[30 > (0.04)(20)^2 + 10 = 26]$$

$$\therefore \text{ 방화상 유효한 담의 높이}(h) = H - p(D^2 - d^2)$$
$$= 30 - 0.04(20^2 - 5^2)$$
$$= 15\text{m 이상}$$

산출된 수치가 2 미만일 때에는 담의 높이를 2m로, 4 이상일 때에는 담의 높이를 4m로 하므로 답은 4m이다.

해답
4m

---

13 위험물 옥내저장소의 저장창고에 대한 선반 등의 수납장 설치기준 3가지를 쓰시오.

해설
옥내저장소 선반 등의 수납장 설치기준
① 수납장은 불연재료로 만들어 견고한 기초 위에 고정할 것
② 수납장은 해당 수납장 및 그 부속설비의 자중, 저장하는 위험물의 중량 등의 하중에 의하여 생기는 응력에 대하여 안전한 것으로 할 것
③ 수납장에는 위험물을 수납한 용기가 쉽게 떨어지지 아니하게 하는 조치를 할 것

해답
① 수납장은 불연재료로 만들어 견고한 기초 위에 고정할 것
② 수납장은 해당 수납장 및 그 부속설비의 자중, 저장하는 위험물의 중량 등의 하중에 의하여 생기는 응력에 대하여 안전한 것으로 할 것
③ 수납장에는 위험물을 수납한 용기가 쉽게 떨어지지 아니하게 하는 조치를 할 것

---

14 454g의 나이트로글리세린이 완전연소할 때 발생하는 산소 기체는 25℃, 1기압에서 몇 L인지 구하시오.

해설
㉮ 나이트로글리세린의 일반적 성질
   ㉠ 제5류 위험물 중 질산에스터류에 해당하며, 다이너마이트, 로켓, 무연화약의 원료로 순수한 것은 무색투명한 기름성의 액체(공업용 시판품은 담황색)이며 점화하면 즉시 연소하고 폭발력이 강하다.

   $$4C_3H_5(ONO_2)_3 \rightarrow 12CO_2 + 10H_2O + 6N_2 + O_2$$

   ㉡ 물에는 거의 녹지 않으나 메탄올, 벤젠, 클로로폼, 아세톤 등에는 녹는다.
   ㉢ 다공질 물질을 규조토에 흡수시켜 다이너마이트를 제조한다.
   ㉣ 분자량 227, 비중 1.6, 융점 2.8℃, 비점 160℃
㉯ 완전연소할 때 발생하는 산소 기체의 무게는

$$\frac{454\text{g}-C_3H_5(ONO_2)_3}{} \left| \frac{1\text{mol}-C_3H_5(ONO_2)_3}{227\text{g}-C_3H_5(ONO_2)_3} \right| \frac{1\text{mol}-O_2}{4\text{mol}-C_3H_5(ONO_2)_3} \left| \frac{32\text{g}-O_2}{1\text{mol}-O_2} \right| = 16\text{g}-O_2$$

㉱ 따라서, 이상기체 상태방정식을 사용하여 기체의 부피를 구할 수 있다.

$$PV = nRT$$

n은 몰(mole)수이며 $n = \dfrac{w(g)}{M(\text{분자량})}$ 이므로

$$PV = \dfrac{wRT}{M}$$

$$\therefore V = \dfrac{wRT}{PM} = \dfrac{16g \times 0.082L \cdot atm/K \cdot mol \times (25 + 273.15)}{1atm \times 32g/mol} = 12.22L$$

[해답]

12.22L

---

15 제3류 위험물인 탄화칼슘이 물과 접촉하여 발생하는 가연성 가스의 완전연소 반응식을 쓰시오.

[해설]

탄화칼슘은 물과 심하게 반응하여 수산화칼슘과 아세틸렌을 만들며 공기 중 수분과 반응하여도 아세틸렌이 발생한다.

$$CaC_2 + 2H_2O \rightarrow Ca(OH)_2 + C_2H_2$$

가연성 가스인 아세틸렌은 연소범위 2.5~81%로 매우 넓고 인화가 쉬우며, 때로는 폭발하기도 하며 단독으로 가압 시 분해폭발을 일으키는 물질이다.

$$2C_2H_2 + 5O_2 \rightarrow 4CO_2 + 2H_2O$$

[해답]

$2C_2H_2 + 5O_2 \rightarrow 4CO_2 + 2H_2O$

---

16 위험물제조소 등에 대해 아래와 같은 위험물탱크안전성능검사의 신청시기를 쓰시오.
① 기초 · 지반 검사
② 충수 · 수압 검사
③ 용접부검사
④ 암반탱크검사

[해설]

탱크안전성능검사의 대상이 되는 탱크 및 신청시기

① 기초·지반 검사	검사대상	옥외탱크저장소의 액체 위험물 탱크 중 그 용량이 100만L 이상인 탱크
	신청시기	위험물탱크의 기초 및 지반에 관한 공사의 개시 전
② 충수·수압 검사	검사대상	액체 위험물을 저장 또는 취급하는 탱크
	신청시기	위험물을 저장 또는 취급하는 탱크에 배관, 그 밖에 부속설비를 부착하기 전
③ 용접부검사	검사대상	①의 규정에 의한 탱크
	신청시기	탱크 본체에 관한 공사의 개시 전
④ 암반탱크검사	검사대상	액체 위험물을 저장 또는 취급하는 암반 내의 공간을 이용한 탱크
	신청시기	암반탱크의 본체에 관한 공사의 개시 전

해답

① 위험물탱크의 기초 및 지반에 관한 공사의 개시 전
② 위험물을 저장 또는 취급하는 탱크에 배관, 그 밖의 부속설비를 부착하기 전
③ 탱크 본체에 관한 공사의 개시 전
④ 암반탱크의 본체에 관한 공사의 개시 전

17 위험물안전관리에 관한 세부기준에 따르면 배관 등의 용접부에는 방사선투과시험을 실시한다. 다만, 방사선투과시험을 실시하기 곤란한 경우 (   )에 알맞은 비파괴시험을 쓰시오.
① 두께 6mm 이상인 배관에 있어서 (㉠) 및 (㉡)을 실시할 것. 다만, 강자성체 외의 재료로 된 배관에 있어서는 (㉢)을 (㉣)으로 대체할 수 있다.
② 두께 6mm 미만인 배관과 초음파탐상시험을 실시하기 곤란한 배관에 있어서는 (㉤)을 실시할 것

해설

배관 등에 대한 비파괴시험방법
배관 등의 용접부에는 방사선투과시험 또는 영상초음파탐상시험을 실시한다. 다만, 방사선투과시험 또는 영상초음파탐상시험을 실시하기 곤란한 경우에는 다음 각 호의 기준에 따른다.
① 두께가 6mm 이상인 배관에 있어서는 초음파탐상시험 및 자기탐상시험을 실시할 것. 다만, 강자성체 외의 재료로 된 배관에 있어서는 자기탐상시험을 침투탐상시험으로 대체할 수 있다.
② 두께가 6mm 미만인 배관과 초음파탐상시험을 실시하기 곤란한 배관에 있어서는 자기탐상시험을 실시할 것

해답

① ㉠ 초음파탐상시험
　㉡ 자기탐상시험
　㉢ 자기탐상시험
　㉣ 침투탐상시험
② ㉤ 자기탐상시험

18 트라이에틸알루미늄과 산소, 물, 염소와의 반응식을 쓰시오.

해설

트라이에틸알루미늄[$(C_2H_5)_3Al$]
㉠ 무색투명한 액체로 외관은 등유와 유사한 가연성으로 $C_1 \sim C_4$는 자연발화성이 강하다. 공기 중에 노출되어 공기와 접촉하여 백연을 발생하며 연소한다. 단, C_5 이상은 점화하지 않으면 연소하지 않는다.
　$2(C_2H_5)_3Al + 21O_2 \rightarrow 12CO_2 + Al_2O_3 + 15H_2O$
㉡ 물, 산, 알코올과 접촉하면 폭발적으로 반응하여 에테인을 형성하고 이때 발열, 폭발에 이른다.
　$(C_2H_5)_3Al + 3H_2O \rightarrow Al(OH)_3 + 3C_2H_6$
　$(C_2H_5)_3Al + HCl \rightarrow (C_2H_5)_2AlCl + C_2H_6$
　$(C_2H_5)_3Al + 3CH_3OH \rightarrow Al(CH_5O)_3 + 3C_2H_6$

© 인화점의 측정치는 없지만 융점($-46℃$) 이하이기 때문에 매우 위험하며 200℃ 이상에서 폭발적으로 분해되어 가연성 가스가 발생한다.

$(C_2H_5)_3Al \rightarrow (C_2H_5)_2AlH + C_2H_4$

$(C_2H_5)_2AlH \rightarrow \dfrac{3}{2}H_2 + 2C_2H_4$

② 염소가스와 접촉하면 삼염화알루미늄이 생성된다.

$(C_2H_5)_3Al + 3Cl_2 \rightarrow AlCl_3 + 3C_2H_5Cl$

[해답]

① 산소와의 반응식 : $2(C_2H_5)_3Al + 21O_2 \rightarrow 12CO_2 + Al_2O_3 + 15H_2O$

② 물과의 반응식 : $(C_2H_5)_3Al + 3H_2O \rightarrow Al(OH)_3 + 3C_2H_6$

③ 염소와의 반응식 : $(C_2H_5)_3Al + 3Cl_2 \rightarrow AlCl_3 + 3C_2H_5Cl$

19

[보기]에서 설명하는 위험물에 대해 다음 물음에 답하시오.

[보기] • 지정수량 1,000kg
• 분자량 158
• 흑자색 결정
• 물, 알코올, 아세톤에 녹는다.

① 240℃에서의 열분해식
② 묽은황산과의 반응식

[해설]

$KMnO_4$(과망가니즈산칼륨)

㉮ 일반적 성질

㉠ 분자량 158, 비중 2.7, 분해온도 약 200∼250℃, 흑자색 또는 적자색의 결정

㉡ 수용액은 산화력과 살균력(3%−피부살균, 0.25%−점막살균)을 나타냄

㉢ 240℃에서 가열하면 망가니즈산칼륨, 이산화망가니즈, 산소 발생

$2KMnO_4 \rightarrow K_2MnO_4 + MnO_2 + O_2$

㉯ 위험성

에터, 알코올류, [진한황산+(가연성 가스, 염화칼륨, 테레빈유, 유기물, 피크르산)]과 혼촉되는 경우 발화하고 폭발의 위험성을 갖는다.

(묽은황산과의 반응식)

$4KMnO_4 + 6H_2SO_4 \rightarrow 2K_2SO_4 + 4MnSO_4 + 6H_2O + 5O_2$

(진한황산과의 반응식)

$2KMnO_4 + H_2SO_4 \rightarrow K_2SO_4 + 2HMnO_4$

[해답]

① $2KMnO_4 \rightarrow K_2MnO_4 + MnO_2 + O_2$

② $4KMnO_4 + 6H_2SO_4 \rightarrow 2K_2SO_4 + 4MnSO_4 + 6H_2O + 5O_2$

20 다음 [보기]는 어떤 물질의 제조방법 3가지를 설명하고 있다. 이러한 방법으로 제조되는 제4류 위험물에 대해 각각 물음에 답하시오.

> [보기] • 에틸렌과 산소를 염화구리($CuCl_2$) 또는 염화팔라듐($PdCl_2$) 촉매하에서 반응시켜 제조
> • 에탄올을 산화시켜 제조
> • 황산수은(II) 촉매하에서 아세틸렌에 물을 첨가시켜 제조

① 위험도는 얼마인가?
② 이 물질이 공기 중 산소에 의해 산화되어 다른 종류의 제4류 위험물이 생성되는 반응식을 쓰시오.

해설

㉮ 아세트알데하이드의 일반적 성질
  ㉠ 무색이며 고농도는 자극성 냄새가 나며 저농도의 것은 과일 같은 향이 나는 휘발성이 강한 액체로서 물, 에탄올, 에터에 잘 녹고, 고무를 녹인다.
  ㉡ 환원성이 커서 은거울반응을 하며, I_2와 $NaOH$를 넣고 가열하는 경우 황색의 아이오딘폼 (CH_3I) 침전이 생기는 아이오딘폼반응을 한다.
  $$CH_3CHO + I_2 + 2NaOH \rightarrow HCOONa + NaI + CH_3I + H_2O$$
  ㉢ 진한황산과의 접촉에 의해 격렬히 중합반응을 일으켜 발열한다.
  ㉣ 산화 시 초산, 환원 시 에탄올이 생성된다.
  $$CH_3CHO + \frac{1}{2}O_2 \rightarrow CH_3COOH(산화작용)$$
  $$CH_3CHO + H_2 \rightarrow C_2H_5OH(환원작용)$$
  ㉤ 분자량(44), 비중(0.78), 비점(21℃), 인화점(−39℃), 발화점(175℃)이 매우 낮고 연소범위 (4.1~57%)가 넓으나 증기압(750mmHg)이 높아 휘발이 잘 되고, 인화성, 발화성이 강하며 수용액상태에서도 인화의 위험이 있다.
  ㉥ 제조방법
    ⓐ 에틸렌의 직접 산화법 : 에틸렌을 염화구리 또는 염화팔라듐의 촉매하에서 산화반응시켜 제조한다.
    $$2C_2H_4 + O_2 \rightarrow 2CH_3CHO$$
    ⓑ 에틸알코올의 직접 산화법 : 에틸알코올을 이산화망가니즈 촉매하에서 산화시켜 제조한다.
    $$2C_2H_5OH + O_2 \rightarrow 2CH_3CHO + 2H_2O$$
    ⓒ 아세틸렌의 수화법 : 아세틸렌과 물을 수은 촉매하에서 수화시켜 제조한다.
    $$C_2H_2 + H_2O \rightarrow CH_3CHO$$
㉯ 연소범위가 4~51%이므로 위험도(H) $= \dfrac{57-4.1}{4.1} ≒ 12.90$

해답

① 12.90

② $CH_3CHO + \dfrac{1}{2}O_2 \rightarrow CH_3COOH$

제50회
(2011년 9월 25일 시행)

위험물기능장 실기

01 제5류 위험물로서 담황색 결정을 가진 폭발성 고체로 보관 중 직사광선에 의해 다갈색으로 변색할 우려가 있는 물질로서 분자량이 227g/mol인 위험물의 ① 구조식과 ② 분해반응식을 쓰시오.

해설

트라이나이트로톨루엔[T.N.T, $C_6H_2CH_3(NO_2)_3$]

㉮ 일반적 성질
　㉠ 순수한 것은 무색 결정 또는 담황색의 결정, 직사광선에 의해 다갈색으로 변하며 중성으로 금속과는 반응이 없으며 장기 저장해도 자연발화의 위험이 없이 안정하다.
　㉡ 물에는 불용이며, 에터, 아세톤 등에는 잘 녹고 알코올에는 가열하면 약간 녹는다.
　㉢ 충격 감도는 피크르산보다 둔하지만 급격한 타격을 주면 폭발한다.
　㉣ 몇 가지 이성질체가 있으며 2, 4, 6-트라이나이트로톨루엔이 폭발력이 가장 강하다.
　㉤ 비중 1.66, 융점 81℃, 비점 280℃, 분자량 227, 발화온도 약 300℃
　㉥ 제법 : 1몰의 톨루엔과 3몰의 질산을 황산 촉매하에 반응시키면 나이트로화에 의해 T.N.T가 만들어진다.

$$C_6H_5CH_3 + 3HNO_3 \xrightarrow[\text{나이트로화}]{c-H_2SO_4} T.N.T + 3H_2O$$

㉯ 위험성
　㉠ 강력한 폭약으로 피크르산보다는 약하나 점화하면 연소하지만 기폭약을 쓰지 않으면 폭발하지 않는다.
　㉡ K, KOH, HCl, $Na_2Cr_2O_7$과 접촉 시 조건에 따라 발화하거나 충격, 마찰에 민감하고 폭발 위험성이 있으며, 분해되면 다량의 기체가 발생하고 불완전연소 시 유독성의 질소산화물과 CO를 생성한다.

$$2C_6H_2CH_3(NO_2)_3 \rightarrow 12CO + 2C + 3N_2 + 5H_2$$

　㉢ NH_4NO_3와 T.N.T를 3 : 1wt%로 혼합하면 폭발력이 현저히 증가하여 폭파약으로 사용된다.

해답

① 구조식 :
O₂N ～ NO₂ (구조식)

② 분해반응식 : $2C_6H_2CH_3(NO_2)_3 \rightarrow 12CO + 2C + 3N_2 + 5H_2$

02 다음은 탱크의 충수시험방법 및 판정기준에 대한 설명이다. 괄호 안을 알맞게 채우시오.
충수시험은 탱크에 물이 채워진 상태에서 1,000kL(1,000,000L 미만의 탱크는 12시간,
1,000kL 이상의 탱크는 (①) 이상 경과한 이후에 (②)가 없고 탱크 본체 접속부 및
용접부 등에서 누설·변형 또는 손상 등의 이상이 없어야 한다.

해설

충수·수압 시험의 방법 및 판정기준

㉮ 충수·수압 시험은 탱크가 완성된 상태에서 배관 등의 접속이나 내·외부에 대한 도장작업 등
을 하기 전에 위험물탱크의 최대사용높이 이상으로 물(물과 비중이 같거나 물보다 비중이 큰
액체로서 위험물이 아닌 것을 포함한다. 이하 ㉮에서 같다.)을 가득 채워 실시할 것. 다만, 다
음의 어느 하나에 해당하는 경우에는 해당 사항에 규정된 방법으로 대신할 수 있다.
　㉠ 에뉼러판 또는 밑판의 교체공사 중 옆판의 중심선으로부터 600mm 범위 외의 부분에 관
　　련된 것으로서 해당 교체부분이 저부면적(에뉼러판 및 밑판의 면적을 말함)의 2의 1 미
　　만인 경우에는 교체부분의 전 용접부에 대하여 초층용접 후 침투탐상시험을 하고 용접종
　　료 후 자기탐상시험을 하는 방법
　㉡ 에뉼러판 또는 밑판의 교체공사 중 옆판의 중심선으로부터 600mm 범위 내의 부분에 관
　　련된 것으로서 해당 교체부분이 해당 에뉼러판 또는 밑판의 원주길이의 50% 미만인 경
　　우에는 교체부분의 전 용접부에 대하여 초층용접 후 침투탐상시험을 하고 용접종료 후
　　자기탐상시험을 하며 밑판(에뉼러판을 포함)과 옆판이 용접되는 필렛용접부(완전용입용
　　접의 경우에 한함)에는 초음파탐상시험을 하는 방법
㉯ 보온재가 부착된 탱크의 변경허가에 따른 충수·수압 시험의 경우에는 보온재를 해당 탱크
옆판의 최하단으로부터 20cm 이상 제거하고 시험을 실시할 것
㉰ 충수시험은 탱크에 물이 채워진 상태에서 1,000kL 미만의 탱크는 12시간, 1,000kL 이상의
탱크는 24시간 이상 경과한 이후에 지반침하가 없고 탱크 본체 접속부 및 용접부 등에서
누설, 변형 또는 손상 등의 이상이 없을 것
㉱ 수압시험은 탱크의 모든 개구부를 완전히 폐쇄한 이후에 물을 가득 채우고 최대사용압력의
1.5배 이상의 압력을 가하여 10분 이상 경과한 이후에 탱크 본체·접속부 및 용접부 등에
서 누설 또는 영구변형 등의 이상이 없을 것. 다만, 규칙에서 시험압력을 정하고 있는 탱크
의 경우에는 해당 압력을 시험압력으로 한다.
㉲ 탱크용량이 1,000kL 이상인 원통 세로형 탱크는 수평도와 수직도를 측정하여 다음의 기준
에 적합할 것
　㉠ 옆판 최하단의 바깥쪽을 등간격으로 나눈 8개소에 스케일을 세우고 레벨측정기 등으로
　　수평도를 측정하였을 때 수평도는 300mm 이내이면서 직경의 1/100 이내일 것
　㉡ 옆판 바깥쪽을 등간격으로 나눈 8개소의 수직도를 데오드라이트 등으로 측정하였을 때 수
　　직도는 탱크 높이의 1/200 이내일 것. 다만, 변경허가에 따른 시험의 경우에는 127mm 이
　　내이면서 1/100 이내이어야 한다.
㉳ 탱크용량이 1,000kL 이상인 원통 세로형 외의 탱크는 ㉮ 내지 ㉱의 시험 외에 침하량을 측
정하기 위하여 모든 기둥의 침하측정의 기준점(수준점)을 측정(기둥이 2개인 경우에는 각 기
둥마다 2점을 측정)하여 그 차이를 각각의 기둥 사이의 거리로 나눈 수치가 1/200 이내일
것. 다만, 변경허가에 따른 시험의 경우에는 127mm 이내이면서 1/100 이내이어야 한다.

해답

① 24시간
② 지반침하

03 다음 그림과 같은 이동저장탱크의 내용적은 몇 m³인지 구하시오.

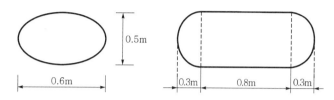

0.5m

0.6m

0.3m 0.8m 0.3m

해설

양쪽이 볼록한 타원형 탱크

$$V = \frac{\pi ab}{4}\left(l + \frac{l_1 + l_2}{3}\right) = \frac{\pi \times 0.5 \times 0.6}{4}\left(0.8 + \frac{0.3 + 0.3}{3}\right) ≒ 0.24\text{m}^3$$

해답

0.24m³

04 위험물제조소 등에 대한 위치 · 구조 또는 설비를 변경하는 경우 위반사항에 대한 행정처분기준에 대해 쓰시오.
① 1차
② 2차
③ 3차

해설

제조소 등에 대한 행정처분기준

위반사항	행정처분기준		
	1차	2차	3차
① 제조소 등의 위치 · 구조 또는 설비를 변경한 때	경고 또는 사용정지 15일	사용정지 60일	허가취소
② 완공검사를 받지 아니하고 제조소 등을 사용한 때	사용정지 15일	사용정지 60일	허가취소
③ 수리 · 개조 또는 이전의 명령에 위반한 때	사용정지 30일	사용정지 90일	허가취소
④ 위험물 안전관리자를 선임하지 아니한 때	사용정지 15일	사용정지 60일	허가취소
⑤ 대리자를 지정하지 아니한 때	사용정지 10일	사용정지 30일	허가취소
⑥ 정기점검을 하지 아니한 때	사용정지 10일	사용정지 30일	허가취소
⑦ 정기검사를 받지 아니한 때	사용정지 10일	사용정지 30일	허가취소
⑧ 저장 · 취급 기준 준수명령을 위반한 때	사용정지 30일	사용정지 60일	허가취소

해답

① 경고 또는 사용정지 15일
② 사용정지 60일
③ 허가취소

05 제1류 위험물로서 비중이 2.1이고, 물이나 글리세린에 잘 녹으며, 흑색화약의 원료로 사용하는 물질에 대해 다음 물음에 답하시오.
① 물질명
② 화학식
③ 분해반응식

[해설]

KNO_3(질산칼륨, 질산카리, 초석)의 일반적 성질
㉠ 분자량 101, 비중 2.1, 융점 339℃, 분해온도 400℃, 용해도 26
㉡ 무색의 결정 또는 백색 분말로 차가운 자극성의 짠맛이 난다.
㉢ 물이나 글리세린 등에는 잘 녹고, 알코올에는 녹지 않는다. 수용액은 중성이다.
㉣ 약 400℃로 가열하면 분해되어 아질산칼륨(KNO_2)과 산소(O_2)가 발생하는 강산화제
$$2KNO_3 \rightarrow 2KNO_2 + O_2$$

[해답]

① 질산칼륨
② KNO_3
③ $2KNO_3 \rightarrow 2KNO_2 + O_2$

06 예방 규정을 정하여야 하는 제조소 등에 해당하는 경우 5가지를 쓰시오.

[해설]

예방 규정을 정하여야 하는 제조소 등
① 지정수량의 10배 이상의 위험물을 취급하는 제조소
② 지정수량의 100배 이상의 위험물을 저장하는 옥외저장소
③ 지정수량의 150배 이상의 위험물을 저장하는 옥내저장소
④ 지정수량의 200배 이상을 저장하는 옥외탱크저장소
⑤ 암반탱크저장소
⑥ 이송취급소
⑦ 지정수량의 10배 이상의 위험물을 취급하는 일반취급소[다만, 제4류 위험물(특수 인화물을 제외한다)만을 지정수량의 50배 이하로 취급하는 일반취급소(제1석유류·알코올류의 취급량이 지정수량의 10배 이하인 경우에 한한다)로서 다음의 어느 하나에 해당하는 것을 제외]
㉠ 보일러·버너 또는 이와 비슷한 것으로서 위험물을 소비하는 장치로 이루어진 일반취급소
㉡ 위험물을 용기에 옮겨 담거나 차량에 고정된 탱크에 주입하는 일반취급소

[해답]

상기 해설 중 택 5가지 기술

07 이송취급소 설치제외 장소 3가지를 쓰시오.

[해설]

이송취급소를 설치하지 못하는 장소
① 철도 및 도로의 터널 안
② 고속국도 및 자동차 전용도로의 차도, 길어깨(갓길) 및 중앙분리대
③ 호수, 저수지 등으로서 수리의 수원이 되는 곳
④ 급경사 지역으로서 붕괴의 위험이 있는 지역

[해답]

상기 해설 중 택 3가지 기술

08 다음은 주유취급소의 특례기준 중 셀프용 고정주유설비의 설치기준에 대한 설명이다. 괄호 안을 알맞게 채우시오.
① 주유호스는 (   ) 이하의 하중에 의하여 파단 또는 이탈되어야 하고, 파단 또는 이 탈된 부분으로부터의 위험물 누출을 방지할 수 있는 구조일 것
② 1회의 연속주유량 및 주유시간의 상한을 미리 설정할 수 있는 구조일 것. 이 경우, 연속주유 량 및 주유시간의 상한은 휘발유는 (㉠)L 이하, (㉡)분 이하, 경유는 (㉢)L 이하, (㉣)분 이하로 한다.

[해설]

셀프용 고정주유설비의 기준
㉮ 주유호스의 선단부에 수동개폐장치를 부착한 주유노즐을 설치할 것. 다만, 수동개폐장치를 개방한 상태로 고정시키는 장치가 부착된 경우에는 다음의 기준에 적합하여야 한다.
 ㉠ 주유작업을 개시함에 있어서 주유노즐의 수동개폐장치가 개방상태에 있는 때에는 해당 수동개폐장치를 일단 폐쇄시켜야만 다시 주유를 개시할 수 있는 구조로 할 것
 ㉡ 주유노즐이 자동차 등의 주유구로부터 이탈된 경우 주유를 자동적으로 정지시키는 구조 일 것
㉯ 주유노즐은 자동차 등의 연료탱크가 가득 찬 경우 자동적으로 정지시키는 구조일 것
㉰ 주유호스는 200kg중 이하의 하중에 의하여 파단(破斷) 또는 이탈되어야 하고, 파단 또는 이탈된 부분으로부터의 위험물 누출을 방지할 수 있는 구조일 것
㉱ 휘발유와 경유 상호 간의 오인에 의한 주유를 방지할 수 있는 구조일 것
㉲ 1회의 연속주유량 및 주유시간의 상한을 미리 설정할 수 있는 구조일 것. 이 경우 연속주 유량 및 주유시간의 상한은 다음과 같다.
 ㉠ 휘발유는 100L 이하, 4분 이하로 할 것
 ㉡ 경유는 600L 이하로, 12분 이하로 할 것

[해답]

① 200kg중
② ㉠ 100
 ㉡ 4
 ㉢ 600
 ㉣ 12

09 위험물탱크안전성능시험자의 등록 시 결격사유 3가지를 쓰시오.

해설

위험물탱크안전성능시험자의 등록 결격사유
① 피성년후견인 또는 피한정후견인
② 「위험물안전관리법」, 「소방기본법」, 「소방시설 설치·유지 및 안전관리에 관한 법률」 또는 「소방시설공사업법」에 따른 금고 이상의 실형의 선고를 받고 그 집행이 종료(집행이 종료된 것으로 보는 경우를 포함한다)되거나 집행이 면제된 날부터 2년이 지나지 아니한 자
③ 「위험물안전관리법」, 「소방기본법」, 「소방시설 설치·유지 및 안전관리에 관한 법률」 또는 「소방시설공사업법」에 따른 금고 이상의 형의 집행유예 선고를 받고 그 유예기간 중에 있는 자
④ 탱크시험자의 등록이 취소된 날부터 2년이 지나지 아니한 자
⑤ 법인으로서 그 대표자가 ① 내지 ②에 해당하는 경우

해답

① 피성년후견인 또는 피한정후견인
② 「위험물안전관리법」, 「소방기본법」, 「소방시설 설치·유지 및 안전관리에 관한 법률」 또는 「소방시설공사업법」에 따른 금고 이상의 형의 집행유예 선고를 받고 그 유예기간 중에 있는 자
③ 탱크시험자의 등록이 취소된 날부터 2년이 지나지 아니한 자

10 제3류 위험물을 옥내저장소에 저장 시 저장창고의 바닥면적이 2,000m^{2}인 경우에 저장할 수 있는 품명 5가지를 쓰시오.

해설

하나의 저장창고의 바닥면적

위험물을 저장하는 창고	바닥면적
가. ㉠ 제1류 위험물 중 아염소산염류, 염소산염류, 과염소산염류, 무기과산화물, 그 밖에 지정수량이 50kg인 위험물 ㉡ 제3류 위험물 중 칼륨, 나트륨, 알킬알루미늄, 알킬리튬, 그 밖에 지정수량이 10kg인 위험물 및 황린 ㉢ 제4류 위험물 중 특수 인화물, 제1석유류 및 알코올류 ㉣ 제5류 위험물 중 유기과산화물, 질산에스터류, 그 밖에 지정수량이 10kg인 위험물 ㉤ 제6류 위험물	1,000m^2 이하
나. ㉠~㉤ 외의 위험물을 저장하는 창고	2,000m^2 이하
다. 내화구조의 격벽으로 완전히 구획된 실에 각각 저장하는 창고 (가목의 위험물을 저장하는 실의 면적은 500m^{2}를 초과할 수 없다.)	1,500m^2 이하

해답

① 알칼리금속(K, Na 제외) 및 알칼리토금속
② 유기금속화합물(알킬알루미늄, 알킬리튬 제외)
③ 금속의 수소화물
④ 금속의 인화물
⑤ 칼슘 또는 알루미늄의 탄화물

11 제1종 분말소화약제인 탄산수소나트륨의 850℃에서의 분해반응식과 탄산수소나트륨 336kg이 1기압, 25℃에서 발생시키는 탄산가스의 체적(m^3)은 얼마인지 구하시오.

해설

탄산수소나트륨은 약 60℃ 부근에서 분해되기 시작하여 270℃와 850℃ 이상에서 다음과 같이 열분해된다.

$$2NaHCO_3 \rightarrow Na_2CO_3 + H_2O + CO_2 \qquad 흡열반응(at\ 270℃)$$
(중탄산나트륨)　(탄산나트륨)　(수증기)　(탄산가스)

$$2NaHCO_3 \rightarrow Na_2O + H_2O + 2CO_2 - Q[kcal] \qquad (at\ 850℃\ 이상)$$

$$\frac{336kg - NaHCO_3}{} \left| \frac{1kmol - NaHCO_3}{84kg - NaHCO_3} \right| \frac{2kmol - CO_2}{2kmol - NaHCO_3} \left| \frac{22.4m^3 - CO_2}{1kmol - CO_2} \right| = 89.6m^3 - CO_2$$

따라서, 샤를의 법칙 $\dfrac{V_1}{T_1} = \dfrac{V_2}{T_2}$ 에 따르면

$$V_2 = \frac{T_2 \cdot V_1}{T_1} = \frac{(273.15 + 25) \times 89.6}{273.15} ≒ 97.80m^3$$

해답

① $2NaHCO_3 \rightarrow Na_2O + H_2O + 2CO_2$
② $97.80m^3$

12 이산화탄소소화설비의 수동식 기동장치에 대해 다음 물음에 답하시오.
① 기동장치의 조작부는 바닥으로부터 (㉠)m 이상, (㉡)m 이하의 높이에 설치할 것
② 기동장치 외면의 색상
③ 기동장치 직근의 보기 쉬운 장소에 표시하여야 할 사항 2가지

해설

이산화탄소소화설비의 수동식 기동장치의 기준
㉠ 기동장치는 해당 방호구역 밖에 설치하되 해당 방호구역 안을 볼 수 있고 조작을 한 자가 쉽게 대피할 수 있는 장소에 설치할 것
㉡ 기동장치는 하나의 방호구역 또는 방호대상물마다 설치할 것
㉢ 기동장치의 조작부는 바닥으로부터 0.8m 이상, 1.5m 이하의 높이에 설치할 것
㉣ 기동장치에는 직근의 보기 쉬운 장소에 "불활성가스소화설비의 수동식 기동장치임을 알리는 표시를 할 것"이라고 표시할 것
㉤ 기동장치의 외면은 적색으로 할 것
㉥ 전기를 사용하는 기동장치에는 전원표시등을 설치할 것
㉦ 기동장치의 방출용 스위치 등은 음향경보장치가 기동되기 전에는 조작될 수 없도록 하고 기동장치에 유리 등에 의하여 유효한 방호조치를 할 것
㉧ 기동장치 또는 직근의 장소에 방호구역의 명칭, 취급방법, 안전상의 주의사항 등을 표시할 것

해답

① ㉠ 0.8, ㉡ 1.5
② 적색
③ ㉠ '이산화탄소소화설비 수동기동장치'라고 표시
　 ㉡ 방호구역 명칭, 취급방법, 안전상 주의사항 등을 표시

13 이산화탄소소화설비의 저장용기에 대해 다음 물음에 답하시오.
① 저장용기의 충전비는 저압식인 경우 (㉠) 이상 (㉡) 이하, 고압식인 경우 (㉢) 이상 (㉣) 이하
② 저압식 저장용기에는 (㉠)MPa 이상의 압력 및 (㉡)MPa 이하의 압력에서 작동하는 압력경보장치를 설치할 것
③ 저압식 저장용기에는 용기 내부의 온도를 영하 (㉠)℃ 이상, 영하 (㉡)℃ 이하로 유지할 수 있는 자동냉동기를 설치할 것
④ 저장용기는 온도가 ( )℃ 이하이고, 온도변화가 적은 장소에 설치할 것

해설

이산화탄소 저장용기 충전

㉮ 이산화탄소를 소화약제로 하는 경우에 저장용기의 충전비(용기 내용적의 수치와 소화약제 중량의 수치와의 비율을 말한다. 이하 같다)는 고압식인 경우에는 1.5 이상 1.9 이하이고, 저압식인 경우에는 1.1 이상, 1.4 이하일 것

㉯ IG-100, IG-55 또는 IG-541을 소화약제로 하는 경우에는 저장용기의 충전압력을 21℃의 온도에서 32MPa 이하로 할 것

㉰ 저장용기 설치기준
  ㉠ 방호구역 외의 장소에 설치할 것
  ㉡ 온도가 40℃ 이하이고 온도 변화가 적은 장소에 설치할 것
  ㉢ 직사일광 및 빗물이 침투할 우려가 적은 장소에 설치할 것
  ㉣ 저장용기에는 안전장치를 설치할 것
  ㉤ 저장용기의 외면에 소화약제의 종류와 양, 제조연도 및 제조자를 표시할 것

㉱ 이산화탄소를 저장하는 저압식 저장용기 기준
  ㉠ 이산화탄소를 저장하는 저압식 저장용기에는 액면계 및 압력계를 설치할 것
  ㉡ 이산화탄소를 저장하는 저압식 저장용기에는 2.3MPa 이상의 압력 및 1.9MPa 이하의 압력에서 작동하는 압력경보장치를 설치할 것
  ㉢ 이산화탄소를 저장하는 저압식 저장용기에는 용기 내부의 온도를 영하 20℃ 이상, 영하 18℃ 이하로 유지할 수 있는 자동냉동기를 설치할 것
  ㉣ 이산화탄소를 저장하는 저압식 저장용기에는 파괴판을 설치할 것
  ㉤ 이산화탄소를 저장하는 저압식 저장용기에는 방출밸브를 설치할 것

해답

① ㉠ 1.1, ㉡ 1.4, ㉢ 1.5, ㉣ 1.9   ② ㉠ 2.3, ㉡ 1.9
③ ㉠ 20, ㉡ 18   ④ 40

14 [보기]에 주어진 위험물을 인화점이 낮은 것부터 순서대로 나열하시오.

[보기] 다이에틸에터, 벤젠, 이황화탄소, 에탄올, 아세톤, 산화프로필렌

해설

품목	다이에틸에터	벤젠	이황화탄소	에탄올	아세톤	산화프로필렌
품명	특수 인화물	제1석유류	특수 인화물	알코올류	제1석유류	특수 인화물
인화점	-40℃	-11℃	-30℃	13℃	-18.5℃	-37℃

해답

다이에틸에터 → 산화프로필렌 → 이황화탄소 → 아세톤 → 벤젠 → 에탄올

15 가연성의 액체, 증기 또는 가스가 새거나 체류할 우려가 있는 장소 또는 가연성의 미분이 현저하게 부유할 우려가 있는 장소에서의 조치사항 2가지를 쓰시오.

해설

위험물의 저장 및 취급에 관한 공통기준

㉠ 제조소 등에서는 신고와 관련되는 품명 외의 위험물 또는 이러한 허가 및 신고와 관련되는 수량 또는 지정수량의 배수를 초과하는 위험물을 저장 또는 취급하지 아니하여야 한다.

㉡ 위험물을 저장 또는 취급하는 건축물, 그 밖의 공작물 또는 설비는 해당 위험물의 성질에 따라 차광 또는 환기를 해야 한다.

㉢ 위험물은 온도계, 습도계, 압력계, 그 밖의 계기를 감시하여 해당 위험물의 성질에 맞는 적당한 온도, 습도 또는 압력을 유지하도록 저장 또는 취급하여야 한다.

㉣ 위험물을 저장 또는 취급하는 경우에는 위험물의 변질, 이물의 혼입 등에 의하여 해당 위험물의 위험성이 증대되지 아니하도록 필요한 조치를 강구하여야 한다.

㉤ 위험물이 남아 있거나 남아 있을 우려가 있는 설비·기계·기구·용기 등을 수리하는 경우에는 안전한 장소에서 위험물을 완전히 제거한 후에 실시하여야 한다.

㉥ 위험물을 용기에 수납하여 저장 또는 취급할 때에는 그 용기는 해당 위험물의 성질에 적응하고 파손, 부식, 균열 등이 없는 것으로 하여야 한다.

㉦ 가연성의 액체·증기 또는 가스가 새거나 체류할 우려가 있는 장소 또는 가연성의 미분이 현저하게 부유할 우려가 있는 장소에서는 전선과 전기기구를 완전히 접속하고 불꽃을 발하는 기계·기구·공구 등을 사용하거나 마찰에 의하여 불꽃을 발산하는 기계·기구·공구·신발 등을 사용하지 아니하여야 한다.

㉧ 위험물을 보호액 중에 보존하는 경우에는 해당 위험물이 보호액으로부터 노출하지 아니하도록 하여야 한다.

해답

① 전선과 전기기구를 완전히 접속하여야 한다.
② 불꽃을 발하는 기계, 기구, 공구, 신발 등을 사용하지 아니하여야 한다.

16 50L의 휘발유(부피팽창계수=0.00135/℃)가 5℃의 온도에서 25℃의 온도로 상승할 때 ① 최종부피와 ② 부피증가율을 구하시오.

해설

$V = V_0(1 + \beta \Delta t)$ 에서

여기서, V : 최종부피, V_0 : 팽창 전 부피, β : 체적팽창계수, Δt : 온도변화량

따라서, $V = 50L \times (1 + 0.00135/℃ \times (25-5)℃) = 51.35L$

부피증가율은 $\dfrac{51.35 - 50}{50} \times 100 = 2.7$

해답

① 51.35L, ② 2.7%

17 다음 물음에 답하시오.
① 삼황화인의 연소반응식
② 오황화인의 연소반응식
③ 오황화인과 물의 반응식
④ 오황화인이 물과 반응 시 발생하는 가스의 연소반응식

해설

㉠ 황화인의 연소생성물은 매우 유독하다.

$P_4S_3 + 8O_2 \rightarrow 2P_2O_5 + 3SO_2$

$2P_2S_5 + 15O_2 \rightarrow 2P_2O_5 + 10SO_2$

㉡ 오황화인은 물과 반응하면 분해되어 황화수소(H_2S)와 인산(H_3PO_4)으로 된다.

$P_2S_5 + 8H_2O \rightarrow 5H_2S + 2H_3PO_4$

㉢ 발생 중인 황화수소의 연소 시 수증기와 아황산가스가 발생한다.

$2H_2S + 3O_2 \rightarrow 2H_2O + 2SO_2$

해답

① $P_4S_3 + 8O_2 \rightarrow 2P_2O_5 + 3SO_2$

② $2P_2S_5 + 15O_2 \rightarrow 2P_2O_5 + 10SO_2$

③ $P_2S_5 + 8H_2O \rightarrow 5H_2S + 2H_3PO_4$

④ $2H_2S + 3O_2 \rightarrow 2H_2O + 2SO_2$

18 다음은 위험물의 성질에 따른 저장기준에 대한 설명이다. 괄호 안을 알맞게 채우시오.
① 옥외저장탱크, 옥내저장탱크 또는 지하저장탱크 중 압력탱크에 저장하는 아세트알데하이드 등 또는 다이에틸에터 등의 온도는 (   )℃ 이하로 유지할 것
② 보냉장치가 있는 이동저장탱크에 저장하는 아세트알데하이드 등 또는 다이에틸에터 등의 온도는 해당 위험물의 (   ) 이하로 유지할 것
③ 보냉장치가 없는 이동저장탱크에 저장하는 아세트알데하이드 등 또는 다이에틸에터 등의 온도는 (   )℃ 이하로 유지할 것

해설

아세트알데하이드의 탱크 저장 시에는 불활성가스 또는 수증기를 봉입하고 냉각장치 등을 이용하여 저장온도를 비점 이하로 유지시켜야 한다. 보냉장치가 없는 이동저장탱크에 저장하는 아세트알데하이드의 온도는 40℃로 유지하여야 한다.
① 옥외저장탱크, 옥내저장탱크 또는 지하저장탱크 중 압력탱크에 저장하는 아세트알데하이드 등 또는 다이에틸에터 등의 온도는 40℃ 이하로 유지할 것
② 보냉장치가 있는 이동저장탱크에 저장하는 아세트알데하이드 등 또는 다이에틸에터 등의 온도는 해당 위험물의 비점으로 유지할 것
③ 보냉장치가 없는 이동저장탱크에 저장하는 아세트알데하이드 등 또는 다이에틸에터 등의 온도는 40℃ 이하로 유지할 것

해답

① 40
② 비점
③ 40

19 제3류 위험물인 트라이에틸알루미늄에 대해 다음 물음에 답하시오.
① 공기 중의 연소반응식
② 물과의 반응식

[해설]

트라이에틸알루미늄[$(C_2H_5)_3Al$]
① 무색투명한 액체로 외관은 등유와 유사한 가연성으로 C_1~C_4는 자연발화성이 강하다. 공기 중에 노출되어 공기와 접촉하여 백연을 발생하며 연소한다. 단, C_5 이상은 점화하지 않으면 연소하지 않는다.
$$2(C_2H_5)_3Al + 21O_2 \rightarrow 12CO_2 + Al_2O_3 + 15H_2O$$
② 물, 산, 알코올과 접촉하면 폭발적으로 반응하여 에테인을 형성하고 이때 발열, 폭발에 이른다.
$$(C_2H_5)_3Al + 3H_2O \rightarrow Al(OH)_3 + 3C_2H_6$$
$$(C_2H_5)_3Al + HCl \rightarrow (C_2H_5)_2AlCl + C_2H_6$$
$$(C_2H_5)_3Al + 3CH_3OH \rightarrow Al(CH_5O)_3 + 3C_2H_6$$

[해답]

① $2(C_2H_5)_3Al + 21O_2 \rightarrow 12CO_2 + Al_2O_3 + 15H_2O$
② $(C_2H_5)_3Al + 3H_2O \rightarrow Al(OH)_3 + 3C_2H_6$

20 제3류 위험물인 칼륨이 이산화탄소, 에탄올, 사염화탄소와 각각 반응할 때의 각 반응식을 쓰시오.

[해설]

금속칼륨의 위험성
㉠ 고온에서 수소와 수소화물(KH)을 형성하며, 수은과 반응하여 아말감을 만든다.
㉡ 가연성 고체로 농도가 낮은 산소 중에서도 연소 위험이 있으며, 연소 시 불꽃이 붙은 용융상태에서 비산하여 화재를 확대하거나 몸에 접촉하면 심한 화상을 초래한다.
㉢ 물과 격렬히 반응하여 발열하고 수산화칼륨과 수소가 발생한다. 이때 발생된 열은 점화원의 역할을 한다.
$$2K + 2H_2O \rightarrow 2KOH + H_2$$
㉣ CO_2, CCl_4와 격렬히 반응하여 연소, 폭발의 위험이 있으며, 연소 중에 모래를 뿌리면 규소(Si) 성분과 격렬히 반응한다.
$$4K + 3CO_2 \rightarrow 2K_2CO_3 + C \ (연소 \cdot 폭발)$$
$$4K + CCl_4 \rightarrow 4KCl + C \ (폭발)$$
㉤ 알코올과 반응하여 칼륨에틸레이트를 만들며 수소가 발생한다.
$$2K + 2C_2H_5OH \rightarrow 2C_2H_5OK + H_2$$
㉥ 대량의 금속칼륨이 연소할 때 적당한 소화방법이 없으므로 매우 위험하다.

[해답]

① 이산화탄소와 반응 시 : $4K + 3CO_2 \rightarrow 2K_2CO_3 + C$
② 에탄올과 반응 시 : $2K + 2C_2H_5OH \rightarrow 2C_2H_5OK + H_2$
③ 사염화탄소와 반응 시 : $4K + CCl_4 \rightarrow 4KCl + C$

제51회
(2012년 5월 26일 시행)

위험물기능장 실기

01 제3류 위험물 중 분자량이 144이고 물과 접촉하여 메테인을 생성시키는 물질의 반응식을 쓰시오.

해설

탄화알루미늄(Al_4C_3)

㉮ 일반적 성질
　　㉠ 순수한 것은 백색이나 보통은 황색의 결정이며 건조한 공기 중에서는 안정하나 가열하면 표면에 산화피막을 만들어 반응이 지속되지 않는다.
　　㉡ 비중은 2.36이고, 분해온도는 1,400℃ 이상이다.
㉯ 위험성
　　물과 반응하여 가연성, 폭발성의 메테인가스를 만들며 밀폐된 실내에서 메탄이 축적되는 경우 인화성 혼합기를 형성하여 2차 폭발의 위험이 있다.
　　$Al_4C_3 + 12H_2O \rightarrow 4Al(OH)_3 + 3CH_4$

해답

$Al_4C_3 + 12H_2O \rightarrow 4Al(OH)_3 + 3CH_4$

02 위험물제조소 등에서 위험물의 압력이 상승할 우려가 있는 설비에 설치하는 안전장치의 종류 3가지를 쓰시오.

해답

① 자동적으로 압력의 상승을 정지시키는 장치
② 감압측에 안전밸브를 부착한 감압밸브
③ 안전밸브를 병용하는 경보장치

03 다음은 옥외탱크저장소에 대한 설명이다. 괄호 안을 알맞게 채우시오.
① 휘발유, 벤젠, 그 밖의 정전기에 의한 재해가 발생할 우려가 있는 액체 위험물의 옥외 저장탱크 (　　) 부근에는 정전기를 유효하게 제거하기 위한 접지전극을 설치한다.
② 옥외저장탱크에는 가연성 증기를 회수하기 위해 직경 30mm 이상, 선단은 수평으로 부터 45° 이상 구부려 빗물 등의 침투를 막는 구조의 (　　)을 설치해야 한다.
③ 탱크와 배수관과의 결합부분이 지진 등에 의하여 손상을 받을 우려가 없는 방법으로 (　　)을 설치하는 경우에는 탱크의 밑판에 설치할 수 있다.

해답

① 주입관, ② 통기관, ③ 배수관

04 위험물안전관리법의 시행규칙에 따라 위험물안전관리 대행기관으로 지정되기 위하여 보유해야 하는 안전관리장비 5가지를 쓰시오. (단, 안전장구 및 소방시설 점검기구는 제외)

[해설]

기술인력	• 위험물기능장 또는 위험물산업기사 1인 이상 • 위험물산업기사 또는 위험물기능사 2인 이상 • 기계분야 및 전기분야의 소방설비기사 1인 이상
시설	전용사무실을 갖출 것
장비	• 절연저항계 • 접지저항측정기(최소눈금 0.1Ω 이하) • 가스농도측정기 • 정전기전위측정기 • 토크렌치 • 진동시험기 • 안전밸브시험기 • 표면온도계(−10~300℃) • 두께측정기(1.5~99.9mm) • 유량계, 압력계 • 안전용구(안전모, 안전화, 손전등, 안전로프 등) • 소화설비 점검기구(소화전밸브압력계, 방수압력측정계, 포컬렉터, 헤드렌치, 포컨테이너

[해답]

① 절연저항계
② 접지저항측정기(최소눈금 0.1Ω 이하)
③ 가스농도측정기
④ 정전기전위측정기
⑤ 토크렌치

05 무색투명한 액체로 외관은 등유와 유사한 가연성인 제3류 위험물로서 분자량이 114인 물질이 물과 접촉 시 발생하는 기체의 위험도를 구하시오.

[해설]

㉮ 트라이에틸알루미늄[$(C_2H_5)_3Al$]

　㉠ 무색투명한 액체로 외관은 등유와 유사한 가연성으로 C_1~C_4는 자연발화성이 강하다. 공기 중에 노출되면, 공기와 접촉하여 백연을 발생하며 연소한다. 단, C_5 이상은 점화하지 않으면 연소하지 않는다.

　　$2(C_2H_5)_3Al + 21O_2 \rightarrow 12CO_2 + Al_2O_3 + 15H_2O$

　㉡ 물과 접촉하면 폭발적으로 반응하여 에테인을 형성하고 이때 발열, 폭발에 이른다.

　　$(C_2H_5)_3Al + 3H_2O \rightarrow Al(OH)_3 + 3C_2H_6$

㉯ C_2H_6의 연소범위는 3.0~12.4%이다.

따라서, $H = \dfrac{U-L}{L} = \dfrac{12.4-3.0}{3.0} = 3.13$

[해답]

3.13

06 제1류 위험물인 과산화칼륨이 다음 물질과 접촉 시 화학반응식을 쓰시오.
① 물
② 이산화탄소
③ 초산

해설

㉠ 가열하면 열분해되어 산화칼륨(K_2O)과 산소(O_2) 발생

$$2K_2O_2 \rightarrow 2K_2O + O_2$$

㉡ 흡습성이 있으므로 물과 접촉하면 발열하며 수산화칼륨(KOH)과 산소(O_2) 발생

$$2K_2O_2 + 2H_2O \rightarrow 4KOH + O_2$$

㉢ 공기 중의 탄산가스를 흡수하여 탄산염을 생성

$$2K_2O_2 + 2CO_2 \rightarrow 2K_2CO_3 + O_2$$

㉣ 에틸알코올에는 용해되며, 묽은산과 반응하여 과산화수소(H_2O_2)를 생성

$$K_2O_2 + 2CH_3COOH \rightarrow 2CH_3COOK + H_2O_2$$

㉤ 황산과 반응하여 황산칼륨과 과산화수소를 생성

$$K_2O_2 + H_2SO_4 \rightarrow K_2SO_4 + H_2O_2$$

해답

① $2K_2O_2 + 2H_2O \rightarrow 4KOH + O_2$
② $2K_2O_2 + 2CO_2 \rightarrow 2K_2CO_3 + O_2$
③ $K_2O_2 + 2CH_3COOH \rightarrow 2CH_3COOK + H_2O_2$

07 지하탱크저장소에는 액체 위험물의 누설을 검사하기 위한 관을 4개소 이상 설치하여야 하는데, 그 설치기준을 4가지 쓰시오.

해답

① 이중관으로 한다(단, 소공이 없는 상부는 단관으로 할 수 있다).
② 재료는 금속관 또는 경질 합성수지관으로 한다.
③ 관은 탱크 전용실의 바닥 또는 탱크의 기초까지 닿게 한다.
④ 관의 밑부분부터 탱크의 중심 높이까지의 부분에는 소공이 뚫려 있어야 한다. 다만, 지하수위가 높은 장소에 있어서는 지하수위 높이까지의 부분에 소공이 뚫려 있어야 한다.
⑤ 상부는 물이 침투하지 아니하는 구조로 하고, 뚜껑은 검사 시에 쉽게 열 수 있도록 한다.

08 어떤 화합물에 대한 질량을 분석한 결과 Na 58.97%, O 41.03%였다. 이 화합물의 ① 실험식과 ② 분자식을 구하시오. (단, 이 화합물의 분자량은 78g/mol이다.)

해설

① 실험식

$$Na : O = \frac{58.97}{23} : \frac{41.03}{16} = 2.56 : 2.56 = 1 : 1$$

그러므로 실험식은 NaO

② 분자식

실험식×n＝분자식

$n = \dfrac{분자식}{NaO} = \dfrac{78}{39} = 2$

그러므로 분자식은 $(NaO)_{\times 2} = Na_2O_2$

해답

① NaO, ② Na_2O_2

---

09 100kPa, 30℃에서 100g의 드라이아이스 부피(L)를 구하시오.

해설

드라이아이스는 이산화탄소(CO_2)를 의미한다.

100kPa	1atm	＝0.987atm
	101.326kPa	

따라서, 이상기체 방정식을 사용하여 기체의 부피를 구할 수 있다.

$PV = nRT$

n은 몰(mole)수이며 $n = \dfrac{w(g)}{M(분자량)}$ 이므로

$PV = \dfrac{wRT}{M}$

$\therefore\ V = \dfrac{wRT}{PM} = \dfrac{100g \times 0.082L \cdot atm/K \cdot mol \times (30 + 273.15)}{0.987atm \times 44g/mol} = 57.24L$

해답

57.24L

---

10 이송취급소의 설치에 필요한 긴급차단밸브 및 차단밸브에 관한 첨부서류의 종류 5가지를 쓰시오.

해설

위험물안전관리법 시행규칙 [별표 1] 참조

해답

① 구조설명서

② 기능설명서

③ 강도에 관한 설명

④ 제어계통도

⑤ 밸브의 종류, 형식, 재료에 관하여 기재한 서류

11 다음 [보기]에 주어진 위험물의 위험등급을 분류하시오.

> [보기] 칼륨, 나이트로셀룰로스, 염소산칼륨, 황, 리튬, 질산칼륨, 아세톤, 에탄올, 클로
> 로벤젠, 아세트산

[해설]

위험물의 위험등급
① 위험등급 Ⅰ의 위험물
    ㉠ 제1류 위험물 중 아염소산염류, 염소산염류, 과염소산염류, 무기과산화물, 그 밖에 지정수량이 50kg인 위험물
    ㉡ 제3류 위험물 중 칼륨, 나트륨, 알킬알루미늄, 알킬리튬, 황린, 그 밖에 지정수량이 10kg인 위험물
    ㉢ 제4류 위험물 중 특수 인화물
    ㉣ 제5류 위험물 중 유기과산화물, 질산에스터류, 그 밖에 지정수량이 10kg인 위험물
    ㉤ 제6류 위험물
② 위험등급 Ⅱ의 위험물
    ㉠ 제1류 위험물 중 브로민산염류, 질산염류, 아이오딘산염류, 그 밖에 지정수량이 300kg인 위험물
    ㉡ 제2류 위험물 중 황화인, 적린, 황, 그 밖에 지정수량이 100kg인 위험물
    ㉢ 제3류 위험물 중 알칼리금속(칼륨 및 나트륨을 제외한다) 및 알칼리토금속, 유기금속화합물(알킬알루미늄 및 알킬리튬을 제외한다), 그 밖에 지정수량이 50kg인 위험물
    ㉣ 제4류 위험물 중 제1석유류 및 알코올류
    ㉤ 제5류 위험물 중 ①의 ㉣에 정하는 위험물 외의 것
③ 위험등급 Ⅲ의 위험물 : ① 및 ②에 정하지 아니한 위험물

[해답]

① 위험등급 Ⅰ
    ㉠ 칼륨, ㉡ 염소산칼륨, ㉢ 나이트로셀룰로스
② 위험등급 Ⅱ
    ㉠ 황, ㉡ 질산칼륨, ㉢ 아세톤, ㉣ 에탄올, ㉤ 리튬
③ 위험등급 Ⅲ
    ㉠ 클로로벤젠, ㉡ 아세트산

12 제1류 위험물로서 지정수량이 50kg이며 610℃에서 완전분해되는 이 물질의 분해반응식을 쓰시오.

[해설]

약 400℃에서 열분해되기 시작하여 약 610℃에서 완전분해되어 염화칼륨과 산소를 방출하며 이산화망가니즈 존재 시 분해온도가 낮아진다.
$KClO_4 \rightarrow KCl + 2O_2$

[해답]

$KClO_4 \rightarrow KCl + 2O_2$

13 알킬알루미늄 등을 저장 또는 취급하는 이동탱크저장소에 설치해야 하는 소화설비를 쓰시오. (단, 자동차용 소화기는 제외한다.)

해설

소화난이도 등급 Ⅲ의 제조소 등에 설치하여야 하는 소화설비

제조소 등의 구분	소화설비	설치기준	
지하탱크저장소	소형 수동식소화기 등	능력단위의 수치가 3 이상	2개 이상
이동탱크저장소	자동차용 소화기	무상의 강화액 8L 이상	2개 이상
		이산화탄소 3.2kg 이상	
		브로모클로로다이플루오로메테인(CF_2ClBr) 2L 이상	
		브로모트라이플루오로메테인(CF_3Br) 2L 이상	
		다이브로모테트라플루오로에테인($C_2F_4Br_2$) 1L 이상	
		소화분말 3.3kg 이상	
	마른 모래 및 팽창질석 또는 팽창진주암	마른 모래 150L 이상	
		팽창질석 또는 팽창진주암 640L 이상	
그 밖의 제조소 등	소형 수동식소화기 등	능력단위의 수치가 건축물, 그 밖의 공작물 및 위험물의 소요단위의 수치에 이르도록 설치할 것. 다만, 옥내소화전설비, 옥외소화전설비, 스프링클러설비, 물분무 등 소화설비 또는 대형 수동식소화기를 설치한 경우에는 해당 소화설비의 방사능력 범위 내의 부분에 대하여는 수동식 소화기 등을 그 능력단위의 수치가 해당 소요단위의 수치의 1/5 이상이 되도록 하는 것으로 족하다.	

해답

마른 모래, 팽창질석, 팽창진주암

14 다음은 옥테인가에 대한 설명이다. 물음에 답하시오.
① 옥테인가 정의
② 옥테인가 공식
③ 옥테인가와 연소효율과의 관계

해설

자동차의 노킹현상 발생을 방지하기 위하여 첨가제 MTBE(Methyl Tertiary Butyl Ether)를 넣어 옥테인가를 높이며 착색한다. 1992년 12월까지는 사에틸납[($C_2H_5)_4Pb$)]으로 첨가제를 사용했지만 1993년 1월부터는 현재의 MTBE[($CH_3)_3COCH_3$]를 사용하여 무연휘발유를 제조한다.

$$CH_3 - \underset{\underset{CH_3}{|}}{\overset{\overset{CH_3}{|}}{C}} - O - CH_3$$

해답

① 옥테인가란 아이소옥테인을 100, 노말헵테인을 0으로 하여 가솔린의 성능을 측정하는 기준값을 의미한다.

② 옥테인가 = $\dfrac{\text{아이소옥테인(vol\%)}}{\text{아이소옥테인(vol\%)} + \text{노말헵테인(vol\%)}} \times 100$

③ 일반적으로 옥테인가가 높으면 노킹현상이 억제되어 자동차 연료로서 연소효율이 높아진다.

15 포소화설비에서 펌프양정을 구하는 경우 $H = h_1 + h_2 + h_3 + h_4$로 구할 수 있다. 펌프양정을 구하는 식에서 각 h_1, h_2, h_3, h_4가 의미하는 바가 무엇인지 쓰시오.

해설

포소화설비의 가압송수장치의 설치기준

㉠ 고가수조를 이용하는 가압송수장치

$H = h_1 + h_2 + h_3$

여기서, H : 필요한 낙차(m)

h_1 : 고정식 포방출구의 설계압력 환산수두 또는 이동식 포소화설비 노즐방사압력 환산수두(m)

h_2 : 배관의 마찰손실수두(m)

h_3 : 이동식 포소화설비의 소방용 호스의 마찰손실수두(m)

㉡ 압력수조를 이용하는 가압송수장치

$P = p_1 + p_2 + p_3 + p_4$

여기서, P : 필요한 압력(MPa)

p_1 : 고정식 포방출구의 설계압력 또는 이동식 포소화설비 노즐방사압력(MPa)

p_2 : 배관의 마찰손실수두압(MPa)

p_3 : 낙차의 환산수두압(MPa)

p_4 : 이동식 포소화설비의 소방용 호스의 마찰손실수두압(MPa)

㉢ 펌프를 이용하는 가압송수장치

$H = h_1 + h_2 + h_3 + h_4$

여기서, H : 펌프의 전양정(m)

h_1 : 고정식 포방출구의 설계압력 환산수두 또는 이동식 포소화설비 노즐선단의 방사압력 환산수두(m)

h_2 : 배관의 마찰손실수두(m)

h_3 : 낙차(m)

h_4 : 이동식 포소화설비의 소방용 호스의 마찰손실수두(m)

해답

h_1 : 고정식 포방출구의 설계압력 환산수두 또는 이동식 포소화설비 노즐선단의 방사압력 환산수두(m)

h_2 : 배관의 마찰손실수두(m)

h_3 : 낙차(m)

h_4 : 이동식 포소화설비의 소방용 호스의 마찰손실수두(m)

16 제4류 위험물 중 특수 인화물에 속하는 아세트알데하이드는 은거울반응을 한다. 이와 같은 아세트알데하이드가 산화하는 경우 ① 생성되는 제4류 위험물과 ② 그 제4류 위험물의 연소반응식을 쓰시오.

해설

① 아세트알데하이드는 산화 시 초산, 환원 시 에탄올이 생성된다.

$2CH_3CHO + O_2 \rightarrow 2CH_3COOH$(산화작용)

$CH_3CHO + H_2 \rightarrow C_2H_5OH$(환원작용)

② 초산은 제2석유류로서 인화점은 40℃이며, 연소 시 파란 불꽃을 내면서 탄다.

$CH_3COOH + 2O_2 \rightarrow 2CO_2 + 2H_2O$

해답

① CH_3COOH

② $CH_3COOH + 2O_2 \rightarrow 2CO_2 + 2H_2O$

17 하이드록실아민 200kg을 취급하는 위험물제조소에서의 안전거리를 구하시오. (단, 시험결과에 따라 하이드록실아민은 제2종으로 분류되었다.)

해설

하이드록실아민(N_3NO)은 제5류 위험물로서, 시험결과에 따라 제2종으로 분류되었으므로 지정수량이 100kg이다.

$$지정수량 \ 배수 = \frac{저장수량}{지정수량} = \frac{200kg}{100kg} = 2배$$

안전거리(D) $= 51.1 \times \sqrt[3]{N}$

여기서, D : 안전거리(m)

　　　　N : 해당 제조소에서 취급하는 하이드록실아민 등의 지정수량의 배수

즉, $51.1 \times \sqrt[3]{2} = 64.38m$이다.

해답

64.38m

18 무색투명한 기름상의 액체로 약 200℃에서 스스로 폭발하며 겨울철에 동결을 하는 제5류 위험물로서 액체상태로 수송하지 않고 다공성 물질에 흡수시켜 운반한다. 이 물질의 구조식과 지정수량을 쓰시오. (단, 이 물질은 제5류 위험물 제1종에 해당한다.)

① 구조식

② 지정수량

해설

나이트로글리세린[$C_3H_5(ONO_2)_3$]은 제5류 위험물로서 질산에스터류에 해당하며 지정수량은 제1종이므로 시험결과에 따라 달라진다.

$$
\begin{array}{ccccc}
 & H & H & H & \\
 & | & | & | & \\
H- & C & -C & -C & -H \\
 & | & | & | & \\
 & O & O & O & \\
 & | & | & | & \\
 & NO_2 & NO_2 & NO_2 &
\end{array}
$$

㉮ 일반적 성질

　㉠ 다이너마이트, 로켓, 무연화약의 원료로 순수한 것은 무색투명한 기름성의 액체(공업용 시판품은 담황색)이며 점화하면 즉시 연소하고 폭발력이 강하다.

　㉡ 물에는 거의 녹지 않으나 메탄올, 벤젠, 클로로폼, 아세톤 등에는 녹는다.

　㉢ 다공질 물질을 규조토에 흡수시켜 다이너마이트를 제조한다.

　㉣ 분자량 227, 비중 1.6, 융점 2.8℃, 비점 160℃

㉯ 위험성

　㉠ 40℃에서 분해되기 시작하고 145℃에서 격렬히 분해되며 200℃ 정도에서 스스로 폭발한다.

$$4C_3H_5(ONO_2)_3 \rightarrow 12CO_2 + 10H_2O + 6N_2 + O_2$$

　㉡ 점화, 가열, 충격, 마찰에 대단히 민감하며 타격 등에 의해 폭발하고 강산류와 혼합 시 자연분해를 일으켜 폭발할 위험이 있고, 겨울철에는 동결할 우려가 있다.

[해답]

①
```
      H   H   H
      |   |   |
  H - C - C - C - H
      |   |   |
      O   O   O
      |   |   |
     NO₂ NO₂ NO₂
```

② 시험결과에 따라 10kg 또는 100kg이 될 수 있다.

19 폭발성으로 인한 위험성의 정도를 판단하기 위한 열분석시험 시 사용하는 표준물질 2가지를 쓰시오.

[해설]

폭발성 시험방법

폭발성으로 인한 위험성의 정도를 판단하기 위한 시험은 열분석시험으로 하며, 그 방법은 다음에 의한다.

㉮ 표준물질의 발열개시온도 및 발열량

　㉠ 표준물질인 2·4-다이나이트로톨루엔 및 기준물질인 산화알루미늄을 각각 1mg씩 파열압력이 5MPa 이상인 스테인리스강재의 내압성 셀에 밀봉한 것을 시차주사(示差走査)열량측정장치(DSC) 또는 시차(示差)열분석장치(DTA)에 충전하고 2·4-다이나이트로톨루엔 및 산화알루미늄의 온도가 60초간 10℃의 비율로 상승하도록 가열하는 시험을 5회 이상 반복하여 발열개시온도 및 발열량의 각각의 평균치를 구할 것

　㉡ 표준물질인 과산화벤조일 및 기준물질인 산화알루미늄을 각각 2mg씩으로 하여 ㉠에 의할 것

㉯ 시험물품의 발열개시온도 및 발열량 시험은 시험물질 및 기준물질인 산화알루미늄을 각각 2mg씩으로 할 것

[해답]

① 과산화벤조일(BPO)

② 다이나이트로톨루엔(DNT)

20 지정수량의 5배 이하인 지정과산화물의 옥내저장소에 대하여는 해당 옥내저장소의 저장창고의 외벽을 두께 30cm 이상의 철근콘크리트조 또는 철골철근콘크리트조로 만드는 것으로서 담 또는 토제에 대신할 수 있다. 그렇다면 지정수량의 5배를 초과하는 담 또는 토제의 설치기준 4가지를 쓰시오.

해설

담 또는 토제는 다음에 적합한 것으로 하여야 한다. 다만, 지정수량의 5배 이하인 지정과산화물의 옥내저장소에 대하여는 해당 옥내저장소의 저장창고의 외벽을 두께 30cm 이상의 철근콘크리트조 또는 철골철근콘크리트조로 만드는 것으로서 담 또는 토제에 대신할 수 있다.

① 담 또는 토제는 저장창고의 외벽으로부터 2m 이상 떨어진 장소에 설치할 것. 다만, 담 또는 토제와 해당 저장창고와의 간격은 해당 옥내저장소의 공지너비의 5분의 1을 초과할 수 없다.

② 담 또는 토제의 높이는 저장창고의 처마높이 이상으로 할 것

③ 담은 두께 15cm 이상의 철근콘크리트조나 철골철근콘크리트조 또는 두께 20cm 이상의 보강콘크리트블록조로 할 것

④ 토제 경사면의 경사도는 60° 미만으로 할 것

⑤ 지정수량의 5배 이하인 지정과산화물의 옥내저장소에 해당 옥내저장소의 저장창고의 외벽을 상기 규정에 의한 구조로 하고 주위에 상기 규정에 의한 담 또는 토제를 설치하는 때에는 건축물 등까지의 사이의 거리를 10m 이상으로 할 수 있다.

해답

① 담 또는 토제는 저장창고의 외벽으로부터 2m 이상 떨어진 장소에 설치한다(다만, 담 또는 토제와 해당 저장창고와의 간격은 해당 옥내저장소 공지너비의 1/5을 초과할 수 없다).

② 담 또는 토제의 높이는 저장창고의 처마높이 이상으로 한다.

③ 담은 두께 15cm 이상의 철근콘크리트조나 철골철근콘크리트조 또는 20cm 이상의 보강콘크리트블록조로 한다.

④ 토제 경사면의 경사도는 60° 미만으로 한다.

제52회
(2012년 9월 8일 시행)

위험물기능장 실기

01 제4류 위험물로서 무색투명하며 벤젠향과 같은 독특한 냄새를 가진 액체로 분자량이 92인 물질에 대해 다음 물음에 답하시오.
① 구조식
② 증기비중
③ 이 물질에 진한질산과 진한황산을 반응시키면 생성되는 위험물

해설

톨루엔($C_6H_5CH_3$)－비수용성 액체
일반적 성질
㉠ 무색투명하며 벤젠향과 같은 독특한 냄새를 가진 액체로 진한질산과 진한황산을 반응시키면 나이트로화하여 T.N.T의 제조에 이용된다.
㉡ 분자량 92, 액비중 0.871(증기비중 3.19), 비점 111℃, 인화점 4℃, 발화점 490℃, 연소범위 1.4~6.7%로 벤젠보다 독성이 약하며 휘발성이 강하고 인화가 용이하며 연소할 때 자극성, 유독성 가스가 발생한다.
㉢ 증기는 공기와 혼합하여 연소범위를 형성하고 낮은 곳에 체류하며 이때 점화원에 의해 인화, 폭발한다.
㉣ 물에는 녹지 않으나 유기용제 및 수지, 유지, 고무를 녹이며 벤젠보다 휘발하기 어려우며, 강산화제에 의해 산화하여 벤조산(C_6H_5COOH, 안식향산)이 된다.

해답

①

② 증기비중 $= \dfrac{\text{분자량}(92)}{\text{공기의 평균분자량}(28.84)} = 3.19$

③ 트라이나이트로톨루엔(T.N.T)

02 위험물제조소에서 위험물의 압력이 상승할 우려가 있는 설비에 설치하는 안전장치 3가지를 쓰시오.

해답

① 자동적으로 압력의 상승을 정지시키는 장치
② 감압측에 안전밸브를 부착한 감압밸브
③ 안전밸브를 병용하는 경보장치

03 다음은 주유취급소의 구조 및 설비에 대한 설명이다. 괄호 안을 알맞게 채우시오.

① 주유취급소의 고정주유설비의 주위에는 주유를 받으려는 자동차 등이 출입할 수 있도록 너비 (㉠) 이상, 길이 (㉡) 이상의 콘크리트 등으로 포장한 공지(이하 "주유공지"라 한다)를 보유하여야 한다.

② 고정급유설비를 설치하는 경우에는 고정급유설비의 (   )의 주위에 필요한 공지(이하 "급유공지"라 한다)를 보유하여야 한다.

③ 공지의 바닥은 주위 지면보다 높게 하고, 그 표면을 적당하게 경사지게 하여 새어나온 기름, 그 밖의 액체가 공지의 외부로 유출되지 아니하도록 (㉠), (㉡) 및 (㉢)를 하여야 한다.

해답

① ㉠ 15m, ㉡ 6m
② 호스기기
③ ㉠ 배수구, ㉡ 집유설비, ㉢ 유분리장치

04 제5류 위험물로서 아세틸퍼옥사이드에 대한 다음 물음에 답하시오.

① 구조식
② 증기비중

해설

아세틸퍼옥사이드의 일반적 성질

㉠ 인화점 45℃, 발화점 121℃인 가연성 고체로 가열 시 폭발하며 충격마찰에 의해서 분해된다.

㉡ 희석제 DMF를 75% 첨가시키고 저장온도는 0~5℃를 유지한다.

해답

① 구조식 : $CH_3 - C - O - O - C - CH_3$
$\qquad\qquad\quad \parallel \qquad\qquad\quad \parallel$
$\qquad\qquad\quad O \qquad\qquad\quad O$

② 증기비중 $= \dfrac{\text{분자량}(118)}{\text{공기의 평균분자량}(28.84)} = 4.09$

05 위험물을 취급하는 건축물의 옥내소화전이 3층 2개, 4층 3개, 5층 4개, 6층 6개가 설치되어 있을 때 수원의 양은 얼마인지 계산하시오.

해설

수원의 수량은 옥내소화전이 가장 많이 설치된 층의 옥내소화전 설치개수(설치개수가 5개 이상인 경우는 5개)에 7.8m³를 곱한 양 이상이 되도록 설치할 것

수원의 양(Q) : $Q[\text{m}^3] = N \times 7.8\text{m}^3$($N$, 5개 이상인 경우 5개) $= 5 \times 7.8\text{m}^3 = 39\text{m}^3$

해답

39m³

06 비중 0.8인 10L의 메탄올이 완전히 연소될 때 소요되는 ① 이론산소량(kg)과 ② 표준상태에서 생성되는 이산화탄소의 부피(m^3)를 계산하시오.

해설

① 메탄올의 무게는 $10L \times 0.8kg/L = 8kg$

메탄올은 무색투명하며 인화가 쉽고 연소는 완전연소를 하므로 불꽃이 잘 보이지 않는다.

$$2CH_3OH + 3O_2 \rightarrow 2CO_2 + 4H_2O$$

$$\frac{8kg-CH_3OH}{} \left| \frac{1mol-CH_3OH}{32kg-CH_3OH} \right| \frac{3kmol-O_2}{2kmol-CH_3OH} \left| \frac{32kg-O_2}{1kmol-O_2} \right| = 12kg-O_2$$

② 표준상태(0℃, 1atm)에서의 부피는 이상기체 방정식을 사용하여 구할 수 있다.

$$PV = nRT$$

n은 몰(mole)수이며 $n = \dfrac{w(g)}{M(분자량)}$ 이므로

$$PV = \frac{wRT}{M}$$

$$\therefore V = \frac{wRT}{PM} = \frac{8 \times 10^3 g \times 0.082 L \cdot atm/K \cdot mol \times (0 + 273.15)}{1atm \times 32g/mol} = 5,600L - CH_3OH$$

$$\frac{5,600L-CH_3OH}{} \left| \frac{1mol-CH_3OH}{22.4L-CH_3OH} \right| \frac{2mol-CO_2}{2mol-CH_3OH} \left| \frac{22.4L-CO_2}{1mol-CO_2} \right| = 5,600L - CO_2$$

따라서,

$$\frac{5,600L-CO_2}{} \left| \frac{1m^3-CO_2}{1,000L-CO_2} \right| = 5.6m^3 - CO_2$$

해답

① 12kg   ② $5.6m^3$

07 제2류 위험물인 마그네슘에 대해 다음 물음에 답하시오.
① 연소반응식
② 물과의 반응식
③ 물과 반응 시 발생한 가스의 위험도

해설

① 마그네슘은 가열하면 연소가 쉽고 양이 많은 경우 맹렬히 연소하며 강한 빛을 낸다. 특히 연소열이 매우 높기 때문에 온도가 높아지고 화세가 격렬하여 소화가 곤란하다.

$$2Mg + O_2 \rightarrow 2MgO$$

② 온수와 반응하여 많은 양의 열과 수소(H_2)가 발생한다.

$$Mg + 2H_2O \rightarrow Mg(OH)_2 + H_2$$

③ 수소의 폭발범위는 4~75%이며, 위험도(H)는 가연성 혼합가스의 연소범위에 의해 결정되는 값이다.

$$H = \frac{U - L}{L} \quad (여기서, \ H : 위험도, \ U : 연소 상한치(UEL), \ L : 연소 하한치(LEL))$$

$$\therefore H = \frac{75 - 4}{4} = 17.75$$

해답

① $2Mg + O_2 \rightarrow 2MgO$

② $Mg + 2H_2O \rightarrow Mg(OH)_2 + H_2$

③ 17.75

08 위험물제조소에서 옥외저장탱크에 기어유 50,000L 1기, 실린더유 80,000L 1기를 하나의 방유제 안에 설치하였을 때 최소 확보해야 할 방유제의 용량을 구하시오.

해설

㉠ 옥외에 있는 위험물취급탱크로서 액체 위험물(이황화탄소를 제외한다)을 취급하는 것의 주위에는 방유제를 설치할 것. 하나의 취급탱크 주위에 설치하는 방유제의 용량은 해당 탱크 용량의 50% 이상으로 하고, 2 이상의 취급탱크 주위에 하나의 방유제를 설치하는 경우 그 방유제의 용량은 해당 탱크 중 용량이 최대인 것의 50%에 나머지 탱크용량 합계의 10%를 가산한 양 이상이 되게 할 것. 이 경우 방유제의 용량은 해당 방유제의 내용적에서 용량이 최대인 탱크 외의 탱크의 방유제 높이 이하 부분의 용적, 해당 방유제 내에 있는 모든 탱크의 지반면 이상 부분의 기초의 체적, 칸막이둑의 체적 및 해당 방유제 내에 있는 배관 등의 체적을 뺀 것으로 한다.

㉡ $80,000L \times 0.5 + 50,000 \times 0.1 = 45,000L$

해답

45,000L

09 다음 제2류 위험물에 대한 물음에 답하시오.
① 철분과 물과의 반응식
② 인화성 고체의 정의
③ 알루미늄과 염산의 반응식

해설

① 철분은 더운물 또는 수증기와 반응하면 수소가 발생하고 경우에 따라 폭발한다. 또한 묽은 산과 반응하여 수소가 발생한다.

  $2Fe + 3H_2O \rightarrow Fe_2O_3 + 3H_2$

② "인화성 고체"라 함은 고형알코올, 그 밖에 1기압에서 인화점이 40℃ 미만인 고체를 말한다.

③ 알루미늄은 대부분의 산과 반응하여 수소가 발생한다(단, 진한질산 제외).

  $2Al + 6HCl \rightarrow 2AlCl_3 + 3H_2$

해답

① $2Fe + 3H_2O \rightarrow Fe_2O_3 + 3H_2$

② 고형알코올, 그 밖에 1기압에서 인화점이 40℃ 미만인 고체를 말한다.

③ $2Al + 6HCl \rightarrow 2AlCl_3 + 3H_2$

10 제3류 위험물인 인화칼슘에 대해 다음 물음에 답하시오.
① 물과의 반응식
② 위험등급

해설

① 물과 반응하여 가연성이며 독성이 강한 인화수소(PH_3, 포스핀)가스가 발생
  $Ca_3P_2 + 6H_2O \rightarrow 3Ca(OH)_2 + 2PH_3$
② 제3류 위험물의 종류와 지정수량

성질	위험등급	품명	대표 품목	지정수량
자연발화성 물질 및 금수성 물질	I	1. 칼륨(K) 2. 나트륨(Na) 3. 알킬알루미늄 4. 알킬리튬	$(C_2H_5)_3Al$ C_4H_9Li	10kg
		5. 황린(P_4)	–	20kg
	II	6. 알칼리금속류(칼륨 및 나트륨 제외) 및 알칼리토금속 7. 유기금속화합물(알킬알루미늄 및 알킬리튬 제외)	Li, Ca $Te(C_2H_5)_2$, $Zn(CH_3)_2$	50kg
	III	8. 금속의 수소화물 9. 금속의 인화물 10. 칼슘 또는 알루미늄의 탄화물	LiH, NaH Ca_3P_2, AlP CaC_2, Al_4C_3	300kg
		11. 그 밖에 행정안전부령이 정하는 것 　　염소화규소화합물	$SiHCl_3$	300kg

해답

① $Ca_3P_2 + 6H_2O \rightarrow 3Ca(OH)_2 + 2PH_3$
② III등급

11 다음은 위험물제조소에서 위험물 제조과정에서의 취급기준에 대한 설명이다. 괄호 안을 알맞게 채우시오.
① 증류공정에 있어서는 위험물을 취급하는 설비의 (　　)의 변동 등에 의하여 액체 또는 증기가 새지 아니하도록 할 것
② 추출공정에 있어서는 추출관의 (　　)이 비정상적으로 상승하지 아니하도록 할 것
③ 건조공정에 있어서는 위험물의 (　　)가 국부적으로 상승하지 아니하는 방법으로 가열 또는 건조할 것
④ (　　)에 있어서는 위험물의 분말이 현저하게 부유하고 있거나 위험물의 분말이 현저하게 기계·기구 등에 부착하고 있는 상태로 그 기계·기구를 취급하지 말 것

해답

① 내부압력
② 내부압력
③ 온도
④ 분쇄공정

12 제2류 위험물인 적린을 제조하고자 할 때 제3류 위험물을 사용하여 제조하는 방법을 설명하시오.

해답

황린을 밀폐용기 중에서 260℃로 장시간 가열하여 얻는다.

13 다음은 기계에 의하여 하역하는 구조로 된 용기에 대한 예외규정 사항에 대한 것이다. 괄호 안을 알맞게 채우시오.
운반의 안전상 이러한 기준에 적합한 운반용기와 동등 이상이라고 인정하여 (①)이 정하여 고시하는 것과 (②)에 정한 기준에 적합한 것으로 인정된 용기에 있어서는 그러하지 아니하다.

해설

기계에 의하여 하역하는 구조로 된 용기

고체 및 액체의 위험물을 수납하는 것에 있어서는 규정에서 정하는 기준에 적합할 것. 다만, 운반의 안전상 이러한 기준에 적합한 운반용기와 동등 이상이라고 인정하여 소방청장이 정하여 고시하는 것과 국제해상위험물규칙(IMDG Code)에 정한 기준에 적합한 것으로 인정된 용기에 있어서는 그러하지 아니하다.

㉮ 운반용기는 부식 등의 열화에 대하여 적절히 보호될 것

㉯ 운반용기는 수납하는 위험물의 내압 및 취급 시와 운반 시의 하중에 의하여 해당 용기에 생기는 응력에 대하여 안전할 것

㉰ 운반용기의 부속설비에는 수납하는 위험물이 해당 부속설비로부터 누설되지 아니하도록 하는 조치가 강구되어 있을 것

㉱ 용기 본체가 틀로 둘러싸인 운반용기는 다음의 요건에 적합할 것

　㉠ 용기 본체는 항상 틀 내에 보호되어 있을 것

　㉡ 용기 본체는 틀과의 접촉에 의하여 손상을 입을 우려가 없을 것

　㉢ 운반용기는 용기 본체 또는 틀의 신축 등에 의하여 손상이 생기지 아니할 것

㉲ 하부에 배출구가 있는 운반용기는 다음의 요건에 적합할 것

　㉠ 배출구에는 개폐위치에 고정할 수 있는 밸브가 설치되어 있을 것

　㉡ 배출을 위한 배관 및 밸브에는 외부로부터의 충격에 의한 손상을 방지하기 위한 조치가 강구되어 있을 것

　㉢ 폐지판 등에 의하여 배출구를 이중으로 밀폐할 수 있는 구조일 것. 다만, 고체의 위험물을 수납하는 운반용기에 있어서는 그러하지 아니하다.

해답

① 소방청장
② 국제해상위험물규칙(IMDG Code)

14 다음은 옥내저장소의 일반점검표에 관한 사항이다. 괄호 안을 알맞게 채우시오.

	벽·기둥·보·지붕	균열·손상 등의 유무	육안
건축물	(①)	변형·손상 등의 유무 및 폐쇄기능의 적부	육안
	바닥	(②)	육안
		균열·손상·파임 등의 유무	육안
	(③)	변형·손상 등의 유무 및 고정상황의 적부	육안
	다른 용도 부분과 구획	균열·손상 등의 유무	육안
	(④)	손상의 유무	육안

[해답]

① 방화문
② 체유·체수의 유무
③ 계단
④ 조명설비

15 제3류 위험물인 탄화칼슘에 대한 다음 물음에 답하시오.
① 물과의 반응식
② 물과의 반응에서 발생한 기체의 연소반응식
③ 질소와의 반응식

[해설]

㉮ 일반적 성질
　㉠ 비중 2.22, 융점 2,300℃로 순수한 것은 무색투명하나 보통은 흑회색이며 건조한 공기 중에서는 안정하나 350℃ 이상으로 가열 시 산화한다.
　　$2CaC_2 + 5O_2 \rightarrow 2CaO + 4CO_2$
　㉡ 건조한 공기 중에서는 안정하나 335℃ 이상에서는 산화되며, 고온에서 강한 환원성을 가지므로 산화물을 환원시킨다.
　㉢ 질소와는 약 700℃ 이상에서 질화되어 칼슘사이안아마이드($CaCN_2$, 석회질소)가 생성된다.
　　$CaC_2 + N_2 \rightarrow CaCN_2 + C$
　㉣ 물과 강하게 반응하여 수산화칼슘과 아세틸렌을 만들며 공기 중 수분과 반응하여도 아세틸렌이 발생한다.
　　$CaC_2 + 2H_2O \rightarrow Ca(OH)_2 + C_2H_2$
㉯ 아세틸렌은 연소하면 이산화탄소와 수증기가 발생한다.
　$2C_2H_2 + 5O_2 \rightarrow 4CO_2 + 2H_2O$

[해답]

① $CaC_2 + 2H_2O \rightarrow Ca(OH)_2 + C_2H_2$
② $2C_2H_2 + 5O_2 \rightarrow 4CO_2 + 2H_2O$
③ $CaC_2 + N_2 \rightarrow CaCN_2 + C$

16 특정 옥외저장탱크의 용접(겹침보수 및 육성보수와 관련되는 것을 제외)방법에 대해 쓰시오.
① 에늘러판과 에늘러판
② 에늘러판과 밑판

해설

특정 옥외저장탱크의 용접(겹침보수 및 육성보수와 관련되는 것을 제외)방법은 다음에 정하는 바에 의한다. 이러한 용접방법은 소방청장이 정하여 고시하는 용접시공방법확인시험의 방법 및 기준에 적합한 것이거나 이와 동등 이상의 것임이 미리 확인되어 있어야 한다.

㉮ 옆판의 용접은 다음에 의할 것
  ㉠ 세로이음 및 가로이음은 완전용입 맞대기용접으로 할 것
  ㉡ 옆판의 세로이음은 단을 달리하는 옆판의 각각의 세로이음과 동일선상에 위치하지 아니하도록 할 것. 이 경우 해당 세로이음 간의 간격은 서로 접하는 옆판 중 두꺼운 쪽 옆판의 5배 이상으로 하여야 한다.

㉯ 옆판과 에늘러판(에늘러판이 없는 경우에는 밑판)과의 용접은 부분용입 그룹용접 또는 이와 동등 이상의 용접강도가 있는 용접방법으로 용접할 것. 이 경우에 있어서 용접 비드(bead)는 매끄러운 형상을 가져야 한다.

㉰ 에늘러판과 에늘러판은 뒷면에 재료를 댄 맞대기용접으로 하고, 에늘러판과 밑판 및 밑판과 밑판의 용접은 뒷면에 재료를 댄 맞대기용접 또는 겹치기용접으로 용접할 것. 이 경우에 에늘러판과 밑판의 용접부의 강도 및 밑판과 밑판의 용접부의 강도에 유해한 영향을 주는 흠이 있어서는 아니 된다.

㉱ 필렛용접의 사이즈(부등사이즈가 되는 경우에는 작은 쪽의 사이즈를 말한다)는 다음 식에 의하여 구한 값으로 할 것

$t_1 \geq S \geq \sqrt{2t_2}$ (단, $S \geq 4.5$)

여기서, t_1 : 얇은 쪽 강판의 두께(mm)
t_2 : 두꺼운 쪽 강판의 두께(mm)
S : 사이즈(mm)

해답

① 뒷면에 재료를 댄 맞대기용접
② 뒷면에 재료를 댄 맞대기용접 또는 겹치기용접

17 다음 복수성상위험물의 취급상 판단을 쓰시오.
① 1류와 2류와의 복합성상일 때 (　　　)류
② 1류와 5류와의 복합성상일 때 (　　　)류
③ 2류와 3류와의 복합성상일 때 (　　　)류
④ 3류와 4류와의 복합성상일 때 (　　　)류
⑤ 4류와 5류와의 복합성상일 때 (　　　)류

해설

"복수성상물품"이 속하는 품명은 다음과 같이 정한다.
① 산화성 고체의 성상 및 가연성 고체의 성상을 가지는 경우 : 제2류에 의한 품명
② 산화성 고체의 성상 및 자기반응성 물질의 성상을 가지는 경우 : 제5류에 의한 품명
③ 가연성 고체의 성상과 자연발화성 물질의 성상 및 금수성 물질의 성상을 가지는 경우 : 제3류에 의한 품명
④ 자연발화성 물질의 성상, 금수성 물질의 성상 및 인화성 액체의 성상을 가지는 경우 : 제3류에 의한 품명
⑤ 인화성 액체의 성상 및 자기반응성 물질의 성상을 가지는 경우 : 제5류에 의한 품명

해답

① 2, ② 5, ③ 3, ④ 3, ⑤ 5

18 이산화탄소소화설비의 설치기준에 대하여 다음 괄호 안을 알맞게 채우시오.
① 이산화탄소를 방사하는 분사헤드 중 고압식의 것에 있어서는 (㉠)MPa 이상, 저압식의 것[소화약제가 (㉡) 이하의 온도로 용기에 저장되어 있는 것]에 있어서는 1.05MPa 이상
② 국소방출방식에서 소화약제의 양을 ( ) 이내에 균일하게 방사할 것

해설

① 전역방출방식의 이산화탄소소화설비의 분사헤드
 ㉮ 방사된 소화약제가 방호구역의 전역에 균일하고 신속하게 방사할 수 있도록 설치할 것
 ㉯ 분사헤드의 방사압력
  ㉠ 이산화탄소를 방사하는 분사헤드 중 고압식의 것에 있어서는 2.1MPa 이상, 저압식의 것(소화약제가 영하 18℃ 이하의 온도로 용기에 저장되어 있는 것)에 있어서는 1.05MPa 이상
  ㉡ 질소(이하 "IG−100"이라 한다.), 질소와 아르곤의 용량비가 50 대 50인 혼합물(이하 "IG−55"라 한다.) 또는 질소와 아르곤과 이산화탄소의 용량비가 52 대 40 대 8인 혼합물(이하 "IG−541"이라 한다.)을 방사하는 분사헤드는 1.9MPa 이상
  ㉢ 이산화탄소를 방사하는 것은 소화약제의 양을 60초 이내에 균일하게 방사하고, IG−100, IG−55 또는 IG−541을 방사하는 것은 소화약제의 양의 95% 이상을 60초 이내에 방사
② 국소방출방식의 이산화탄소소화설비의 분사헤드
 ㉠ 분사헤드는 방호대상물의 모든 표면이 분사헤드의 유효사정 내에 있도록 설치
 ㉡ 소화약제의 방사에 의해서 위험물이 비산되지 않는 장소에 설치
 ㉢ 소화약제의 양을 30초 이내에 균일하게 방사

해답

① ㉠ 2.1, ㉡ 영하 18℃, ② 30초

19 제4류 위험물 중 다음 2가지 조건을 모두 충족시키는 위험물의 품명을 2가지 이상 쓰시오.
① 옥내저장소에 저장할 때 바닥면적을 1,000m² 이하로 하여야 하는 위험물
② 옥외저장소에 저장·취급할 수 없는 위험물

해설

① 하나의 저장창고의 바닥면적

위험물을 저장하는 창고	바닥면적
가. ㉠ 제1류 위험물 중 아염소산염류, 염소산염류, 과염소산염류, 무기과산화물, 그 밖에 지정수량이 50kg인 위험물 ㉡ 제3류 위험물 중 칼륨, 나트륨, 알킬알루미늄, 알킬리튬, 그 밖에 지정수량이 10kg인 위험물 및 황린 ㉢ 제4류 위험물 중 특수 인화물, 제1석유류 및 알코올류 ㉣ 제5류 위험물 중 유기과산화물, 질산에스터류, 그 밖에 지정수량이 10kg인 위험물 ㉤ 제6류 위험물	$1,000m^2$ 이하
나. ㉠~㉤ 외의 위험물을 저장하는 창고	$2,000m^2$ 이하
다. 내화구조의 격벽으로 완전히 구획된 실에 각각 저장하는 창고 (가목의 위험물을 저장하는 실의 면적은 $500m^2$를 초과할 수 없다.)	$1,500m^2$ 이하

② 옥외저장소에 저장할 수 있는 위험물
　㉠ 제2류 위험물 중 황, 인화성 고체(인화점이 0℃ 이상인 것에 한함)
　㉡ 제4류 위험물 중 제1석유류(인화점이 0℃ 이상인 것에 한함), 제2석유류, 제3석유류, 제4석유류, 알코올류, 동식물유류
　㉢ 제6류 위험물

해답

① 특수 인화물
② 제1석유류(인화점이 0℃ 미만인 것)

20 다음은 위험물 안전관리대행기관의 지정기준에 대한 내용이다. 괄호 안을 알맞게 채우시오.

기술인력	• 위험물기능장 또는 위험물산업기사 1인 이상 • 위험물산업기사 또는 위험물기능사 (①) 이상 • 기계분야 및 전기분야의 소방설비기사 1인 이상
시설	(②)을 갖출 것
장비	• (③) • 접지저항측정기(최소눈금 0.1Ω 이하) • (④) • 정전기전위측정기 • 토크렌치 • 진동시험기 • (⑤) • 표면온도계(−10~300℃) • 두께측정기(1.5~99.9mm) • 유량계, 압력계 • 안전용구(안전모, 안전화, 손전등, 안전로프 등) • 소화설비 점검기구(소화전밸브압력계, 방수압력측정계, 포컬렉터, 헤드렌치, 포컨테이너

해답

① 2인, ② 전용사무실, ③ 절연저항계, ④ 가스농도측정기, ⑤ 안전밸브시험기

제53회
(2013년 5월 26일 시행)

위험물기능장 실기

01 제1류 위험물로서 분자량 80, 분해온도 220℃, 무색, 백색 또는 연회색의 결정으로서 조해성과 흡습성이 있는 물질에 대해 다음 물음에 답하시오.
① 화학식
② 분해반응식

해설

NH_4NO_3(질산암모늄)의 일반적 성질
㉠ 분자량 80, 비중 1.73, 융점 165℃, 분해온도 220℃, 무색, 백색 또는 연회색의 결정
㉡ 조해성과 흡습성이 있고, 물에 녹을 때 열을 대량 흡수하여 한제로 이용된다(흡열반응).
㉢ 약 220℃에서 가열할 때 분해되어 아산화질소(N_2O)와 수증기(H_2O)를 발생시키고 계속 가열하면 폭발한다.
$$2NH_4NO_3 \rightarrow 2N_2O + 4H_2O$$

해답

① NH_4NO_3
② $2NH_4NO_3 \rightarrow 2N_2O + 4H_2O$

02 제4류 위험물로서 특수 인화물에 속하는 다이에틸에터에 대하여 다음 물음에 답하시오.
① 구조식
② 공기 중에 장시간 노출 시 생성물질
③ 비점과 인화점
④ 3,000L를 저장하는 내화건축물의 옥내저장소 보유공지

해설

㉮ 다이에틸에터의 일반적 성질 및 위험성
   ㉠ 다이에틸에터는 분자량(74.12), 비중(0.72), 비점(34℃), 인화점(-40℃), 발화점(180℃)이 매우 낮고, 연소범위(1.9~48%)가 넓어 인화성, 발화성이 강하다.
   ㉡ 인화점이 낮고 휘발성이 강하다(제4류 위험물 중 인화점이 가장 낮다).
   ㉢ 증기 누출이 용이하며 장기간 저장 시 공기 중에서 산화되어 구조 불명의 불안정하고 폭발성의 과산화물을 만드는데 이는 유기과산화물과 같은 위험성을 가지기 때문에 100℃로 가열하거나 충격, 압축으로 폭발한다.

㉯ 옥내저장소의 보유공지

저장 또는 취급하는 위험물의 최대수량	공지의 너비	
	벽·기둥 및 바닥이 내화구조로 된 건축물	그 밖의 건축물
지정수량의 5배 이하	−	0.5m 이상
지정수량의 5배 초과, 10배 이하	1m 이상	1.5m 이상
지정수량의 10배 초과, 20배 이하	2m 이상	3m 이상
지정수량의 20배 초과, 50배 이하	3m 이상	5m 이상
지정수량의 50배 초과, 200배 이하	5m 이상	10m 이상
지정수량의 200배 초과	10m 이상	15m 이상

따라서, 다이에틸에터의 지정수량은 50L이며,

$$지정수량\ 배수 = \frac{저장수량}{지정수량} = \frac{3,000L}{50L} = 60$$이므로 보유공지는 5m 이상으로 해야 한다.

해답

①

② 과산화물

③ 비점 : 35℃, 인화점 : −40℃

④ 5m

03 다음 위험물에 대한 화학식을 쓰시오.
① 트라이에틸알루미늄
② 다이에틸알루미늄클로라이드
③ 에틸알루미늄다이클로라이드

해설

알킬알루미늄은 알킬기(Alkyl, R−)와 알루미늄이 결합한 화합물을 말한다. 대표적인 알킬알루미늄(RAl)의 종류는 다음과 같다.

화학명	화학식	끓는점(b.p.)	녹는점(m.p.)	비중
트라이메틸알루미늄	$(CH_3)_3Al$	127.1℃	15.3℃	0.748
트라이에틸알루미늄	$(C_2H_5)_3Al$	186.6℃	−45.5℃	0.832
트라이프로필알루미늄	$(C_3H_7)_3Al$	196.0℃	−60℃	0.821
트라이아이소뷰틸알루미늄	$iso-(C_4H_9)_3Al$	분해	1.0℃	0.788
에틸알루미늄다이클로로라이드	$C_2H_5AlCl_2$	194.0℃	22℃	1.252
다이에틸알루미늄하이드라이드	$(C_2H_5)_2AlH$	227.4℃	−59℃	0.794
다이에틸알루미늄클로라이드	$(C_2H_5)_2AlCl$	214℃	−74℃	0.971

해답

① $(C_2H_5)_3Al$

② $(C_2H_5)_2AlCl$

③ $C_2H_5AlCl_2$

04 다음에 주어진 위험물에 대한 위험물안전관리법에서 정한 운반용기의 외부에 표시해야 하는 주의사항을 적으시오.
① 과산화나트륨
② 적린
③ 인화성 고체
④ 가솔린
⑤ 과염소산

해설

위험물 적재방법

위험물은 그 운반용기의 외부에 다음에 정하는 바에 따라 위험물의 품명, 수량 등을 표시하여 적재하여야 한다.

㉠ 위험물의 품명·위험등급·화학명 및 수용성

('수용성' 표시는 제4류 위험물로서 수용성인 것에 한한다.)

㉡ 위험물의 수량

㉢ 수납하는 위험물에 따라 주의사항을 표시한다.

유별	구분	주의사항
제1류 위험물 (산화성 고체)	알칼리금속의 무기과산화물	"화기·충격주의" "물기엄금" "가연물접촉주의"
	그 밖의 것	"화기·충격주의" "가연물접촉주의"
제2류 위험물 (가연성 고체)	철분·금속분·마그네슘	"화기주의" "물기엄금"
	인화성 고체	"화기엄금"
	그 밖의 것	"화기주의"
제3류 위험물 (자연발화성 및 금수성 물질)	자연발화성 물질	"화기엄금" "공기접촉엄금"
	금수성 물질	"물기엄금"
제4류 위험물 (인화성 액체)	–	"화기엄금"
제5류 위험물 (자기반응성 물질)	–	"화기엄금" 및 "충격주의"
제6류 위험물 (산화성 액체)	–	"가연물접촉주의"

해답

① 화기충격주의, 물기엄금, 가연물접촉주의
② 화기주의
③ 화기엄금
④ 화기엄금
⑤ 가연물접촉주의

05 다음 [보기]에 주어진 위험물의 위험등급을 분류하시오.

[보기] 아염소산나트륨, 과산화나트륨, 과망가니즈산칼륨, 마그네슘, 황화인, 칼륨, 인
화알루미늄, 아세톤, 나이트로글리세린

해설

위험물의 위험등급
㉮ 위험등급 Ⅰ의 위험물
　　㉠ 제1류 위험물 중 아염소산염류, 염소산염류, 과염소산염류, 무기과산화물, 그 밖에 지정수
　　　 량이 50kg인 위험물
　　㉡ 제3류 위험물 중 칼륨, 나트륨, 알킬알루미늄, 알킬리튬, 황린, 그 밖에 지정수량이 10kg인
　　　 위험물
　　㉢ 제4류 위험물 중 특수 인화물
　　㉣ 제5류 위험물 중 유기과산화물, 질산에스터류, 그 밖에 지정수량이 10kg인 위험물
　　㉤ 제6류 위험물
㉯ 위험등급 Ⅱ의 위험물
　　㉠ 제1류 위험물 중 브로민산염류, 질산염류, 아이오딘산염류, 그 밖에 지정수량이 300kg인 위
　　　 험물
　　㉡ 제2류 위험물 중 황화인, 적린, 황, 그 밖에 지정수량이 100kg인 위험물
　　㉢ 제3류 위험물 중 알칼리금속(칼륨 및 나트륨을 제외한다) 및 알칼리토금속, 유기금속화
　　　 합물(알킬알루미늄 및 알킬리튬을 제외한다), 그 밖에 지정수량이 50kg인 위험물
　　㉣ 제4류 위험물 중 제1석유류 및 알코올류
　　㉤ 제5류 위험물 중 ①의 ㉣에 정하는 위험물 외의 것
③ 위험등급 Ⅲ의 위험물 : ① 및 ②에 정하지 아니한 위험물

해답

① Ⅰ등급 : 아염소산나트륨, 과산화나트륨, 칼륨, 나이트로글리세린
② Ⅱ등급 : 황화인, 아세톤
③ Ⅲ등급 : 과망가니즈산칼륨, 마그네슘, 인화알루미늄

06 다음에 주어진 물질의 위험도를 구하시오.
① 아세트알데하이드
② 이황화탄소

해설

① 아세트알데하이드는 연소범위가 4.1~57%이므로 위험도(H)는 다음과 같다.

$$H = \frac{57 - 4.1}{4.1} = 12.90$$

② 이황화탄소는 연소범위가 1~50%이므로 위험도(H)는 다음과 같다.

$$H = \frac{50 - 1}{1} = 49$$

해답

① 12.90
② 49

07 예방 규정을 정하여야 하는 제조소 등의 대상을 4가지만 쓰시오.

해설

예방 규정을 정하여야 하는 제조소 등
① 지정수량의 10배 이상의 위험물을 취급하는 제조소
② 지정수량의 100배 이상의 위험물을 저장하는 옥외저장소
③ 지정수량의 150배 이상의 위험물을 저장하는 옥내저장소
④ 지정수량의 200배 이상을 저장하는 옥외탱크저장소
⑤ 암반탱크저장소
⑥ 이송취급소
⑦ 지정수량의 10배 이상의 위험물을 취급하는 일반취급소
　[다만, 제4류 위험물(특수 인화물을 제외한다)만을 지정수량의 50배 이하로 취급하는 일반취급소(제1석유류·알코올류의 취급량이 지정수량의 10배 이하인 경우에 한한다)로서 다음의 어느 하나에 해당하는 것을 제외]
　㉮ 보일러·버너 또는 이와 비슷한 것으로서 위험물을 소비하는 장치로 이루어진 일반취급소
　㉯ 위험물을 용기에 옮겨 담거나 차량에 고정된 탱크에 주입하는 일반취급소

해답

상기 해설 중 택 4가지 기술

08 위험물제조소 등에 대해 허가를 취소하거나 6월 이내의 기간을 정해서 제조소 등의 전부 또는 일부의 사용정지를 명할 수 있다. 어떤 경우에 가능한지 4가지 이상 쓰시오.

해설

시·도지사는 제조소 등의 관계인이 다음에 해당하는 때에는 행정안전부령이 정하는 바에 따라 허가를 취소하거나 6월 이내의 기간을 정하여 제조소 등의 전부 또는 일부의 사용정지를 명할 수 있다.
① 규정에 따른 변경허가를 받지 아니하고 제조소 등의 위치·구조 또는 설비를 변경한 때
② 완공검사를 받지 아니하고 제조소 등을 사용한 때
③ 규정에 따른 수리·개조 또는 이전의 명령을 위반한 때
④ 규정에 따른 위험물 안전관리자를 선임하지 아니한 때
⑤ 대리자를 지정하지 아니한 때
⑥ 정기점검을 하지 아니한 때
⑦ 정기검사를 받지 아니한 때
⑧ 저장·취급 기준 준수명령을 위반한 때

해답

상기 해설 중 택 4가지 이상 기술

09 질산 31.5g이 물에 녹아 질산수용액 360g이 되었다. ① 질산과 물의 각각에 대한 몰분율과 ② 질산수용액의 몰농도를 구하시오. (단, 수용액의 비중은 1.10이다.)

해설

① 질산의 몰수는

$$\frac{31.5g-HNO_3}{} \left| \frac{1mol-HNO_3}{63g-HNO_3} \right| = 0.5mol-HNO_3$$

물의 양은 360-31.5=328.5g이므로 몰수는

$$\frac{328.5g-H_2O}{} \left| \frac{1mol-H_2O}{18g-H_2O} \right| = 18.25mol-H_2O$$

따라서, 질산의 몰분율은 $\dfrac{0.5}{0.5+18.25}=0.0267$

물의 몰분율은 $\dfrac{18.25}{0.5+18.25}=0.973$

② 질산수용액 360g은 부피로 환산하면 비중$=\dfrac{W}{V}=1.1$에서

$$V=\frac{360}{1.1}=327.27mL$$

따라서, 몰농도(M)는 용액 1L(1,000mL)에 포함된 용질의 몰수이므로

$$몰농도(M)=\frac{용질의\ 몰수}{용액의\ 부피(L)}=\frac{\dfrac{g}{M}}{\dfrac{V}{1,000}}=\frac{\dfrac{31.5}{63}}{\dfrac{327.27}{1,000}}=1.53$$

여기서, g : 용질의 g수

M : 분자량

V : 용액의 부피(mL)

해답

① 질산의 몰분율 : 0.0267, 물의 몰분율 : 0.973

② 1.53M

10 주유취급소에는 자동차 등이 출입하는 쪽 외의 부분에 담 또는 벽의 일부분에 방화상 유효한 구조의 유리를 부착할 수 있다. 유리를 부착하는 방법에 대해 괄호 안을 알맞게 채우시오.

① 주유취급소 내의 지반면으로부터 (　　)를 초과하는 부분에 한하여 유리를 부착할 것

② 하나의 유리판의 가로 길이는 (　　) 이내일 것

③ 유리를 부착하는 범위는 전체의 담 또는 벽의 길이의 (　　)를 초과하지 아니할 것

해설

주유취급소의 담 또는 벽

㉮ 주유취급소의 주위에는 자동차 등이 출입하는 쪽 외의 부분에 높이 2m 이상의 내화구조 또는 불연재료의 담 또는 벽을 설치하되, 주유취급소의 인근에 연소의 우려가 있는 건축물이 있는 경우에는 소방청장이 정하여 고시하는 바에 따라 방화상 유효한 높이로 하여야 한다.

㉯ 상기 내용에도 불구하고 다음 기준에 모두 적합한 경우에는 담 또는 벽의 일부분에 방화상 유효한 구조의 유리를 부착할 수 있다.
  ㉠ 유리를 부착하는 위치는 주입구, 고정주유설비 및 고정급유설비로부터 4m 이상 이격될 것
  ㉡ 유리를 부착하는 방법은 다음의 기준에 모두 적합할 것
    ⓐ 주유취급소 내의 지반면으로부터 70cm를 초과하는 부분에 한하여 유리를 부착할 것
    ⓑ 하나의 유리판의 가로 길이는 2m 이내일 것
    ⓒ 유리판의 테두리를 금속제의 구조물에 견고하게 고정하고 해당 구조물을 담 또는 벽에 견고하게 부착할 것
    ⓓ 유리의 구조는 접합유리(두 장의 유리를 두께 0.76mm 이상의 폴리바이닐뷰티랄 필름으로 접합한 구조를 말한다)로 하되, 「유리구획 부분의 내화시험방법(KS F 2845)」에 따라 시험하여 비차열 30분 이상의 방화성능이 인정될 것
  ㉢ 유리를 부착하는 범위는 전체의 담 또는 벽의 길이의 10분의 2를 초과하지 아니할 것

해답

① 70cm, ② 2m, ③ 10분의 2

---

11 물 또는 습기와 작용하여 폭발성 혼합가스인 아세틸렌(C_2H_2)가스가 발생하는 제3류 위험물이 물과 반응하는 반응식을 쓰시오.

해설

탄화칼슘(CaC_2)의 일반적 성질

㉠ 비중 2.22, 융점 2,300℃로 순수한 것은 무색투명하나 보통은 흑회색이며 건조한 공기 중에서는 안정하나 350℃ 이상으로 가열 시 산화한다.

$$CaC_2 + 5O_2 \rightarrow 2CaO + 4CO_2$$

㉡ 건조한 공기 중에서는 안정하나 335℃ 이상에서는 산화되며, 고온에서 강한 환원성을 가지므로 산화물을 환원시킨다.

㉢ 질소와는 약 700℃ 이상에서 질화되어 칼슘사이안아마이드($CaCN_2$, 석회질소)가 생성된다.

$$CaC_2 + N_2 \rightarrow CaCN_2 + C$$

㉣ 물과 강하게 반응하여 수산화칼슘과 아세틸렌을 만들며 공기 중 수분과 반응하여도 아세틸렌이 발생한다.

$$CaC_2 + 2H_2O \rightarrow Ca(OH)_2 + C_2H_2$$

해답

$$CaC_2 + 2H_2O \rightarrow Ca(OH)_2 + C_2H_2$$

12 위험물제조소 등에 설치하는 관이음 설계기준 3가지에 대해 쓰시오.

[해답]

① 관이음의 설계는 배관의 설계에 준하는 것 외에 관이음의 휨 특성 및 응력집중을 고려하여 행할 것
② 배관을 분기하는 경우에는 미리 제작한 분기용 관이음 또는 분기구조물을 이용할 것
③ 분기용 관이음, 분기구조물 및 리듀서(reducer)는 원칙적으로 이송기지 또는 전용부지 내에 설치할 것

13 불활성가스 소화약제로서 IG-541의 구성성분을 쓰시오.

[해설]

소화설비에 적용되는 불활성가스 소화약제는 다음 표에서 정하는 것에 한한다.

소화약제	화학식
불연성·불활성 기체혼합가스(IG-01)	Ar
불연성·불활성 기체혼합가스(IG-100)	N_2
불연성·불활성 기체혼합가스(IG-541)	N_2 : 52%, Ar : 40%, CO_2 : 8%
불연성·불활성 기체혼합가스(IG-55)	N_2 : 50%, Ar : 50%

※ 명명법(첫째자리 반올림) IG - A B C

            └→ CO_2의 농도
         └→ Ar의 농도
      └→ N_2의 농도

[해답]

N_2 : 52%, Ar : 40%, CO_2 : 8%

14 위험물제조소에서 사용하는 배관의 재질은 강관, 그 밖에 이와 유사한 금속성으로 하여야 한다. 다만, 예외적으로 인정되는 3가지를 적으시오.

[해설]

배관의 재질은 강관, 그 밖에 이와 유사한 금속성으로 하여야 한다. 다만, 다음의 기준에 적합한 경우에는 그러하지 아니하다.

㉠ 배관의 재질은 한국산업규격의 유리섬유강화플라스틱·고밀도폴리에틸렌 또는 폴리우레탄으로 할 것
㉡ 배관의 구조는 내관 및 외관의 이중으로 하고, 내관과 외관의 사이에는 틈새공간을 두어 누설여부를 외부에서 쉽게 확인할 수 있도록 할 것. 다만, 배관의 재질이 취급하는 위험물에 의해 쉽게 열화될 우려가 없는 경우에는 그러하지 아니하다.
㉢ 국내 또는 국외의 관련공인시험기관으로부터 안전성에 대한 시험 또는 인증을 받을 것
㉣ 배관은 지하에 매설할 것. 다만, 화재 등 열에 의하여 쉽게 변형될 우려가 없는 재질이거나 화재 등 열에 의한 악영향을 받을 우려가 없는 장소에 설치되는 경우에는 그러하지 아니하다.

해답

① 유리섬유강화플라스틱
② 고밀도폴리에틸렌
③ 폴리우레탄

15 소규모 옥내저장소의 특례에 대해 다음 괄호 안을 알맞게 채우시오.
지정수량의 (①) 이하인 소규모의 옥내저장소 중 저장창고의 처마높이가 (②) 미만인 저장창고를 말한다.

해설

소규모 옥내저장소의 특례
지정수량의 50배 이하인 소규모의 옥내저장소 중 저장창고의 처마높이가 6m 미만인 것으로서 저장창고가 다음 기준에 적합한 것에 대하여는 규정을 적용하지 아니한다.
㉠ 저장창고의 주위에는 다음 표에서 정하는 너비의 공지를 보유할 것

저장 또는 취급하는 위험물의 최대수량	공지의 너비
지정수량의 5배 이하	-
지정수량의 5배 초과, 20배 이하	1m 이상
지정수량의 20배 초과, 50배 이하	2m 이상

㉡ 하나의 저장창고의 바닥면적은 150m² 이하로 할 것
㉢ 저장창고는 벽·기둥·바닥·보 및 지붕을 내화구조로 할 것
㉣ 저장창고의 출입구에는 수시로 개방할 수 있는 자동폐쇄방식의 60분+방화문 또는 60분방화문을 설치할 것
㉤ 저장창고에는 창을 설치하지 아니할 것

해답

① 50배
② 6m

16 직경 6m, 높이 5m의 원통형 탱크에 글리세린을 90% 저장한다고 했을 때, 이 탱크에 저장 가능한 글리세린은 지정수량의 몇 배까지 가능한지 구하시오.

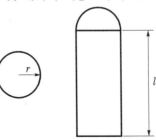

해설

$V = \pi r^2 l = 3^2 \pi \times 5 = 141.3\,\mathrm{m}^3 = 141,300\mathrm{L}$

내용적의 90%를 저장한다고 했으므로 $141,300\mathrm{L} \times 0.9 = 127.170\mathrm{L}$

글리세린은 제4류 위험물 중 제3석유류 수용성에 해당하므로 지정수량은 4,000L이다.

따라서, $\dfrac{127,170}{4,000} = 31.79$

해답

31.79배

---

17 다음 도표는 소화난이도 등급 Ⅰ의 제조소 등에 설치하여야 할 소화설비를 나타낸 것이다. 괄호 안을 적당히 채우시오.

제조소 등의 구분			소화설비
제조소 및 일반취급소			옥내소화전설비, 옥외소화전설비, 스프링클러설비 또는 물분무 등 소화설비(화재발생 시 연기가 충만할 우려가 있는 장소에는 스프링클러설비 또는 이동식 외의 물분무 등 소화설비에 한한다)
옥내저장소	처마높이가 6m 이상인 단층건물 또는 다른 용도의 부분이 있는 건축물에 설치한 옥내저장소		스프링클러설비 또는 이동식 외의 물분무 등 소화설비
	그 밖의 것		옥외소화전설비, 스프링클러설비, 이동식 외의 물분무 등 소화설비 또는 이동식 포소화설비(포소화전을 옥외에 설치하는 것에 한한다)
옥외탱크저장소	지중탱크 또는 해상탱크 외의 것	황만을 저장, 취급하는 것	(①)
		인화점 70℃ 이상의 제4류 위험물만을 저장, 취급하는 것	(②) 또는 (③)
		그 밖의 것	고정식 포소화설비(포소화설비가 적용성이 없는 경우에는 분말소화설비)
	지중탱크		고정식 포소화설비, 이동식 이외의 불활성가스소화설비 또는 이동식 이외의 할로젠화합물소화설비
	해상탱크		고정식 포소화설비, 물분무포소화설비, 이동식 이외의 불활성가스소화설비 또는 이동식 이외의 할로젠화합물소화설비

해답

① 물분무소화설비
② 물분무소화설비
③ 고정식 포소화설비

18 다음은 위험물의 유별 저장 및 취급에 관한 공통기준을 설명한 것이다. 괄호 안을 알맞게 채우시오.

① 제1류 위험물은 가연물과의 접촉·혼합이나 (㉠)를 촉진하는 물품과의 접근 또는 과열·충격·마찰 등을 피하는 한편, 알칼리금속의 과산화물 및 이를 함유한 것에 있어서는 (㉡)과의 접촉을 피하여야 한다.

② 제2류 위험물은 산화제와의 접촉·혼합이나 불티·불꽃·고온체와의 접근 또는 과열을 피하는 한편, 철분·금속분·마그네슘 및 이를 함유한 것에 있어서는 (㉠)이나 산과의 접촉을 피하고 인화성 고체에 있어서는 함부로 (㉡)를 발생시키지 아니하여야 한다.

③ 제3류 위험물 중 자연발화성 물질에 있어서는 불티·불꽃 또는 고온체와의 접근·과열 또는 (㉠)와의 접촉을 피하고, 금수성 물질에 있어서는 (㉡)과의 접촉을 피하여야 한다.

해설

위험물의 유별 저장 및 취급에 관한 공통기준

㉠ 제1류 위험물은 가연물과의 접촉·혼합이나 분해를 촉진하는 물품과의 접근 또는 과열·충격·마찰 등을 피하는 한편, 알칼리금속의 과산화물 및 이를 함유한 것에 있어서는 물과의 접촉을 피하여야 한다.

㉡ 제2류 위험물은 산화제와의 접촉·혼합이나 불티·불꽃·고온체와의 접근 또는 과열을 피하는 한편, 철분·금속분·마그네슘 및 이를 함유한 것에 있어서는 물이나 산과의 접촉을 피하고 인화성 고체에 있어서는 함부로 증기를 발생시키지 아니하여야 한다.

㉢ 제3류 위험물 중 자연발화성 물질에 있어서는 불티·불꽃 또는 고온체와의 접근·과열 또는 공기와의 접촉을 피하고, 금수성 물질에 있어서는 물과의 접촉을 피하여야 한다.

㉣ 제4류 위험물은 불티·불꽃·고온체와의 접근 또는 과열을 피하고, 함부로 증기를 발생시키지 아니하여야 한다.

㉤ 제5류 위험물은 불티·불꽃·고온체와의 접근이나 과열·충격 또는 마찰을 피하여야 한다.

㉥ 제6류 위험물은 가연물과의 접촉·혼합이나 분해를 촉진하는 물품과의 접근 또는 과열을 피하여야 한다.

해답

① ㉠ 분해, ㉡ 물
② ㉠ 물, ㉡ 증기
③ ㉠ 공기, ㉡ 물

19 제1류 위험물로서 분자량이 78g/mol, 융점 및 분해온도가 460℃인 물질에 대해 다음 물음에 답하시오.
① 물과의 반응식
② 이산화탄소와의 반응식

해설

Na_2O_2(과산화나트륨)의 일반적 성질
㉠ 분자량 78, 비중은 20℃에서 2.805, 융점 및 분해온도 460℃
㉡ 순수한 것은 백색이지만 보통은 담홍색을 띠고 있는 정방정계 분말
㉢ 가열하면 열분해되어 산화나트륨(Na_2O)과 산소(O_2) 발생
   $2Na_2O_2 \rightarrow 2Na_2O + O_2$
㉣ 흡습성이 있으므로 물과 접촉하면 발열 및 수산화나트륨(NaOH)과 산소(O_2)가 발생
   $2Na_2O_2 + 2H_2O \rightarrow 4NaOH + O_2$
㉤ 공기 중의 탄산가스(CO_2)를 흡수하여 탄산염을 생성
   $2Na_2O_2 + 2CO_2 \rightarrow 2Na_2CO_3 + O_2$

해답

① $2Na_2O_2 + 2H_2O \rightarrow 4NaOH + O_2$
② $2Na_2O_2 + 2CO_2 \rightarrow 2Na_2CO_3 + O_2$

20 위험물안전관리법에서 정하는 안전교육 대상자를 쓰시오.

해답

① 안전관리자로 선임된 자
② 탱크시험자의 기술인력으로 종사하는 자
③ 위험물 운송자로 종사하는 자

제54회 (2013년 9월 1일 시행)

위험물기능장 실기

---

01 다공성 물질을 규조토에 흡수시켜 다이너마이트를 제조하는 제5류 위험물에 대한 다음 물음에 답하시오.
① 품명
② 화학식
③ 분해반응식

[해설]

나이트로글리세린은 다이너마이트, 로켓, 무연화약의 원료로 이용되며, 제5류 위험물로서 질산에스터류에 해당한다. 순수한 것은 무색투명한 기름성의 액체(공업용 시판품은 담황색)이며 점화하면 즉시 연소하고 폭발력이 강하다. 40℃에서 분해되기 시작하고 145℃에서 격렬히 분해되며 200℃ 정도에서 스스로 폭발한다.

$4C_3H_5(ONO_2)_3 \rightarrow 12CO_2 + 10H_2O + 6N_2 + O_2$

[해답]

① 질산에스터류
② $C_3H_5(ONO_2)_3$
③ $4C_3H_5(ONO_2)_3 \rightarrow 12CO_2 + 10H_2O + 6N_2 + O_2$

---

02 다음은 위험물 제조과정에서의 취급기준에 대한 설명이다. 괄호 안을 알맞게 채우시오.
① 증류공정에 있어서는 위험물을 취급하는 설비의 (   )의 변동 등에 의하여 액체 또는 증기가 새지 아니하도록 할 것
② 추출공정에 있어서는 추출관의 (   )이 비정상적으로 상승하지 아니하도록 할 것
③ 건조공정에 있어서는 위험물의 (   )가 국부적으로 상승하지 아니하는 방법으로 가열 또는 건조할 것
④ (   )에 있어서는 위험물의 분말이 현저하게 부유하고 있거나 위험물의 분말이 현저하게 기계·기구 등에 부착하고 있는 상태로 그 기계·기구를 취급하지 아니할 것

[해답]

① 내부압력
② 내부압력
③ 온도
④ 분쇄공정

03 다음 주어진 온도에서 제1종 분말소화약제의 열분해반응식을 쓰시오.
① 270℃
② 850℃

해설

제1종 분말소화약제

㉮ 소화효과

　　㉠ 주성분인 탄산수소나트륨이 열분해될 때 발생하는 이산화탄소에 의한 질식효과

　　㉡ 열분해 시 물과 흡열반응에 의한 냉각효과

　　㉢ 분말운무에 의한 열방사의 차단효과

　　㉣ 연소 시 생성된 활성기가 분말 표면에 흡착되거나, 탄산수소나트륨의 Na이온에 의해 안정화되어 연쇄반응이 차단되는 효과(부촉매효과)

　　㉤ 일반 요리용 기름화재 시 기름과 중탄산나트륨이 반응하면 금속비누가 만들어져 거품을 생성하여 기름의 표면을 덮어서 질식소화효과 및 재발화 억제방지효과를 나타내는 비누화현상

㉯ 열분해 : 탄산수소나트륨은 약 60℃ 부근에서 분해되기 시작하여 270℃와 850℃ 이상에서 다음과 같이 열분해된다.

　　$2NaHCO_3 \rightarrow Na_2CO_3 + H_2O + CO_2$　　흡열반응 (at 270℃)
　　(중탄산나트륨)　(탄산나트륨)　(수증기)　(탄산가스)

　　$2NaHCO_3 \rightarrow Na_2O + H_2O + 2CO_2 - Q[kcal]$　　(at 850℃ 이상)

해답

① $2NaHCO_3 \rightarrow Na_2CO_3 + H_2O + CO_2$

② $2NaHCO_3 \rightarrow Na_2O + H_2O + 2CO_2$

04 ANFO 폭약의 원료로 사용하는 물질에 대해 다음 물음에 답하시오.
① 제1류 위험물에 해당하는 물질의 단독 완전분해 폭발반응식
② 제4류 위험물에 해당하는 물질의 지정수량과 위험등급

해설

① 질산암모늄은 강력한 산화제로 화약의 재료이며 200℃에서 열분해되어 산화이질소와 물을 생성한다. 특히 ANFO 폭약은 NH_4NO_3와 경유를 94%와 6%로 혼합하여 기폭약으로 사용하며, 급격한 가열이나 충격을 주면 단독으로 폭발한다.

　　$2NH_4NO_3 \rightarrow 4H_2O + 2N_2 + O_2$

② 경유는 제4류 위험물 중 제2석유류에 해당하며, 비수용성이므로 지정수량은 1,000L이다. 위험등급은 Ⅲ등급에 해당한다.

해답

① $2NH_4NO_3 \rightarrow 4H_2O + 2N_2 + O_2$

② 1,000L, Ⅲ등급

05 지하탱크저장소에 대한 위치 · 구조 및 설비 기준에 대한 사항이다. 괄호 안을 알맞게 채우시오.

① 탱크 전용실은 지하의 가장 가까운 벽 · 피트 · 가스관 등의 시설물 및 대지경계선으로부터 (㉠)m 이상 떨어진 곳에 설치하고, 지하저장탱크와 탱크 전용실의 안쪽과의 사이는 (㉡)m 이상의 간격을 유지하도록 하며, 해당 탱크의 주위에 마른 모래 또는 습기 등에 의하여 응고되지 아니하는 입자지름 (㉢)mm 이하의 마른 자갈분을 채워야 한다.

② 지하저장탱크를 2 이상 인접해 설치하는 경우에는 그 상호 간에 (㉠)m[해당 2 이상의 지하저장탱크의 용량의 합계가 지정수량의 100배 이하인 때에는 (㉡)] 이상의 간격을 유지하여야 한다. 다만, 그 사이에 탱크 전용실의 벽이나 두께 (㉢)cm 이상의 콘크리트 구조물이 있는 경우에는 그러하지 아니하다.

[해답]

① ㉠ 0.1, ㉡ 0.1, ㉢ 5
② ㉠ 1, ㉡ 0.5, ㉢ 20

06 제1류 위험물로서 무색 무취의 투명한 결정으로 물, 아세톤, 알코올, 글리세린에 잘 녹는 물질이며, 녹는점은 212℃, 비중은 4.35이고, 햇빛에 의해 변질되므로 갈색병에 보관해야 하는 위험물이다. 다음 물음에 답하시오.

① 명칭
② 열분해반응식

[해설]

AgNO₃(질산은)
㉠ 무색 무취의 투명한 결정으로 물, 아세톤, 알코올, 글리세린에 잘 녹는다.
㉡ 분자량 170, 융점 212℃, 비중 4.35, 445℃로 가열하면 산소 발생
㉢ 아이오딘에틸사이안과 혼합하면 폭발성 물질이 형성되며, 햇빛에 의해 변질되므로 갈색병에 보관해야 한다. 사진감광제, 부식제, 은도금, 사진제판, 촉매 등으로 사용된다.
㉣ 분해반응식
$2AgNO_3 \rightarrow 2Ag + 2NO_2 + O_2$

[해답]

① 질산은(AgNO₃)
② $2AgNO_3 \rightarrow 2Ag + 2NO_2 + O_2$

07 다음 [보기]에서 설명하고 있는 위험물의 구조식을 쓰시오.

[보기] • 제4류 위험물로서 마취성이 있고, 석유와 비슷한 냄새를 가진 무색의 액체
• 비수용성, 지정수량 1,000L, 위험등급 Ⅲ
• 용도 : 용제, 염료, 향료, DDT의 원료, 유기합성의 원료 등
• 비중 1.1, 증기비중 3.9
• 벤젠을 염화철 촉매하에서 염소와 반응하여 만든다.

클로로벤젠(C_6H_5Cl, 염화페닐) – 비수용성 액체

㉮ 일반적 성질

    ㉠ 마취성이 있고 석유와 비슷한 냄새를 가진 무색의 액체이다.

    ㉡ 물에는 녹지 않으나 유기용제 등에는 잘 녹고 천연수지, 고무, 유지 등을 잘 녹인다.

    ㉢ 비중 1.11, 증기비중 3.9, 비점 132℃, 인화점 32℃, 발화점 638℃, 연소범위 1.3~7.1%

    ㉣ 벤젠을 염화철 촉매하에서 염소와 반응하여 만든다.

㉯ 위험성 : 마취성이 있고 독성이 있으나 벤젠보다 약하다.

㉰ 저장 및 취급방법, 소화방법 : 등유에 준한다.

㉱ 용도 : 용제, 염료, 향료, DDT의 원료, 유기합성의 원료 등

해답

---

08 위험물제조소 등에 대한 행정처분 사항 중 위험물 안전관리자를 선임하지 아니한 때의 행정처분의 기준을 쓰시오.

① 1차

② 2차

③ 3차

해설

제조소 등에 대한 행정처분기준

위반사항	행정처분기준		
	1차	2차	3차
㉠ 제조소 등의 위치·구조 또는 설비를 변경한 때	경고 또는 사용정지 15일	사용정지 60일	허가취소
㉡ 완공검사를 받지 아니하고 제조소 등을 사용한 때	사용정지 15일	사용정지 60일	허가취소
㉢ 수리·개조 또는 이전의 명령에 위반한 때	사용정지 30일	사용정지 90일	허가취소
㉣ 위험물 안전관리자를 선임하지 아니한 때	사용정지 15일	사용정지 60일	허가취소
㉤ 대리자를 지정하지 아니한 때	사용정지 10일	사용정지 30일	허가취소
㉥ 정기점검을 하지 아니한 때	사용정지 10일	사용정지 30일	허가취소
㉦ 정기검사를 받지 아니한 때	사용정지 10일	사용정지 30일	허가취소
㉧ 저장·취급 기준 준수명령을 위반한 때	사용정지 30일	사용정지 60일	허가취소

해답

① 사용정지 15일

② 사용정지 60일

③ 허가취소

09 동소체로서 황린과 적린에 대해 비교한 도표이다. 빈칸 안을 알맞게 채우시오.

구분	색상	독성	연소생성물	CS₂에 대한 용해도	위험등급
황린					
적린					

해답

구분	색상	독성	연소생성물	CS₂에 대한 용해도	위험등급
황린	백색 또는 담황색	있음	P_2O_5	용해함	I
적린	암적색	없음	P_2O_5	용해하지 않음	II

10 특정 옥외저장탱크에 에뉼러판을 설치하여야 하는 경우 3가지를 쓰시오.

해설

옥외저장탱크의 밑판[에뉼러판(특정 옥외저장탱크의 옆판의 최하단 두께가 15mm를 초과하는 경우, 내경이 30m를 초과하는 경우 또는 옆판을 고장력강으로 사용하는 경우에 옆판의 직하에 설치하여야 하는 판을 말한다.)을 설치하는 특정 옥외저장탱크에 있어서는 에뉼러판을 포함한다.]을 지반면에 접하게 설치하는 경우에는 다음 기준에 따라 밑판 외면의 부식을 방지하기 위한 조치를 강구하여야 한다.
㉠ 탱크의 밑판 아래에 밑판의 부식을 유효하게 방지할 수 있도록 아스팔트샌드 등의 방식재료를 댈 것
㉡ 탱크의 밑판에 전기방식의 조치를 강구할 것
㉢ 밑판의 부식을 방지할 수 있는 조치를 강구할 것

해답
① 특정 옥외저장탱크 옆판의 최하단 두께가 15mm를 초과하는 경우
② 특정 옥외저장탱크의 내경이 30m를 초과하는 경우
③ 특정 옥외저장탱크의 옆판을 고장력강으로 사용하는 경우

11 황을 0.01wt% 함유한 1,000kg의 코크스를 과잉공기 중에서 완전연소 시켰을 때 발생되는 SO_2는 몇 g인지 구하시오.

해설

$1{,}000\text{kg} \times \dfrac{0.01}{100} = 0.1\text{kg} = 100\text{g}$

황의 연소반응식은 $S + O_2 \rightarrow SO_2$이므로

$$\frac{100\text{g}-S}{} \; \frac{1\text{mol}-S}{32\text{g}-S} \; \frac{1\text{mol}-SO_2}{1\text{mol}-S} \; \frac{64\text{g}-SO_2}{1\text{mol}-SO_2} = 200\text{g}-SO_2$$

해답
200g

12 위험물제조소의 배출설비에 대해 다음 물음에 답하시오.
① 전역방식과 국소방식에서의 배출능력
② 배출설비를 설치해야 하는 장소

해설

배출설비

가연성의 증기 또는 미분이 체류할 우려가 있는 건축물에는 그 증기 또는 미분을 옥외의 높은 곳으로 배출할 수 있도록 배출설비를 설치하여야 한다.

㉮ 배출설비는 국소방식으로 하여야 한다.

㉯ 배출설비는 배풍기, 배출덕트·후드 등을 이용하여 강제적으로 배출하는 것으로 하여야 한다.

㉰ 배출능력은 1시간당 배출장소 용적의 20배 이상인 것으로 하여야 한다. 다만, 전역방식의 경우에는 바닥면적 $1m^2$당 $18m^3$ 이상으로 할 수 있다.

㉱ 배출설비의 급기구 및 배출구는 다음의 기준에 의하여야 한다.

㉠ 급기구는 높은 곳에 설치하고, 가는 눈의 구리망 등으로 인화방지망을 설치할 것

㉡ 배출구는 지상 2m 이상으로서 연소의 우려가 없는 장소에 설치하고, 배출덕트가 관통하는 벽 부분의 바로 가까이에 화재 시 자동으로 폐쇄되는 방화댐퍼를 설치할 것

㉲ 배풍기는 강제배기방식으로 하고, 옥내 덕트의 내압이 대기압 이상이 되지 아니하는 위치에 설치하여야 한다.

해답

① 전역방식 : $1m^2$당 $18m^3$ 이상

국소방식 : 1시간당 배출장소 용적의 20배 이상

② 가연성의 증기 또는 미분이 체류할 우려가 있는 건축물

13 표준상태에서 6g의 벤젠이 완전연소 시 생성되는 물질 중 이산화탄소의 부피(L)는 얼마인지 구하시오.

해설

무색투명하며 독특한 냄새를 가진 휘발성이 강한 액체로 위험성이 높으며 인화가 쉽고 다량의 흑연을 발생하고 뜨거운 열을 내며 연소한다.

$$2C_6H_6 + 15O_2 \rightarrow 12CO_2 + 6H_2O$$

$$\frac{6g-C_6H_6}{} \left| \frac{1mol-C_6H_6}{78g-C_6H_6} \right| \frac{12mol-CO_2}{2mol-C_6H_6} \left| \frac{22.4L-CO_2}{1mol-CO_2} \right| = 10.34L-CO_2$$

해답

10.34

14
1몰의 염화수소(HCl)와 0.5몰의 산소(O_2) 혼합물에 촉매를 넣고 400℃에서 평형에 도달될 때 0.39몰의 염(Cl_2)이 생성되었다. 이 반응이 다음 [보기]의 화학반응식을 통해 진행될 때 평형상태 도달 시 ① 전체 몰수의 합과 ② 전압 1atm 상태에서 4가지 성분에 대한 분압을 구하시오.

[보기] $4HCl + O_2 \rightarrow 2H_2O + 2Cl_2$

해설

4HCl	O_2	→ 2H$_2$O	2Cl$_2$
1	0.5	0	0 : 반응 전 몰수
$[1-(2\times0.39)]$	$[0.5-(0.5\times0.39)]$	0.39	0.39 : 반응 후 몰수

① 전체 몰수의 합 : $0.22+0.305+0.39+0.39=1.305$mol
② 각 성분의 분압

　　㉠ 염화수소(HCl)$=1\times\dfrac{0.22}{1.305}=0.17$atm

　　㉡ 산소(O_2)$=1\times\dfrac{0.305}{1.305}=0.23$atm

　　㉢ 염소(Cl_2)$=1\times\dfrac{0.39}{1.305}=0.30$atm

　　㉣ 수증기(H_2O)$=1\times\dfrac{0.39}{1.305}=0.30$atm

해답

① 1.305mol
② 염화수소 : 0.17atm, 산소 : 0.23atm, 염소 : 0.30atm, 수증기 : 0.30atm

15
제3류 위험물을 운반용기에 수납할 경우의 기준에 대해 쓰시오.

해답

① 자연발화성 물질에 있어서는 불활성기체를 봉입하여 밀봉하는 등 공기와 접하지 아니하도록 할 것
② 자연발화성 물질 외의 물품에 있어서는 파라핀·경유·등유 등의 보호액으로 채워 밀봉하거나 불활성기체를 봉입하여 밀봉하는 등 수분과 접하지 아니하도록 할 것
③ 자연발화성 물질 중 알킬알루미늄 등은 운반용기 내용적의 90% 이하의 수납률로 수납하되, 50℃의 온도에서 5% 이상의 공간용적을 유지하도록 할 것

16 제4류 위험물인 경유를 상부가 개방되어 있는 용기에 저장하는 경우 액체의 표면적이 50m²이고, 이곳에 국소방출방식의 분말소화설비를 설치할 경우 제3종 분말소화약제를 얼마나 저장해야 하는지 구하시오.

해설

국소방출방식의 분말소화설비는 다음의 ㉠ 또는 ㉡에 의하여 산출된 양에 저장 또는 취급하는 위험물에 따라 [별표 2]에 정한 소화약제에 따른 계수를 곱하고 다시 1.1을 곱한 양 이상으로 할 것. 따라서 본 문제의 경우 면적식의 국소방출방식에 해당하므로

$Q = S \cdot K \cdot h$

  여기서, Q : 약제량(kg)

  S : 방호구역의 표면적(m²)

  K : 방출계수(kg/m²)

  h : 1.1(할증계수)

$Q = 50\text{m}^2 \times 5.2\text{kg/m}^2 \times 1.1 = 286\text{kg}$

㉠ 면적식의 국소방출방식

액체 위험물을 상부를 개방한 용기에 저장하는 경우 등 화재 시 연소면이 한 면에 한정되고 위험물이 비산할 우려가 없는 경우에는 다음 표에 정한 비율로 계산한 양

소화제의 종별	방호대상물의 표면적 1m²당 소화약제의 양(kg)
제1종 분말	8.8
제2종 분말 또는 제3종 분말	5.2
제4종 분말	3.6
제5종 분말	소화약제에 따라 필요한 양

㉡ 용적식의 국소방출방식

㉠의 경우 외의 경우에는 다음 식에 의하여 구한 양에 방호공간의 체적을 곱한 양

$Q = X - Y\dfrac{a}{A}$

  여기서, Q : 단위체적당 소화약제의 양(kg/m³)

  a : 방호대상물 주위에 실제로 설치된 고정벽의 면적의 합계(m²)

  A : 방호 공간 전체둘레의 면적(m²)

  X 및 Y : 다음 표에 정한 소화약제의 종류에 따른 수치

소화약제의 종별	X의 수치	Y의 수치
제1종 분말	5.2	3.9
제2종 분말 또는 제3종 분말	3.2	2.4
제4종 분말	2.0	1.5
제5종 분말	소화약제에 따라 필요한 양	

해답

286kg

17 제3류 위험물인 트라이에틸알루미늄이 다음의 각 주어진 물질과 화학반응할 때 발생하는 가연성 가스를 화학식으로 적으시오.

① 물   ② 염소
③ 산   ④ 알코올

해설

트라이에틸알루미늄$[(C_2H_5)_3Al]$의 일반적 성질

㉠ 무색투명한 액체로 외관은 등유와 유사한 가연성으로 $C_1 \sim C_4$는 자연발화성이 강하다. 공기 중에 노출되어 공기와 접촉하여 백연을 발생하며 연소한다. 단, C_5 이상은 점화하지 않으면 연소하지 않는다.

$$2(C_2H_5)_3Al + 21O_2 \rightarrow 12CO_2 + Al_2O_3 + 15H_2O$$

㉡ 물, 산, 알코올과 접촉하면 폭발적으로 반응하여 에테인을 형성하고 이때 발열, 폭발에 이른다.

$$(C_2H_5)_3Al + 3H_2O \rightarrow Al(OH)_3 + 3C_2H_6$$
$$(C_2H_5)_3Al + HCl \rightarrow (C_2H_5)_2AlCl + C_2H_6$$
$$(C_2H_5)_3Al + 3CH_3OH \rightarrow Al(CH_3O)_3 + 3C_2H_6$$

㉢ 인화점의 측정치는 없지만 융점($-46℃$) 이하이기 때문에 매우 위험하며 $200℃$ 이상에서 폭발적으로 분해되어 가연성 가스가 발생한다.

$$(C_2H_5)_3Al \rightarrow (C_2H_5)_2AlH + C_2H_4$$
$$2(C_2H_5)_2AlH \rightarrow 2Al + 3H_2 + 4C_2H_4$$

㉣ 염소가스와 접촉하면 삼염화알루미늄이 생성된다.

$$(C_2H_5)_3Al + 3Cl_2 \rightarrow AlCl_3 + 3C_2H_5Cl$$

해답

① C_2H_6
② C_2H_5Cl
③ C_2H_6
④ C_2H_6

18 액체 위험물 저장탱크에 포소화설비 중 포방출구 Ⅲ형을 이용하기 위하여 저장 또는 취급 하는 위험물은 어떤 특성을 가져야 하는지 적으시오.

해설

Ⅲ형의 포방출구를 이용하는 것은 $20℃$의 물 $100g$에 용해되는 양이 $1g$ 미만인 위험물(이하 "비수용성"이라 한다)이면서 저장온도가 $50℃$ 이하 또는 동점도(動粘度)가 $100cSt$ 이하인 위험 물을 저장 또는 취급하는 탱크에 한하여 설치 가능하다.

해답

① 비수용성
② 저장온도 $50℃$ 이하
③ 동점도(動粘度)가 $100cSt$ 이하

19 다음은 위험물 운반 시 유별 위험물에 대한 주의사항을 나타낸 도표이다. 빈칸을 알맞게 채우시오.

위험물		주의사항
제1류 위험물	알칼리금속의 과산화물	(①)
	기타	화기 · 충격주의 및 가연물 접촉주의
제2류 위험물	금속분, 마그네슘	(②)
	인화성 고체	화기엄금
	기타	화기주의
제3류 위험물	자연발화성 물질	(③)
	금수성 물질	물기엄금
제4류 위험물		화기엄금
제5류 위험물		(④)
제6류 위험물		(⑤)

해설

유별	구분	주의사항
제1류 위험물 (산화성 고체)	알칼리금속의 무기과산화물	"화기 · 충격주의" "물기엄금" "가연물접촉주의"
	그 밖의 것	"화기 · 충격주의" "가연물접촉주의"
제2류 위험물 (가연성 고체)	철분 · 금속분 · 마그네슘	"화기주의" "물기엄금"
	인화성 고체	"화기엄금"
	그 밖의 것	"화기주의"
제3류 위험물 (자연발화성 및 금수성 물질)	자연발화성 물질	"화기엄금" "공기접촉엄금"
	금수성 물질	"물기엄금"
제4류 위험물 (인화성 액체)	–	"화기엄금"
제5류 위험물 (자기반응성 물질)	–	"화기엄금" 및 "충격주의"
제6류 위험물 (산화성 액체)	–	"가연물접촉주의"

해답

① 화기 · 충격주의, 물기엄금, 가연물접촉주의
② 화기주의, 물기엄금
③ 화기엄금, 공기접촉엄금
④ 화기엄금, 충격주의
⑤ 가연물접촉주의

20 제2류 위험물인 마그네슘이 다음의 물질과 반응할 때의 화학반응식을 적으시오.
① CO_2
② N_2
③ H_2O

해설

마그네슘분(Mg)−지정수량 500kg
마그네슘 또는 마그네슘을 함유한 것 중 2mm의 체를 통과하지 아니하는 덩어리는 제외한다.
㉮ 일반적 성질
  ㉠ 알칼리토금속에 속하는 대표적인 경금속으로 은백색의 광택이 있는 금속으로 공기 중에서 서서히 산화하여 광택을 잃는다.
  ㉡ 열전도율 및 전기전도도가 큰 금속이다.
  ㉢ 산 및 온수와 반응하여 많은 양의 열과 수소(H_2)가 발생한다.
    $Mg + 2HCl \rightarrow MgCl_2 + H_2$
    $Mg + 2H_2O \rightarrow Mg(OH)_2 + H_2$
  ㉣ 공기 중 부식성은 적지만, 산이나 염류에는 침식된다.
  ㉤ 원자량 24, 비중 1.74, 융점 650℃, 비점 1,107℃, 착화온도 473℃
㉯ 위험성
  ㉠ 공기 중에서 미세한 분말이 밀폐공간에 부유할 때 스파크 등 적은 점화원에 의해 분진 폭발한다.
  ㉡ 얇은 박, 부스러기도 쉽게 발화하고, PbO_2, Fe_2O_3, N_2O, 할로젠 및 제1류 위험물과 같은 강산화제와 혼합된 것은 약간의 가열, 충격, 마찰 등에 의해 발화, 폭발한다.
  ㉢ 상온에서는 물을 분해하지 못하여 안정하지만 뜨거운 물이나 과열 수증기와 접촉 시 격렬하게 수소가 발생하며 염화암모늄 용액과의 반응은 위험을 초래한다.
  ㉣ 가열하면 연소가 쉽고 양이 많은 경우 맹렬히 연소하며 강한 빛을 낸다. 특히 연소열이 매우 높기 때문에 온도가 높아지고 화세가 격렬하여 소화가 곤란하다.
    $2Mg + O_2 \rightarrow 2MgO$
  ㉤ CO_2 등 질식성 가스와 접촉 시에는 가연성 물질인 C와 유독성인 CO 가스가 발생한다.
    $2Mg + CO_2 \rightarrow 2MgO + 2C$
    $Mg + CO_2 \rightarrow MgO + CO$
  ㉥ 사염화탄소(CCl_4)나 C_2H_4ClBr 등과 고온에서 작용 시에는 맹독성인 포스겐($COCl_2$)가스가 발생한다.
  ㉦ 가열된 마그네슘을 SO_2 속에 넣으면 SO_2가 산화제로 작용하여 연소한다.
    $3Mg + SO_2 \rightarrow 2MgO + MgS$
  ㉧ 질소 기체 속에서도 타고 있는 마그네슘을 넣으면 직접 반응하여 공기나 CO_2 속에서보다 활발하지는 않지만 연소한다.
    $3Mg + N_2 \rightarrow Mg_3N_2$

해답

① $2Mg + CO_2 \rightarrow 2MgO + C$, $Mg + CO_2 \rightarrow MgO + CO$
② $3Mg + N_2 \rightarrow Mg_3N_2$
③ $Mg + 2H_2O \rightarrow Mg(OH)_2 + H_2$

제55회
(2014년 5월 25일 시행)

위험물기능장 실기

01 지정수량 이상의 하이드록실아민 등을 취급하는 제조소의 안전거리를 구하는 공식을 쓰고, 각 기호가 의미하는 바를 쓰시오.

해설

하이드록실아민 등을 취급하는 제조소의 기준

㉮ 지정수량 이상의 하이드록실아민 등을 취급하는 제조소의 안전거리

$$D = 51.1 \times \sqrt[3]{N}$$

　　　여기서, D : 거리(m)

　　　　　　　　N : 해당 제조소에서 취급하는 하이드록실아민 등의 지정수량의 배수

㉯ 제조소의 주위에는 담 또는 토제(土堤)를 설치할 것

　　㉠ 담 또는 토제는 해당 제조소의 외벽 또는 이에 상당하는 공작물의 외측으로부터 2m 이상 떨어진 장소에 설치할 것

　　㉡ 담 또는 토제의 높이는 해당 제조소에 있어서 하이드록실아민 등을 취급하는 부분의 높이 이상으로 할 것

　　㉢ 담은 두께 15cm 이상의 철근콘크리트조 · 철골철근콘크리트조 또는 두께 20cm 이상의 보강콘크리트블록조로 할 것

　　㉣ 토제의 경사면의 경사도는 60° 미만으로 할 것

㉰ 하이드록실아민 등을 취급하는 설비에는 철이온 등의 혼입에 의한 위험한 반응을 방지하기 위한 조치를 강구할 것

해답

$$D = 51.1 \times \sqrt[3]{N}$$

　　여기서, D : 거리(m)

　　　　　　N : 해당 제조소에서 취급하는 하이드록실아민 등의 지정수량의 배수

02 위험물안전관리법에 의한 고인화점 위험물의 정의를 적으시오.

해답

인화점이 100℃ 이상인 제4류 위험물

03 포소화설비에서 기계포소화약제 혼합장치의 종류 4가지를 쓰시오.

해설

포소화약제의 혼합장치
① 펌프 혼합 방식(펌프 프로포셔너 방식)
　　펌프의 토출관과 흡입관 사이의 배관 도중에 설치한 흡입기에 펌프에서 토출된 물의 일부를 보내고 농도조절밸브에서 조정된 포소화약제의 필요량을 포소화약제탱크에서 펌프 흡입측으로 보내어 이를 혼합하는 방식
② 차압 혼합 방식(프레셔 프로포셔너 방식)
　　펌프와 발포기 중간에 설치된 벤투리관의 벤투리작용과 펌프 가압수의 포소화약제 저장탱크에 대한 압력에 의하여 포소화약제를 흡입·혼합하는 방식
③ 관로 혼합 방식(라인 프로포셔너 방식)
　　펌프와 발포기 중간에 설치된 벤투리관의 벤투리작용에 의해 포소화약제를 흡입하여 혼합하는 방식
④ 압입 혼합 방식(프레셔 사이드 프로포셔너 방식)
　　펌프의 토출관에 압입기를 설치하여 포소화약제 압입용 펌프로 포소화약제를 압입시켜 혼합하는 방식

해답

① 펌프 프로포셔너 방식
② 프레셔 프로포셔너 방식
③ 라인 프로포셔너 방식
④ 프레셔 사이드 프로포셔너 방식

04 제2류 위험물인 알루미늄(Al)이 다음 물질과 반응하는 경우 화학반응식을 적으시오.
① 염산
② 알칼리 수용액

해설

알루미늄의 위험성
㉠ 알루미늄 분말이 발화하면 다량의 열이 발생하며, 광택 및 흰 연기를 내면서 연소하므로 소화가 곤란하다.
　　$4Al + 3O_2 \rightarrow 2Al_2O_3$
㉡ 대부분의 산과 반응하여 수소가 발생한다(단, 진한질산 제외).
　　$2Al + 6HCl \rightarrow 2AlCl_3 + 3H_2$
㉢ 알칼리 수용액과 반응하여 수소가 발생한다.
　　$2Al + 2NaOH + 2H_2O \rightarrow 2NaAlO_2 + 3H_2$
㉣ 물과 반응하면 수소가스가 발생한다.
　　$2Al + 6H_2O \rightarrow 2Al(OH)_3 + 3H_2$

해답

① $2Al + 6HCl \rightarrow 2AlCl_3 + 3H_2$
② $2Al + 2NaOH + 2H_2O \rightarrow 2NaAlO_2 + 3H_2$

05 제2류 위험물인 황화인 중 담황색 결정으로 분자량 222, 비중 2.09인 물질에 대해 다음 물음에 답하시오.
① 물과의 반응식
② 물과 접촉하여 생성되는 물질 중 유독성 가스와의 연소반응식

해설

오황화인은 분자량 222, 담황색 결정으로 비중은 2.09에 해당하며 알코올이나 이황화탄소(CS_2)에 녹고, 물이나 알칼리와 반응하면 분해되어 황화수소(H_2S)와 인산(H_3PO_4)으로 된다.
$P_2S_5 + 8H_2O \rightarrow 5H_2S + 2H_3PO_4$

해답

① $P_2S_5 + 8H_2O \rightarrow 5H_2S + 2H_3PO_4$, ② $2H_2S + 3O_2 \rightarrow 2H_2O + 2SO_2$

06 지하탱크저장소에는 액체 위험물의 누설을 검사하기 위한 관을 4개소 이상 설치하여야 하는데, 그 설치기준을 4가지 쓰시오.

해답

① 이중관으로 할 것(단, 소공이 없는 상부는 단관으로 할 수 있다.)
② 재료는 금속관 또는 경질 합성수지관으로 할 것
③ 관은 탱크 전용실의 바닥 또는 탱크의 기초까지 닿게 할 것
④ 관의 밑부분부터 탱크의 중심 높이까지의 부분에는 소공이 뚫려 있을 것. 다만, 지하수위가 높은 장소에 있어서는 지하수위 높이까지의 부분에 소공이 뚫려 있어야 한다.
⑤ 상부는 물이 침투하지 아니하는 구조로 하고, 뚜껑은 검사 시에 쉽게 열 수 있도록 할 것

07 위험물제조소 등에 예방 규정을 정하여야 하는 경우에 대해 괄호 안을 알맞게 채우시오.
① 지정수량의 (   )배 이상의 위험물을 취급하는 제조소
② 지정수량의 (   )배 이상의 위험물을 저장하는 옥외저장소
③ 지정수량의 (   ) 이상의 위험물을 저장하는 옥내저장소
④ 지정수량의 (   ) 이상을 저장하는 옥외탱크저장소

해설

예방 규정을 정하여야 하는 제조소 등
㉮ 지정수량의 10배 이상의 위험물을 취급하는 제조소
㉯ 지정수량의 100배 이상의 위험물을 저장하는 옥외저장소
㉰ 지정수량의 150배 이상의 위험물을 저장하는 옥내저장소
㉱ 지정수량의 200배 이상을 저장하는 옥외탱크저장소
㉲ 암반탱크저장소
㉳ 이송취급소
㉴ 지정수량의 10배 이상의 위험물 취급하는 일반취급소[단, 제4류 위험물(특수 인화물을 제외한다)만을 지정수량의 50배 이하로 취급하는 일반취급소(제1석유류·알코올류의 취급량이 지정수량의 10배 이하인 경우에 한한다)로서 다음의 어느 하나에 해당하는 것을 제외]
　㉠ 보일러·버너 또는 이와 비슷한 것으로서 위험물을 소비하는 장치로 이루어진 일반취급소
　㉡ 위험물을 용기에 옮겨 담거나 차량에 고정된 탱크에 주입하는 일반취급소

해답

① 10, ② 100, ③ 150, ④ 200

08 다음 [보기]와 같은 위험물제조소에 대한 건축물의 총 소요단위를 구하시오.

> [보기] • 제조소 건축물의 구조 : 내화구조로 1, 2층 모두 제조소로 사용하며, 각층의
> 바닥면적은 1,000m²
> • 저장소 건축물의 구조 : 내화구조로 옥외에 설치높이 8m, 공작물의 최대수
> 평투영면적 200m²
> • 저장 또는 취급하는 위험물 : 다이에틸에터 3,000L, 경유 5,000L

해설

소요단위(소화설비의 설치대상이 되는 건축물의 규모 또는 위험물 양에 대한 기준단위)		
1단위	제조소 또는 취급소용 건축물의 경우	내화구조 외벽을 갖춘 연면적 100m²
		내화구조 외벽이 아닌 연면적 50m²
	저장소 건축물의 경우	내화구조 외벽을 갖춘 연면적 150m²
		내화구조 외벽이 아닌 연면적 75m²
	위험물의 경우	지정수량의 10배

총 소요단위= 제조소+저장소+위험물

$$= \frac{1,000\text{m}^2 \times 2\text{개층}}{100\text{m}^2} + \frac{200\text{m}^2}{150\text{m}^2} + \frac{3,000\text{L}}{50\text{L} \times 10} + \frac{5,000\text{L}}{1,000\text{L} \times 10}$$

$$= 20 + 1.33 + 6 + 0.5 = 27.83$$

해답

27.83

09 위험물의 성질란에 규정된 성상을 2가지 이상 포함하는 물품(이하에서 "복수성상물품"이라 한다)이 속하는 품명은 다음과 같이 정한다. 괄호 안을 알맞게 채우시오.
① 복수성상물품이 산화성 고체의 성상 및 가연성 고체의 성상을 가지는 경우 : 제( )류
② 복수성상물품이 산화성 고체의 성상 및 자기반응성 물질의 성상을 가지는 경우 : 제( )류
③ 복수성상물품이 가연성 고체의 성상과 자연발화성 물질의 성상 및 금수성 물질의 성상을 가지는 경우 : 제( )류
④ 복수성상물품이 자연발화성 물질의 성상, 금수성 물질의 성상 및 인화성 액체의 성상을 가지는 경우 : 제( )류
⑤ 복수성상물품이 인화성 액체의 성상 및 자기반응성 물질의 성상을 가지는 경우 : 제( )류

해설

성질란에 규정된 성상을 2가지 이상 포함하는 물품(이하 이 호에서 "복수성상물품"이라 한다)이 속하는 품명은 다음의 하나에 의한다.
① 복수성상물품이 산화성 고체의 성상 및 가연성 고체의 성상을 가지는 경우 : 제2류
② 복수성상물품이 산화성 고체의 성상 및 자기반응성 물질의 성상을 가지는 경우 : 제5류
③ 복수성상물품이 가연성 고체의 성상과 자연발화성 물질의 성상 및 금수성 물질의 성상을 가지는 경우 : 제3류
④ 복수성상물품이 자연발화성 물질의 성상, 금수성 물질의 성상 및 인화성 액체의 성상을 가지는 경우 : 제3류
⑤ 복수성상물품이 인화성 액체의 성상 및 자기반응성 물질의 성상을 가지는 경우 : 제5류

해답

① 2, ② 5, ③ 3, ④ 3, ⑤ 5

10 과산화칼륨(K_2O_2)과 아세트산이 접촉하여 화학반응하는 경우 생성되는 제6류 위험물을 화학식으로 쓰시오.

해설

과산화칼륨은 에틸알코올에는 용해되며, 묽은산과 반응하여 과산화수소(H_2O_2)를 생성한다.
$K_2O_2 + 2CH_3COOH \rightarrow 2CH_3COOK + H_2O_2$

해답

H_2O_2

11 제3류 위험물인 탄화칼슘에 대해 다음 물음에 답하시오.
① 물과의 반응식
② 물과의 반응 시 발생하는 가연성 가스의 위험도

해설

① 탄화칼슘은 물과 강하게 반응하여 수산화칼슘과 아세틸렌을 만들며 공기 중 수분과 반응하여도 아세틸렌이 발생한다.
$CaC_2 + 2H_2O \rightarrow Ca(OH)_2 + C_2H_2$
② C_2H_2의 폭발범위 : 2.5~81%

$$위험도(H) = \frac{U-L}{L}$$
$$= \frac{81-2.5}{2.5} = 31.4$$

해답

① $CaC_2 + 2H_2O \rightarrow Ca(OH)_2 + C_2H_2$
② 31.4

12 CO₂ 소화설비 저장용기의 설치장소 기준을 쓰시오.

해답

① 방호구역 외의 장소에 설치할 것
② 온도가 40℃ 이하이고 온도 변화가 적은 장소에 설치할 것
③ 직사일광 및 빗물이 침투할 우려가 적은 장소에 설치할 것
④ 저장용기에는 안전장치를 설치할 것
⑤ 저장용기의 외면에 소화약제의 종류와 양, 제조연도 및 제조자를 표시할 것

13 제4류 위험물 중 분자량은 60, 인화점은 −19℃이고 달콤한 향이 나는 무색의 휘발성 액체인 물질이 가수분해되는 경우 반응식을 적으시오.

해설

의산메틸($HCOOCH_3$)

㉮ 일반적 성질
   ㉠ 달콤한 향이 나는 무색의 휘발성 액체로 물 및 유기용제 등에 잘 녹는다.
   ㉡ 분자량 60, 비중 0.98, 비점 32℃, 발화점 449℃, 인화점 −19℃, 연소범위 5~23%
   ㉢ 수용성이지만, 위험물안전관리 세부기준에 의해 비수용성 위험물로 분류된다.
㉯ 위험성
   ㉠ 인화 및 휘발의 위험성이 크다.
   ㉡ 습기, 알칼리 등과의 접촉을 방지한다.
   ㉢ 쉽게 가수분해되어 의산과 맹독성의 메탄올이 생성된다.
   $$HCOOCH_3 + H_2O \rightarrow HCOOH + CH_3OH$$

해답

$HCOOCH_3 + H_2O \rightarrow HCOOH + CH_3OH$

14 제1류 위험물로서 분자량 101, 분해온도 400℃이며, 흑색화약의 원료이다. 다음 물음에 답하시오.
① 물질 명칭
② 분해반응식
③ 흑색화약에서의 역할

해설

KNO_3(질산칼륨, 질산카리, 초석)

㉮ 일반적 성질
   ㉠ 분자량 101, 비중 2.1, 융점 339℃, 분해온도 400℃, 용해도 26
   ㉡ 무색의 결정 또는 백색 분말로 차가운 자극성의 짠맛이 난다.
   ㉢ 물이나 글리세린 등에는 잘 녹고, 알코올에는 녹지 않는다. 수용액은 중성이다.
   ㉣ 약 400℃로 가열하면 분해되어 아질산칼륨(KNO_2)과 산소(O_2)가 발생하는 강산화제
   $$2KNO_3 \rightarrow 2KNO_2 + O_2$$

㉯ 위험성

　㉠ 강한 산화제이므로 가연성 분말이나 유기물과 접촉 시 폭발한다.

　㉡ 강력한 산화제로 가연성 분말, 유기물, 환원성 물질과 혼합 시 가열, 충격으로 폭발하며
　　 흑색화약(질산칼륨 75%＋황 10%＋목탄 15%)의 원료로 이용된다.

　　 $16KNO_3 + 3S + 21C \rightarrow 13CO_2 + 3CO + 8N_2 + 5K_2CO_3 + K_2SO_4 + 2K_2S$

해답

① 질산칼륨

② $2KNO_3 \rightarrow 2KNO_2 + O_2$

③ 산소공급원

---

15 다음은 이동식 포소화설비에 대한 설명이다. 괄호 안을 알맞게 채우시오.

이동식 포소화설비는 4개(호스접속구가 4개 미만인 경우에는 그 개수)의 노즐을 동시에
사용할 경우에 각 노즐선단의 방사압력은 (①)MPa 이상이고 방사량은 옥내에 설치한
것은 (②)L/min 이상, 옥외에 설치한 것은 (③)L/min 이상으로 30분간 방사할 수 있
는 양

해답

① 0.35

② 200

③ 400

---

16 메테인 60vol%, 에테인 30vol%, 프로페인 10vol%로 혼합된 가스에 대한 공기 중 폭발하
한값을 구하시오. (단, 폭발범위는 메테인 5~15%, 에테인 3~12.4%, 프로페인 2.1~9.5%
이다.)

해설

르 샤틀리에(Le Chatelier)의 혼합가스 폭발범위를 구하는 식

$$\frac{100}{L} = \frac{V_1}{L_1} + \frac{V_2}{L_2} + \frac{V_3}{L_3} + \cdots$$

$$\therefore L = \frac{100}{\left(\dfrac{V_1}{L_1} + \dfrac{V_2}{L_2} + \dfrac{V_3}{L_3} + \cdots\right)} = \frac{100}{\left(\dfrac{60}{5} + \dfrac{30}{3} + \dfrac{10}{2.1}\right)} = 3.74$$

　　여기서, L : 혼합가스의 폭발한계치

　　　　　 L_1, L_2, L_3 : 각 성분의 단독 폭발한계치(vol%)

　　　　　 V_1, V_2, V_3 : 각 성분의 체적(vol%)

해답

3.74%

17 당밀, 고구마, 감자 등을 원료로 하는 발효방법 또는 인산을 촉매로 하여 에틸렌으로부터 제조하기도 하는 물질에 대해 다음 물음에 답하시오.
① 화학식
② 가장 우수한 소화약제
③ 상기 약제가 우수한 이유

해설

에틸알코올의 일반적 성질
㉠ 당밀, 고구마, 감자 등을 원료로 하는 발효방법으로 제조한다.
㉡ 무색투명하며 인화가 쉽고 공기 중에서 쉽게 산화한다. 또한 완전연소를 하므로 불꽃이 잘 보이지 않으며 그을음이 거의 없다.

$$C_2H_5OH + 3O_2 \rightarrow 2CO_2 + 3H_2O$$

㉢ 물에는 잘 녹고, 유기용매 등에는 농도에 따라 녹는 정도가 다르며, 수지 등을 잘 용해시킨다.
㉣ 산화되면 아세트알데하이드(CH_3CHO)가 되며, 최종적으로 초산(CH_3COOH)이 된다.
㉤ 에틸렌을 물과 합성하여 제조한다.

$$C_2H_4 + H_2O \xrightarrow[\text{300℃, 70kg/cm}^2]{\text{인산}} C_2H_5OH$$

㉥ 분자량 46, 비중 0.789(증기비중 1.6), 비점(78℃), 인화점(13℃), 발화점(363℃)이 낮으며 연소범위가 4.3~19%로 넓어서 용기 내 인화의 위험이 있으며 용기를 파열할 수도 있다.

해답

① C_2H_5OH, ② 알코올형 포소화약제
③ 파포되지 않으므로

18 제5류 위험물인 나이트로글리콜에 대해 다음 물음에 답하시오.
① 구조식
② 공업용 색상
③ 액비중
④ 분자 내 질소 함유량
⑤ 폭발속도

해설

㉮ 나이트로글리콜[$C_2H_4(ONO_2)_2$]

$$\begin{array}{c} H \quad\ H \\ | \qquad | \\ H-C-C-H \\ | \qquad | \\ ONO_2\ ONO_2 \end{array}$$

㉠ 액비중 1.5(증기비중은 5.2), 융점 −11.3℃, 비점 105.5℃, 응고점 −22℃, 발화점 215℃, 폭발속도 약 7,800m/s, 폭발열 1,550kcal/kg이다. 순수한 것은 무색이나, 공업용은 담황색 또는 분홍색의 무거운 기름상 액체로 유동성이 있다.
㉡ 알코올, 아세톤, 벤젠에 잘 녹는다.
㉢ 산의 존재하에 분해가 촉진되며, 폭발할 수 있다.
㉣ 다이너마이트 제조에 사용되며, 운송 시 부동제에 흡수시켜 운반한다.

㉯ 분자 내 질소 함유량은 $\dfrac{N_2}{(CH_2ONO_2)_2} \times 100 = \dfrac{28}{152} \times 100 = 18.42wt\%$

해답

①

```
        H   H
        |   |
  H  -  C - C  - H
        |   |
      ONO₂ ONO₂
```

② 담황색

③ 1.5

④ 18.42wt%

⑤ 7,800m/s

19 이동탱크저장소의 위험물 운송 시 ① 운송책임자의 감독·지원을 받는 물품 2가지를 적고, ② 이들 위험물을 운송하는 운송책임자의 자격요건을 적으시오.

해답

① ㉠ 알킬알루미늄, ㉡ 알킬리튬

② ㉠ 해당 위험물의 취급에 관한 국가기술자격을 취득하고, 관련업무에 1년 이상 종사한 경력이 있는 자

㉡ 위험물의 운송에 관한 안전교육을 수료하고, 관련업무에 2년 이상 종사한 경력이 있는 자

20 옥내탱크저장소 중 탱크 전용실을 단층건물 외의 건축물에 설치할 수 있는 제2류 위험물의 종류 3가지를 적으시오.

해설

탱크 전용실을 단층건물 외의 건축물에 설치하는 것

㉮ 옥내저장탱크는 탱크 전용실에 설치할 것. 이 경우 제2류 위험물 중 황화인·적린 및 덩어리 황, 제3류 위험물 중 황린, 제6류 위험물 중 질산의 탱크 전용실은 건축물의 1층 또는 지하층에 설치하여야 한다.

㉯ 옥내저장탱크의 주입구 부근에는 해당 옥내저장탱크의 위험물의 양을 표시하는 장치를 설치할 것

㉰ 탱크 전용실이 있는 건축물에 설치하는 옥내저장탱크의 펌프설비 중 탱크 전용실 외의 장소에 설치하는 경우

㉠ 이 펌프실은 벽·기둥·바닥 및 보를 내화구조로 할 것

㉡ 펌프실은 상층이 있는 경우에 있어서는 상층의 바닥을 내화구조로 하고, 상층이 없는 경우에 있어서는 지붕을 불연재료로 하며, 천장을 설치하지 아니할 것

㉢ 펌프실에는 창을 설치하지 아니할 것. 다만, 제6류 위험물의 탱크 전용실에 있어서는 60분+방화문·60분방화문 또는 30분방화문이 있는 창을 설치할 수 있다.

㉣ 펌프실의 출입구에는 60분+방화문 또는 60분방화문을 설치할 것. 다만, 제6류 위험물의 탱크 전용실에 있어서는 30분방화문을 설치할 수 있다.

㉤ 펌프실의 환기 및 배출의 설비에는 방화상 유효한 댐퍼 등을 설치할 것

해답

황화인, 적린, 덩어리 황

제56회
(2014년 9월 14일 시행)

위험물기능장 실기

01 분자량 227g/mol, 융점 81℃, 순수한 것은 무색 결정 또는 담황색의 결정, 직사광선에 의해 다갈색으로 변하며, 톨루엔과 질산을 일정비율로 황산 촉매하에 반응시키면 얻어지는 물질이다. 다음 물음에 답하시오.
① 유별
② 품명

해설

트라이나이트로톨루엔은 제5류 위험물로서 나이트로화합물류에 속한다. 몇 가지 이성질체가 있으며 2, 4, 6-트라이나이트로톨루엔이 폭발력이 가장 강하다. 비중 1.66, 융점 81℃, 비점 280℃, 분자량 227, 발화온도 약 300℃이다. 1몰의 톨루엔과 3몰의 질산을 황산 촉매하에 반응시키면 나이트로화에 의해 T.N.T가 만들어진다.

$$C_6H_5CH_3 + 3HNO_3 \xrightarrow[\text{나이트로화}]{c-H_2SO_4} \quad + 3H_2O$$

해답

① 제5류 위험물
② 나이트로화합물

02 다음 제2류 위험물의 저장 및 취급 기준에 대한 설명이다. 괄호 안을 알맞게 채우시오.
제2류 위험물은 (①)와의 접촉·혼합이나 불티·불꽃·고온체와의 접근 또는 과열을 피하는 한편, 철분·금속분·마그네슘 및 이를 함유한 것에 있어서는 (②)이나 (③)과의 접촉을 피하고 인화성 고체에 있어서는 함부로 (④)를 발생시키지 아니하여야 한다.

해답

① 산화제
② 물
③ 산
④ 증기

03 제5류 위험물인 나이트로글리세린에 대한 다음 물음에 답하시오.
① 구조식
② 폭발 시 생성되는 가스

해설

나이트로글리세린의 일반적 성질

```
        H   H   H
        |   |   |
H  -  C - C - C  -  H
        |   |   |
      ONO₂ ONO₂ ONO₂
```

㉠ 다이너마이트, 로켓, 무연화약의 원료로 순수한 것은 무색투명한 기름성의 액체(공업용 시판품은 담황색)이며 점화하면 즉시 연소하고 폭발력이 강하다.
㉡ 물에는 거의 녹지 않으나 메탄올, 벤젠, 클로로폼, 아세톤 등에는 녹는다.
㉢ 다공질 물질을 규조토에 흡수시켜 다이너마이트를 제조한다.
㉣ 분자량 227, 비중 1.6, 융점 2.8℃, 비점 160℃
㉤ 위험성
　40℃에서 분해되기 시작하고 145℃에서 격렬히 분해되며 200℃ 정도에서 스스로 폭발한다.
　$4C_3H_5(ONO_2)_3 \rightarrow 12CO_2 + 10H_2O + 6N_2 + O_2$

해답

①
```
        H   H   H
        |   |   |
H  -  C - C - C  -  H
        |   |   |
      ONO₂ ONO₂ ONO₂
```

② CO_2, H_2O, N_2, O_2

04 다음 물질의 위험도를 구하시오.
① 다이에틸에터
② 아세톤

해설

① 다이에틸에터의 물성 : 분자량 74.12, 비중 0.72, 비점 34℃, 인화점 −40℃, 발화점 180℃로 매우 낮고 연소범위(1.9~48%)가 넓어 인화성, 발화성이 강하다.

$$H = \frac{U-L}{L} = \frac{48-1.9}{1.9} = 24.26$$

② 아세톤의 물성 : 분자량 58, 비중 0.79, 비점 56℃, 인화점 −18.5℃, 발화점 465℃, 연소범위 2.5~12.8%이며 휘발이 쉽고 상온에서 인화성 증기가 발생하며 작은 점화원에도 쉽게 인화한다.

$$H = \frac{U-L}{L} = \frac{12.8-2.5}{2.5} = 4.12$$

해답

① 24.26
② 4.12

05 황화인에 대한 연소반응식을 적으시오.
① P_4S_3
② P_2S_5

[해답]

① $P_4S_3 + 8O_2 \rightarrow 2P_2O_5 + 3SO_2$

② $2P_2S_5 + 15O_2 \rightarrow 2P_2O_5 + 10SO_2$

06 알루미늄분(Al)이 다음 물질과 접촉 시 반응식을 적으시오.
① 물
② 염산

[해설]

알루미늄의 위험성

㉠ 알루미늄 분말이 발화하면 다량의 열이 발생하며, 광택 및 흰 연기를 내면서 연소하므로 소화가 곤란하다.

$4Al + 3O_2 \rightarrow 2Al_2O_3$

㉡ 대부분의 산과 반응하여 수소가 발생한다(단, 진한질산 제외).

$2Al + 6HCl \rightarrow 2AlCl_3 + 3H_2$

㉢ 알칼리 수용액과 반응하여 수소가 발생한다.

$2Al + 2NaOH + 2H_2O \rightarrow 2NaAlO_2 + 3H_2$

㉣ 물과 반응하면 수소가스가 발생한다.

$2Al + 6H_2O \rightarrow 2Al(OH)_3 + 3H_2$

[해답]

① $2Al + 6H_2O \rightarrow 2Al(OH)_3 + 3H_2$

② $2Al + 6HCl \rightarrow 2AlCl_3 + 3H_2$

07 탱크 시험자가 갖추어야 할 기술장비 중 필수장비 4종류를 적으시오.

[해설]

탱크 시험자가 갖추어야 할 기술장비

㉮ 기술능력

　㉠ 필수인력

　　ⓐ 위험물기능장·위험물산업기사 또는 위험물기능사 중 1명 이상

　　ⓑ 비파괴검사기술사 1명 이상 또는 방사선비파괴검사·초음파비파괴검사·자기비파괴검사 및 침투비파괴검사별로 기사 또는 산업기사 각 1명 이상

　㉡ 필요한 경우에 두는 인력

　　ⓐ 충·수압 시험, 진공시험, 기밀시험 또는 내압시험의 경우 : 누설비파괴검사 기사, 산업기사 또는 기능사

ⓑ 수직·수평도 시험의 경우 : 측량 및 지형공간정보 기술사, 기사, 산업기사 또는 측량기능사

ⓒ 필수인력의 보조 : 방사선비파괴검사·초음파비파괴검사·자기비파괴검사 또는 침투비 파괴검사 기능사

㉯ 시설 : 전용사무실

㉰ 장비

㉠ 필수장비 : 방사선투과시험기, 초음파탐상시험기, 자기탐상시험기, 초음파두께측정기

㉡ 필요한 경우에 두는 장비

ⓐ 충·수압 시험, 진공시험, 기밀시험 또는 내압시험의 경우

  • 진공능력 53kPa 이상의 진공누설시험기
  • 기밀시험장치(안전장치가 부착된 것으로서 가압능력 200kPa 이상, 감압의 경우에는 감압능력 10kPa 이상·감도 10Pa 이하의 것으로서 각각의 압력 변화를 스스로 기록할 수 있는 것)

ⓑ 수직·수평도 시험의 경우 : 수직·수평도 측정기

[해답]

① 방사선투과시험기

② 초음파탐상시험기

③ 자기탐상시험기

④ 초음파두께측정기

08 | 제1류 위험물인 과산화칼슘에 대해 다음 물음에 답하시오.
① 열분해반응식
② 염산과의 반응식

[해설]

CaO_2(과산화칼슘)

㉮ 일반적 성질

㉠ 분자량 72, 비중 1.7, 분해온도 275℃

㉡ 무정형의 백색 분말이며, 물에 녹기 어렵고 알코올이나 에터 등에는 녹지 않음

㉢ 수화물($CaO_2 \cdot 8H_2O$)은 백색 결정이며, 물에는 조금 녹고 온수에서는 분해

㉯ 위험성

㉠ 가열하면 275℃에서 분해되어 폭발적으로 산소를 방출

$$2CaO_2 \rightarrow 2CaO + O_2$$

㉡ 산(HCl)과 반응하여 과산화수소를 생성

$$CaO_2 + 2HCl \rightarrow CaCl_2 + H_2O_2$$

[해답]

① $2CaO_2 \rightarrow 2CaO + O_2$

② $CaO_2 + 2HCl \rightarrow CaCl_2 + H_2O_2$

09 에틸알코올 200g이 완전연소 시 필요한 이론산소량(g)을 구하시오.

해설

무색투명하며 인화가 쉽고 공기 중에서 쉽게 산화한다. 또한 완전연소를 하므로 불꽃이 잘 보이지 않으며 그을음이 거의 없다.

$C_2H_5OH + 3O_2 \rightarrow 2CO_2 + 3H_2O$

$$\frac{200g~C_2H_5OH}{} \left| \frac{1mol~C_2H_5OH}{46g~C_2H_5OH} \right| \frac{3mol~O_2}{1mol~C_2H_5OH} \left| \frac{32g~O_2}{1mol~O_2} \right| = 417.39g~O_2$$

해답

417.39g

10 제1류 위험물의 품명 중 행정안전부령이 정하는 품명 5가지를 적으시오.

해설

제1류 위험물의 종류와 지정수량

성질	위험등급	품명	대표 품목	지정수량
산화성 고체	I	1. 아염소산염류	$NaClO_2$, $KClO_2$	50kg
		2. 염소산염류	$NaClO_3$, $KClO_3$, NH_4ClO_3	
		3. 과염소산염류	$NaClO_4$, $KClO_4$, NH_4ClO_4	
		4. 무기과산화물류	K_2O_2, Na_2O_2, MgO_2	
	II	5. 브로민산염류	$KBrO_3$	300kg
		6. 질산염류	KNO_3, $NaNO_3$, NH_4NO_3	
		7. 아이오딘산염류	KIO_3	
	III	8. 과망가니즈산염류	$KMnO_4$	1,000kg
		9. 다이크로뮴산염류	$K_2Cr_2O_7$	
	I ~ III	10. 그 밖에 행정안전부령이 정하는 것 ① 과아이오딘산염류 ② 과아이오딘산 ③ 크로뮴, 납 또는 아이오딘의 산화물 ④ 아질산염류 ⑤ 차아염소산염류 ⑥ 염소화아이소사이아누르산 ⑦ 퍼옥소이황산염류 ⑧ 퍼옥소붕산염류 11. 1~10호의 하나 이상을 함유한 것	KIO_4 HIO_4 CrO_3 $NaNO_2$ $LiClO$ $OCNClONClCONCl$ $K_2S_2O_8$ $NaBO_3$	50kg, 300kg 또는 1,000kg

해답

① 과아이오딘산염류

② 과아이오딘산

③ 크로뮴, 납 또는 아이오딘의 산화물

④ 아질산염류

⑤ 차아염소산염류

11 다음은 제1류, 제4류, 제5류 위험물에 대한 설명이다. 괄호 안을 적당히 채우시오.
① 제1류 위험물의 품명은 아염소산염류, 염소산염류, 과염소산염류, 무기과산화물류, 브로민산염류, 질산염류, (㉠), (㉡), (㉢), 그 밖에 행정안전부령이 정하는 것을 말한다.
② 제4류 위험물의 지정수량은 제1석유류의 비수용성은 (㉠)L, 수용성은 (㉡)L, 제2석유류의 비수용성은 (㉢)L, 수용성은 (㉣)L이다.
③ 제5류 위험물의 품명은 유기과산화물, 질산에스터류, 하이드록실아민, 하이드록실아민염류, 나이트로화합물류, 나이트로소화합물류, (㉠), (㉡), (㉢), 그 밖에 행정안전부령이 정하는 것을 말한다.

[해답]
① ㉠ 아이오딘산염류, ㉡ 과망가니즈산염류, ㉢ 다이크로뮴산염류
② ㉠ 200, ㉡ 400, ㉢ 1,000, ㉣ 2,000
③ ㉠ 아조화합물, ㉡ 다이아조화합물, ㉢ 하이드라진유도체

12 위험물을 소비하는 작업에 있어서의 취급기준 3가지를 적으시오.

[해답]
① 분사도장작업은 방화상 유효한 격벽 등으로 구획된 안전한 장소에서 실시할 것
② 담금질 또는 열처리작업은 위험물이 위험한 온도에 이르지 아니하도록 하여 실시할 것
③ 버너를 사용하는 경우에는 버너의 역화를 방지하고 위험물이 넘치지 아니하도록 할 것

13 다음 [보기] 중 옥외저장소에서 저장·취급할 수 있는 위험물을 쓰시오.
[보기] 이황화탄소, 질산, 에탄올, 아세톤, 질산에스터류, 과염소산염류, 황, 인화성 고체 (5℃ 이상)

[해설]
옥외저장소에 저장할 수 있는 위험물
㉠ 제2류 위험물 중 황, 인화성 고체(인화점이 0℃ 이상인 것에 한함)
㉡ 제4류 위험물 중 제1석유류(인화점이 0℃ 이상인 것에 한함), 제2석유류, 제3석유류, 제4석유류, 알코올류, 동식물유류
㉢ 제6류 위험물

[해답]
황, 질산, 에탄올, 인화성 고체(5℃ 이상)

14 제4류 위험물인 벤젠에 대하여 다음 물음에 답하시오.
① 연소반응식
② 분자량
③ 지정수량

해설

벤젠은 제4류 위험물로서 제1석유류에 속하며 비수용성 액체로서 지정수량은 200L에 해당한다. 분자량 78, 비중 0.9, 비점 80℃, 인화점 −11℃, 발화점 498℃, 연소범위 1.4~7.1%로 80.1℃에서 끓고, 5.5℃에서 응고된다. 겨울철에는 응고된 상태에서도 연소가 가능하다. 무색 투명하며 독특한 냄새를 가진 휘발성이 강한 액체로 위험성이 높으며 인화가 쉽고 다량의 흑연을 발생하고 뜨거운 열을 내며 연소한다.

$2C_6H_6 + 15O_2 \rightarrow 12CO_2 + 6H_2O$

해답

① $C_6H_6 + 7.5O_2 \rightarrow 6CO_2 + 3H_2O$

② 78g

③ 200L

15 제1종 분말소화약제의 주성분인 탄산수소나트륨의 분해반응식을 쓰고, 8.4g의 탄산수소나트륨이 반응하여 생성되는 이산화탄소의 부피(L)를 구하시오.

해설

탄산수소나트륨은 약 60℃ 부근에서 분해되기 시작하여 270℃에서 다음과 같이 열분해된다.

$\quad 2NaHCO_3 \rightarrow Na_2CO_3 + H_2O + CO_2 \qquad$ (at 270℃)
(중탄산나트륨) (탄산나트륨) (수증기) (탄산가스)

$$\frac{8.4g-NaHCO_3}{} \left| \frac{1mol-NaHCO_3}{84g-NaHCO_3} \right| \frac{1mol-CO_2}{2mol-NaHCO_3} \left| \frac{22.4L-CO_2}{1mol-CO_2} \right| = 1.12L$$

해답

1.12L

16 옥외저장소 특례에 의하면 위험물을 저장 또는 취급하는 장소에는 해당 위험물을 적당한 온도로 유지하기 위한 살수설비 등을 설치하여야 한다. 이 위험물의 종류를 쓰시오.

해설

인화성 고체, 제1석유류 또는 알코올류의 옥외저장소의 특례

㉠ 인화성 고체, 제1석유류 또는 알코올류를 저장 또는 취급하는 장소에는 해당 위험물을 적당한 온도로 유지하기 위한 살수설비 등을 설치하여야 한다.

㉡ 제1석유류 또는 알코올류를 저장 또는 취급하는 장소의 주위에는 배수구 및 집유설비를 설치하여야 한다. 이 경우 제1석유류(20℃의 물 100g에 용해되는 양이 1g 미만인 것에 한한다)를 저장 또는 취급하는 장소에 있어서는 집유설비에 유분리장치를 설치하여야 한다.

해답

① 인화성 고체

② 제1석유류

③ 알코올류

17 다음은 옥외탱크저장소의 방유제에 대한 설명이다. 괄호 안을 알맞게 채우시오.

① 방유제 내에 설치하는 옥외저장탱크의 수는 10[방유제 내에 설치하는 모든 옥외저장탱크의 용량이 (㉠)L 이하이고, 해당 옥외저장탱크에 저장 또는 취급하는 위험물의 인화점이 70℃ 이상, 200℃ 미만인 경우에는 20] 이하로 할 것. 다만, 인화점이 (㉡)℃ 이상인 위험물을 저장 또는 취급하는 옥외저장탱크에 있어서는 그러하지 아니하다.

② 방유제 외면의 2분의 1 이상은 자동차 등이 통행할 수 있는 (   )m 이상의 노면폭을 확보한 구내도로(옥외저장탱크가 있는 부지 내의 도로를 말한다. 이하 같다)에 직접 접하도록 할 것. 다만, 방유제 내에 설치하는 옥외저장탱크의 용량합계가 20만L 이하인 경우에는 소화활동에 지장이 없다고 인정되는 3m 이상의 노면폭을 확보한 도로 또는 공지에 접하는 것으로 할 수 있다.

③ 방유제는 옥외저장탱크의 지름에 따라 그 탱크의 옆판으로부터 다음에 정하는 거리를 유지할 것. 다만, 인화점이 200℃ 이상인 위험물을 저장 또는 취급하는 것에 있어서는 그러하지 아니하다.
　㉠ 지름이 15m 미만인 경우에는 탱크 높이의 (   ) 이상
　㉡ 지름이 15m 이상인 경우에는 탱크 높이의 (   ) 이상

해설

옥외탱크저장소의 방유제 설치기준

㉮ 설치목적 : 저장 중인 액체 위험물이 주위로 누설 시 그 주위에 피해 확산을 방지하기 위하여 설치한 담

㉯ 용량 : 방유제 안에 설치된 탱크가 하나인 때에는 그 탱크 용량의 110% 이상, 2기 이상인 때에는 그 탱크 용량 중 용량이 최대인 것의 용량의 110% 이상으로 한다. 다만, 인화성이 없는 액체 위험물의 옥외저장탱크의 주위에 설치하는 방유제는 "110%"를 "100%"로 본다.

㉰ 높이 0.5m 이상 3.0m 이하, 면적 80,000m² 이하, 두께 0.2m 이상, 지하매설깊이가 1m 이상으로 할 것. 다만, 방유제와 옥외저장탱크 사이의 지반면 아래에 불침윤성 구조물을 설치하는 경우에는 지하매설깊이를 해당 불침윤성 구조물까지로 할 수 있다.

㉱ 방유제 외면의 2분의 1 이상은 자동차 등이 통행할 수 있는 3m 이상의 노면폭을 확보한 구내도로에 직접 접하도록 한다.

㉲ 하나의 방유제 안에 설치되는 탱크의 수 10기 이하(단, 방유제 내 전 탱크의 용량이 200kL 이하이고, 인화점이 70℃ 이상, 200℃ 미만인 경우에는 20기 이하)

㉳ 방유제와 탱크 측면과의 이격거리

　㉠ 탱크 지름이 15m 미만인 경우 : 탱크 높이의 $\dfrac{1}{3}$ 이상

　㉡ 탱크 지름이 15m 이상인 경우 : 탱크 높이의 $\dfrac{1}{2}$ 이상

해답

① ㉠ 20만, ㉡ 200

② 3

③ ㉠ $\dfrac{1}{3}$, ㉡ $\dfrac{1}{2}$

18 유량이 230L/s인 유체가 $D=250$mm에서 $D=400$mm로 관경이 확장되었을 때 손실수두는 얼마가 되는지 구하시오. (단, 손실계수는 무시)

해설

$Q=Au$에서 단면적 A$=A=\dfrac{\pi D^2}{4}$이므로

입구의 유속 $u_1=\dfrac{0.23\mathrm{m}^3/\mathrm{s}}{\dfrac{0.25^2\pi}{4}}=4.6855\mathrm{m/s}=4.69\mathrm{m/s}$

출구의 유속 $u_2=\dfrac{0.23\mathrm{m}^3/\mathrm{s}}{\dfrac{0.4^2\pi}{4}}=1.8323\mathrm{m/s}=1.83\mathrm{m/s}$

확대관의 손실수두 $h=\dfrac{(u_1-u_2)^2}{2g}=\dfrac{(4.69-1.83)^2}{2\times9.8}=0.417\fallingdotseq0.42$

해답

0.42m

19 주유취급소에 설치할 수 있는 건축물 5가지를 쓰시오.

해설

주유취급소에 설치할 수 있는 건축물
㉠ 주유 또는 등유·경유를 옮겨 담기 위한 작업장
㉡ 주유취급소의 업무를 행하기 위한 사무소
㉢ 자동차 등의 점검 및 간이정비를 위한 작업장
㉣ 자동차 등의 세정을 위한 작업장
㉤ 주유취급소에 출입하는 사람을 대상으로 한 점포·휴게음식점 또는 전시장
㉥ 주유취급소의 관계자가 거주하는 주거시설
㉦ 전기자동차용 충전설비(전기를 동력원으로 하는 자동차에 직접 전기를 공급하는 설비를 말한다. 이하 같다.)
㉧ 그 밖에 소방청장이 정하여 고시하는 건축물 또는 시설
㉨ 상기 ㉡, ㉢ 및 ㉤의 용도에 제공하는 부분의 면적의 합은 1,000m²를 초과할 수 없다.

해답

① 주유 또는 등유, 경유를 옮겨 담기 위한 작업장
② 주유취급소의 업무를 행하기 위한 사무소
③ 자동차 등의 점검 및 간이정비를 위한 작업장
④ 자동차 등의 세정을 위한 작업장
⑤ 주유취급소에 출입하는 사람을 대상으로 한 점포, 휴게음식점 또는 전시장
⑥ 주유취급소의 관계자가 거주하는 주거시설

20 강제 강화 플라스틱제 이중벽탱크의 누설감지설비의 기준에 대한 설명이다. 괄호 안을 알맞게 채우시오.

① 감지층에 누설된 위험물 등을 감지하기 위한 센서는 (㉠) 또는 (㉡) 등으로 하고, 검지관 내로 누설된 위험물 등의 수위가 (㉢)cm 이상인 경우에 감지할 수 있는 성능 또는 누설량이 (㉣)L 이상인 경우에 감지할 수 있는 성능이 있을 것

② 누설감지설비는 센서가 누설된 위험물 등을 감지한 경우에 경보신호(경보음 및 경보표시)를 발하는 것으로 하되, 해당 경보신호가 쉽게 정지될 수 없는 구조로 하고 경보음은 (   )dB 이상으로 할 것

해설

강제 강화 플라스틱제 이중벽탱크의 누설감지설비의 기준

㉮ 누설된 위험물을 감지할 수 있는 설비기준

　㉠ 누설감지설비는 탱크 본체의 손상 등에 의하여 감지층에 위험물이 누설되거나 강화 플라스틱 등의 손상 등에 의하여 지하수가 감지층에 침투하는 현상을 감지하기 위하여 감지층에 접속하는 검지관에 설치된 센서 및 해당 센서가 작동한 경우에 경보를 발생하는 장치로 구성되도록 할 것

　㉡ 경보표시장치는 관계인이 상시 쉽게 감시하고 이상상태를 인지할 수 있는 위치에 설치할 것

　㉢ 감지층에 누설된 위험물 등을 감지하기 위한 센서는 액체플로트센서 또는 액면계 등으로 하고, 검지관 내로 누설된 위험물 등의 수위가 3cm 이상인 경우에 감지할 수 있는 성능 또는 누설량이 1L 이상인 경우에 감지할 수 있는 성능이 있을 것

　㉣ 누설감지설비는 센서가 누설된 위험물 등을 감지한 경우에 경보신호(경보음 및 경보표시)를 발하는 것으로 하되, 해당 경보신호가 쉽게 정지될 수 없는 구조로 하고 경보음은 80dB 이상으로 할 것

㉯ 누설감지설비는 상기 규정에 따른 성능을 갖도록 이중벽탱크에 부착할 것. 다만, 탱크제작지에서 탱크매설장소로 운반하는 과정 또는 매설 등의 공사작업 시 누설감지설비의 손상이 우려되거나 탱크매설 현장에서 부착하는 구조의 누설감지설비는 그러하지 아니하다.

해답

① ㉠ 액체플로트센서, ㉡ 액면계, ㉢ 3, ㉣ 1

② 80

제57회
(2015년 5월 23일 시행)

위험물기능장 실기

01

자일렌(크실렌) 이성질체의 구조식 3가지를 그리고, 각각의 이름을 명명하시오.

해설

자일렌[$C_6H_4(CH_3)_2$]은 비수용성 액체로서 벤젠핵에 메틸기($-CH_3$) 2개가 결합한 물질로 3가지의 이성질체가 있으며, 무색투명하고, 단맛이 있으며, 방향성이 있다.

명칭	ortho – 자일렌	meta – 자일렌	para – 자일렌
비중	0.88	0.86	0.86
융점	−25℃	−48℃	13℃
비점	144.4℃	139.1℃	138.4℃
인화점	32℃	25℃	25℃
발화점	106.2℃	−	−
연소범위	1.0~6.0%	1.0~6.0%	1.1~7.0%
구조식	CH₃ / CH₃	CH₃ / CH₃	CH₃ / CH₃

해답

① o–자일렌

② m–자일렌

③ p–자일렌

02 제1류 위험물로서 흑색화약의 원료로 쓰이는 물질에 대해 다음 물음에 답하시오.
① 명칭
② 화학식
③ 400℃에서의 분해반응식

해설

KNO_3(질산칼륨)의 일반적 성질

㉠ 분자량 101, 비중 2.1, 융점 339℃, 분해온도 400℃, 용해도 26이다.

㉡ 무색의 결정 또는 백색 분말로 차가운 자극성의 짠맛이 난다.

㉢ 물이나 글리세린 등에는 잘 녹고, 알코올에는 녹지 않는다. 수용액은 중성이다.

㉣ 약 400℃로 가열하면 분해되어 아질산칼륨(KNO_2)과 산소(O_2)가 발생하는 강산화제이다.

$$2KNO_3 \rightarrow 2KNO_2 + O_2$$

해답

① 질산칼륨

② KNO_3

③ $2KNO_3 \rightarrow 2KNO_2 + O_2$

03 다음 위험물에 대한 구조식을 적으시오.
① 메틸에틸케톤
② 과산화벤조일

해답

①
```
    H      H  H
    |      |  |
H − C − C − C − C − H
    |   ‖   |  |
    H   O   H  H
```

② ⬡−C−O−O−C−⬡
      ‖   ‖
      O   O

04 이동탱크저장소의 상치장소에 대해 다음 괄호 안을 알맞게 채우시오.
① 옥외에 있는 상치장소는 화기를 취급하는 장소 또는 인근의 건축물로부터 (   ) 이상(인근의 건축물이 1층인 경우에는 3m 이상)의 거리를 확보하여야 한다.
② 옥내에 있는 상치장소는 벽·바닥·보·서까래 및 지붕이 (㉠) 또는 (㉡)로 된 건축물의 (㉢)층에 설치하여야 한다.

해답

① 5m

② ㉠ 내화구조, ㉡ 불연재료, ㉢ 1

05 포소화설비에서 고정식의 포소화설비의 포방출구 설치기준에 따라 포방출구를 다음과 같이 구분하는 경우 각각에 대해 포 방출방법을 설명하시오.

① Ⅰ형
② Ⅱ형
③ 특형
④ Ⅲ형
⑤ Ⅳ형

해설

포방출구의 구분

① Ⅰ형 : 고정지붕구조의 탱크에 상부 포주입법(고정포방출구를 탱크 옆판의 상부에 설치하여 액표면상에 포를 방출하는 방법을 말한다. 이하 같다.)을 이용하는 것으로서 방출된 포가 액면 아래로 몰입되거나 액면을 뒤섞지 않고 액면상을 덮을 수 있는 통계단 또는 미끄럼판 등의 설비 및 탱크 내의 위험물 증기가 외부로 역류되는 것을 저지할 수 있는 구조·기구를 갖는 포방출구

② Ⅱ형 : 고정지붕구조 또는 부상덮개부착 고정지붕구조(옥외저장탱크의 액상에 금속제의 플로팅, 팬 등의 덮개를 부착한 고정지붕구조의 것을 말한다. 이하 같다.)의 탱크에 상부 포주입법을 이용하는 것으로서 방출된 포가 탱크 옆판의 내면을 따라 흘러내려 가면서 액면 아래로 몰입되거나 액면을 뒤섞지 않고 액면상을 덮을 수 있는 반사판 및 탱크 내의 위험물 증기가 외부로 역류되는 것을 저지할 수 있는 구조·기구를 갖는 포방출구

③ 특형 : 부상지붕구조의 탱크에 상부 포주입법을 이용하는 것으로서 부상지붕의 부상부분상에 높이 0.9m 이상의 금속제의 칸막이(방출된 포의 유출을 막을 수 있고 충분한 배수능력을 갖는 배수구를 설치한 것에 한한다)를 탱크 옆판의 내측으로부터 1.2m 이상 이격하여 설치하고 탱크 옆판과 칸막이에 의하여 형성된 환상부분(이하 "환상부분"이라 한다)에 포를 주입하는 것이 가능한 구조의 반사판을 갖는 포방출구

④ Ⅲ형 : 고정지붕구조의 탱크에 저부 포주입법(탱크의 액면하에 설치된 포방출구로부터 포를 탱크 내에 주입하는 방법을 말한다.)을 이용하는 것으로서 송포관(발포기 또는 포발생기에 의하여 발생된 포를 보내는 배관을 말한다. 해당 배관으로 탱크 내의 위험물이 역류되는 것을 저지할 수 있는 구조·기구를 갖는 것에 한한다. 이하 같다.)으로부터 포를 방출하는 포방출구

⑤ Ⅳ형 : 고정지붕구조의 탱크에 저부 포주입법을 이용하는 것으로서 평상시에는 탱크의 액면하의 저부에 설치된 격납통(포를 보내는 것에 의하여 용이하게 이탈되는 캡을 갖는 것을 포함한다.)에 수납되어 있는 특수호스 등이 송포관의 말단에 접속되어 있다가 포를 보내는 것에 의하여 특수호스 등이 전개되어 그 선단이 액면까지 도달한 후 포를 방출하는 포방출구

해답

① Ⅰ형 : 고정지붕구조의 탱크에 상부 포주입법을 이용하는 것
② Ⅱ형 : 고정지붕구조 또는 부상덮개부착 고정지붕구조의 탱크에 상부 포주입법을 이용하는 것
③ 특형 : 부상지붕구조의 탱크에 상부 포주입법을 이용하는 것
④ Ⅲ형 : 고정지붕구조의 탱크에 저부 포주입법을 이용하는 것
⑤ Ⅳ형 : 고정지붕구조의 탱크에 저부 포주입법을 이용하는 것

06 제3류 위험물인 트라이에틸알루미늄에 대한 다음 물음에 답하시오.
① 물과의 반응식
② 물과의 반응식에서 발생된 가스의 위험도

> **[해설]**

① 물과 접촉하면 폭발적으로 반응하여 에테인을 형성하고 이때 발열, 폭발에 이른다.
$$(C_2H_5)_3Al + 3H_2O \rightarrow Al(OH)_3 + 3C_2H_6$$

② 에테인의 연소범위는 3.0~12.4%이므로 위험도$(H) = \dfrac{12.4 - 3.0}{3.0} ≒ 3.13$

> **[해답]**

① $(C_2H_5)_3Al + 3H_2O \rightarrow Al(OH)_3 + 3C_2H_6$
② 3.13

07 위험물제조소 등의 경우 일정 규모 이상인 경우 예방 규정을 작성해야 한다. 이때 포함되어야 할 내용을 5가지 이상 쓰시오.

> **[해설]**

예방 규정의 작성내용
① 위험물의 안전관리업무를 담당하는 자의 직무 및 조직에 관한 사항
② 안전관리자가 여행·질병 등으로 인하여 그 직무를 수행할 수 없을 경우 그 직무의 대리자에 관한 사항
③ 자체소방대를 설치하여야 하는 경우에는 자체소방대의 편성과 화학소방자동차의 배치에 관한 사항
④ 위험물의 안전에 관계된 작업에 종사하는 자에 대한 안전교육 및 훈련에 관한 사항
⑤ 위험물 시설 및 작업장에 대한 안전순찰에 관한 사항
⑥ 위험물 시설·소방 시설, 그 밖의 관련시설에 대한 점검 및 정비에 관한 사항
⑦ 위험물 시설의 운전 또는 조작에 관한 사항
⑧ 위험물 취급작업의 기준에 관한 사항
⑨ 이송취급소에 있어서는 배관공사 현장책임자의 조건 등 배관공사 현장에 대한 감독체제에 관한 사항과 배관 주위에 있는 이송취급소 시설 외의 공사를 하는 경우 배관의 안전 확보에 관한 사항
⑩ 재난, 그 밖의 비상시의 경우에 취하여야 하는 조치에 관한 사항
⑪ 위험물의 안전에 관한 기록에 관한 사항
⑫ 제조소 등의 위치·구조 및 설비를 명시한 서류와 도면의 정비에 관한 사항
⑬ 그 밖에 위험물의 안전관리에 관하여 필요한 사항

> **[해답]**

상기 해설 내용 중 택 5가지 이상 기술

08 | 위험물제조소 등에 대한 행정처분기준 내용 5가지를 쓰시오.

해설

제조소 등에 대한 행정처분기준

위반사항	행정처분기준		
	1차	2차	3차
㉠ 제조소 등의 위치·구조 또는 설비를 변경한 때	경고 또는 사용정지 15일	사용정지 60일	허가취소
㉡ 완공검사를 받지 아니하고 제조소 등을 사용한 때	사용정지 15일	사용정지 60일	허가취소
㉢ 수리·개조 또는 이전의 명령에 위반한 때	사용정지 30일	사용정지 90일	허가취소
㉣ 위험물 안전관리자를 선임하지 아니한 때	사용정지 15일	사용정지 60일	허가취소
㉤ 대리자를 지정하지 아니한 때	사용정지 10일	사용정지 30일	허가취소
㉥ 정기점검을 하지 아니한 때	사용정지 10일	사용정지 30일	허가취소
㉦ 정기검사를 받지 아니한 때	사용정지 10일	사용정지 30일	허가취소
㉧ 저장·취급 기준 준수명령을 위반한 때	사용정지 30일	사용정지 60일	허가취소

해답

① 사용정지 10일
② 사용정지 30일
③ 사용정지 60일
④ 사용정지 90일
⑤ 허가취소

09 | 제2류 위험물인 철분에 대한 다음 물음에 답하시오.
① 공기 중에서 산화하는 경우의 반응식
② 수증기와 접촉하는 경우의 반응식
③ 염산과 접촉하는 경우의 반응식

해설

철분의 일반적 성질

㉠ 비중 7.86, 융점 1,535℃, 비등점 2,750℃
㉡ 회백색의 분말이며 강자성체이지만 766℃에서 강자성을 상실한다.
㉢ 공기 중에서 서서히 산화하여 산화철(Fe_2O_3)이 되어 은백색의 광택이 황갈색으로 변한다.
  $4Fe + 3O_2 \rightarrow 2Fe_2O_3$
㉣ 가열되거나 금속의 온도가 높은 경우 더운물 또는 수증기와 반응하면 수소가 발생하고 경우에 따라 폭발한다. 또한 묽은산과 반응하여 수소가 발생한다.
  $2Fe + 3H_2O \rightarrow Fe_2O_3 + 3H_2$
  $2Fe + 6HCl \rightarrow 2FeCl_3 + 3H_2$

해답

① $4Fe + 3O_2 \rightarrow 2Fe_2O_3$
② $2Fe + 3H_2O \rightarrow Fe_2O_3 + 3H_2$
③ $2Fe + 6HCl \rightarrow 2FeCl_3 + 3H_2$

10 100kPa, 30℃에서 100g의 드라이아이스의 부피(L)를 구하시오.

해설

드라이아이스는 이산화탄소(CO_2)를 의미한다.

$$\frac{100kPa}{} \left| \frac{1atm}{101.326kPa} \right| = 0.987atm$$

따라서, 이상기체 방정식을 이용하여 기체의 부피를 구할 수 있다.

$PV = nRT$

n은 몰(mole)수이며 $n = \dfrac{w(g)}{M(분자량)}$ 이므로

$PV = \dfrac{wRT}{M}$

$\therefore\ V = \dfrac{wRT}{PM} = \dfrac{100g \times 0.082L \cdot atm/K \cdot mol \times (30+273.15)}{0.987atm \times 44g/mol} = 57.24L$

해답

57.24L

11 제4류 위험물 중 ① 특수 인화물로서 특유한 향이 있고 분자량이 74인 물질과 ② 제1석유류로서 분자량이 53인 물질의 시성식을 적으시오.

해설

① 다이에틸에터($C_2H_5OC_2H_5$)의 일반적 성질
　㉠ 무색투명한 유동성 액체로 휘발성이 크며, 에탄올과 나트륨이 반응하면 수소가 발생하지만 에터는 나트륨과 반응하여 수소가 발생하지 않으므로 구별할 수 있다.
　㉡ 물에는 약간 녹고 알코올 등에는 잘 녹고, 증기는 마취성이 있다.
　㉢ 전기의 부도체로서 정전기가 발생하기 쉽다.
　㉣ 분자량 74.12, 비중 0.72, 비점 34℃, 인화점 −40℃, 발화점 180℃로 매우 낮고 연소범위(1.9~48%)가 넓어 인화성, 발화성이 강하다.
② 아크릴로나이트릴(CH_2=CHCN)
　㉠ 분자량 53, 액비중 0.81, 증기비중 1.8, 비점 77℃, 인화점 0℃, 발화점 481℃, 연소범위 3.0~18.0%
　㉡ 증기는 공기보다 무겁고 공기와 혼합하여 아주 작은 점화원에 의해 인화, 폭발의 위험성이 높고, 낮은 곳에 체류하여 흐른다.

해답

① $C_2H_5OC_2H_5$
② CH_2=CHCN

12 지하저장탱크에 대해서는 용량에 따라 수압시험을 실시하여 새거나 변형되지 아니하여야 한다. 이와 같은 수압시험을 대신하여 2가지 시험을 동시에 실시하는 경우 대신할 수 있다. 이 2가지 시험방법은 무엇인지 쓰시오.

[해설]

지하저장탱크는 용량에 따라 압력탱크(최대상용압력이 46.7kPa 이상인 탱크를 말한다) 외의 탱크에 있어서는 70kPa의 압력으로, 압력탱크에 있어서는 최대상용압력의 1.5배의 압력으로 각각 10분간 수압시험을 실시하여 새거나 변형되지 아니하여야 한다. 이 경우 수압시험은 소방청장이 정하여 고시하는 기밀시험과 비파괴시험을 동시에 실시하는 방법으로 대신할 수 있다.

[해답]

① 기밀시험, ② 비파괴시험

13 제4류 위험물 중 알코올류에 해당하는 메탄올에 대해 다음 물음에 답하시오.
① 연소반응식
② 200kg의 메탄올이 연소하는 경우 이론산소량(m^3)

[해설]

① 메탄올의 경우 무색투명하고 인화가 쉬우며 완전연소를 하므로 불꽃이 잘 보이지 않는다.
$$2CH_3OH + 3O_2 \rightarrow 2CO_2 + 4H_2O$$
② 이론산소량은 다음과 같이 구할 수 있다.

$$\frac{200kg \cancel{-CH_3OH}}{} \left| \frac{1kmol \cancel{-CH_3OH}}{32kg \cancel{-CH_3OH}} \right| \frac{3kmol \cancel{-O_2}}{2kmol \cancel{-CH_3OH}} \left| \frac{22.4m^3}{1kmol \cancel{-O_2}} \right| = 210m^3$$

[해답]

① $2CH_3OH + 3O_2 \rightarrow 2CO_2 + 4H_2O$
② $210m^3$

14 12.6g의 $KNO_3 \cdot 10H_2O$에 물을 20g 추가하면 용해도는 얼마인지 구하시오.

[해설]

용해도 : 용매 100g에 용해하는 용질의 최대 g수, 즉 포화용액에서 용매 100g에 용해한 용질의 g수를 그 온도에서 용해도라 한다.

$KNO_3 \cdot 10H_2O$의 분자량 $= 39 + 14 + 16 \times 3 + 10 \times (2 + 16) = 281$

따라서, 순수한 용질 KNO_3는 $12.6 \times \frac{101}{281} = 4.53g$이며, 물의 경우 $12.6 \times \frac{180}{281} = 8.07$에 20g을 추가한다고 하였으므로 최종 28.07g이 된다.

$28.07 : 4.53 = 100 : x$

$\therefore x = 16.13$

[해답]

16.13

15 포소화약제의 혼합장치 중 다음 2가지에 대해 설명하시오.
① 프레셔 프로포셔너 방식
② 라인 프로포셔너 방식

해설

포소화약제의 혼합장치
㉠ 펌프 혼합 방식(펌프 프로포셔너 방식)
　펌프의 토출관과 흡입관 사이의 배관 도중에 설치한 흡입기에 펌프에서 토출된 물의 일부를 보내고 농도조절밸브에서 조정된 포소화약제의 필요량을 포소화약제 탱크에서 펌프 흡입측으로 보내어 이를 혼합하는 방식
㉡ 차압 혼합 방식(프레셔 프로포셔너 방식)
　펌프와 발포기 중간에 설치된 벤투리관의 벤투리작용과 펌프 가압수의 포소화약제 저장탱크에 대한 압력에 의하여 포소화약제를 흡입·혼합하는 방식
㉢ 관로 혼합 방식(라인 프로포셔너 방식)
　펌프와 발포기 중간에 설치된 벤투리관의 벤투리작용에 의해 포소화약제를 흡입하여 혼합하는 방식
㉣ 압입 혼합 방식(프레셔 사이드 프로포셔너 방식)
　펌프의 토출관에 압입기를 설치하여 포소화약제 압입용 펌프로 포소화약제를 압입시켜 혼합하는 방식

해답

① 펌프와 발포기 중간에 설치된 벤투리관의 벤투리작용과 펌프 가압수의 포소화약제 저장탱크에 대한 압력에 의하여 포소화약제를 흡입·혼합하는 방식
② 펌프와 발포기 중간에 설치된 벤투리관의 벤투리작용에 의해 포소화약제를 흡입하여 혼합하는 방식

16 알코올 10g과 물 20g이 혼합되었을 때 비중이 0.94라면 이때의 부피는 몇 mL인지 구하시오.

해설

$10g+20g=30g$

비중$=\dfrac{W}{V}$에서 $V=\dfrac{W}{\text{비중}}=\dfrac{30g}{0.94g/mL}=31.91mL$

해답

31.91mL

17 정전기 방전에 의해 가연성 증기나 기체 또는 분진을 점화시킬 수 있다. 이와 같은 정전기 에너지를 구하는 식은 다음과 같이 주어진다. 각 기호가 의미하는 바를 쓰시오.

$$E=\frac{1}{2}CV^2=\frac{1}{2}QV$$

해답

E : 정전기에너지(J), C : 정전용량(F), V : 전압(V), Q : 전기량(C)

18 지하탱크저장소에는 액체 위험물의 누설을 검사하기 위한 관을 4개소 이상 설치하여야 하는데, 그 설치기준을 4가지 쓰시오.

[해답]

① 이중관으로 할 것(단, 소공이 없는 상부는 단관으로 할 수 있다.)
② 재료는 금속관 또는 경질 합성수지관으로 할 것
③ 관은 탱크 전용실의 바닥 또는 탱크의 기초까지 닿게 할 것
④ 관의 밑부분으로부터 탱크의 중심 높이까지의 부분에는 소공이 뚫려 있을 것. 다만, 지하수위가 높은 장소에 있어서는 지하수위 높이까지의 부분에 소공이 뚫려 있어야 한다.
⑤ 상부는 물이 침투하지 아니하는 구조로 하고, 뚜껑은 검사 시에 쉽게 열 수 있도록 할 것

19 무색 또는 오렌지색의 분말로 분자량 110인 제1류 위험물 중 무기과산화물류에 속하는 물질로서, 다음 물질과의 반응식을 쓰시오.
① 이산화탄소
② 아세트산

[해설]

K_2O_2(과산화칼륨)의 일반적 성질
㉠ 분자량 110, 비중은 20℃에서 2.9, 융점 490℃
㉡ 순수한 것은 백색이나 보통은 오렌지색의 분말 또는 과립상으로 흡습성, 조해성이 강하다.
㉢ 가열하면 열분해되어 산화칼륨(K_2O)과 산소(O_2)가 발생
$2K_2O_2 \rightarrow 2K_2O + O_2$
㉣ 흡습성이 있으므로 물과 접촉하면 발열하며 수산화칼륨(KOH)과 산소(O_2)가 발생
$2K_2O_2 + 2H_2O \rightarrow 4KOH + O_2$
㉤ 공기 중의 탄산가스를 흡수하여 탄산염을 생성
$2K_2O_2 + 2CO_2 \rightarrow 2K_2CO_3 + O_2$
㉥ 에틸알코올에는 용해되며, 묽은산과 반응하여 과산화수소(H_2O_2)를 생성
$K_2O_2 + 2CH_3COOH \rightarrow 2CH_3COOK + H_2O_2$

[해답]

① $2K_2O_2 + 2CO_2 \rightarrow 2K_2CO_3 + O_2$
② $K_2O_2 + 2CH_3COOH \rightarrow 2CH_3COOK + H_2O_2$

20 이산화탄소소화설비에서 전역방출방식과 국소방출방식에서의 선택밸브의 설치기준 3가지를 쓰시오.

[해답]

① 저장용기를 공용하는 경우에는 방호구역 또는 방호대상물마다 선택밸브를 설치할 것
② 선택밸브는 방호구역 외의 장소에 설치할 것
③ 선택밸브에는 "선택밸브"라고 표시하고 선택이 되는 방호구역 또는 방호대상물을 표시할 것

제58회
(2015년 9월 5일 시행)

위험물기능장 실기

01 다음은 지하탱크저장소 설치기준에 대한 설명이다. 괄호 안을 적당히 채우시오.
① 지하저장탱크의 윗부분은 지면으로부터 (　　) 이상 아래에 있어야 한다.
② 탱크 전용실은 지하의 가장 가까운 벽·피트·가스관 등의 시설물 및 대지경계선으로부터 (　　) 이상 떨어진 곳에 설치한다.
③ 탱크 전용실의 벽·바닥 및 뚜껑의 두께는 (　　) 이상이어야 한다.

해설

① 지하저장탱크의 윗부분은 지면으로부터 0.6m 이상 아래에 있어야 한다.
② 탱크 전용실은 지하의 가장 가까운 벽·피트·가스관 등의 시설물 및 대지경계선으로부터 0.1m 이상 떨어진 곳에 설치하고, 지하저장탱크와 탱크 전용실의 안쪽과의 사이는 0.1m 이상의 간격을 유지하도록 하며, 해당 탱크의 주위에 마른 모래 또는 습기 등에 의하여 응고되지 아니하는 입자지름 5mm 이하의 마른 자갈분을 채워야 한다.
③ 탱크 전용실은 벽·바닥 및 뚜껑을 다음에 정한 기준에 적합한 철근콘크리트구조 또는 이와 동등 이상의 강도가 있는 구조로 설치하여야 한다.
　㉠ 벽·바닥 및 뚜껑의 두께는 0.3m 이상일 것
　㉡ 벽·바닥 및 뚜껑의 내부에는 직경 9mm부터 13mm까지의 철근을 가로 및 세로로 5cm부터 20cm까지의 간격으로 배치할 것
　㉢ 벽·바닥 및 뚜껑의 재료에 수밀콘크리트를 혼입하거나 벽·바닥 및 뚜껑의 중간에 아스팔트층을 만드는 방법으로 적정한 방수조치를 할 것

해답

① 0.6m, ② 0.1m, ③ 0.3m

02 다음에 주어진 위험물에 대해 화학식과 품명을 적으시오.
① 메틸에틸케톤　　　　　② 사이클로헥세인
③ 피리딘　　　　　　　　④ 아닐린
⑤ 클로로벤젠

해답

화학식	품명	화학식	품명
① $CH_3COC_2H_5$	제1석유류(비수용성)	④ C_6H_7N	제3석유류(비수용성)
② C_6H_{12}	제1석유류(비수용성)	⑤ C_6H_5Cl	제2석유류(비수용성)
③ C_5H_5N	제1석유류(수용성)		

03 무색투명한 액체로 외관은 등유와 유사한 가연성인 제3류 위험물로서 분자량이 114인 물질이 물과 접촉 시의 반응식을 적으시오.

해설

트라이에틸알루미늄[$(C_2H_5)_3Al$]

① 무색투명한 액체로 외관은 등유와 유사한 가연성으로 $C_1 \sim C_4$는 자연발화성이 강하다. 공기 중에 노출되어 공기와 접촉하여 백연을 발생하며 연소한다. 단, C_5 이상은 점화하지 않으면 연소하지 않는다.

$$2(C_2H_5)_3Al + 21O_2 \rightarrow 12CO_2 + Al_2O_3 + 15H_2O$$

② 물과 접촉하면 폭발적으로 반응하여 에테인을 형성하고 이때 발열, 폭발에 이른다.

$$(C_2H_5)_3Al + 3H_2O \rightarrow Al(OH)_3 + 3C_2H_6$$

해답

$$(C_2H_5)_3Al + 3H_2O \rightarrow Al(OH)_3 + 3C_2H_6$$

04 제1류 위험물로서 분자량이 78g/mol, 융점 및 분해온도가 460℃인 물질에 대해 다음 물음에 답하시오.
① 물과의 반응식
② 초산과의 반응식

해설

Na_2O_2(과산화나트륨)

㉮ 일반적 성질
  ㉠ 분자량 78, 비중(20℃) 2.805, 융점 및 분해온도 460℃
  ㉡ 순수한 것은 백색이지만 보통은 담홍색을 띠고 있는 정방정계 분말
㉯ 위험성
  ㉠ 상온에서 물과 급격히 반응하며, 가열하면 분해되어 산소(O_2) 발생
  ㉡ 흡습성이 있으므로 물과 접촉하면 발열 및 수산화나트륨(NaOH)과 산소(O_2) 발생
     $$2Na_2O_2 + 2H_2O \rightarrow 4NaOH + O_2$$
  ㉢ 공기 중의 탄산가스(CO_2)를 흡수하여 탄산염을 생성
     $$2Na_2O_2 + 2CO_2 \rightarrow 2Na_2CO_3 + O_2$$
  ㉣ 에틸알코올에는 녹지 않으나 묽은산과 반응하여 과산화수소(H_2O_2)를 생성
     $$Na_2O_2 + 2CH_3COOH \rightarrow 2CH_3COONa + H_2O_2$$

해답

① $2Na_2O_2 + 2H_2O \rightarrow 4NaOH + O_2$
② $Na_2O_2 + 2CH_3COOH \rightarrow 2CH_3COONa + H_2O_2$

05 위험물안전관리법상 액체와 기체에 대한 정의를 적으시오.

[해설]

"산화성 고체"라 함은 고체[액체(1기압 및 20℃에서 액상인 것 또는 20℃ 초과, 40℃ 이하에서 액상인 것을 말한다. 이하 같다.) 또는 기체(1기압 및 20℃에서 기상인 것을 말한다.) 외의 것을 말한다. 이하 같다]로서 산화력의 잠재적인 위험성 또는 충격에 대한 민감성을 판단하기 위하여 소방청장이 정하여 고시(이하 "고시"라 한다.)하는 시험에서 고시로 정하는 성질과 상태를 나타내는 것을 말한다. 이 경우 "액상"이라 함은 수직으로 된 시험관(안지름 30mm, 높이 120mm의 원통형 유리관을 말한다.)에 시료를 55mm까지 채운 다음 해당 시험관을 수평으로 하였을 때 시료액면의 선단이 30mm를 이동하는 데 걸리는 시간이 90초 이내에 있는 것을 말한다.

[해답]

① 액체 : 1기압 및 20℃에서 액상인 것 또는 20℃ 초과, 40℃ 이하에서 액상인 것
② 기체 : 1기압 및 20℃에서 기상인 것

06 허가를 받지 아니하고 해당 위험물제조소 등을 설치하거나 그 위치 · 구조 또는 설비를 변경할 수 있으며, 신고를 하지 아니하고 위험물의 품명 · 수량 또는 지정수량의 배수를 변경할 수 있는 경우 2가지를 적으시오.

[해설]

다음에 해당하는 제조소 등의 경우에는 허가를 받지 아니하고 해당 제조소 등을 설치하거나 그 위치 · 구조 또는 설비를 변경할 수 있으며, 신고를 하지 아니하고 위험물의 품명 · 수량 또는 는 지정수량의 배수를 변경할 수 있다.
① 주택의 난방시설(공동주택의 중앙난방시설을 제외한다)을 위한 저장소 또는 취급소
② 농예용 · 축산용 또는 수산용으로 필요한 난방시설 또는 건조시설을 위한 지정수량 20배 이하의 저장소

[해답]

① 주택의 난방시설을 위한 저장소 또는 취급소
② 농예용 · 축산용 또는 수산용으로 필요한 난방시설 또는 건조시설을 위한 지정수량 20배 이하의 저장소

07 제5류 위험물인 나이트로글리세린의 분해반응식을 적으시오.

[해설]

40℃에서 분해되기 시작하고 145℃에서 격렬히 분해되며 200℃ 정도에서 스스로 폭발한다.
$4C_3H_5(ONO_2)_3 \rightarrow 12CO_2 + 10H_2O + 6N_2 + O_2$

[해답]

$4C_3H_5(ONO_2)_3 \rightarrow 12CO_2 + 10H_2O + 6N_2 + O_2$

08 탱크 시험자가 갖추어야 할 기술장비 중 ① 필수장비 3가지와 ② 그 밖의 장비 2가지를 적으시오.

해설

탱크 시험자가 갖추어야 할 기술장비
㉮ 기술능력
　㉠ 필수인력
　　ⓐ 위험물기능장·위험물산업기사 또는 위험물기능사 중 1명 이상
　　ⓑ 비파괴검사기술사 1명 이상 또는 방사선비파괴검사·초음파비파괴검사·자기비파괴검사 및 침투비파괴검사별로 기사 또는 산업기사 각 1명 이상
　㉡ 필요한 경우에 두는 인력
　　ⓐ 충·수압 시험, 진공시험, 기밀시험 또는 내압시험의 경우 : 누설비파괴검사 기사, 산업기사 또는 기능사
　　ⓑ 수직·수평도 시험의 경우 : 측량 및 지형공간정보 기술사, 기사, 산업기사 또는 측량기능사
　　ⓒ 필수 인력의 보조 : 방사선비파괴검사·초음파비파괴검사·자기비파괴검사 또는 침투비파괴검사 기능사
㉯ 시설 : 전용사무실
㉰ 장비
　㉠ 필수장비 : 방사선투과시험기, 초음파탐상시험기, 자기탐상시험기, 초음파두께측정기
　㉡ 필요한 경우에 두는 장비
　　ⓐ 충·수압 시험, 진공시험, 기밀시험 또는 내압시험의 경우
　　　• 진공능력 53kPa 이상의 진공누설시험기
　　　• 기밀시험장치(안전장치가 부착된 것으로서 가압능력 200kPa 이상, 감압의 경우에는 감압능력 10kPa 이상·감도 10Pa 이하의 것으로서 각각의 압력 변화를 스스로 기록할 수 있는 것)
　　ⓑ 수직·수평도 시험의 경우 : 수직·수평도 측정기

해답

① 필수장비 : 방사선투과시험기, 초음파탐상시험기, 자기탐상시험기, 초음파두께측정기(택 3 기술)
② 그 밖의 장비 : 진공누설시험기, 기밀시험장치, 수직·수평도 측정기(택 2 기술)

09 위험물을 취급하는 건축물의 옥내소화전이 3층 2개, 4층 5개가 설치되어 있을 때 다음 물음에 답하시오.
① 옥내소화전의 토출량　　　　　　② 비상전원 작동시간

해설

① 펌프의 토출량은 옥내소화전의 설치개수가 가장 많은 층에 대해 해당 설치개수(설치개수가 5개 이상인 경우에는 5개로 한다)에 260L/min을 곱한 양 이상이 되도록 할 것
　따라서, 260×5＝1,300L/min
② 옥내소화전설비의 비상전원은 자가발전설비 또는 축전지설비에 의한다. 용량은 옥내소화전설비를 유효하게 45분 이상 작동시키는 것이 가능할 것

해답

① 1,300L/min

② 45분 이상

10 | 제3류 위험물 중 옥내저장소 2,000m²에 저장할 수 있는 품명 5가지를 적으시오.

해설

㉮ 옥내저장소 하나의 저장창고의 바닥면적

위험물을 저장하는 창고	바닥면적
가. ㉠ 제1류 위험물 중 아염소산염류, 염소산염류, 과염소산염류, 무기과산화물, 그 밖에 지정수량이 50kg인 위험물 ㉡ 제3류 위험물 중 칼륨, 나트륨, 알킬알루미늄, 알킬리튬, 그 밖에 지정수량이 10kg인 위험물 및 황린 ㉢ 제4류 위험물 중 특수 인화물, 제1석유류 및 알코올류 ㉣ 제5류 위험물 중 유기과산화물, 질산에스터류, 그 밖에 지정수량이 10kg인 위험물 ㉤ 제6류 위험물	1,000m² 이하
나. ㉠~㉤ 외의 위험물을 저장하는 창고	2,000m² 이하
다. 내화구조의 격벽으로 완전히 구획된 실에 각각 저장하는 창고 (가목의 위험물을 저장하는 실의 면적은 500m²를 초과할 수 없다.)	1,500m² 이하

㉯ 제3류 위험물의 종류와 지정 수량

성질	위험 등급	품명	대표 품목	지정수량
자연 발화성 물질 및 금수성 물질	Ⅰ	1. 칼륨(K) 2. 나트륨(Na) 3. 알킬알루미늄 4. 알킬리튬 5. 황린(P_4)	$(C_2H_5)_3Al$ C_4H_9Li	10kg 20kg
	Ⅱ	6. 알칼리금속류(칼륨 및 나트륨 제외) 및 알칼리토금속 7. 유기금속화합물(알킬알루미늄 및 알킬리튬 제외)	Li, Ca $Te(C_2H_5)_2$, $Zn(CH_3)_2$	50kg
	Ⅲ	8. 금속의 수소화물 9. 금속의 인화물 10. 칼슘 또는 알루미늄의 탄화물	LiH, NaH Ca_3P_2, AlP CaC_2, Al_4C_3	300kg
		11. 그 밖에 행정안전부령이 정하는 것 　　염소화규소화합물	$SiHCl_3$	300kg

해답

① 알칼리금속류(칼륨 및 나트륨 제외) 및 알칼리토금속

② 유기금속화합물(알킬알루미늄 및 알킬리튬 제외)

③ 금속의 수소화물

④ 금속의 인화물

⑤ 칼슘 또는 알루미늄의 탄화물

11 제조소, 일반취급소에 대한 일반점검표 중에서 환기 · 배출 설비 등에 대한 점검내용 5가지를 적으시오.

해설

		제 조 소 일반취급소		일반점검표	점검연월일 :　　.　.　. 점검자 :　　　　　서명(또는 인)		
제조소 등의 구분		□ 제조소　　□ 일반취급소		설치허가 연월일 및 허가번호			
설 치 자				안전관리자			
사업소명			설치위치				
위험물 현황	품 명			허가량		지정수량의 배수	
위험물 저장 · 취급 개요							
시설명/호칭번호							
점검항목		점검내용			점검방법	점검 결과	조치 연월일 및 내용
건 축 물	벽 · 기둥 · 보 · 지붕	균열 · 손상 등의 유무			육안		
	방화문	변형 · 손상 등의 유무 및 폐쇄기능의 적부			육안		
	바닥	체유 · 체수의 유무			육안		
		균열 · 손상 · 파임 등의 유무			육안		
	계단	변형 · 손상 등의 유무 및 고정상황의 적부			육안		
환기 · 배출 설비 등		변형 · 손상의 유무 및 고정상태의 적부			육안		
		인화방지망의 손상 및 막힘 유무			육안		
		방화댐퍼의 손상 유무 및 기능의 적부			육안 및 작동확인		
		팬의 작동상황의 적부			작동확인		
		가연성 증기 경보장치의 작동상황			작동확인		

해답

① 변형 · 손상 등의 유무 및 고정상태의 적부
② 인화방지망의 손상 및 막힘 유무
③ 방화댐퍼의 손상 유무 및 기능의 적부
④ 팬의 작동상황의 적부
⑤ 가연성 증기 경보장치의 작동상황

12 정전기를 방전하는 방법 3가지를 적으시오.

해설

방전 : 전지나 축전기 따위의 전기를 띤 물체에서 전기가 밖으로 흘러나오는 현상
① 기체방전 : 원래는 중성인 기체분자가 특정한 상황에서 이온화되어 방전하는 현상
② 진공방전 : 진공상태의 유리관 속에 있는 두 개의 전극 사이에 높은 전압을 흐르게 하였을 때
   일어나는 방전
③ 글로방전 : 전압을 가하면 전류가 흐름에 따라 글로(희미한 빛)가 발생하는 현상
④ 아크방전 : 기체방전이 절정에 달하여 전극 재료의 일부가 증발하여 기체가 된 상태
⑤ 코로나방전 : 기체방전의 한 형태로서 불꽃방전이 일어나기 전에 대전체 표면의 전기장이 큰
   곳이 부분적으로 절연, 파괴되어 발생하는 발광방전이며 빛은 약하다.
⑥ 불꽃방전 : 기체방전에서 전극 간의 절연이 완전히 파괴되어 강한 불꽃을 내면서 방전하는
   현상

해답

① 기체방전
② 진공방전
③ 글로방전
④ 아크방전
⑤ 코로나방전
⑥ 불꽃방전
(상기 해답 중 택 3가지 기술)

13 다음은 위험물을 저장 또는 취급하는 간이탱크에 대한 설명이다. 괄호 안을 알맞게 채
우시오.
① 하나의 간이탱크저장소에 설치하는 간이저장탱크는 그 수를 (   ) 이하로 하고, 동
   일한 품질의 위험물의 간이저장탱크를 2 이상 설치하지 아니하여야 한다.
② 간이저장탱크의 용량은 (   ) 이하이어야 한다.
③ 간이저장탱크는 두께 (   ) 이상의 강판으로 흠이 없도록 제작하여야 하며, 70kPa
   의 압력으로 10분간의 수압시험을 실시하여 새거나 변형되지 아니하여야 한다.
④ 간이저장탱크는 움직이거나 넘어지지 아니하도록 지면 또는 가설대에 고정시키되,
   옥외에 설치하는 경우에는 그 탱크의 주위에 너비 (㉠) 이상의 공지를 두고, 전용실
   안에 설치하는 경우에는 탱크와 전용실의 벽과의 사이에 (㉡) 이상의 간격을 유지
   하여야 한다.

해답

① 3
② 600L
③ 3.2mm
④ ㉠ 1m, ㉡ 0.5m

14 위험물은 그 운반용기의 외부에 운반 시 주의사항을 표시해야 한다. 다음에 주어진 위험물에 대한 주의사항을 적으시오.
① 질산
② 사이안화수소
③ 브로민산염류

[해설]

수납하는 위험물에 따라 주의사항을 표시한다.

유별	구분	주의사항
제1류 위험물 (산화성 고체)	알칼리금속의 무기과산화물	"화기·충격주의" "물기엄금" "가연물접촉주의"
	그 밖의 것	"화기·충격주의" "가연물접촉주의"
제2류 위험물 (가연성 고체)	철분·금속분·마그네슘	"화기주의" "물기엄금"
	인화성 고체	"화기엄금"
	그 밖의 것	"화기주의"
제3류 위험물 (자연발화성 및 금수성 물질)	자연발화성 물질	"화기엄금" "공기접촉엄금"
	금수성 물질	"물기엄금"
제4류 위험물 (인화성 액체)	-	"화기엄금"
제5류 위험물 (자기반응성 물질)	-	"화기엄금" 및 "충격주의"
제6류 위험물 (산화성 액체)	-	"가연물접촉주의"

[해답]

① 질산은 제6류 위험물이므로 "가연물접촉주의"
② 사이안화수소는 제4류 위험물이므로 "화기엄금"
③ 브로민산염류는 제1류 위험물이므로 "화기·충격주의", "가연물접촉주의"

15 위험물 옥외탱크에 포소화설비 설치 시 탱크의 직경에 따른 수 이상의 개수를 탱크 옆판의 외주에 균등한 간격으로 설치해야 한다. 탱크 구조와 포방출구의 종류에 따른 개수 설정 시 탱크 구조의 종류 3가지를 적으시오.

[해설]

탱크의 직경, 구조 및 포방출구의 종류에 따른 수 이상의 개수를 탱크 옆판의 외주에 균등한 간격으로 설치할 것. 이때 탱크의 직경에 따른 탱크의 구조(고정지붕구조, 부상덮개부착 고정지붕구조, 부상지붕구조)와 포방출구의 종류에 따른 위험물안전관리 세부기준의 규정의 개수로 정한다.

해답

① 고정지붕
② 부상지붕
③ 부상덮개부착 고정지붕

16 제5류 위험물로서 순수한 것은 무색이나 보통 공업용은 휘황색의 침전결정이며 찬물에는 거의 녹지 않으나 온수, 알코올, 에터, 벤젠 등에는 잘 녹는다. 비중 1.8, 융점 122.5℃인 이 물질에 대한 다음 물음에 답하시오.

① 구조식   ② 1분자 내 질소함유량

해설

① 트라이나이트로페놀[$C_6H_2(NO_2)_3OH$, 피크르산]

㉮ 일반적 성질
　㉠ 순수한 것은 무색이나 보통 공업용은 휘황색의 침전결정이며 충격, 마찰에 둔감하고 자연분해하지 않으므로 장기저장해도 자연발화의 위험 없이 안정하다.
　㉡ 찬물에는 거의 녹지 않으나 온수, 알코올, 에터, 벤젠 등에는 잘 녹는다.
　㉢ 비중 1.8, 융점 122.5℃, 인화점 150℃, 비점 255℃, 발화온도 약 300℃
　㉣ 강한 쓴맛이 있고 유독하며 물에 전리되어 강한산이 된다.
　㉤ 페놀을 진한황산에 녹여 질산으로 작용시켜 만든다.

$$C_6H_5OH + 3HNO_3 \xrightarrow{\text{H}_2\text{SO}_4} C_6H_2(OH)(NO_2)_3 + 3H_2O$$

　㉥ 벤젠에 수은을 촉매로 하여 질산을 반응시켜 제조하는 물질로 DDNP(diazodinitro phenol)의 원료로 사용되는 물질이다.

㉯ 위험성
　㉠ 강력한 폭약으로 점화하면 서서히 연소하나 뇌관으로 폭발시키면 폭굉한다. 금속과 반응하여 수소가 발생하고 금속분(Fe, Cu, Pb 등)과 금속염을 생성하여 본래의 피크르산보다 폭발강도가 예민하여 건조한 것은 폭발위험이 있다.
　㉡ 산화되기 쉬운 유기물과 혼합된 것은 충격, 마찰에 의해 폭발한다. 300℃ 이상으로 급격히 가열하면 폭발한다. 폭발온도 3,320℃, 폭발속도 약 7,000m/s

$$2C_6H_2(NO_2)_3OH \rightarrow 4CO_2 + 6CO + 3N_2 + 2C + 3H_2$$

② $C_6H_2(NO_2)_3OH$에 대한 분자량은 $12 \times 6 + 1 \times 2 + (14 + 16 \times 2) \times 3 + 16 + 1 = 229$

따라서, 1분자 내 질소함유량은 $N(\%) = \dfrac{14 \times 3}{229} \times 100 = 18.34\%$

해답

① 　　② 18.34%

17 1kg의 아연을 묽은염산에 녹였을 때 발생하는 가스의 부피는 0.5기압, 27℃에서 몇 L인지 구하시오. (단, 아연의 원자량은 65.38g/mol이다.)

해설

아연이 산과 반응하면 수소가스가 발생한다.

$Zn + 2HCl \rightarrow ZnCl_2 + H_2$

$$\frac{1,000g\text{-}Zn}{} \left| \frac{1mol\text{-}Zn}{65.38g\text{-}Zn} \right| \frac{1mol\text{-}H_2}{1mol\text{-}Zn} \left| \frac{2g\text{-}H_2}{1mol\text{-}H_2} \right| = 30.59g\text{-}H_2$$

따라서, 이상기체 방정식을 이용하여 기체의 부피를 구할 수 있다.

$PV = nRT$

n은 몰(mole)수이며 $n = \dfrac{w(g)}{M(분자량)}$ 이므로

$PV = \dfrac{wRT}{M}$

$V = \dfrac{wRT}{PM} = \dfrac{30.59 \times 0.082 \times (27 + 273.15)}{0.5 \times 2} = 752.89L$

해답

752.89L

18 정전기대전의 종류 중 유동대전에 대해 적으시오.

해설

정전기대전의 종류

㉠ 마찰대전 : 두 물체의 마찰에 의하여 발생하는 현상

㉡ 유동대전 : 부도체인 액체류를 파이프 등으로 수송할 때 발생하는 현상

㉢ 분출대전 : 분체류, 액체류, 기체류가 단면적이 작은 분출구에서 분출할 때 발생하는 현상

㉣ 박리대전 : 상호 밀착해 있는 물체가 벗겨질 때 발생하는 현상

㉤ 충돌대전 : 분체에 의한 입자끼리 또는 입자와 고체 표면과의 충돌에 의하여 발생하는 현상

㉥ 유도대전 : 대전 물체의 부근에 전열된 도체가 있을 때 정전유도를 받아 전하의 분포가 불균일하게 되어 대전되는 현상

㉦ 파괴대전 : 고체나 분체와 같은 물질이 파손 시 전하 분리로부터 발생하는 현상

㉧ 교반대전 및 침강대전 : 액체의 교반 또는 수송에 액체 상호 간에 마찰접촉 또는 고체와 액체 사이에서 발생하는 현상

해답

부도체인 액체류를 파이프 등으로 수송할 때 발생하는 현상

19 흐름계수 K가 0.94인 오리피스의 직경이 10mm이고 유량이 100L/min일 때의 압력은 몇 kPa인지 구하시오.

해설

$Q=0.653KD^2\sqrt{10P}$의 공식에서 $P=\dfrac{\left(\dfrac{Q}{0.653KD^2}\right)^2}{10}$

여기서, Q : 유량(L/min)
K : 유량(흐름)계수
D : 직경(mm)
P : 압력(MPa)

$\therefore\ P=\dfrac{\left(\dfrac{Q}{0.653KD^2}\right)^2}{10}=\dfrac{\left(\dfrac{100}{0.653\times0.94\times10^2}\right)^2}{10}=0.26541\,\text{MPa}$

$\dfrac{0.26541\,\text{MPa}}{}\left|\dfrac{10^6}{1\text{M}}\right|\dfrac{1\text{k}}{10^3}=265.4\text{kPa}$

해답

265.4kPa

20 제3류 위험물로서 분자량 64, 비중 2.22, 융점 2,300℃로 순수한 것은 무색투명하나 보통은 흑회색의 괴상고체인 물질에 대해 다음 물음에 답하시오.
① 물과의 반응식
② 상기 반응식에서 생성되는 가연성 가스의 위험도

해설

① 탄화칼슘(CaC_2, 카바이드, 탄화석회, 칼슘아세틸레이트)의 일반적 성질
　㉠ 분자량 64, 비중 2.22, 융점 2,300℃로 순수한 것은 무색투명하나 보통은 흑회색이며 불규칙한 덩어리로 존재한다. 건조한 공기 중에서는 안정하나 350℃ 이상으로 가열 시 산화한다.
　　$CaC_2+5O_2 \rightarrow 2CaO+4CO_2$
　㉡ 물과 강하게 반응하여 수산화칼슘과 아세틸렌을 만들며 공기 중 수분과 반응하여도 아세틸렌이 발생한다.
　　$CaC_2+2H_2O \rightarrow Ca(OH)_2+C_2H_2$
② 아세틸렌의 연소범위는 2.5~81%이므로
　위험도 $H=\dfrac{U-L}{L}=\dfrac{81-2.5}{2.5}=31.4$

해답

① $CaC_2+2H_2O \rightarrow Ca(OH)_2+C_2H_2$

② 31.4

제59회 위험물기능장 실기
(2016년 5월 21일 시행)

01 지정수량의 3천 배 이상의 제4류 위험물을 취급하는 일반취급소로서 자체소방대의 설치 제외 대상인 일반취급소를 3가지 적으시오.

[해답]
① 보일러, 버너, 그 밖에 이와 유사한 장치로 위험물을 소비하는 일반취급소
② 이동저장탱크, 그 밖에 이와 유사한 것에 위험물을 주입하는 일반취급소
③ 용기에 위험물을 옮겨 담는 일반취급소
④ 유압장치, 윤활유 순환장치, 그 밖에 이와 유사한 장치로 위험물을 취급하는 일반취급소
⑤ 「광산보안법」의 적용을 받는 일반취급소
(상기 답안 중 택 3가지)

02 지정수량의 20배(저장창고 하나의 바닥면적이 150m² 이하인 경우에는 50배) 이하의 위험물을 저장 또는 취급하는 옥내저장소로서 안전거리 제외대상 건축물의 구조기준을 적으시오.

[해답]
① 저장창고의 벽·기둥·바닥·보 및 지붕이 내화구조일 것
② 저장창고의 출입구에 수시로 열 수 있는 자동폐쇄방식의 60분+방화문 또는 60분방화문이 설치되어 있을 것
③ 저장창고에 창을 설치하지 아니할 것

03 500g의 나이트로글리세린($M \cdot W$: 227g/mol)이 완전연소할 때 온도 1,000℃, 부피 320mL 용기에서 폭발하는 경우 압력은 얼마인지 구하시오. (단, 생성되는 기체는 이상기체로 가정한다.)

[해설]

$4C_3H_5(ONO_2)_3 \rightarrow 12CO_2 + 10H_2O + 6N_2 + O_2$에서 나이트로글리세린이 완전분해하는 경우 용기에서 생성되는 기체는 $12mol + CO_2 \rightarrow 12molCO_2 + 10H_2O + 6N_2 + 1O_2$로서 29mol에 해당한다. 따라서,

$$\frac{500g-C_3H_5(ONO_2)_3}{} \frac{1mol-C_3H_5(ONO_2)_3}{227g-C_3H_5(ONO_2)_3} \frac{29mol-gas}{4mol-C_3H_5(ONO_2)_3} = 15.97mol-gas$$

$PV = nRT$에서

$$\therefore P = \frac{nRT}{V} = \frac{15.97mol \times 0.082L \cdot atm/K \cdot mol \times (1,000 + 273.15)K}{0.32L} = 5210.13atm$$

[해답]
5210.13atm

04 방화상 유효한 담 그림의 ①, ②, ③ 부분의 명칭을 쓰시오.

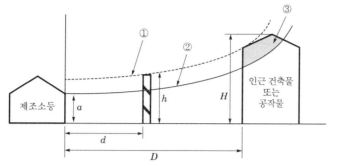

[해답]

① 보정연소한계곡선, ② 연소한계곡선, ③ 연소위험범위

05 운반용기 재질 중 5가지를 쓰시오.

[해답]

금속판, 강판, 삼, 합성섬유, 고무류, 양철판, 짚, 알루미늄판, 종이, 유리, 나무, 플라스틱, 섬유판
(상기 답안 중 택 5가지)

06 제4류 위험물 중 특수 인화물에 속하는 다이에틸에터에 관하여 다음 물음에 답하시오.
① 실험식
② 시성식
③ 증기비중

[해답]

① $C_4H_{10}O$
② $C_2H_5OC_2H_5$
③ $\dfrac{74}{29} = 2.55$

07 피리딘 400L, MEK 400L, 클로로벤젠 2,000L, 나이트로벤젠 2,000L의 지정수량 배수의 총
합을 구하시오.

[해설]

$$지정수량 \ 배수의 \ 합 = \frac{A품목 \ 저장수량}{A품목 \ 지정수량} + \frac{B품목 \ 저장수량}{B품목 \ 지정수량} + \frac{C품목 \ 저장수량}{C품목 \ 지정수량} + \cdots$$

$$= \frac{400L}{400L} + \frac{400L}{200L} + \frac{2,000L}{1,000L} + \frac{2,000L}{2,000L} = 6$$

[해답]

6

08 아세틸렌가스를 생성하는 제3류 위험물이 물과 반응하는 화학반응식을 적으시오.

해설

제3류 위험물인 탄화칼슘은 물과 강하게 반응하여 수산화칼슘과 아세틸렌을 만들며 공기 중 수분과 반응하여도 아세틸렌이 발생한다.

$CaC_2 + 2H_2O \rightarrow Ca(OH)_2 + C_2H_2$

해답

$CaC_2 + 2H_2O \rightarrow Ca(OH)_2 + C_2H_2$

09 ANFO폭약에 사용되는 위험물에 대하여 다음 물음에 답하시오.
① 분자식
② 동일 위험등급 품명 2가지
③ 폭발분해반응식

해설

질산암모늄은 강력한 산화제로 화약의 재료이며 200℃에서 열분해하여 산화이질소와 물을 생성한다. 특히 ANFO폭약은 NH_4NO_3와 경유를 94%와 6%로 혼합하여 기폭약으로 사용하며 단독으로도 폭발의 위험이 있다.

해답

① NH_4NO_3
② 브로민산염류, 아이오딘산염류
③ $2NH_4NO_3 \rightarrow 4H_2O + 2N_2 + O_2$

10 포소화설비에서 고정식 포소화설비의 포방출구 설치기준에 따라 포방출구를 다음과 같이 구분하는 경우 각각에 대해 포 방출구의 종류를 쓰시오.
① 고정지붕구조
② 부상지붕구조

해설

포방출구의 구분

㉠ Ⅰ형 : 고정지붕구조의 탱크에 상부 포주입법(고정포방출구를 탱크 옆판의 상부에 설치하여 액표면상에 포를 방출하는 방법을 말한다. 이하 같다)을 이용하는 것으로서 방출된 포가 액면 아래로 몰입되거나 액면을 뒤섞지 않고 액면상을 덮을 수 있는 통계단 또는 미끄럼판 등의 설비 및 탱크 내의 위험물 증기가 외부로 역류되는 것을 저지할 수 있는 구조·기구를 갖는 포방출구

㉡ Ⅱ형 : 고정지붕구조 또는 부상덮개부착 고정지붕구조(옥외저장탱크의 액상에 금속제의 플로팅, 팬 등의 덮개를 부착한 고정지붕구조의 것을 말한다. 이하 같다)의 탱크에 상부 포주입법을 이용하는 것으로서 방출된 포가 탱크 옆판의 내면을 따라 흘러내려 가면서 액면 아래로 몰입되거나 액면을 뒤섞지 않고 액면상을 덮을 수 있는 반사판 및 탱크 내의 위험물 증기가 외부로 역류되는 것을 저지할 수 있는 구조·기구를 갖는 포방출구

ⓒ 특형 : 부상지붕구조의 탱크에 상부 포주입법을 이용하는 것으로서 부상지붕의 부상부분상에 높이 0.9m 이상의 금속제의 칸막이(방출된 포의 유출을 막을 수 있고 충분한 배수능력을 갖는 배수구를 설치한 것에 한한다)를 탱크 옆판의 내측으로부터 1.2m 이상 이격하여 설치하고 탱크 옆판과 칸막이에 의하여 형성된 환상부분에 포를 주입하는 것이 가능한 구조의 반사판을 갖는 포방출구

ⓔ Ⅲ형 : 고정지붕구조의 탱크에 저부 포주입법(탱크의 액면하에 설치된 포방출구로부터 포를 탱크 내에 주입하는 방법을 말한다)을 이용하는 것으로서 송포관(발포기 또는 포발생기에 의하여 발생된 포를 보내는 배관을 말한다. 해당 배관으로 탱크 내의 위험물이 역류되는 것을 저지할 수 있는 구조·기구를 갖는 것에 한한다. 이하 같다)으로부터 포를 방출하는 포방출구

ⓜ Ⅳ형 : 고정지붕구조의 탱크에 저부 포주입법을 이용하는 것으로서 평상시에는 탱크의 액면 하의 저부에 설치된 격납통(포를 보내는 것에 의하여 용이하게 이탈되는 캡을 갖는 것을 포함한다)에 수납되어 있는 특수호스 등이 송포관의 말단에 접속되어 있다가 포를 보내는 것에 의하여 특수호스 등이 전개되어 그 선단이 액면까지 도달한 후 포를 방출하는 포방출구

해답

① Ⅰ형, Ⅱ형, Ⅲ형, Ⅳ형
② 특형

11 적린, 황, 삼황화인의 완전연소반응식을 쓰시오.

해답

① 적린 : $4P + 5O_2 \rightarrow 2P_2O_5$
② 황 : $S + O_2 \rightarrow SO_2$
③ 삼황화인 : $P_4S_3 + 8O_2 \rightarrow 2P_2O_5 + 3SO_2$

12 차아염소산칼슘을 저장하는 옥내저장창고에 대해 다음 물음에 답하시오.
① 저장창고는 지면에서 처마까지의 높이(이하 "처마높이"라 한다)가 (   ) 미만인 단층건물로 한다.
② 저장창고 하나의 바닥면은 (   )m² 이하로 한다.
③ 저장창고의 벽·기둥 및 바닥은 내화구조로 하고, 보와 서까래는 (   )로 하여야 한다.
④ 연소의 우려가 있는 외벽에 있는 출입구에는 수시로 열 수 있는 자동폐쇄식의 (   )을 설치하여야 한다.
⑤ 저장창고의 창 또는 출입구에 유리를 이용하는 경우에는 (   )로 하여야 한다.

해답

① 6m
② 1,000
③ 불연재료
④ 60분+방화문 또는 60분방화문
⑤ 망입유리

13 탱크 시험자가 갖추어야 할 ① 필수장비 3가지와 ② 필요한 경우에 두는 장비 2가지를 적으시오.

해설

① 필수장비 : 방사선투과시험기, 초음파탐상시험기, 자기탐상시험기, 초음파두께측정기
② 필요한 경우에 두는 장비
　㉮ 충·수압 시험, 진공시험, 기밀시험 또는 내압시험의 경우
　　㉠ 진공능력 53kPa 이상의 진공누설시험기
　　㉡ 기밀시험장치(안전장치가 부착된 것으로서 가압능력 200kPa 이상, 감압의 경우에는 감압능력 10kPa 이상·감도 10Pa 이하의 것으로서 각각의 압력 변화를 스스로 기록할 수 있는 것)
　㉯ 수직·수평도 시험의 경우 : 수직·수평도 측정기

해답

① 방사선투과시험기, 초음파탐상시험기, 자기탐상시험기, 초음파두께측정기
② 진공누설시험기, 기밀시험장치, 수직·수평도 측정기

14 전역방출방식의 불활성가스소화설비의 분사헤드 방사압력 기준에 대해 다음 물음에 답하시오.
① 이산화탄소 고압식의 것 : (　　)MPa 이상
② 이산화탄소 저압식의 것 : (　　)MPa 이상
③ 질소와 아르곤의 용량비가 50 대 50인 혼합물 : (　　)MPa 이상
④ 질소와 아르곤과 이산화탄소의 용량비가 52 대 40 대 8인 혼합물 : (　　)MPa 이상
⑤ 질소와 아르곤과 이산화탄소의 용량비가 52 대 40 대 8인 혼합물을 방사하는 것은 소화약제의 양의 95% 이상을 몇 초 이내 방사해야 하는지 쓰시오.

해설

전역방출방식의 불활성가스소화설비의 분사헤드
㉮ 방사된 소화약제가 방호구역의 전역에 균일하고 신속하게 방사할 수 있도록 설치할 것
㉯ 분사헤드의 방사압력
　㉠ 이산화탄소를 방사하는 분사헤드 중 고압식의 것에 있어서는 2.1MPa 이상, 저압식의 것(소화약제가 영하 18℃ 이하의 온도로 용기에 저장되어 있는 것)에 있어서는 1.05MPa 이상
　㉡ 질소(이하 "IG-100"이라 한다.), 질소와 아르곤의 용량비가 50 대 50인 혼합물(이하 "IG-55"라 한다.) 또는 질소와 아르곤과 이산화탄소의 용량비가 52 대 40 대 8인 혼합물(이하 "IG-541"이라 한다.)을 방사하는 분사헤드는 1.9MPa 이상
㉰ 이산화탄소를 방사하는 것은 소화약제의 양을 60초 이내에 균일하게 방사하고, IG-100, IG-55 또는 IG-541을 방사하는 것은 소화약제의 양의 95% 이상을 60초 이내에 방사

해답

① 2.1, ② 1.05, ③ 1.9, ④ 1.9, ⑤ 60

15 다음 구조물에 대한 평면도, 단면도를 보고 ① 명칭과 ② 설치목적을 적으시오.

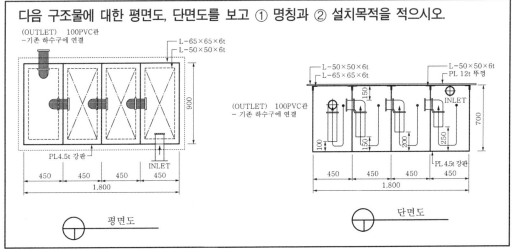

해답

① 명칭 : 유분리장치

② 설치목적 : 집유설비에 유입된 위험물이 배수구에 직접 흘러가지 않도록 위험물과 물의 비중 차이를 이용하여 위험물과 물을 분리시키기 위해 설치한다.

16 제3종 분말소화약제인 제1인산암모늄이 ① 올소인산, ② 피로인산, ③ 메타인산을 생성하는 열분해반응식을 각각 적으시오.

해답

① $NH_4H_2PO_4 \rightarrow NH_3 + H_3PO_4$ (인산, 올소인산)   at 190℃

② $2H_3PO_4 \rightarrow H_2O + H_4P_2O_7$ (피로인산)   at 215℃

③ $H_4P_2O_7 \rightarrow H_2O + 2HPO_3$ (메타인산)   at 300℃

17 수소화나트륨이 물과 반응하는 경우 ① 화학반응식과 ② 생성가스의 위험도를 구하시오.

해설

수소화나트륨의 비중은 0.93이고, 분해온도는 약 800℃로 회백색의 결정 또는 분말이며, 불안 정한 가연성 고체로 물과 격렬하게 반응하여 수소가 발생하고 발열하며, 이때 발생한 반응열에 의해 자연발화한다.

$NaH + H_2O \rightarrow NaOH + H_2$

수소가스의 연소범위는 4~75vol%에 해당한다.

따라서, $H = \dfrac{U-L}{L} = \dfrac{75-4}{4} = 17.75$

해답

① $NaH + H_2O \rightarrow NaOH + H_2$

② 17.75

18 다음은 포소화설비의 기동장치에 관한 기준이다. 괄호 안을 알맞게 채우시오.
① 자동식 기동장치는 (   )의 작동 또는 폐쇄형 스프링클러헤드의 개방과 연동하여 가압송수장치, 일제개방밸브 및 포소화약제 혼합장치가 기동될 수 있도록 할 것
② 수동식 기동장치
  ㉠ 직접조작 또는 (   )에 의하여 가압송수장치, 수동식 개방밸브 및 포소화약제 혼합장치를 기동할 수 있을 것
  ㉡ 2 이상의 방사구역을 갖는 포소화설비는 방사구역을 선택할 수 있는 구조로 할 것
  ㉢ 기동장치의 조작부는 화재 시 접근이 용이하고 바닥면으로부터 (   ) 이상, (   ) 이하의 높이에 설치할 것
  ㉣ 기동장치의 (   )에는 유리 등에 의한 방호조치가 되어 있을 것
  ㉤ 기동장치의 조작부 및 호스 접속구에는 직근의 보기 쉬운 장소에 각각 "기동장치의 조작부" 또는 "접속구"라고 표시할 것

[해답]
① 자동화재탐지설비의 감지기
② ㉠ 원격조작, ㉢ 0.8m, 1.5m, ㉣ 조작부

19 다음은 인화성 액체에 대한 신속평형법 인화점측정기에 의한 인화점측정에 관한 내용이다. 괄호 안을 알맞게 채우시오.
① 시험장소는 1기압, 무풍의 장소로 할 것
② 신속평형법 인화점측정기의 시료컵을 설정온도까지 가열 또는 냉각하여 시험물품(설정온도가 상온보다 낮은 온도인 경우에는 설정온도까지 냉각한 것) (   )를 시료컵에 넣고 즉시 뚜껑 및 개폐기를 닫을 것
③ 시료컵의 온도를 (   )분간 설정온도로 유지할 것
④ 시험불꽃을 점화하고 화염의 크기를 직경 (   )mm가 되도록 조정할 것
⑤ (   )분 경과 후 개폐기를 작동하여 시험불꽃을 시료컵에 (   )초간 노출시키고 닫을 것. 이 경우 시험불꽃을 급격히 상하로 움직이지 아니하여야 한다.

[해답]
② 2mL, ③ 1, ④ 4, ⑤ 1, 2.5

20 다음 빈칸에 알맞은 명칭, 시성식, 품명을 채우시오.

명 칭	시성식	품명
	C_2H_5OH	
에틸렌글리콜		제3석유류
	$C_3H_5(OH)_3$	

[해답]

명칭	시성식	품명
에틸알코올	C_2H_5OH	알코올류
에틸렌글리콜	$C_2H_4(OH)_2$	제3석유류
글리세린	$C_3H_5(OH)_3$	제3석유류

제60회
(2016년 8월 27일 시행)

위험물기능장 실기

01
① 트라이메틸알루미늄과 물이 반응하는 경우 화학반응식 및 생성가스의 완전연소반응식을 적으시오.
② 트라이에틸알루미늄과 물이 반응하는 경우 화학반응식 및 생성가스의 완전연소반응식을 적으시오.

해답

① 물과의 반응식 : $(CH_3)_3Al + 3H_2O \rightarrow Al(OH)_3 + 3CH_4$
　생성가스의 연소반응식 : $CH_4 + 2O_2 \rightarrow CO_2 + 2H_2O$
② 물과의 반응식 : $(C_2H_5)_3Al + 3H_2O \rightarrow Al(OH)_3 + 3C_2H_6$
　생성가스의 연소반응식 : $2C_2H_6 + 7O_2 \rightarrow 4CO_2 + 6H_2O$

02
용량이 (①) 이상인 옥외저장탱크의 주위에 설치하는 방유제에는 해당 탱크마다 칸막이둑을 설치해야 한다. 칸막이둑의 높이는 (②)[방유제 내에 설치되는 옥외저장탱크 용량의 합계가 2억L를 넘는 방유제에 있어서는 (③)] 이상으로 하되, 방유제의 높이보다 (④) 이상 낮게 해야 한다. 또한 칸막이둑의 용량은 칸막이둑 안에 설치된 탱크 용량의 (⑤)% 이상이어야 한다.

해답

① 1,000만L ② 0.3m ③ 1m ④ 0.2m ⑤ 10

03
제2류 위험물인 마그네슘에 대해 다음 물음에 답하시오.
① 물과의 반응식
② 염산과의 반응식

해설

마그네슘은 산 및 온수와 반응하여 많은 양의 열과 수소(H_2)가 발생한다.
$Mg + 2H_2O \rightarrow Mg(OH)_2 + H_2$
$Mg + 2HCl \rightarrow MgCl_2 + H_2$

해답

① $Mg + 2H_2O \rightarrow Mg(OH)_2 + H_2$
② $Mg + 2HCl \rightarrow MgCl_2 + H_2$

04 다음 제1종 분말소화약제에 대한 열분해반응식을 적으시오.
① 제1차
② 제2차

해설

탄산수소나트륨은 약 60℃ 부근에서 분해되기 시작하여 270℃와 850℃ 이상에서 다음과 같이 열분해된다.

$2NaHCO_3 \rightarrow Na_2CO_3 + H_2O + CO_2$ 　　흡열반응(at 270℃)
(중탄산나트륨) (탄산나트륨) (수증기) (탄산가스)
$2NaHCO_3 \rightarrow Na_2O + H_2O + 2CO_2$ 　　(at 850℃ 이상)

해답

① $2NaHCO_3 \rightarrow Na_2CO_3 + H_2O + CO_2$
② $2NaHCO_3 \rightarrow Na_2O + H_2O + 2CO_2$

05 비중 7.86, 융점 1,530℃인 물질이 위험물이 되기 위한 조건을 적으시오.

해설

철분의 일반적 성질
㉠ 비중 : 7.86, 융점 : 1,530℃, 비등점 : 2,750℃
㉡ 회백색의 분말이며 강자성체이지만 766℃에서 강자성을 상실한다.
㉢ 공기 중에서 서서히 산화하여 산화철(Fe_2O_3)이 되어 은백색의 광택이 황갈색으로 변한다.
　$4Fe + 3O_3 \rightarrow 2Fe_2O_3$
㉣ 강산화제인 발연질산에 넣었다 꺼내면 산화 피복을 형성하여 부동태가 된다.

해답

철의 분말로서 53μm의 표준체를 통과하는 것이 50wt% 미만인 것은 제외한다.

06 초산에틸 200L, 사이클로헥세인 500L, 클로로벤젠 2,000L, 에탄올아민 2,000L인 경우 지정수량 배수의 합을 쓰시오.

해설

지정수량 배수의 합 $= \dfrac{\text{A품목 저장수량}}{\text{A품목 지정수량}} + \dfrac{\text{B품목 저장수량}}{\text{B품목 지정수량}} + \dfrac{\text{C품목 저장수량}}{\text{C품목 지정수량}} + \cdots$

$\qquad = \dfrac{200}{200} + \dfrac{500}{200} + \dfrac{2,000}{1,000} + \dfrac{2,000}{4,000}$

$\qquad = 6$

해답

6배

07 무색투명한 유동성 액체로 휘발성이 크며, 분자량(74.12), 비중(0.72), 비점(34℃), 인화점 (−40℃), 발화점(180℃)이 매우 낮고 연소범위(1.9~48%)가 넓어 인화성, 발화성이 강하다. 공기 중에서 산화되어 구조불명의 불안정하고 폭발성의 과산화물을 만드는 이 물질에 대해 다음 물음에 답하시오.
① 명칭, 화학식, 지정수량을 적으시오.
② 위 물질의 품명에 대한 위험물안전관리법상 정의를 적으시오.
③ 위 물질을 저장할 때 보냉장치가 있는 경우 유지온도를 적으시오.

해답

① 다이에틸에터, $C_2H_5OC_2H_5$, 50L
② 특수 인화물 : 이황화탄소, 다이에틸에터, 그 밖의 1기압에서 발화점이 100℃ 이하인 것 또는 인화점이 영하 20℃ 이하이고 비점이 40℃ 이하인 것을 말한다.
③ 비점 이하

08 옥외저장소에 선반을 설치하는 경우 기준 3가지를 적으시오.

해답

옥외저장소의 선반설치 기준
① 선반은 불연재료로 만들고 견고한 지반면에 고정할 것
② 선반은 해당 선반 및 그 부속설비의 자중·저장하는 위험물의 중량·풍하중·지진의 영향 등에 의하여 생기는 응력에 대하여 안전할 것
③ 선반의 높이는 6m를 초과하지 아니할 것
④ 선반에는 위험물을 수납한 용기가 쉽게 낙하하지 아니하는 조치를 강구할 것
(상기 답안 중 택 3가지)

09 위험물안전관리법에 따른 일반취급소 특례기준을 적용받는 일반취급소의 종류 5가지를 적으시오.

해답

① 분무도장작업 등의 일반취급소
② 세정작업의 일반취급소
③ 열처리작업 등의 일반취급소
④ 보일러 등으로 위험물을 소비하는 일반취급소
⑤ 충전하는 일반취급소
⑥ 옮겨 담는 일반취급소
⑦ 유압장치 등을 설치하는 일반취급소
⑧ 절삭장치 등을 설치하는 일반취급소
⑨ 열매체유 순환장치를 설치하는 일반취급소
⑩ 화학실험의 일반취급소
(상기 일반취급소 중 택 5가지)

10 불활성가스소화설비가 전역방출방식일 때 안전장치 기준 3가지를 적으시오.

[해답]

① 기동장치의 방출용 스위치 등의 작동으로부터 저장용기의 용기밸브 또는 방출밸브의 개방까지의 시간이 20초 이상 되도록 지연장치를 설치할 것
② 수동기동장치에는 ①에서 정한 시간 내에 소화약제가 방출되지 않도록 조치를 할 것
③ 방호구역의 출입구 등 보기 쉬운 장소에 소화약제가 방출된다는 사실을 알리는 표시 등을 설치할 것

11 다음에 주어진 유별 위험물에 대한 위험등급 I인 품명을 모두 적으시오.
① 제1류
② 제3류
③ 제5류

[해답]

① 아염소산염류, 염소산염류, 과염소산염류, 무기과산화물, 그 밖에 지정수량이 50kg인 위험물
② 칼륨, 나트륨, 알킬알루미늄, 알킬리튬, 황린, 그 밖에 지정수량이 10kg인 위험물
③ 시험결과에 따라 제1종으로 분류되는 위험물

12 과산화칼륨에 대해 다음 물음에 답하시오.
① 물과의 반응식
② 아세트산과의 반응식
③ 염산과의 반응식

[해설]

㉠ 흡습성이 있으므로 물과 접촉하면 발열하며 수산화칼륨(KOH)과 산소(O_2)가 발생
$$2K_2O_2 + 2H_2O \rightarrow 4KOH + O_2$$
㉡ 묽은산과 반응하여 과산화수소(H_2O_2)를 생성
$$K_2O_2 + 2CH_3COOH \rightarrow 2CH_3COOK + H_2O_2$$
㉢ 염산과 반응하여 염화칼륨과 과산화수소를 생성
$$K_2O_2 + 2HCl \rightarrow 2KCl + H_2O_2$$

[해답]

① $2K_2O_2 + 2H_2O \rightarrow 4KOH + O_2$
② $K_2O_2 + 2CH_3COOH \rightarrow 2CH_3COOK + H_2O_2$
③ $K_2O_2 + 2HCl \rightarrow 2KCl + H_2O_2$

13 위험물저장소의 종류 8가지를 적으시오.

해답

① 옥내저장소   ② 옥외탱크저장소

③ 옥내탱크저장소   ④ 지하탱크저장소

⑤ 간이탱크저장소   ⑥ 이동탱크저장소

⑦ 옥외저장소   ⑧ 암반탱크저장소

14 70kPa, 30℃에서 탄화칼슘 10kg이 물과 반응하였을 때 발생하는 가스의 체적을 구하시오.

해설

$CaC_2 + 2H_2O \rightarrow Ca(OH)_2 + C_2H_2$

$$\frac{10kg\text{-}CaC_2}{} \left| \frac{1kmol\text{-}CaC_2}{64kg\text{-}CaC_2} \right| \frac{1kmol\text{-}C_2H_2}{1kmol\text{-}CaC_2} \left| \frac{26kg\text{-}C_2H_2}{1kmol\text{-}C_2H_2} \right| = 4.06kg\text{-}C_2H_2$$

$$\frac{70kPa}{} \left| \frac{1atm}{101.35kPa} \right| = 0.69atm$$

이상기체 상태방정식으로부터

$$\therefore \ V = \frac{wRT}{PM} = \frac{4.06kg \times 0.082atm \cdot m^3/kg \cdot mol \times (30+273.15)K}{0.69atm \times 26kg/mol} = 5.63m^3$$

해답

$5.63m^3$

15 다음 빈칸을 알맞게 채우시오.

문 항	법령내용	날 짜
①	제조소 등 용도폐지 처리기한	
②	안전관리자 재선임 기한	
③	안전관리자 선임 신고기한	
④	제조소 등 휴업·폐업 신고기한	
⑤	탱크 시험자 중요사항 변경 기한	
⑥	지정수량 배수 변경 기한	1일 전까지
⑦	제조소 등 설치자의 지위승계 기한	30일 이내

해답

① 14일 이내   ② 30일 이내   ③ 14일 이내   ④ 14일 이내   ⑤ 30일 이내

16 25℃, 포화용액 80g 속에 용질이 25g 녹아 있다. 용해도를 구하시오.

해설

용해도란, 용매 100g에 녹아있는 용질의 g 수이다.
포화용액 80g 속에 용질이 25g 녹아 있다면 용매는 55g에 해당한다.
따라서, $55 : 25 = 100 : x$

$$x = \frac{25}{55} \times 100 = 45.45$$

해답

45.45

17 다음은 주유취급소에 대한 주유공지 및 급유공지에 대한 기준이다. 빈칸에 알맞은 말을 쓰시오.
ⓐ 자동차 등에 직접 주유하기 위한 설비로서 너비 (①)m 이상, 길이 (②)m 이상의 콘크리트 등으로 포장한 공지를 보유해야 한다.
ⓑ 공지의 경우 바닥은 주위 지면보다 높게 하며, 표면을 적당히 경사지게 하여 새어나온 기름, 그 밖의 액체가 공지의 외부로 유출되지 아니하도록 (③)·(④) 및 (⑤)를 한다.

해답

ⓐ ① 15, ② 6
ⓑ ③ 배수구, ④ 집유설비, ⑤ 유분리장치

18 옥외탱크저장소로서 각각 50만L, 30만L, 20만L의 탱크가 있을 때 방유제 용량은 몇 m^{3}로 해야 하는가?

해설

방유제 안에 설치된 탱크가 하나인 때에는 그 탱크 용량의 110% 이상, 2기 이상인 때에는 그 탱크 용량 중 용량이 최대인 것의 용량의 110% 이상으로 한다. 다만, 인화성이 없는 액체 위험물의 옥외저장탱크의 주위에 설치하는 방유제는 "110%"를 "100%"로 본다. 따라서 최대용량이 50만L이므로 $500,000 \times 1.1 = 550,000$L

$$\frac{550,000 \text{L}}{} \quad \frac{1 \text{m}^3}{1,000 \text{L}} = 550 \text{m}^3$$

해답
550m^3

19 알킬알루미늄 등 및 아세트알데하이드 등의 취급기준에 관한 내용이다. 다음 빈칸을 알맞게 채우시오.

① 알킬알루미늄 등의 이동탱크저장소에 있어서 이동저장탱크로부터 알킬알루미늄 등을 꺼낼 때에는 동시에 (   )kPa 이하의 압력으로 불활성의 기체를 봉입할 것

② 아세트알데하이드 등의 이동탱크저장소에 있어서 이동저장탱크로부터 아세트알데하이드 등을 꺼낼 때에는 동시에 (   )kPa 이하의 압력으로 불활성의 기체를 봉입할 것

③ 아세트알데하이드 등의 제조소 또는 일반취급소에 있어서 아세트알데하이드 등을 취급하는 설비에는 연소성 혼합기체의 생성에 의한 폭발의 위험이 생겼을 경우에 불활성의 기체 또는 (   )를 봉입할 것

해답

① 200

② 100

③ 수증기

20 위험물안전관리법에서 정하는 위험물의 성상에 대해 다음 빈칸을 알맞게 채우시오.

화학식	품명	수용성 여부	지정수량	위험물의 기준
HCOOH				
C_6H_{12}				
$C_6H_5NH_2$				70℃ 이상, 200℃ 미만
CH_3CN		수용성		

해답

화학식	품명	수용성 여부	지정수량	위험물의 기준
HCOOH	제2석유류	수용성	2,000L	21℃ 이상, 70℃ 미만
C_6H_{12}	제1석유류	비수용성	200L	21℃ 미만
$C_6H_5NH_2$	제3석유류	비수용성	2,000L	70℃ 이상, 200℃ 미만
CH_3CN	제1석유류	수용성	400L	21℃ 미만

제61회
(2017년 4월 16일 시행)

위험물기능장 실기

01 다음은 위험물안전관리법에서 규정하고 있는 주유취급소의 고정주유설비 또는 고정급유설비에 대한 내용이다. 괄호 안을 알맞게 채우시오.

고정주유설비의 중심선을 기점으로 하여 도로경계선까지 (①) 이상, 부지경계선·담 및 건축물의 벽까지 (②)(개구부가 없는 벽까지는 1m) 이상의 거리를 유지하고, 고정급유설비의 중심선을 기점으로 하여 도로경계선까지 (③) 이상, 부지경계선 및 담까지 (④) 이상, 건축물의 벽까지 (⑤)(개구부가 없는 벽까지는 1m) 이상의 거리를 유지할 것. 또한, 고정주유설비와 고정급유설비의 사이에는 (⑥) 이상의 거리를 유지할 것

해답

① 4m   ② 2m   ③ 4m   ④ 1m   ⑤ 2m   ⑥ 4m

02 다음은 위험물안전관리법에서 규정하는 소화설비의 적응성에 대한 도표이다. 소화설비의 구분에 따라 대상물의 소화설비 적응성을 ○로 표시하시오.

소화설비의 구분		대상물의 구분	제1류 위험물		제2류 위험물			제3류 위험물		제4류 위험물	제5류 위험물	제6류 위험물
			알칼리금속 과산화물 등	그 밖의 것	철분·금속분·마그네슘 등	인화성 고체	그 밖의 것	금수성 물품	그 밖의 것			
물분무 등 소화 설비	물분무소화설비											
	포소화설비											
	불활성가스소화설비											
	할로젠화합물소화설비											
	분말 소화 설비	인산염류 등											
		탄산수소염류 등											
		그 밖의 것											

해답

대상물의 구분 / 소화설비의 구분	제1류 위험물 알칼리금속 과산화물 등	제1류 위험물 그 밖의 것	제2류 위험물 철분·금속분·마그네슘 등	제2류 위험물 인화성 고체	제2류 위험물 그 밖의 것	제3류 위험물 금수성 물품	제3류 위험물 그 밖의 것	제4류 위험물	제5류 위험물	제6류 위험물
물분무등소화설비 — 물분무소화설비		○		○	○		○	○	○	○
물분무등소화설비 — 포소화설비		○		○	○		○	○	○	○
물분무등소화설비 — 불활성가스소화설비				○				○		
물분무등소화설비 — 할로겐화합물소화설비				○				○		
분말소화설비 — 인산염류 등		○		○	○		○	○		○
분말소화설비 — 탄산수소염류 등	○		○	○		○		○		
분말소화설비 — 그 밖의 것	○		○			○				

---

03 벤젠에 수은을 촉매로 하여 질산을 반응시켜 제조하는 물질로 DDNP(diazodinitro phenol)의 원료로 사용되는 물질로서 페놀을 진한황산에 녹여 질산으로 작용시켜 만들기도 한다. 이 물질에 대한 다음 물음에 답하시오.

① 위험물안전관리법상 품명

② 구조식을 그리시오.

해설

트라이나이트로페놀($C_6H_2(NO_2)_3OH$, 피크르산)

㉠ 순수한 것은 무색이나 보통 공업용은 휘황색의 침전결정이며 충격, 마찰에 둔감하고 자연분해하지 않으므로 장기 저장해도 자연발화의 위험 없이 안정하다.

㉡ 비중 1.8, 융점 122.5℃, 인화점 150℃, 비점 255℃, 발화온도 약 300℃, 폭발온도 3,320℃, 폭발속도 약 7,000m/s

㉢ 위험물안전관리법상 제5류 위험물로서 나이트로화합물에 해당한다.

해답

① 나이트로화합물

②

$$
\begin{array}{c}
\text{OH} \\
O_2N\!-\!\!\!\overset{\displaystyle}{\bigcirc}\!\!\!-\!NO_2 \\
NO_2
\end{array}
$$

04 다음 도표의 빈칸을 채우시오.

유별	품명	지정수량	유별	품명	지정수량
제1류	아염소산염류	50kg	제3류	칼륨	10kg
	염소산염류	50kg		나트륨	10kg
	과염소산염류	50kg		알킬알루미늄	10kg
	①	50kg		알킬리튬	10kg
제2류	황화인	100kg		④	20kg
	적린	100kg			
	②	100kg			
	③	500kg			
	철분	500kg			
	금속분	500kg			

해답

① 무기과산화물류 ② 황 ③ 마그네슘 ④ 황린

05 황을 0.01wt% 함유한 1,000kg의 코크스를 과잉공기 중에서 완전연소 시켰을 때 발생되는 SO_2는 몇 g인지 구하시오.

해설

$1,000 \text{kg} \times \dfrac{0.01}{100} = 0.1 \text{kg} = 100 \text{g}$

황의 연소반응식은 $S + O_2 \rightarrow SO_2$이므로

$$\dfrac{100\text{g}-S}{} \left| \dfrac{1\text{mol}-S}{32\text{g}-S} \right| \dfrac{1\text{mol}-SO_2}{1\text{mol}-S} \left| \dfrac{64\text{g}-SO_2}{1\text{mol}-SO_2} \right| = 200\text{g}-SO_2$$

해답

200g

06 다음 주어진 위험물과 물과의 반응식을 적으시오. (단, 물과의 반응이 없는 경우 "반응 없음"이라고 기재)
① 과산화나트륨
② 과염소산나트륨
③ 트라이에틸알루미늄
④ 인화칼슘
⑤ 아세트알데하이드

해설 📌

① 과산화나트륨 : 흡습성이 있으므로 물과 접촉하면 발열 및 수산화나트륨($NaOH$)과 산소(O_2)를 발생한다.

$$2Na_2O_2 + 2H_2O \rightarrow 4NaOH + O_2$$

② 과염소산나트륨 : 물에 잘 녹는 물질이며, 가연성 물질과의 접촉으로 화재 시 물로 소화한다.

③ 트라이에틸알루미늄 : 물과 접촉하면 폭발적으로 반응하여 에테인을 형성하고 이때 발열, 폭발에 이른다.

$$(C_2H_5)_3Al + 3H_2O \rightarrow Al(OH)_3 + 3C_2H_6$$

④ 인화칼슘 : 물과 반응하여 가연성이며 독성이 강한 인화수소(PH_3, 포스핀)가스를 발생한다.

$$Ca_3P_2 + 6H_2O \rightarrow 3Ca(OH)_2 + 2PH_3$$

⑤ 아세트알데하이드 : 물에 잘 녹고, 구리, 수은, 마그네슘, 은 및 그 합금으로 된 취급설비는 아세트알데하이드와 반응에 의해 이들 간에 중합반응을 일으켜 구조불명의 폭발성 물질을 생성한다.

해답 📌

① $2Na_2O_2 + 2H_2O \rightarrow 4NaOH + O_2$

② 반응 없음

③ $(C_2H_5)_3Al + 3H_2O \rightarrow Al(OH)_3 + 3C_2H_6$

④ $Ca_3P_2 + 6H_2O \rightarrow 3Ca(OH)_2 + 2PH_3$

⑤ 반응 없음

07

다음 [보기]는 어떤 물질의 제조방법 3가지를 설명하고 있다. 이러한 방법으로 제조되는 제4류 위험물에 대해 다음 물음에 답하시오.

> [보기] • 에틸렌과 산소를 염화구리($CuCl_2$) 또는 염화팔라듐($PdCl_2$) 촉매하에서 반응시켜 제조
> • 에탄올을 산화시켜 제조
> • 황산수은(Ⅱ) 촉매하에서 아세틸렌에 물을 첨가시켜 제조

① 위험도는 얼마인가?

② 이 물질이 공기 중 산소에 의해 산화되어 다른 종류의 제4류 위험물이 생성되는 반응식을 쓰시오.

해설 📌

아세트알데하이드의 일반적 성질

㉠ 무색이며 고농도는 자극성 냄새가 나며 저농도의 것은 과일 같은 향이 나는 휘발성이 강한 액체로서 물, 에탄올, 에터에 잘 녹고, 고무를 녹인다.

㉡ 산화 시 초산, 환원 시 에탄올이 생성된다.

$$CH_3CHO + \frac{1}{2}O_2 \rightarrow CH_3COOH \text{ (산화작용)}$$

$$CH_3CHO + H_2 \rightarrow C_2H_5OH \text{ (환원작용)}$$

㉢ 분자량(44), 비중(0.78), 비점(21℃), 인화점(−40℃), 발화점(175℃)이 매우 낮고 연소범위(4.1~57%)가 넓으나 증기압(750mmHg)이 높아 휘발이 잘 되고, 인화성, 발화성이 강하며 수용액상태에서도 인화의 위험이 있다.

㉣ 제조방법

ⓐ 에틸렌의 직접 산화법 : 에틸렌을 염화구리 또는 염화팔라듐의 촉매하에서 산화반응시켜 제조한다.

$$2C_2H_4 + O_2 \rightarrow 2CH_3CHO$$

ⓑ 에틸알코올의 직접 산화법 : 에틸알코올을 이산화망가니즈 촉매하에서 산화시켜 제조한다.

$$2C_2H_5OH + O_2 \rightarrow 2CH_3CHO + 2H_2O$$

ⓒ 아세틸렌의 수화법 : 아세틸렌과 물을 수은 촉매하에서 수화시켜 제조한다.

$$C_2H_2 + H_2O \rightarrow CH_3CHO$$

∴ 연소범위가 4~51%이므로 위험도$(H) = \dfrac{57 - 4.1}{4.1} ≒ 12.90$

해답

① 12.90

② $CH_3CHO + \dfrac{1}{2}O_2 \rightarrow CH_3COOH$

---

08 위험물안전관리법에서 규정하고 있는 제조소 등에서 안전거리 및 보유공지에 대한 규제가 모두 해당되는 제조소 등의 명칭을 적으시오.

해설

위험물안전관리법상 "제조소 등"이라 함은 제조소, 저장소, 취급소를 말한다. 따라서 이에 해당하는 시설로는 위험물제조소, 옥내저장소, 옥외저장소, 옥외탱크저장소, 옥내탱크저장소, 지하탱크저장소, 이동탱크저장소, 간이탱크저장소, 암반탱크저장소, 주유취급소, 판매취급소, 이송취급소, 일반취급소가 있으며, 이 중 안전거리 및 보유공지의 규제를 받는 시설로는 옥내저장소, 옥외저장소, 옥외탱크저장소이다.

해답

옥내저장소, 옥외저장소, 옥외탱크저장소

---

09 지하탱크저장소에는 액체위험물의 누설을 검사하기 위한 관을 4개소 이상 설치하여야 하는데, 그 설치기준을 4가지 쓰시오.

해답

① 이중관으로 한다(단, 소공이 없는 상부는 단관으로 할 수 있다).
② 재료는 금속관 또는 경질 합성수지관으로 한다.
③ 관은 탱크 전용실의 바닥 또는 탱크의 기초까지 닿게 한다.
④ 관의 밑부분부터 탱크의 중심 높이까지의 부분에는 소공이 뚫려 있어야 한다. 다만, 지하수위가 높은 장소에 있어서는 지하수위 높이까지의 부분에 소공이 뚫려 있어야 한다.
⑤ 상부는 물이 침투하지 아니하는 구조로 하고, 뚜껑은 검사 시에 쉽게 열 수 있도록 한다.

10 유별을 달리하는 위험물은 동일한 저장소에 저장하지 아니하여야 한다. 다만, 옥내저장소 또는 옥외저장소에 있어서 서로 1m 이상의 간격을 두는 경우에는 그러하지 아니하다. 다음 중 이에 해당하는 적당한 유별을 적으시오.
① 제1류 위험물(알칼리금속의 과산화물 또는 이를 함유한 것을 제외한다)
② 제6류 위험물
③ 제3류 위험물 중 자연발화성 물질(황린 또는 이를 함유한 것에 한한다)
④ 제2류 위험물 중 인화성 고체

해설

유별을 달리하는 위험물은 동일한 저장소(내화구조의 격벽으로 완전히 구획된 실이 2 이상 있는 저장소에 있어서는 동일한 실)에 저장하지 아니하여야 한다. 다만, 옥내저장소 또는 옥외저장소에 있어서 다음의 규정에 의한 위험물을 저장하는 경우로서 위험물을 유별로 정리하여 저장하는 한편, 서로 1m 이상의 간격을 두는 경우에는 그러하지 아니하다.
㉠ 제1류 위험물(알칼리금속의 과산화물 또는 이를 함유한 것을 제외한다)과 제5류 위험물을 저장하는 경우
㉡ 제1류 위험물과 제6류 위험물을 저장하는 경우
㉢ 제1류 위험물과 제3류 위험물 중 자연발화성 물질(황린 또는 이를 함유한 것에 한한다)을 저장하는 경우
㉣ 제2류 위험물 중 인화성 고체와 제4류 위험물을 저장하는 경우
㉤ 제3류 위험물 중 알킬알루미늄 등과 제4류 위험물(알킬알루미늄 또는 알킬리튬을 함유한 것에 한한다)을 저장하는 경우
㉥ 제4류 위험물과 제5류 위험물 중 유기과산화물 또는 이를 함유한 것을 저장하는 경우

해답

① 제5류 위험물
② 제1류 위험물
③ 제1류 위험물
④ 제4류 위험물

11 다음은 옥외저장소의 위치구조 및 설비의 기준에 대한 설명이다. 괄호 안을 알맞게 채우시오.
① (　) 또는 (　)을 저장하는 옥외저장소에는 불연성 또는 난연성의 천막 등을 설치하여 햇빛을 가릴 것
② 경계표시에는 황이 넘치거나 비산하는 것을 방지하기 위한 천막 등을 고정하는 장치를 설치하되, 천막 등을 고정하는 장치는 경계표시의 길이 (　)마다 한 개 이상 설치할 것
③ 황을 저장 또는 취급하는 장소의 주위에는 (　)와 (　)를 설치할 것

해설

㉮ 과산화수소 또는 과염소산을 저장하는 옥외저장소의 기준
과산화수소 또는 과염소산을 저장하는 옥외저장소에는 불연성 또는 난연성의 천막 등을 설치하여 햇빛을 가릴 것
㉯ 옥외저장소 중 덩어리상태의 황만을 지반면에 설치한 경계표시의 안쪽에서 저장 또는 취급하는 것에 대한 기준

ⓐ 하나의 경계표시의 내부의 면적은 100m^2 이하일 것

ⓑ 2 이상의 경계표시를 설치하는 경우에 있어서는 각각의 경계표시 내부의 면적을 합산한 면적은 1,000m^2 이하로 하고, 인접하는 경계표시와 경계표시와의 간격은 공지의 너비의 2분의 1 이상으로 할 것. 다만, 저장 또는 취급하는 위험물의 최대수량이 지정수량의 200배 이상인 경우에는 10m 이상으로 하여야 한다.

ⓒ 경계표시는 불연재료로 만드는 동시에 황이 새지 아니하는 구조로 할 것

ⓓ 경계표시의 높이는 1.5m 이하로 할 것

ⓔ 경계표시에는 황이 넘치거나 비산하는 것을 방지하기 위한 천막 등을 고정하는 장치를 설치하되, 천막 등을 고정하는 장치는 경계표시의 길이 2m마다 한 개 이상 설치할 것

ⓕ 황을 저장 또는 취급하는 장소의 주위에는 배수구와 분리장치를 설치할 것

해답

① 과산화수소, 과염소산

② 2m

③ 배수구, 분리장치

12 위험물안전관리법상 제3류 위험물로서 비중 0.86, 융점 63.7℃, 비점 774℃인 은백색의 광택이 있는 경금속으로 녹는점 이상으로 가열하면 보라색 불꽃을 내면서 연소하는 물질이다. 이 물질에 대해 다음 물음에 답하시오.
① 지정수량   ② 연소반응식   ③ 물과의 반응식

해설

금속칼륨은 제3류 위험물로서 위험등급 I에 해당하며 지정수량은 10kg이다.

녹는점 이상으로 가열하면 보라색 불꽃을 내면서 연소한다.

$4K + O_2 \rightarrow 2K_2O$

물과 격렬히 발열하고 반응하여 수산화칼륨과 수소가 발생한다.

$2K + 2H_2O \rightarrow 2KOH + H_2$

해답

① 10kg, ② $4K + O_2 \rightarrow 2K_2O$, ③ $2K + 2H_2O \rightarrow 2KOH + H_2$

13 어떤 화합물에 대한 질량을 분석한 결과 Na 58.97%, O 41.03%였다. 이 화합물의 ① 실험식과 ② 분자식을 구하시오. (단, 이 화합물의 분자량은 78g/mol이다.)

해설

① 실험식

$Na : O = \dfrac{58.97}{23} : \dfrac{41.03}{16} = 2.56 : 2.56 = 1 : 1$

② 분자식

분자식=실험식×n, $Na_2O_2 = NaO \times 2$, $78 = 39 \times n$

즉, 분자식은 Na_2O_2이다.

해답

① NaO, ② Na_2O_2

14 위험물안전관리법에 따라 옥내소화전 6개를 설치하는 제조소와 옥외소화전 3개를 설치하는 옥외탱크저장소의 경우 ① 수원의 용량이 가장 많은 소화설비와 ② 최소의 수원을 확보해야 할 용량을 구하시오.

해설

- 옥내소화전의 수원의 수량 : 가장 많이 설치된 층의 옥내소화전 설치개수(설치개수가 5개 이상인 경우는 5개)에 7.8m³를 곱한 양 이상이 되도록 설치할 것
  수원의 양(Q) : $Q(\mathrm{m}^3) = N \times 7.8\mathrm{m}^3$($N$, 5개 이상인 경우 5개)
  즉 7.8m³란 법정 방수량 260L/min으로 30min 이상 가동할 수 있는 양
- 옥외소화전의 수원의 수량 : 옥외소화전의 설치개수(설치개수가 4개 이상인 경우는 4개의 옥외소화전)에 13.5m³를 곱한 양 이상이 되도록 설치할 것
  수원의 양(Q) : $Q(\mathrm{m}^3) = N \times 13.5\mathrm{m}^3$($N$, 4개 이상인 경우 4개)
  즉 13.5m³란 법정 방수량 450L/min으로 30min 이상 가동할 수 있는 양

문제에서 옥내소화전 6개를 설치하는 제조소의 경우
$Q(\mathrm{m}^3) = N \times 7.8\mathrm{m}^3 = 5 \times 7.8\mathrm{m}^3 = 39\mathrm{m}^3$
또한, 옥외소화전 3개를 설치하는 옥외탱크저장소의 경우
$Q(\mathrm{m}^3) = N \times 13.5\mathrm{m}^3 = N \times 13.5\mathrm{m}^3 = 3 \times 13.5\mathrm{m}^3 = 40.5\mathrm{m}^3$
따라서 수원의 용량이 가장 많은 소화설비는 40.5m³의 용량으로 옥외소화전 3개이며, 최소로 확보해야 하는 수원 또한 40.5m³이다.

해답

① 옥외소화전
② 40.5m³

15 다음 그림과 같이 양쪽이 볼록한 타원형 탱크의 내용적(m³)을 구하시오.

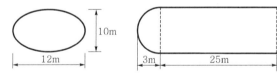

해설

$$V = \frac{\pi ab}{4}\left[l + \frac{l_1 + l_2}{3}\right] = \frac{\pi \times 12 \times 10}{4}\left[25 + \frac{3+3}{3}\right] = 2{,}544\mathrm{m}^3$$

해답

2,544m³

16 이송취급소의 지진 시 재해방지조치로서 진도계 4와 진도계 4 이상의 지진정보를 얻은 경우 재해의 발생 또는 확대를 방지하기 위하여 조치해야 하는 사항을 적으시오.
① 진도계 4   ② 진도계 5

[해설]

제137조(지진 시의 재해방지 조치) 규정에 의하여 지진을 감지하거나 지진의 정보를 얻은 경우에 재해의 발생 또는 확대를 방지하기 위하여 조치하여야 하는 사항은 다음과 같다.

1. 특정이송취급소에 있어서 규칙 별표 15 Ⅳ 제13호의 규정에 따른 감진장치가 가속도 40gal을 초과하지 아니하는 범위 내로 설정한 가속도 이상의 지진동을 감지한 경우에는 신속히 펌프의 정지, 긴급차단밸브의 폐쇄, 위험물을 이송하기 위한 배관 및 펌프 그리고 이것에 부속한 설비의 안전을 확인하기 위한 순찰 등 긴급 시에 적절한 조치가 강구되도록 준비할 것

2. 이송취급소를 설치한 지역에 있어서 **진도계 5 이상의 지진 정보를 얻은 경우에는 펌프의 정지 및 긴급차단밸브의 폐쇄를 행할 것**

3. 이송취급소를 설치한 지역에 있어서 **진도계 4 이상의 지진정보를 얻은 경우에는 해당 지역에 대한 지진재해정보를 계속 수집하고 그 상황에 따라 펌프의 정지 및 긴급차단밸브의 폐쇄를 행할 것**

4. 제2호의 규정에 의하여 펌프의 정지 및 긴급차단밸브의 폐쇄를 행한 경우 또는 규칙 별표 15 Ⅳ 제8호의 규정에 따른 안전제어장치가 지진에 의하여 작동되어 펌프가 정지되고 긴급차단밸브가 폐쇄된 경우에는 위험물을 이송하기 위한 배관 및 펌프에 부속하는 설비의 안전을 확인하기 위한 순찰을 신속히 실시할 것

5. 배관계가 강한 과도한 지진동을 받은 때에는 해당 배관에 관계된 최대상용압력의 1.25배의 압력으로 4시간 이상 수압시험(물 외의 적당한 기체 또는 액체를 이용하여 실시하는 시험을 포함한다. 제6호에 있어서 같다)을 하여 이상이 없음을 확인할 것

6. 제5호의 경우에 있어서 최대상용압력의 1.25배의 압력으로 수압시험을 하는 것이 적당하지 아니한 때에는 해당 최대상용압력의 1.25배 미만의 압력으로 수압시험을 실시할 것. 이 경우 해당 수압시험의 결과가 이상이 없다고 인정된 때에는 해당 시험압력을 1.25로 나눈 수치 이하의 압력으로 이송하여야 한다.

[해답]

① 해당 지역에 대한 지진재해정보를 계속 수집하고 그 상황에 따라 펌프의 정지 및 긴급차단밸브의 폐쇄
② 펌프의 정지 및 긴급차단밸브의 폐쇄

17 다음은 위험물안전관리법상 옥내소화전의 가압송수장치 설치기준 중 압력수조를 이용하는 경우 필요한 압력을 구하는 공식이다. p_1, p_2, p_3 항목이 의미하는 바를 적으시오.

$$P = p_1 + p_2 + p_3 + 0.35\text{MPa}$$

[해설]

옥내소화전의 압력수조를 이용한 가압송수장치

$P = p_1 + p_2 + p_3 + 0.35\text{MPa}$

여기서, P : 필요한 압력(MPa), p_1 : 소방용 호스의 마찰손실수두압(MPa),
　　　　　p_2 : 배관의 마찰손실수두압(MPa), p_3 : 낙차의 환산수두압(MPa)

[해답]

p_1 : 소방용 호스의 마찰손실수두압, p_2 : 배관의 마찰손실수두압, p_3 : 낙차의 환산수두압

18 위험물안전관리법령에 의하여 실시하는 위험물탱크 안전성능검사에서 침투탐상시험기준 결과의 판정기준 4가지를 적으시오.

해답

① 균열이 확인된 경우에는 불합격으로 할 것

② 선상 및 원형상의 결함 크기가 4mm를 초과할 경우에는 불합격으로 할 것

③ 2 이상의 결함지시모양이 동일선상에 연속해서 존재하고 그 상호간의 간격이 2mm 이하인 경우에는 상호간의 간격을 포함하여 연속된 하나의 결함지시모양으로 간주할 것. 다만, 결함지시모양 중 짧은 쪽의 길이가 2mm 이하이면서 결함지시모양 상호간의 간격 이하인 경우에는 독립된 결함지시모양으로 한다.

④ 결함지시모양이 존재하는 임의의 개소에 있어서 2,500mm² 의 사각형(한 변의 최대길이는 150mm 로 한다) 내에 길이 1mm를 초과하는 결함지시모양의 길이의 합계가 8mm를 초과하는 경우에는 불합격으로 할 것

19 위험물안전관리법상 제1류 위험물 중 분자량 158, 비중 2.7이고 흑자색 또는 적자색의 결정으로 물에 녹으면 진한 보라색을 나타내는 물질에 대해 다음 물음에 답하시오.

① 명칭과 지정수량

② 분해반응식

③ 묽은황산과의 반응식

④ 진한황산과의 반응에서 생성되는 물질 2가지

해설

과망가니즈산칼륨($KMnO_4$)의 일반적 성질과 위험성

㉮ 일반적 성질

  ㉠ 분자량 : 158, 비중 : 2.7, 분해온도 : 약 200~250℃, 흑자색 또는 적자색의 결정

  ㉡ 수용액은 산화력과 살균력(3%-피부살균, 0.25%-점막살균)을 나타낸다.

  ㉢ 240℃에서 가열하면 망가니즈산칼륨, 이산화망가니즈, 산소가 발생한다.

  $$2KMnO_4 \rightarrow K_2MnO_4 + MnO_2 + O_2$$

㉯ 위험성

  ㉠ 에터, 알코올류, [진한황산+(가연성 가스, 염화칼륨, 테레빈유, 유기물, 피크르산)]과 혼촉되는 경우 발화하고 폭발의 위험성을 갖는다.

  (묽은황산과의 반응식) $4KMnO_4 + 6H_2SO_4 \rightarrow 2K_2SO_4 + 4MnSO_4 + 6H_2O + 5O_2$

  (진한황산과의 반응식) $2KMnO_4 + H_2SO_4 \rightarrow K_2SO_4 + 2HMnO_4$

  ㉡ 고농도의 과산화수소와 접촉 시 폭발하며 황화인과 접촉 시 자연발화의 위험이 있다.

  ㉢ 환원성 물질(목탄, 황 등)과 접촉 시 폭발할 위험이 있다.

  ㉣ 망가니즈산화물의 산화성 크기 : $MnO < Mn_2O_3 < KMnO_2 < Mn_2O_7$

해답

① 과망가니즈산칼륨, 1,000kg

② $2KMnO_4 \rightarrow K_2MnO_4 + MnO_2 + O_2$

③ $4KMnO_4 + 6H_2SO_4 \rightarrow 2K_2SO_4 + 4MnSO_4 + 6H_2O + 5O_2$

④ 황산칼륨(K_2SO_4), 과망가니즈산($HMnO_4$)

20 위험물안전관리법상 포소화설비의 설치기준에서 다음에서 주어진 각 고정포방출구의 지붕의 구조 및 주입법에 대하여 적으시오.
① Ⅰ형
② Ⅱ형
③ 특형

해설

포방출구의 구분

㉠ Ⅰ형 : 고정지붕구조의 탱크에 상부 포주입법(고정포방출구를 탱크 옆판의 상부에 설치하여 액표면상에 포를 방출하는 방법을 말한다. 이하 같다)을 이용하는 것으로서 방출된 포가 액면 아래로 몰입되거나 액면을 뒤섞지 않고 액면상을 덮을 수 있는 통계단 또는 미끄럼판 등의 설비 및 탱크 내의 위험물 증기가 외부로 역류되는 것을 저지할 수 있는 구조·기구를 갖는 포방출구

㉡ Ⅱ형 : 고정지붕구조 또는 부상덮개부착 고정지붕구조(옥외저장탱크의 액상에 금속제의 플로팅, 팬 등의 덮개를 부착한 고정지붕구조의 것을 말한다. 이하 같다)의 탱크에 상부 포주입법을 이용하는 것으로서 방출된 포가 탱크 옆판의 내면을 따라 흘러내려가면서 액면 아래로 몰입되거나 액면을 뒤섞지 않고 액면상을 덮을 수 있는 반사판 및 탱크 내의 위험물 증기가 외부로 역류되는 것을 저지할 수 있는 구조·기구를 갖는 포방출구

㉢ 특형 : 부상지붕구조의 탱크에 상부 포주입법을 이용하는 것으로서 부상지붕의 부상부분 상에 높이 0.9m 이상의 금속제 칸막이(방출된 포의 유출을 막을 수 있고 충분한 배수능력을 갖는 배수구를 설치한 것에 한한다)를 탱크 옆판의 내측으로부터 1.2m 이상 이격하여 설치하고 탱크 옆판과 칸막이에 의하여 형성된 환상부분(이하 "환상부분"이라 한다)에 포를 주입하는 것이 가능한 구조의 반사판을 갖는 포방출구

㉣ Ⅲ형 : 고정지붕구조의 탱크에 저부 포주입법(탱크의 액면하에 설치된 포방출구로부터 포를 탱크 내에 주입하는 방법을 말한다)을 이용하는 것으로서 송포관(발포기 또는 포발생기에 의하여 발생된 포를 보내는 배관을 말한다. 해당 배관으로 탱크 내의 위험물이 역류되는 것을 저지할 수 있는 구조·기구를 갖는 것에 한한다. 이하 같다)으로부터 포를 방출하는 포방출구(Ⅲ형의 포방출구를 설치하기 위한 위험물의 조건은 1. 비수용성, 2. 저장온도 50℃ 이하, 3. 동점도(動粘度) 100cSt 이하이다.)

㉤ Ⅳ형 : 고정지붕구조의 탱크에 저부 포주입법을 이용하는 것으로서 평상시에는 탱크의 액면하의 저부에 설치된 격납통(포를 보내는 것에 의하여 용이하게 이탈되는 캡을 갖는 것을 포함한다)에 수납되어 있는 특수호스 등이 송포관의 말단에 접속되어 있다가 포를 보내는 것에 의하여 특수호스 등이 전개되어 그 선단이 액면까지 도달한 후 포를 방출하는 포방출구

해답

① 고정지붕구조의 탱크에 상부 포주입법
② 고정지붕구조 또는 부상덮개부착 고정지붕구조의 탱크에 상부 포주입법
③ 부상지붕구조의 탱크에 상부 포주입법

제62회 위험물기능장 실기
(2017년 9월 9일 시행)

01 다음 주어진 물질 중에서 물과 반응하여 ① 발생하는 가스의 위험도가 가장 큰 물질의 물과의 반응식과 ② 발생하는 가스의 위험도를 구하시오.

> 인화알루미늄, 과산화마그네슘, 수소화칼륨, 탄화칼슘

해설

- $AlP + 3H_2O \rightarrow Al(OH)_3 + PH_3$
- $KH + H_2O \rightarrow KOH + H_2$
- $MgO_2 + H_2O \rightarrow Mg(OH)_2 + [O]$
- $CaC_2 + 2H_2O \rightarrow Ca(OH)_2 + C_2H_2$

$H = \dfrac{U-L}{L}$ 이므로 인화알루미늄의 물과의 접촉반응으로 발생하는 포스핀의 경우

연소범위는 1.6~95%이므로 $H = \dfrac{95-1.6}{1.6} ≒ 58.38$

해답

① $AlP + 3H_2O \rightarrow Al(OH)_3 + PH_3$ ② 58.38

02 다음 주어진 동식물유류를 건성유와 불건성유로 구분하여 적으시오.

> 들기름, 아마인유, 동유, 정어리유, 올리브유, 피마자유, 동백유, 땅콩기름, 야자유

해설

아이오딘값 : 유지 100g에 부가되는 아이오딘의 g수. 불포화도가 증가할수록 아이오딘값이 증가하며, 자연발화의 위험이 있다.
㉠ 건성유 : 아이오딘값이 130 이상인 것
  이중결합이 많아 불포화도가 높기 때문에 공기 중에서 산화되어 액 표면에 피막을 만드는 기름
  예) 아마인유, 들기름, 동유, 정어리기름, 해바라기유 등
㉡ 반건성유 : 아이오딘값이 100~130인 것
  공기 중에서 건성유보다 얇은 피막을 만드는 기름
  예) 참기름, 옥수수기름, 청어기름, 채종유, 면실유(목화씨유), 콩기름, 쌀겨유 등
㉢ 불건성유 : 아이오딘값이 100 이하인 것
  공기 중에서 피막을 만들지 않는 안정된 기름
  예) 올리브유, 피마자유, 야자유, 땅콩기름, 동백유 등

해답

① 건성유 : 들기름, 아마인유, 동유, 정어리유
② 불건성유 : 올리브유, 피마자유, 동백유, 땅콩기름, 야자유

03 다음은 위험물을 취급하는 제조소 등에 대한 피난설비 설치기준이다. 괄호 안을 알맞게 채우시오.

① 주유취급소 중 건축물의 (㉮)층 이상의 부분을 점포 · 휴게음식점 또는 전시장의 용도로 사용하는 것에 있어서는 해당 건축물의 2층 이상으로부터 직접 주유취급소의 부지 밖으로 통하는 출입구와 해당 출입구로 통하는 통로 · 계단 및 출입구에 (㉯)을 설치하여야 한다.

② 옥내주유취급소에 있어서는 해당 사무소 등의 출입구 및 피난구와 해당 피난구로 통하는 통로 · 계단 및 출입구에 (   )을 설치하여야 한다.

③ 유도등에는 비상전원을 설치하여야 한다.

해답

① ㉮ 2, ㉯ 유도등
② 유도등

04 다음 주어진 위험물의 구조식을 그리시오.

① 나이트로글리세린
② 과산화벤조일

해설

① 나이트로글리세린의 일반적 성질

㉠ 다이너마이트, 로켓, 무연화약의 원료로 순수한 것은 무색투명한 기름성의 액체(공업용 시판품은 담황색)이며 점화하면 즉시 연소하고 폭발력이 강하다.

㉡ 물에는 거의 녹지 않으나 메탄올, 벤젠, 클로로폼, 아세톤 등에는 녹는다.

㉢ 다공질 물질을 규조토에 흡수시켜 다이너마이트를 제조한다.

㉣ 분자량 227, 비중 1.6, 융점 2.8℃, 비점 160℃

㉤ 40℃에서 분해되기 시작하고 145℃에서 격렬히 분해되며 200℃ 정도에서 스스로 폭발한다.

$$4C_3H_5(ONO_2)_3 \rightarrow 12CO_2 + 10H_2O + 6N_2 + O_2$$

② 과산화벤조일의 일반적 성질

㉠ 무미, 무취의 백색분말 또는 무색의 결정성 고체로 물에는 잘 녹지 않으나 알코올 등에는 잘 녹는다.

㉡ 운반 시 30% 이상의 물을 포함시켜 풀 같은 상태로 수송된다.

㉢ 상온에서는 안정하나 산화작용을 하며, 가열하면 약 100℃ 부근에서 분해된다.

㉣ 비중 1.33, 융점 103~105℃, 발화온도 125℃

해답

①
```
      H   H   H
      |   |   |
  H－C－C－C－H
      |   |   |
      O   O   O
      |   |   |
     NO2 NO2 NO2
```

②
```
  ◯－C－O－O－C－◯
      ‖         ‖
      O         O
```

05 위험물제조소 등에 대한 위험물탱크안전성능검사의 종류를 4가지 적으시오.

해설

탱크안전성능검사의 대상이 되는 탱크 및 신청시기

① 기초·지반 검사	검사대상	옥외탱크저장소의 액체위험물 탱크 중 그 용량이 100만L 이상인 탱크
	신청시기	위험물탱크의 기초 및 지반에 관한 공사의 개시 전
② 충수·수압 검사	검사대상	액체위험물을 저장 또는 취급하는 탱크
	신청시기	위험물을 저장 또는 취급하는 탱크에 배관, 그 밖에 부속설비를 부착하기 전
③ 용접부검사	검사대상	①의 규정에 의한 탱크
	신청시기	탱크 본체에 관한 공사의 개시 전
④ 암반탱크검사	검사대상	액체위험물을 저장 또는 취급하는 암반 내의 공간을 이용한 탱크
	신청시기	암반탱크의 본체에 관한 공사의 개시 전

해답

① 기초·지반검사 ② 충수·수압검사 ③ 용접부검사 ④ 암반탱크검사

06 다음은 위험물의 저장 및 취급에 관한 공통기준이다. 괄호 안을 알맞게 채우시오.
① 위험물을 저장 또는 취급하는 건축물, 그 밖의 공작물 또는 설비는 해당 위험물의 성질에 따라 (㉮) 또는 (㉯)를 해야 한다.
② 위험물을 (㉮) 중에 보존하는 경우에는 해당 위험물이 (㉯)으로부터 노출하지 아니하도록 하여야 한다.
③ 가연성의 액체·증기 또는 가스가 새거나 체류할 우려가 있는 장소 또는 가연성의 미분이 현저하게 부유할 우려가 있는 장소에서는 전선과 전기기구를 완전히 접속하고 (   )을 발하는 기계·기구·공구 등을 사용하거나 마찰에 의하여 불꽃을 발산하는 기계·기구·공구·신발 등을 사용하지 아니하여야 한다.

해답

① ㉮ 차광, ㉯ 환기
② ㉮ 보호액, ㉯ 보호액
③ 불꽃

07 이송취급소의 설치에 필요한 긴급차단밸브 및 차단밸브에 관한 첨부서류의 종류 5가지를 쓰시오.

해설

위험물안전관리법 시행규칙 [별표 1] 참조

해답

① 구조설명서
② 기능설명서
③ 강도에 관한 설명
④ 제어계통도
⑤ 밸브의 종류, 형식, 재료에 관하여 기재한 서류

08 위험물제조소의 경우 가연성의 증기 또는 미분이 체류할 우려가 있는 건축물에는 그 증기 또는 미분을 옥외의 높은 곳으로 배출할 수 있도록 배출설비를 국소방식으로 해야 한다. 전역방식으로 할 수 있는 경우 2가지를 적으시오.

해설

위험물제조소의 배출설비 기준

가연성의 증기 또는 미분이 체류할 우려가 있는 건축물에는 그 증기 또는 미분을 옥외의 높은 곳으로 배출할 수 있도록 다음의 기준에 의하여 배출설비를 설치하여야 한다.

㉮ 배출설비는 국소방식으로 하여야 한다. 다만, 다음의 어느 하나에 해당하는 경우에는 전역방식으로 할 수 있다.

  ㉠ 위험물취급설비가 배관이음 등으로만 된 경우
  ㉡ 건축물의 구조 · 작업장소의 분포 등의 조건에 의하여 전역방식이 유효한 경우

㉯ 배출설비는 배풍기 · 배출덕트 · 후드 등을 이용하여 강제적으로 배출하는 것으로 하여야 한다.

㉰ 배출능력은 1시간당 배출장소 용적의 20배 이상인 것으로 하여야 한다. 다만, 전역방식의 경우에는 바닥면적 $1m^2$당 $18m^3$ 이상으로 할 수 있다.

해답

① 위험물취급설비가 배관이음 등으로만 된 경우
② 건축물의 구조 · 작업장소의 분포 등의 조건에 의하여 전역방식이 유효한 경우

09 위험물안전관리법상 2가지 이상 포함하는 물품이 속하는 품명의 판단기준에 대해 다음 괄호 안을 알맞게 채우시오.

① 복수성상물품이 산화성 고체의 성상 및 가연성 고체의 성상을 가지는 경우
   : 제( )류에 의한 품명
② 복수성상물품이 산화성 고체의 성상 및 자기반응성 물질의 성상을 가지는 경우
   : 제( )류에 의한 품명
③ 복수성상물품이 가연성 고체의 성상과 자연발화성 물질의 성상 및 금수성 물질의 성상을 가지는 경우 : 제( )류에 의한 품명
④ 복수성상물품이 자연발화성 물질의 성상, 금수성 물질의 성상 및 인화성 액체의 성상을 가지는 경우 : 제( )류에 의한 품명
⑤ 복수성상물품이 인화성 액체의 성상 및 자기반응성 물질의 성상을 가지는 경우
   : 제( )류에 의한 품명

해설

위험물안전관리법 시행령 [별표 8]에서 위험물의 성질란에 규정된 성상을 2가지 이상 포함하는 물품(이하 이 호에서 "복수성상물품"이라 한다)이 속하는 품명의 판단기준은 다음과 같다.

① 복수성상물품이 산화성 고체의 성상 및 가연성 고체의 성상을 가지는 경우 : 제2류에 의한 품명
② 복수성상물품이 산화성 고체의 성상 및 자기반응성 물질의 성상을 가지는 경우 : 제5류에 의한 품명
③ 복수성상물품이 가연성 고체의 성상과 자연발화성 물질의 성상 및 금수성 물질의 성상을 가지는 경우 : 제3류에 의한 품명
④ 복수성상물품이 자연발화성 물질의 성상, 금수성 물질의 성상 및 인화성 액체의 성상을 가지는 경우 : 제3류에 의한 품명
⑤ 복수성상물품이 인화성 액체의 성상 및 자기반응성 물질의 성상을 가지는 경우 : 제5류에 의한 품명

해답

① 2, ② 5, ③ 3, ④ 3, ⑤ 5

10 제3류 위험물인 칼륨에 대해 다음 물음에 답하시오..
① 이산화탄소와의 반응식
② 에탄올과의 반응식
③ 사염화탄소와의 반응식

해설

①, ③ CO_2, CCl_4와 격렬히 반응하여 연소, 폭발의 위험이 있으며, 연소 중에 모래를 뿌리면 규소(Si) 성분과 격렬히 반응한다.

$4K+3CO_2 \rightarrow 2K_2CO_3+C$ (연소·폭발), $4K+CCl_4 \rightarrow 4KCl+C$ (폭발)

② 알코올과 반응하여 칼륨에틸레이트를 만들며 수소를 발생한다.

$2K+2C_2H_5OH \rightarrow 2C_2H_5OK+H_2$

해답

① $4K+3CO_2 \rightarrow 2K_2CO_3+C$

② $2K+2C_2H_5OH \rightarrow 2C_2H_5OK+H_2$

③ $4K+CCl_4 \rightarrow 4KCl+C$

11 다음 주어진 제조소 등의 구분에 따른 소화설비를 적으시오.

제조소 등의 구분			소화설비
옥내 저장소	처마높이가 6m 이상인 단층건물 또는 다른 용도의 부분이 있는 건축물에 설치한 옥내저장소		①
	그 밖의 것		옥외소화전설비, 스프링클러설비, 이동식 외의 물분무 등 소화설비 또는 이동식 포소화설비(포소화전을 옥외에 설치하는 것에 한한다)
옥외 탱크 저장소	지중탱크 또는 해상탱크 외의 것	황만을 저장, 취급하는 것	②
		인화점 70℃ 이상의 제4류 위험물만을 저장, 취급하는 것	③
		그 밖의 것	고정식 포소화설비(포소화설비가 적응성이 없는 경우에는 분말소화설비)
	지중탱크		고정식 포소화설비, 이동식 이외의 불활성가스소화설비 또는 이동식 이외의 할로겐화합물소화설비
	해상탱크		고정식 포소화설비, 물분무포소화설비, 이동식 이외의 불활성가스소화설비 또는 이동식 이외의 할로겐화합물소화설비

해답

① 스프링클러설비 또는 이동식 외의 물분무 등 소화설비

② 물분무소화설비

③ 물분무소화설비 또는 고정식 포소화설비

12 위험물제조소와 학교와의 거리가 20m로 위험물안전에 의한 안전거리를 충족할 수 없어서 방화상 유효한 담을 설치하고자 한다. 위험물제조소 외벽 높이 10m, 학교 높이 15m이며, 위험물제조소와 방화상 유효한 담의 거리는 5m인 경우 방화상 유효한 담의 높이를 쓰시오. (단, 학교건물은 방화구조이고, 위험물제조소에 면한 부분의 개구부에 방화문이 설치되어 있지 않다.)

해설

제조소 등의 안전거리의 단축기준
취급하는 위험물이 최대수량(지정수량 배수)의 10배 미만이고, 주거용 건축물, 문화재, 학교 등의 경우 불연재료로 된 방화상 유효한 담 또는 벽을 설치하는 경우에는 안전거리를 단축할 수 있다.

• 방화상 유효한 담의 높이

㉠ $H \leq pD^2 + a$인 경우 : $h = 2$

㉡ $H > pD^2 + a$인 경우 : $h = H - p(D^2 - d^2)$

㉢ D, H, a, d, h 및 p는 다음과 같다.

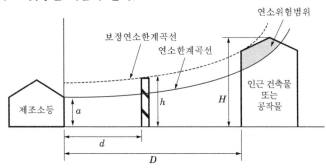

여기서, D : 제조소 등과 인근 건축물 또는 공작물과의 거리(m)

　　　 H : 인근 건축물 또는 공작물의 높이(m)

　　　 a : 제조소 등의 외벽의 높이(m)

　　　 d : 제조소 등과 방화상 유효한 담과의 거리(m)

　　　 h : 방화상 유효한 담의 높이(m)

인근 건축물 또는 공작물의 구분	p의 값
• 학교 · 주택 · 문화재 등의 건축물 또는 공작물이 목조인 경우 • 학교 · 주택 · 문화재 등의 건축물 또는 공작물이 방화구조 또는 내화구조이고, 제조소 등에 면한 부분의 개구부에 60분+방화문 · 60분방화문 또는 30분방화문이 설치되지 않은 경우	0.04
• 학교 · 주택 · 문화재 등의 건축물 또는 공작물이 방화구조인 경우 • 학교 · 주택 · 문화재 등의 건축물 또는 공작물이 방화구조 또는 내화구조이고, 제조소 등에 면한 부분의 개구부에 30분방화문이 설치된 경우	0.15
학교 · 주택 · 문화재 등의 건축물 또는 공작물이 내화구조이고, 제조소 등에 면한 개구부에 60분+방화문 또는 60분방화문이 설치된 경우	∞

따라서 학교건물은 방화구조이고, 위험물제조소에 면한 부분의 개구부에 방화문이 설치되지 않았으므로 상수 $p = 0.04$이고, $H \leq pD^2 + a$인 경우에 해당한다.

$15 > (0.04)(20)^2 + 10 = 26$　　　∴ $h = 2$m로 해야 한다.

해답

2m

13 ANFO 폭약에 관하여 다음 물음에 답하시오.
① 분자식
② 분해반응식

[해설]

질산암모늄은 강력한 산화제로 화약의 재료이며, 200℃에서 열분해하여 산화이질소와 물을 생성한다. 특히 ANFO 폭약은 NH_4NO_3와 경유를 94%와 6%로 혼합하여 기폭약으로 사용하며 단독으로도 폭발의 위험이 있다. 그리고 약 220℃에서 가열할 때 분해되어 아산화질소(N_2O)와 수증기(H_2O)를 발생시키고 계속 가열하면 폭발한다.

$NH_4NO_3 \rightarrow N_2O + 2H_2O(\text{at } 200℃)$

[해답]

① NH_4NO_3

② $2NH_4NO_3 \rightarrow 2N_2 + 4H_2O + O_2$

14 뚜껑이 개방된 용기에 1기압 10℃의 공기가 있다. 이것을 400℃로 가열할 때 처음 공기량의 몇 %가 용기 밖으로 나오는지 구하시오.

[해설]

샤를의 법칙에서

$$\frac{V_1}{T_1} = \frac{V_2}{T_2}$$

$$V_2 = \frac{T_2 V_1}{T_1} = \frac{(400+273.15)\text{K} \cdot V_1}{(10+273.15)\text{K}} = 2.377 V_1$$

밖에 나온 공기량 $= 2.377 V_1 - V_1 = 1.377 V_1$

$\therefore$ 용기 밖으로 나온 공기량(%) $= \dfrac{밖으로 ~ 나온 ~ 공기량}{전체 ~ 공기량} \times 100 = \dfrac{1.377 V_1}{2.377 V_1} \times 100 = 57.93\%$

[해답]

57.93%

15 하이드록실아민 200kg을 취급하는 위험물제조소에서의 안전거리를 구하시오. (단, 하이드록실아민은 시험결과에 따라 제2종으로 분류되었다.)

[해설]

하이드록실아민(N_3NO)은 제5류 위험물로서, 시험결과에 따라 제2종으로 분류되었으므로 지정수량은 100kg이다.

지정수량 배수 $= \dfrac{저장수량}{지정수량} = \dfrac{200\text{kg}}{100\text{kg}} = 2배$

$D = 51.1 \times \sqrt[3]{N}$

여기서, D : 안전거리(m)

   N : 해당 제조소에서 취급하는 하이드록실아민 등의 지정수량의 배수

즉, $D = 51.1 \times \sqrt[3]{2} = 64.38\text{m}$이다.

[해답]

64.38m

16 주유취급소에 설치하는 표지판과 게시판 기준에 대해 적으시오.

해답

① 주유 중 엔진 정지 표지판 기준
　　㉠ 규격 : 한 변의 길이 0.3m 이상, 다른 한 변의 길이 0.6m 이상
　　㉡ 색깔 : 황색바탕에 흑색문자
② 화기 엄금 게시판 기준
　　㉮ 규격 : 한 변의 길이 0.3m 이상, 다른 한 변의 길이 0.6m 이상
　　㉯ 색깔 : 적색바탕에 백색문자

17 할로젠원소의 오존층파괴지수인 ODP를 구하는 식을 적으시오.

해설

ODP(Ozone Depletion Potential) : 오존층 파괴지수

$$ODP = \frac{물질\ 1kg에\ 의해\ 파괴되는\ 오존량}{CFC-11\ 1kg에\ 의해\ 파괴되는\ 오존량}$$

해답

$$ODP = \frac{물질\ 1kg에\ 의해\ 파괴되는\ 오존량}{CFC-11\ 1kg에\ 의해\ 파괴되는\ 오존량}$$

18 다음은 포소화설비의 기동장치에 관한 기준이다. 괄호 안을 알맞게 채우시오.
① 자동식 기동장치는 (　　　)의 작동 또는 폐쇄형 스프링클러헤드의 개방과 연동하여
　가압송수장치, 일제개방밸브 및 포소화약제 혼합장치가 기동될 수 있도록 할 것
② 수동식 기동장치
　　㉠ 직접조작 또는 (　　)에 의하여 가압송수장치, 수동식 개방밸브 및 포소화약제 혼합
　　　장치를 기동할 수 있을 것
　　㉡ 2 이상의 방사구역을 갖는 포소화설비는 방사구역을 선택할 수 있는 구조로 할 것
　　㉢ 기동장치의 조작부는 화재 시 접근이 용이하고 바닥면으로부터 (　　) 이상,
　　　(　　　) 이하의 높이에 설치할 것
　　㉣ 기동장치의 (　　)에는 유리 등에 의한 방호조치가 되어 있을 것
　　㉤ 기동장치의 조작부 및 호스 접속구에는 직근의 보기 쉬운 장소에 각각 "기동장치의
　　　조작부" 또는 "접속구"라고 표시할 것

해답

① 자동화재탐지설비의 감지기
② ㉠ 원격조작
　　㉢ 0.8m, 1.5m
　　㉣ 조작부

19 다음 불활성기체 소화약제에 대한 구성성분을 쓰시오.
① 불연성·불활성 기체혼합가스(IG-01)
② 불연성·불활성 기체혼합가스(IG-100)
③ 불연성·불활성 기체혼합가스(IG-541)
④ 불연성·불활성 기체혼합가스(IG-55)

해설

소화설비에 적용되는 불활성기체 소화약제는 다음 표에서 정하는 것에 한한다.

소화약제	구성원소와 비율
불연성·불활성 기체혼합가스(IG-01)	$Ar : 100\%$
불연성·불활성 기체혼합가스(IG-100)	$N_2 : 100\%$
불연성·불활성 기체혼합가스(IG-541)	$N_2 : 52\%$, $Ar : 40\%$, $CO_2 : 8\%$
불연성·불활성 기체혼합가스(IG-55)	$N_2 : 50\%$, $Ar : 50\%$

해답

① Ar, ② N_2, ③ N_2, Ar, CO_2, ④ N_2, Ar

20 다음은 클리브랜드(Cleaveland)개방컵 인화점측정기에 의한 인화점 측정시험방법이다. 괄호 안을 알맞게 채우시오.
① 시험장소는 1기압, 무풍의 장소로 할 것
② 「인화점 및 연소점 시험방법-클리브랜드개방컵 시험방법」(KS M ISO 2592)에 의한 인화점측정기의 시료컵 표선까지 시험물품을 채우고 시험물품 표면의 기포를 제거할 것
③ 시험불꽃을 점화하고 화염의 크기를 직경 (㉮)mm가 되도록 조정할 것
④ 시험물품의 온도가 60초간 (㉯)℃의 비율로 상승하도록 가열하고 설정온도보다 55℃ 낮은 온도에 달하면 가열을 조절하여 설정온도보다 28℃ 낮은 온도에서 60초간 (㉰)℃의 비율로 온도가 상승하도록 할 것
⑤ 시험물품의 온도가 설정온도보다 28℃ 낮은 온도에 달하면 시험불꽃을 시료컵의 중심을 횡단하여 일직선으로 (㉱)초간 통과시킬 것. 이 경우 시험불꽃의 중심을 시료컵 위쪽 가장자리의 상방 (㉲)mm 이하에서 수평으로 움직여야 한다.
⑥ ⑤의 방법에 의하여 인화하지 않는 경우에는 시험물품의 온도가 2℃ 상승할 때마다 시험불꽃을 시료컵의 중심을 횡단하여 일직선으로 1초간 통과시키는 조작을 인화할 때까지 반복할 것
⑦ ⑥의 방법에 의하여 인화한 온도와 설정온도와의 차가 4℃를 초과하지 않는 경우에는 해당 온도를 인화점으로 할 것
⑧ ⑤의 방법에 의하여 인화한 경우 및 ⑥의 방법에 의하여 인화한 온도와 설정온도와의 차가 4℃를 초과하는 경우에는 ② 내지 ⑥과 같은 순서로 반복하여 실시할 것

해답

㉮ 4, ㉯ 14, ㉰ 5.5, ㉱ 1, ㉲ 2

제63회
(2018년 5월 26일 시행)

위험물기능장 실기

01 다음 주어진 내용에 대해 특정옥외저장탱크의 용접방법을 쓰시오.
① 에눌러판과 에눌러판
② 에눌러판과 밑판
③ 옆판과 에눌러판
④ 옆판의 세로이음 및 가로이음 용접

해설

특정옥외저장탱크의 용접방법
㉮ 옆판의 용접
  ㉠ 세로이음 및 가로이음은 완전용입 맞대기용접으로 할 것
  ㉡ 옆판의 세로이음은 단을 달리하는 옆판의 각각의 세로이음과 동일선상에 위치하지 아니
     하도록 할 것. 이 경우 해당 세로이음간의 간격은 서로 접하는 옆판 중 두꺼운 쪽 옆판
     의 5배 이상으로 하여야 한다.
㉯ 옆판과 에눌러판(에눌러판이 없는 경우에는 밑판)과의 용접은 부분용입 그룹용접 또는 이와
   동등 이상의 용접강도가 있는 용접방법으로 용접할 것. 이 경우에 있어서 용접 비드(bead)
   는 매끄러운 형상을 가져야 한다.
㉰ 에눌러판과 에눌러판은 뒷면에 재료를 댄 맞대기용접으로 하고, 에눌러판과 밑판 및 밑판과
   밑판의 용접은 뒷면에 재료를 댄 맞대기용접 또는 겹치기용접으로 용접할 것. 이 경우에 에
   눌러판과 밑판의 용접부의 강도 및 밑판과 밑판의 용접부의 강도에 유해한 영향을 주는 흠
   이 있어서는 아니된다.

해답

① 뒷면에 재료를 댄 맞대기용접
② 뒷면에 재료를 댄 맞대기용접 또는 겹치기용접
③ 부분용입 그룹용접
④ 완전용입 맞대기용접

02 지하저장탱크의 과충전방지장치의 설치기준 2가지를 쓰시오.

해답

① 탱크용량을 초과하는 위험물이 주입될 때 자동으로 그 주입구를 폐쇄하거나 위험물의 공급을
   자동으로 차단하는 방법
② 탱크용량의 90%가 찰 때 경보음을 울리는 방법

03 특수인화물에 해당하는 아세트알데하이드를 다음과 같이 저장할 경우 유지해야 할 저장온도를 쓰시오.

① 보냉장치가 있는 이동저장탱크
② 보냉장치가 없는 이동저장탱크
③ 지하저장탱크 중 압력탱크에 저장하는 경우
④ 옥내저장탱크 중 압력탱크에 저장하는 경우
⑤ 옥외저장탱크 중 압력탱크 외에 저장하는 경우

[해답]

① 비점 이하
② 40℃ 이하
③ 40℃ 이하
④ 40℃ 이하
⑤ 15℃ 이하

04 454g의 나이트로글리세린이 완전연소해 분해할 때 발생하는 기체의 체적은 200℃, 1기압에서 몇 리터인지 쓰시오.

[해설]

㉮ 나이트로글리세린의 일반적 성질

㉠ 제5류 위험물 중 질산에스터류에 해당하며, 다이너마이트, 로켓, 무연화약의 원료로 순수한 것은 무색투명한 기름성의 액체(공업용 시판품은 담황색)이며, 점화하면 즉시 연소하고 폭발력이 강하다.

$$4C_3H_5(ONO_2)_3 \rightarrow 12CO_2 + 10H_2O + 6N_2 + O_2$$

㉡ 물에는 거의 녹지 않으나 메탄올, 벤젠, 클로로폼, 아세톤 등에는 녹는다.

㉢ 다공질 물질을 규조토에 흡수시켜 다이너마이트를 제조한다.

㉣ 분자량 227, 비중 1.6, 융점 2.8℃, 비점 160℃

㉯ 완전연소할 때 발생하는 기체의 몰수는 생성물의 전체 몰수이므로 29몰에 해당한다.

$$\frac{454g-C_3H_5(ONO_2)_3}{} \left| \frac{1mol-C_3H_5(ONO_2)_3}{227g-C_3H_5(ONO_2)_3} \right| \frac{29mol-gas}{4mol-C_3H_5(ONO_2)_3} = 14.5mol-gas$$

㉰ 따라서 이상기체 상태방정식을 사용하여 기체의 부피를 구할 수 있다.

$$PV = nRT$$

$$V = \frac{nRT}{P}$$

$$\therefore V = \frac{nRT}{P} = \frac{14.5mol \times 0.082L \cdot atm/K \cdot mol \times (200+273.15)}{1atm} = 562.57L$$

[해답]

562.57L

05 위험물안전관리법상 제4석유류로서 특수인화물에 해당하는 다이에틸에터에 대하여 다음 물음에 답하시오.

① 구조식
② 인화점
③ 비점
④ 햇빛에 의해 생성되는 물질
⑤ 햇빛에 의해 생성되는 물질 확인방법
⑥ 옥내저장소에서 2,550L를 저장할 때 확보해야 할 보유공지(단, 벽, 기둥 및 바닥의 내화구조로 된 건축물에 해당함)

해설

① 분자량 74.12, 비중 0.72, 비점 34℃, 인화점 −40℃, 발화점 180℃로 매우 낮고 연소범위 1.9~48%로 넓어 인화성, 발화성이 강하다.
② 직사광선에 분해되어 과산화물을 생성하므로 갈색병을 사용하여 밀전하고 냉암소 등에 보관하며 용기의 공간용적은 2% 이상으로 해야 한다.
③ 과산화물의 검출은 10% 아이오딘화칼륨(KI) 용액과의 황색반응으로 확인한다.
④ 옥내저장소의 보유공지

저장 또는 취급하는 위험물의 최대수량	공지의 너비	
	벽·기둥 및 바닥이 내화구조로 된 건축물	그 밖의 건축물
지정수량의 5배 이하	−	0.5m 이상
지정수량의 5배 초과 10배 이하	1m 이상	1.5m 이상
지정수량의 10배 초과 20배 이하	2m 이상	3m 이상
지정수량의 20배 초과 50배 이하	3m 이상	5m 이상
지정수량의 50배 초과 200배 이하	5m 이상	10m 이상
지정수량의 200배 초과	10m 이상	15m 이상

지정수량 배수의 합 $= \dfrac{\text{A품목 저장수량}}{\text{A품목 지정수량}} = \dfrac{2{,}550L}{50L} = 51$배이므로, 보유공지는 5m 이상 확보해야 한다.

해답

①
```
    H  H     H  H
    |  |     |  |
H — C — C — O — C — C — H
    |  |     |  |
    H  H     H  H
```
② −40℃
③ 34℃
④ 과산화물
⑤ 10% 아이오딘화칼륨(KI)
⑥ 5m 이상

06 다음 주어진 위험물질의 물과의 화학반응식과 발생기체의 연소반응식을 쓰시오.
① 탄화칼슘
　ㄱ 물과의 반응식
　ㄴ 발생기체의 연소반응식
② 탄화알루미늄
　ㄱ 물과의 반응식
　ㄴ 발생기체의 연소반응식

해답

① 탄화칼슘
　ㄱ 물과의 반응식 : $CaC_2 + 2H_2O \rightarrow Ca(OH)_2 + C_2H_2$
　ㄴ 발생기체의 연소반응식 : $2C_2H_2 + 5O_2 \rightarrow 4CO_2 + 2H_2O$
② 탄화알루미늄
　ㄱ 물과의 반응식 : $Al_4C_3 + 12H_2O \rightarrow 4Al(OH)_3 + 3CH_4$
　ㄴ 발생기체의 연소반응식 : $CH_4 + 2O_2 \rightarrow CO_2 + 2H_2O$

07 제3류 위험물인 트라이에틸알루미늄에 대해 다음 물음에 답하시오.
① 연소반응식
② 물과의 반응식
③ 염산과의 반응식
④ 에탄올과의 반응식

해설

트라이에틸알루미늄$[(C_2H_5)_3Al]$의 일반성질
ㄱ 무색, 투명한 액체로 외관은 등유와 유사한 가연성으로 $C_1 \sim C_4$는 자연발화성이 강하다. 공기 중에 노출되어 공기와 접촉하여 백연을 발생하며 연소한다. 단, C_5 이상은 점화하지 않으면 연소하지 않는다.
　$2(C_2H_5)_3Al + 21O_2 \rightarrow Al_2O_3 + 15H_2O + 12CO_2$
ㄴ 물, 산, 알코올과 접촉하면 폭발적으로 반응하여 에테인을 형성하고 이때 발열, 폭발에 이른다.
　$(C_2H_5)_3Al + 3H_2O \rightarrow Al(OH)_3 + 3C_2H_6$
　$(C_2H_5)_3Al + HCl \rightarrow (C_2H_5)_2AlCl + C_2H_6$
　$(C_2H_5)_3Al + 3C_2H_5OH \rightarrow Al(C_2H_5O)_3 + 3C_2H_6$

해답

① $2(C_2H_5)_3Al + 21O_2 \rightarrow Al_2O_3 + 15H_2O + 12CO_2$
② $(C_2H_5)_3Al + 3H_2O \rightarrow Al(OH)_3 + 3C_2H_6$
③ $(C_2H_5)_3Al + HCl \rightarrow (C_2H_5)_2AlCl + C_2H_6$
④ $(C_2H_5)_3Al + 3C_2H_5OH \rightarrow Al(C_2H_5O)_3 + 3C_2H_6$

08 위험물안전관리법상 관계인이 예방규정을 정하여야 할 제조소 등을 5가지 적으시오.

[해답]

① 지정수량의 10배 이상의 위험물을 취급하는 제조소

② 지정수량의 100배 이상의 위험물을 저장하는 옥외저장소

③ 지정수량의 150배 이상의 위험물을 저장하는 옥내저장소

④ 지정수량의 200배 이상의 위험물을 저장하는 옥외탱크저장소

⑤ 암반탱크저장소

⑥ 이송취급소

⑦ 지정수량의 10배 이상의 위험물을 취급하는 일반취급소. 다만, 제4류 위험물(특수인화물을 제외한다)만을 지정수량의 50배 이하로 취급하는 일반취급소(제1석유류 · 알코올류의 취급량이 지정수량의 10배 이하인 경우에 한한다)로서 다음의 어느 하나에 해당하는 것을 제외한다.

  ㉠ 보일러 · 버너 또는 이와 비슷한 것으로서 위험물을 소비하는 장치로 이루어진 일반취급소

  ㉡ 위험물을 용기에 옮겨 담거나 차량에 고정된 탱크에 주입하는 일반취급소

09 다음은 위험물안전관리법상 지정수량이 50kg, 분자량이 138.5g/mol이고, 400℃에서 서서히 분해가 시작되어 610℃에서 완전분해하는 물질에 대한 내용이다. 주어진 물음에 답하시오.

① 화학식

② 분해반응식

③ 운반용기 외부에 표시해야 할 주의사항

[해설]

$KClO_4$(과염소산칼륨)

㉮ 일반적 성질

  ㉠ 분자량 138.5, 비중 2.52, 분해온도 400℃, 융점 610℃

  ㉡ 무색무취의 결정 또는 백색분말로 불연성이지만 강한 산화제

  ㉢ 물에 약간 녹으며, 알코올이나 에터 등에는 녹지 않는다.

  ㉣ 염소산칼륨보다는 안정하나 가열, 충격, 마찰 등에 의해 분해된다.

㉯ 위험성

  ㉠ 약 400℃에서 열분해하기 시작하여 약 610℃에서 완전분해되어 염화칼륨과 산소를 방출하며, 이산화망가니즈 존재 시 분해온도가 낮아진다.

  $KClO_4 \rightarrow KCl + 2O_2$

  ㉡ 진한 황산과 접촉하면 폭발성 가스를 생성하고 튀는 듯이 폭발할 위험이 있다.

  ㉢ 금속분, 황, 강환원제, 에터, 목탄 등의 가연물과 혼합된 경우 착화에 의해 급격히 연소를 일으키며, 충격, 마찰 등에 의해 폭발한다.

[해답]

① $KClO_4$

② $KClO_4 \rightarrow KCl + 2O_2$

③ 화기주의, 충격주의, 가연물접촉주의

10 위험물안전관리법상 2가지 이상 포함하는 물품이 속하는 품명의 판단기준에 대해 다음 괄호 안을 알맞게 채우시오.
① 복수성상물품이 산화성 고체의 성상 및 가연성 고체의 성상을 가지는 경우
   : 제(   )류에 의한 품명
② 복수성상물품이 산화성 고체의 성상 및 자기반응성 물질의 성상을 가지는 경우
   : 제(   )류에 의한 품명
③ 복수성상물품이 가연성 고체의 성상과 자연발화성 물질의 성상 및 금수성 물질의 성상을 가지는 경우 : 제(   )류에 의한 품명
④ 복수성상물품이 자연발화성 물질의 성상, 금수성 물질의 성상 및 인화성 액체의 성상을 가지는 경우 : 제(   )류에 의한 품명
⑤ 복수성상물품이 인화성 액체의 성상 및 자기반응성 물질의 성상을 가지는 경우
   : 제(   )류에 의한 품명

해답
① 2, ② 5, ③ 3, ④ 3, ⑤ 5

11 위험물안전관리법상 인화성 고체에 대해 다음 물음에 답하시오.
① 정의
② 운반용기 외부에 표시해야 할 주의사항
③ 옥내저장소에서 1m 이상 간격을 두었을 경우 혼재 가능한 위험물의 유별을 모두 적으시오.

해답
① 고형알코올, 그 밖에 1기압에서 인화점이 40℃ 미만인 고체
② 화기엄금
③ 제4류 위험물

12 위험물안전관리법령상 다음 위험물의 정의를 쓰시오.
① 제1석유류
② 동식물유류

해답
① 아세톤, 휘발유, 그 밖에 1기압에서 인화점이 21℃ 미만인 것
② 동물의 지육 등 또는 식물의 종자나 과육으로부터 추출한 것으로서 1기압에서 인화점이 250℃ 미만인 것

13 휘발유를 취급하는 설비에서 할론 1301을 고정식 벽의 면적이 50m²이고, 전체 둘레면적이 200m²일 때 용적식 국소방출방식의 소화약제의 양(kg)을 쓰시오. (단, 방호공간의 체적은 600m³이다.)

[해설]

국소방출방식의 할로젠화물 소화설비는 다음에 의하여 산출된 양에 저장 또는 취급하는 위험물에 따라 [별표 2](휘발유=1.0)에 정한 소화약제에 따른 계수를 곱하고 다시 할론 2402 또는 할론 1211에 있어서는 1.1, 할론 1301에 있어서는 1.25를 각각 곱한 양 이상으로 할 것

다음 식에 의하여 구한 양에 방호공간의 체적을 곱한 양

$$Q = X - Y\frac{a}{A}$$

여기서, Q : 단위체적당 소화약제의 양(kg/m³)

a : 방호대상물 주위에 실제로 설치된 고정벽 면적의 합계(m²)

A : 방호공간 전체 둘레의 면적(m²)

X 및 Y : 다음 표에 정한 소화약제의 종류에 따른 수치

소화약제의 종별	X의 수치	Y의 수치
할론 2402	5.2	3.9
할론 1211	4.4	3.3
할론 1301	4.0	3.0

따라서, $Q = 4.0 - 3.0\frac{50}{200} = 3.25$

그러므로 소화약제의 양은 방호공간의 체적×할론 1301 계수×1.25이므로

$600\text{m}^3 \times 1 \times 1.25 \times 3.25\text{kg/m}^3 = 2,437.5\text{kg}$

[해답]

2,437.5kg

14 다음 물음에 알맞은 답을 쓰시오.
① 질산 분해반응식
② 과산화수소 분해반응식
③ 제6류 위험물 중 할로젠간화합물 1개

[해답]

① $4HNO_3 \longrightarrow 2H_2O + 4NO_2\uparrow + O_2$

② $2H_2O_2 \xrightarrow{\text{MnO}_2(촉매)} 2H_2O + O_2$

③ ICl, IBr, BrF_3, IF_5, BrF_5 중 1개

15 다음 그림과 같이 양쪽이 볼록한 타원형 탱크의 내용적(m^3)을 구하시오.

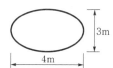

해설

$$V = \frac{\pi ab}{4}\left[l + \frac{l_1 + l_2}{3}\right] = \frac{\pi \times 4 \times 3}{4}\left[10 + \frac{2+2}{3}\right] = 106.81m^3$$

해답

$106.81m^3$

16 다음 보기에서 주어진 위험물에 대한 물음에 답하시오.

K_2O_2, Mg, K, CH_3CHO, CH_3COOH, $C_6H_5NO_2$, CH_3COCH_3, $C_6H_5NH_2$, H_2O_2, P_2S_5

① 차광막이 필요한 물질
② 방수천이 필요한 물질

해설

적재하는 위험물에 따른 조치사항

차광성이 있는 것으로 피복해야 하는 경우	방수성이 있는 것으로 피복해야 하는 경우
제1류 위험물 제3류 위험물 중 자연발화성 물질 제4류 위험물 중 특수인화물 제5류 위험물 제6류 위험물	제1류 위험물 중 알칼리금속의 과산화물 제2류 위험물 중 철분, 금속분, 마그네슘 제3류 위험물 중 금수성 물질

해답

① K_2O_2(과산화칼륨), CH_3CHO(아세트알데하이드), H_2O_2(과산화수소)
② K_2O_2(과산화칼륨), Mg(마그네슘), K(칼륨)

17 위험물제조소에 배출설비를 하려고 한다. 배출능력은 몇 m^3/h 이상이어야 하는지 쓰시오.
(단, 전역방출방식이 아니며, 가로 8m, 세로 6m, 높이 4m이다.)

해설

배출능력은 1시간당 배출장소용적의 20배 이상인 것으로 하여야 한다.
따라서, $8 \times 6 \times 4 = 192m^3 \times 20$배 $= 3,840m^3$

해답

$3,840m^3/h$

18 경유 12,000L를 저장 중인 해상탱크에 설치하여야 하는 소화설비 3가지를 쓰시오.

해설

소화난이도 등급 I의 제조소 등에 설치하여야 하는 소화설비

제조소 등의 구분			소화설비
옥외 탱크 저장소	지중탱크 또는 해상탱크 외의 것	황만을 저장 취급하는 것	물분무소화설비
		인화점 70℃ 이상의 제4류 위험물만을 저장 취급하는 것	물분무소화설비 또는 고정식 포소화설비
		그 밖의 것	고정식 포소화설비(포소화설비가 적응성이 없는 경우에는 분말소화설비)
	지중탱크		고정식 포소화설비, 이동식 이외의 불활성가스소화설비 또는 이동식 이외의 할로젠화합물소화설비
	해상탱크		고정식 포소화설비, 물분무포소화설비, 이동식 이외의 불활성가스소화설비 또는 이동식 이외의 할로젠화합물소화설비

해답

고정식 포소화설비, 물분무포소화설비, 이동식 이외의 불활성가스소화설비 또는 이동식 이외의 할로젠화합물소화설비

19 질산 600L, 과염소산 300L, 과산화수소 1,200L를 저장소에 저장할 때 지정수량의 몇 배수인지 쓰시오. (단, 질산 비중 1.51, 과염소산 비중 1.75, 과산화수소 비중 1.470이다.)

해설

제6류 위험물의 종류와 지정수량

성질	위험등급	품명	지정수량
산화성 액체	I	1. 과염소산($HClO_4$)	300kg
		2. 과산화수소(H_2O_2)	
		3. 질산(HNO_3)	
		4. 그 밖의 행정안전부령이 정하는 것 – 할로젠간화합물(ICl, IBr, BrF_3, BrF_5, IF_5 등)	

문제에서 부피를 L로 주어졌으므로 kg으로 환산하여 계산하여야 한다.

$$지정수량 배수의 합 = \frac{A품목 저장수량}{A품목 지정수량} + \frac{B품목 저장수량}{B품목 지정수량} + \frac{C품목 저장수량}{C품목 지정수량} + \cdots$$

$$= \frac{600 \times 1.51}{300kg} + \frac{300 \times 1.75}{300kg} + \frac{1,200 \times 1.47}{300kg}$$

$$= 3.02 + 1.75 + 5.88$$

$$= 10.65$$

해답

10.65배

20 다음은 위험물안전관리법상 고객이 직접 주유하는 주유취급소에 관한 내용이다. 물음에 답하시오.
① 셀프용 고정주유설비에서 휘발유의 상한 연속주유량
② 셀프용 고정주유설비에서 경유의 상한 연속주유량
③ 셀프용 고정주유설비에서 휘발유와 경유의 주유시간 상한
④ 셀프용 고정급유설비 1회 연속 급유량 상한
⑤ 셀프용 고정급유설비 급유시간 상한

[해설]

고객이 직접 주유하는 주유취급소의 특례
① 셀프용 고정주유설비의 기준
  ㉮ 주유호스의 선단부에 수동개폐장치를 부착한 주유노즐을 설치할 것. 다만, 수동개폐장치를 개방한 상태로 고정시키는 장치가 부착된 경우에는 다음의 기준에 적합하여야 한다.
    ㉠ 주유작업을 개시함에 있어서 주유노즐의 수동개폐장치가 개방상태에 있는 때에는 해당 수동개폐장치를 일단 폐쇄시켜야만 다시 주유를 개시할 수 있는 구조로 할 것
    ㉡ 주유노즐이 자동차 등의 주유구로부터 이탈된 경우 주유를 자동적으로 정지시키는 구조일 것
  ㉯ 주유노즐은 자동차 등의 연료탱크가 가득 찬 경우 자동적으로 정지시키는 구조일 것
  ㉰ 주유호스는 200kg 중 이하의 하중에 의하여 파단(破斷) 또는 이탈되어야 하고, 파단 또는 이탈된 부분으로부터의 위험물 누출을 방지할 수 있는 구조일 것
  ㉱ 휘발유와 경유 상호간의 오인에 의한 주유를 방지할 수 있는 구조일 것
  ㉲ 1회의 연속주유량 및 주유시간의 상한을 미리 설정할 수 있는 구조일 것. 이 경우 연속주유량 및 주유시간의 상한은 다음과 같다.
    ㉠ 휘발유는 100L 이하, 4분 이하로 할 것
    ㉡ 경유는 600L 이하, 12분 이하로 할 것
② 셀프용 고정급유설비의 기준
  ㉮ 급유호스의 선단부에 수동개폐장치를 부착한 급유노즐을 설치할 것
  ㉯ 급유노즐은 용기가 가득찬 경우에 자동적으로 정지시키는 구조일 것
  ㉰ 1회의 연속급유량 및 급유시간의 상한을 미리 설정할 수 있는 구조일 것. 이 경우 급유량의 상한은 100L 이하, 급유시간의 상한은 6분 이하로 한다.

[해답]

① 100L 이하
② 600L 이하
③ 휘발유 4분 이하, 경유 12분 이하
④ 100L 이하
⑤ 6분 이하

제64회
(2018년 8월 25일 시행)

위험물기능장 실기

01 이산화탄소소화설비 일반점검표 중 수동기동장치의 점검사항 3가지를 적으시오.

[해답]
① 조작부 주위의 장애물의 유무
② 표지의 손상의 유무 및 기재사항의 적부
③ 기능의 적부

02 다음은 피크린산에 대한 물음이다. 알맞게 답하시오.
① 구조식　　　　　　　　　　② 1몰 중의 질소함량(wt%)

[해설]

트라이나이트로페놀[T.N.P., 피크린산, $C_6H_2(NO_2)_3OH$]

㉠ 제5류 위험물(자기반응성 물질), 나이트로화합물
㉡ 순수한 것은 무색이나 보통 공업용은 휘황색의 침전결정이며, 충격, 마찰에 둔감하고 자연분
  해하지 않으므로 장기 저장해도 자연발화의 위험 없이 안정하다.
㉢ 찬물에는 거의 녹지 않으나 온수, 알코올, 에터, 벤젠 등에는 잘 녹는다.
㉣ 화기, 충격, 마찰, 직사광선을 피하고 황, 알코올 및 인화점이 낮은 석유류와의 접촉을 멀리한다.
㉤ 운반 시 10~20%의 물로 습윤하면 안전하다.
㉥ 피크린산[$C_6H_2(NO_2)_3OH$]의 분자량 : 229g/mol, 원자량 – C : 12, H : 1, N : 14, O : 16

$$피크린산[C_6H_2(NO_2)_3OH]의 \ 질소 \ 함유량 = \frac{질소 \ 함유량(g/mol)}{피크린산의 \ 분자량(g/mol)} \times 100$$

$$= \frac{42(g/mol)}{229(g/mol)} \times 100 = 18.34wt\%$$

[해답]
①　　　　　② 18.34wt%

03 다음 주어진 용어에 대해 설명하시오.
① 리프팅
② 역화

[해답]

① 연료가스의 분출속도가 연소속도보다 빠를 때 불꽃이 버너의 노즐에서 떨어져 나가서 연소하는 현상
② 연료가스의 분출속도가 연소속도보다 느릴 때 불꽃이 연소기의 내부로 들어가 혼합관 속에서 연소하는 현상

04 제3류 위험물 중 분자량이 144이고 물과 접촉하여 메테인을 생성시키는 물질의 반응식을 쓰시오.

[해설]

탄화알루미늄(Al_4C_3)
㉮ 일반적 성질
  ㉠ 순수한 것은 백색이나 보통은 황색의 결정이며, 건조한 공기 중에서는 안정하나 가열하면 표면에 산화피막을 만들어 반응이 지속되지 않는다.
  ㉡ 비중은 2.36이고, 분해온도는 1,400℃ 이상이다.
㉯ 위험성
  물과 반응하여 가연성, 폭발성의 메테인가스를 만들며, 밀폐된 실내에서 메테인이 축적되는 경우 인화성 혼합기를 형성하여 2차 폭발의 위험이 있다.
  $Al_4C_3 + 12H_2O \rightarrow 4Al(OH)_3 + 3CH_4$

[해답]

$Al_4C_3 + 12H_2O \rightarrow 4Al(OH)_3 + 3CH_4$

05 [보기]에 주어진 위험물을 인화점이 낮은 것부터 순서대로 나열하시오.

[보기] 다이에틸에터, 벤젠, 이황화탄소, 에탄올, 아세톤, 산화프로필렌

[해설]

품목	다이에틸에터	벤젠	이황화탄소	에탄올	아세톤	산화프로필렌
품명	특수인화물	제1석유류	특수인화물	알코올류	제1석유류	특수인화물
인화점	−40℃	−11℃	−30℃	13℃	−18.5℃	−37℃

[해답]

다이에틸에터 → 산화프로필렌 → 이황화탄소 → 아세톤 → 벤젠 → 에탄올

06 제5류 위험물로서 담황색 결정을 가진 폭발성 고체로 보관 중 직사광선에 의해 다갈색으로 변색할 우려가 있는 물질로서 분자량이 227g/mol인 위험물에 대해 다음 물음에 답하시오.
① 명칭
② 위험물안전관리법상 품명
③ 구조식

해설

트라이나이트로톨루엔[T.N.T., $C_6H_2CH_3(NO_2)_3$]

㉮ 일반적 성질
 ㉠ 순수한 것은 무색 결정 또는 담황색의 결정이며, 직사광선에 의해 다갈색으로 변하고, 중성으로 금속과는 반응이 없으며, 장기 저장해도 자연발화의 위험 없이 안정하다.
 ㉡ 물에는 불용이며, 에터, 아세톤 등에는 잘 녹고, 알코올에는 가열하면 약간 녹는다.
 ㉢ 충격감도는 피크르산보다 둔하지만 급격한 타격을 주면 폭발한다.
 ㉣ 몇 가지 이성질체가 있으며, 2, 4, 6-트라이나이트로톨루엔이 폭발력이 가장 강하다.
 ㉤ 비중 1.66, 융점 81℃, 비점 280℃, 분자량 227, 발화온도 약 300℃
 ㉥ 제법 : 1몰의 톨루엔과 3몰의 질산을 황산 촉매하에 반응시키면 나이트로화에 의해 T.N.T.가 만들어진다.

$$C_6H_5CH_3 + 3HNO_3 \xrightarrow[\text{나이트로화}]{c-H_2SO_4} T.N.T. + 3H_2O$$

㉯ 위험성
 ㉠ 강력한 폭약으로 피크린산보다는 약하나 점화하면 연소하지만 기폭약을 쓰지 않으면 폭발하지 않는다.
 ㉡ K, KOH, HCl, $Na_2Cr_2O_7$과 접촉 시 조건에 따라 발화하거나 충격, 마찰에 민감하고 폭발 위험성이 있으며, 분해되면 다량의 기체가 발생하고, 불완전연소 시 유독성의 질소산화물과 CO를 생성한다.

$$2C_6H_2CH_3(NO_2)_3 \rightarrow 12CO + 2C + 3N_2 + 5H_2$$

 ㉢ NH_4NO_3와 T.N.T.를 3 : 1wt%로 혼합하면 폭발력이 현저히 증가하여 폭파약으로 사용된다.

해답

① 트라이나이트로톨루엔
② 나이트로화합물
③

07 프로페인 45vol%, 에테인 30vol%, 뷰테인 25vol%로 된 혼합가스의 폭발하한계는 약 몇 vol%인지 구하시오. (단, 각 가스의 폭발하한계는 프로페인은 2.2vol%, 에테인은 3.0vol%, 뷰테인은 1.9vol%이다.)

해설

혼합가스의 폭발범위(르 샤틀리에의 공식)

$$\frac{100}{L} = \frac{V_1}{L_1} + \frac{V_2}{L_2} + \frac{V_3}{L_3} + \cdots \quad (단, \ V_1 + V_2 + V_3 + \cdots + V_n = 100)$$

여기서, L : 혼합가스의 폭발하한계(%)

$\quad\quad\quad L_1, \ L_2, \ L_3, \cdots$: 각 성분의 폭발하한계(%)

$\quad\quad\quad V_1, \ V_2, \ V_3, \cdots$: 각 성분의 체적(%)

$$\frac{100}{L} = \frac{45}{2.2} + \frac{30}{3.0} + \frac{25}{1.9} \fallingdotseq 43.61$$

$$\therefore \ L = \frac{100}{43.61} \fallingdotseq 2.29$$

해답

2.29

08 제3류 위험물인 트라이에틸알루미늄이 다음의 각 주어진 물질과 화학반응할 때 발생하는 가연성 가스를 화학식으로 적으시오.
① 물　　　　　　② 염소　　　　　　③ 산　　　　　　④ 알코올

해설

트라이에틸알루미늄$[(C_2H_5)_3Al]$의 일반적 성질

㉠ 무색투명한 액체로 외관은 등유와 유사한 가연성으로 $C_1 \sim C_4$는 자연발화성이 강하며, 공기 중에 노출되어 공기와 접촉하여 백연을 발생하며 연소한다. 단, C_5 이상은 점화하지 않으면 연소하지 않는다.

$\quad 2(C_2H_5)_3Al + 21O_2 \rightarrow 12CO_2 + Al_2O_3 + 15H_2O$

㉡ 물, 산, 알코올과 접촉하면 폭발적으로 반응하여 에테인을 형성하고 이때 발열, 폭발에 이른다.

$\quad (C_2H_5)_3Al + 3H_2O \rightarrow Al(OH)_3 + 3C_2H_6$

$\quad (C_2H_5)_3Al + HCl \rightarrow (C_2H_5)_2AlCl + C_2H_6$

$\quad (C_2H_5)_3Al + 3CH_3OH \rightarrow Al(CH_3O)_3 + 3C_2H_6$

㉢ 인화점의 측정치는 없지만 융점($-46℃$) 이하이기 때문에 매우 위험하며 200℃ 이상에서 폭발 적으로 분해되어 가연성 가스가 발생한다.

$\quad (C_2H_5)_3Al \rightarrow (C_2H_5)_2AlH + C_2H_4$

$\quad 2(C_2H_5)_2AlH \rightarrow 2Al + 3H_2 + 4C_2H_4$

㉣ 염소가스와 접촉하면 삼염화알루미늄이 생성된다.

$\quad (C_2H_5)_3Al + 3Cl_2 \rightarrow AlCl_3 + 3C_2H_5Cl$

해답

① C_2H_6　② C_2H_5Cl　③ C_2H_6　④ C_2H_6

09 비중 0.8인 10L의 메탄올이 완전히 연소될 때 소요되는 ① 이론산소량(kg)과 ② 25℃, 1atm에서 생성되는 이산화탄소의 부피(m³)를 계산하시오.

해설

① 메탄올의 무게는 10L×0.8kg/L=8kg

메탄올은 무색투명하며 인화가 쉽고, 연소는 완전연소를 하므로 불꽃이 잘 보이지 않는다.

$2CH_3OH + 3O_2 \rightarrow 2CO_2 + 4H_2O$

$$\frac{8kg-CH_3OH}{} \left| \frac{1kmol-CH_3OH}{32kg-CH_3OH} \right| \frac{3kmol-O_2}{2kmol-CH_3OH} \left| \frac{32kg-O_2}{1kmol-O_2} \right| = 12kg-O_2$$

② $$\frac{8kg-CH_3OH}{} \left| \frac{1kmol-CH_3OH}{32kg-CH_3OH} \right| \frac{2kmol-CO_2}{2kmol-CH_3OH} \left| \frac{44kg-CO_2}{1kmol-CO_2} \right| = 11kg-CO_2$$

표준상태(0℃, 1atm)에서의 부피는 이상기체 방정식을 사용하여 구할 수 있다.

$PV = nRT$

n은 몰(mole)수이며 $n = \dfrac{w(g)}{M(분자량)}$ 이므로 $PV = \dfrac{wRT}{M}$

$\therefore \ V = \dfrac{wRT}{PM} = \dfrac{11 \times 10^3 g \times 0.082 L \cdot atm/K \cdot mol \times (25 + 273.15)}{1atm \times 44 \times 10^3 g/mol} = 6.11 m^3 - CO_2$

해답

① 12kg

② 6.11m³

10 이동탱크의 내부압력이 상승할 경우 안전장치를 통하여 압력을 방출하여 탱크를 보호하기 위해 설치하는 안전장치가 다음 각각의 경우에 대해 작동해야 하는 압력의 기준을 쓰시오.
① 상용압력이 18kPa인 탱크
② 상용압력이 21kPa인 탱크

해설

안전장치의 작동압력

㉠ 설치목적 : 이동탱크의 내부압력이 상승할 경우 안전장치를 통하여 압력을 방출하여 탱크를 보호하기 위함.

㉡ 상용압력 20kPa 이하 : 20kPa 이상 24kPa 이하의 압력

㉢ 상용압력 20kPa 초과 : 상용압력의 1.1배 이하의 압력

해답

① 20kPa 이상 24kPa 이하의 압력

② 상용압력의 1.1배 이하의 압력이므로 21×1.1=23.1kPa 이하

11 제2류 위험물인 알루미늄(Al)이 다음 물질과 반응하는 경우 화학반응식을 적으시오.
① 염산
② 알칼리 수용액

해설

알루미늄의 위험성

㉠ 알루미늄 분말이 발화하면 다량의 열이 발생하며, 광택 및 흰 연기를 내면서 연소하므로 소화가 곤란하다.

$4Al + 3O_2 \rightarrow 2Al_2O_3$

㉡ 대부분의 산과 반응하여 수소가 발생한다(단, 진한질산 제외).

$2Al + 6HCl \rightarrow 2AlCl_3 + 3H_2$

㉢ 알칼리 수용액과 반응하여 수소가 발생한다.

$2Al + 2NaOH + 2H_2O \rightarrow 2NaAlO_2 + 3H_2$

㉣ 물과 반응하면 수소가스가 발생한다.

$2Al + 6H_2O \rightarrow 2Al(OH)_3 + 3H_2$

해답

① $2Al + 6HCl \rightarrow 2AlCl_3 + 3H_2$

② $2Al + 2NaOH + 2H_2O \rightarrow 2NaAlO_2 + 3H_2$

12 위험물안전관리법상 제1류 위험물로서 분자량이 138.5g/mol에 해당하는 물질에 관해 다음 각 물음에 답을 쓰시오.
① 지정수량
② 완전분해반응식을 쓰시오.
③ 이 물질 277g이 610℃에서 완전분해하여 생성되는 산소의 양은 0.8atm에서 부피는 몇 L에 해당하는가?

해설

과염소산칼륨(KClO₄) : 분자량 138.5g/mol, 분해온도 400℃, 융점 610℃, 비중 2.52

약 400℃ 부근에서 열분해되기 시작하여 540~560℃에서 과염소산칼륨(KClO₄)을 생성하고 다시 분해하여 염화칼륨(KCl)과 산소(O₂)를 방출한다.

$$\dfrac{277g \cancel{KClO_4}}{} \left| \dfrac{1mol \cancel{KClO_4}}{138.5g \cancel{KClO_4}} \right| \dfrac{2mol \cancel{O_2}}{1mol \cancel{KClO_4}} \left| \dfrac{32-O_2}{1mol \cancel{O_2}} \right| = 128g$$

$$V = \frac{wRT}{PM} = \frac{128g \cdot (0.082L \cdot atm/K \cdot mol) \cdot (610+273.15)K}{0.8atm \cdot 32g/mol} = 362.09L$$

해답

① 50kg

② $KClO_4 \rightarrow KCl + 2O_2$

③ 362.09L

13 다음 빈칸에 알맞은 명칭, 화학식, 증기비중, 품명을 채우시오.

명칭	화학식	증기비중	품명
에탄올	①	1.6	알코올류
프로판올	C_3H_7OH	②	③
n-뷰탄올	④	⑤	⑥
글리세린	⑦	3.2	⑧

해답

① C_2H_5OH ② 2.07   ③ 알코올류
④ C_4H_9OH ⑤ 2.55   ⑥ 제2석유류   ⑦ $C_3H_5(OH)_3$ ⑧ 제3석유류

14 제1류 위험물로서 분해온도가 400℃이고, 물이나 글리세린에 잘 녹으며, 흑색화약의 원료로 사용하는 물질에 대해 다음 물음에 답하시오.
① 분해반응식
② 위험물안전관리법상 위험등급
③ 표준상태에서 이 물질 1kg이 분해했을 때 발생하는 산소의 부피는 몇 L인가?

해설

KNO_3(질산칼륨, 질산카리, 초석)의 일반적 성질
㉠ 분자량 101, 비중 2.1, 융점 339℃, 분해온도 400℃, 용해도 26
㉡ 무색의 결정 또는 백색 분말로 차가운 자극성의 짠맛이 난다.
㉢ 물이나 글리세린 등에는 잘 녹고, 알코올에는 녹지 않으며, 수용액은 중성이다.
㉣ 약 400℃로 가열하면 분해되어 아질산칼륨(KNO_2)과 산소(O_2)가 발생하는 강산화제이다.
    $2KNO_3 \rightarrow 2KNO_2 + O_2$

$$\frac{1,000g-KNO_3}{} \left| \frac{1mol-KNO_3}{101g-KNO_3} \right| \frac{1mol-O_2}{2mol-KNO_3} \left| \frac{22.4L-O_2}{1mol-O_2} \right. = 110.89L$$

해답

① $2KNO_3 \rightarrow 2KNO_2 + O_2$
② Ⅱ등급
③ 110.89L

15 다음은 위험물안전관리법상 특정이송취급소에 관한 내용이다. 괄호 안을 알맞게 채우시오.

위험물을 이송하기 위한 배관의 연장(해당 배관의 기점 또는 종점이 2 이상인 경우에는 임의의 기점에서 임의의 종점까지의 해당 배관의 연장 중 최대의 것을 말한다. 이하 같다)이 (①)km를 초과하거나 위험물을 이송하기 위한 배관에 관계된 최대상용압력이 (②)kPa 이상이고 위험물을 이송하기 위한 배관의 연장이 (③)km 이상인 것

해답

① 15   ② 950   ③ 7

16 위험물제조소 설치 시 방화상 유효한 담을 설치하고자 할 때, 방화상 유효한 담의 높이를 구하는 공식을 쓰시오.

해설

제조소 등의 안전거리의 단축기준

취급하는 위험물이 최대수량(지정수량 배수)의 10배 미만이고, 주거용 건축물, 문화재, 학교 등의 경우 불연재료로 된 방화상 유효한 담 또는 벽을 설치하는 경우에는 안전거리를 단축할 수 있다.

해답

방화상 유효한 담의 높이

- $H \leq pD^2 + a$인 경우

  $h = 2$

- $H > pD^2 + a$인 경우

  $h = H - p(D^2 - d^2)$

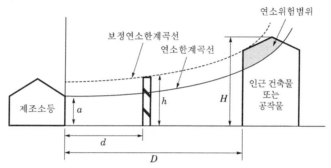

여기서, D : 제조소 등과 인근 건축물 또는 공작물과의 거리(m)

　　　　H : 인근 건축물 또는 공작물의 높이(m)

　　　　a : 제조소 등의 외벽의 높이(m)

　　　　d : 제조소 등과 방화상 유효한 담과의 거리(m)

　　　　h : 방화상 유효한 담의 높이(m)

17 위험물안전관리법상 선박주유취급소의 특례기준 중 수상구조물에 설치하는 고정주유설비의 설치기준 3가지를 적으시오.

해답

① 주유호스의 선단부에 수동개폐장치를 부착한 주유노즐을 설치하고, 개방한 상태로 고정시키는 장치를 부착하지 않을 것

② 주유노즐은 선박의 연료탱크가 가득 찬 경우 자동적으로 정지시키는 구조일 것

③ 주유호스는 200kg중 이하의 하중에 의하여 파단(破斷) 또는 이탈되어야 하고, 파단 또는 이탈된 부분으로부터의 위험물 누출을 방지할 수 있는 구조일 것

18 액체상태의 물 $1m^3$가 표준대기압 100℃에서 기체상태로 될 때 수증기의 부피가 약 1,700배로 증가하는 것을 이상기체방정식으로 증명하시오. (물의 비중은 $1,000kg/m^3$이다.)

해설

$$\frac{1m^3-H_2O}{} \left| \frac{1,000kg-H_2O}{1m^3-H_2O} \right| \frac{1,000g-H_2O}{1kg-H_2O} \left| \frac{1mol-H_2O}{18g-H_2O} \right| \fallingdotseq 55555.6mol-H_2O$$

$$V = \frac{nRT}{P}$$

$$= \frac{55555.6mol \cdot (0.08205L \cdot atm/K \cdot mol) \cdot (100+273.15)K}{1atm}$$

$$= 1,700,943L \fallingdotseq 1700.943m^3$$

따라서 액체상태의 물 $1m^3$의 물은 100℃ 수증기로 증발할 때 부피는 약 1,700배가 된다.

해답

액체상태의 물 $1m^3$의 물은 100℃ 수증기로 증발할 때 부피는 약 1,700배가 된다.

19 그림과 같이 옥외탱크저장소가 설치될 때 간막이둑에 대해 다음 물음에 답하시오.

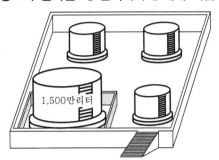

1,500만리터

① 최소높이
② 용량

해설

용량이 1,000만L 이상인 옥외저장탱크의 주위에 설치하는 방유제에는 다음의 규정에 따라 해당 탱크마다 간막이둑을 설치할 것
① 간막이둑의 높이는 0.3m(방유제 내에 설치되는 옥외저장탱크의 용량의 합계가 2억L를 넘는 방유제에 있어서는 1m) 이상으로 하되, 방유제의 높이보다 0.2m 이상 낮게 할 것
② 간막이둑은 흙 또는 철근콘크리트로 할 것
③ 간막이둑의 용량은 칸막이둑 안에 설치된 탱크용량의 10% 이상일 것
   1,500만리터×0.1=150만리터 이상

해답

① 0.3m 이상
② 150만리터 이상

20 다음은 소화난이도 I등급인 옥외탱크저장소와 옥내탱크저장소의 설치기준이다. 빈칸을 알맞게 채우시오.

옥외탱크 저장소	액표면적이 (①)m² 이상인 것(제6류 위험물을 저장하는 것 및 고인화점 위험물만을 (②)℃ 미만의 온도에서 저장하는 것은 제외)
	지반면으로부터 탱크 옆판의 상단까지 높이가 (③)m 이상인 것(제6류 위험물을 저장하는 것 및 고인화점 위험물만을 (④)℃ 미만의 온도에서 저장하는 것은 제외)
	지중탱크 또는 해상탱크로서 지정수량의 (⑤)배 이상인 것(제6류 위험물을 저장하는 것 및 고인화점 위험물만을 (⑥)℃ 미만의 온도에서 저장하는 것은 제외)
	고체 위험물을 저장하는 것으로서 지정수량의 100배 이상인 것
옥내탱크 저장소	액표면적이 (⑦)m² 이상인 것(제6류 위험물을 저장하는 것 및 고인화점 위험물만을 (⑧)℃ 미만의 온도에서 저장하는 것은 제외)
	바닥면으로부터 탱크 옆판의 상단까지 높이가 (⑨)m 이상인 것(제6류 위험물을 저장하는 것 및 고인화점 위험물만을 (⑩)℃ 미만의 온도에서 저장하는 것은 제외)
	탱크 전용실이 단층건물 외의 건축물에 있는 것으로서 인화점 38℃ 이상, 70℃ 미만의 위험물을 지정수량의 (⑪)배 이상 저장하는 것(내화구조로 개구부 없이 구획된 것은 제외한다)

해답

① 40 ② 100 ③ 6 ④ 100 ⑤ 100 ⑥ 100
⑦ 40 ⑧ 100 ⑨ 6 ⑩ 100 ⑪ 5

제65회
(2019년 4월 13일 시행)

위험물기능장 실기

01 다음 [보기]에 주어진 위험물을 위험등급별로 구분하시오.

[보기] 아염소산칼륨, 과산화나트륨, 과망가니즈산나트륨, 마그네슘, 황화인, 나트륨,
인화알루미늄, 휘발유, 나이트로글리세린

해답

① 위험등급 Ⅰ : 아염소산칼륨, 과산화나트륨, 나트륨, 나이트로글리세린
② 위험등급 Ⅱ : 황화인, 휘발유
③ 위험등급 Ⅲ : 과망가니즈산나트륨, 마그네슘, 인화알루미늄

02 안전관리대행기관의 지정기준에서 갖추어야 하는 장비 중 소화설비 점검기구에 해당하는
종류 5가지를 적으시오.

해설

안전관리대행기관의 지정기준
㉮ 기술인력
　㉠ 위험물기능장 또는 위험물산업기사 1인 이상
　㉡ 위험물산업기사 또는 위험물기능사 2인 이상
　㉢ 기계분야 및 전기분야의 소방설비기사 1인 이상
㉯ 시설 : 전용사무실을 갖출 것
㉰ 장비
　㉠ 절연저항계
　㉡ 접지저항측정기(최소눈금 0.1Ω 이하)
　㉢ 가스농도측정기(탄화수소계 가스의 농도 측정이 가능할 것)
　㉣ 정전기전위측정기
　㉤ 토크렌치
　㉥ 진동시험기
　㉦ 표면온도계(-10~300℃)
　㉧ 두께측정기(1.5~99.9mm)
　㉨ 안전용구(안전모, 안전화, 손전등, 안전로프 등)
　㉩ 소화설비 점검기구(소화전밸브압력계, 방수압력측정계, 포콜렉터, 헤드렌치, 포콘테이너)

해답

소화전밸브압력계, 방수압력측정계, 포콜렉터, 헤드렌치, 포콘테이너

03 다음 주어진 위험물의 정의를 위험물안전관리법에 근거하여 적으시오.
① 황
② 철분
③ 인화성 고체

[해답]

① "황"은 순도가 60중량퍼센트 이상인 것을 말한다. 이 경우 순도 측정에 있어서 불순물은 활석 등 불연성 물질과 수분에 한한다.
② "철분"이라 함은 철의 분말로서 53마이크로미터의 표준체를 통과하는 것이 50중량퍼센트 미만인 것은 제외한다.
③ "인화성 고체"라 함은 고형알코올, 그 밖에 1기압에서 인화점이 섭씨 40도 미만인 고체를 말한다.

04 화학공장의 위험성 평가방법 중 정성적 평가방법과 정량적 평가방법의 종류를 각각 3가지씩 적으시오.

[해설]

① 정성적 평가기법(HAZID) – Hazard Identification(Qualititative Assessment)
위험요소의 존재여부를 규명하고 확인하는 절차로서 정성적 평가방법을 사용한다.
㉮ 체크리스트법(Process check list) : 미리 준비된 체크리스트를 활용하여 최소한의 위험도를 인지하는 방법
㉯ 안전성 검토법(Safety review) : 공장의 운전과 유지절차가 설계목적과 기준에 부합되는지 확인하는 기법
㉰ 상대위험순위 분석법(Relative ranking) : 사고에 의한 피해 정도를 나타내는 상대적 위험순위와 정성적인 정보를 얻을 수 있는 방법
㉱ 예비위험 분석법(Preliminary hazard analysis) : 주목적은 위험을 일찍 인식하여 위험이 나중에 발견되었을 때 드는 비용을 절약하자는 것으로 공장개발의 초기단계에서 적용하여 공장입지 선정 시부터 유용하게 활용할 수 있는 기법
㉲ 위험과 운전성 분석법(Hazard & Operability study) : 설계의도에서 벗어나는 일탈현상(이상상태)을 찾아내어 공정의 위험요소와 운전상의 문제점을 도출하는 방법으로 여러 분야의 경험을 가진 전문가로 팀을 이루어서 토론에 의해 잠재적 위험요소를 도출하는 기법
㉳ 이상위험도 분석법(Failure modes, Effects and Criticality analysis)
㉠ Failure mode : 공정이나 공장 장치가 어떻게 고장 났는가에 대한 설명
㉡ Effects : 고장에 대해 어떤 결과가 발생될 것인가에 대한 설명
㉢ Criticality : 그 결과가 얼마나 치명적인가를 분석하여 위험도 순위를 만들어서 고장(Failure mode)의 영향을 파악하는 방법이다.
㉴ 작업자실수 분석법(Human error analysis) : 공장의 운전자, 보수반원, 기술자, 그리고 그 외의 다른 사람들의 작업에 영향을 미칠 수 있는 위험요소들을 평가하는 방법으로 사고를 일으킬 수 있는 실수가 생기는 상황을 알아내는 기법

⑩ 사고예상 질문법(What if …) : 정확하게 구체화되어 있지는 않지만 바람직하지 않은 결과를 초래할 수 있는 사건을 세심하게 고려해 보는 목적을 가지고 있으며, 설계, 건설, 운전단계, 공정의 수정 등에서 생길 수 있는 바람직하지 않은 결과를 조사하는 방법

② 정량적 평가기법(HAZAN) - Hazard Analysis(Quantitative Assessment)
정성적인 위험요소를 확률적으로 분석 평가하는 정량적 평가기법으로 분류할 수 있다.

㉮ 빈도 분석방법(Frequency analysis)
  ㉠ 결함수 분석법(Fault tree analysis) : 하나의 특정한 사고에 대하여 원인을 파악하는 연역적 기법으로 어떤 특정사고에 대해 원인이 되는 장치의 이상·고장과 운전자 실수의 다양한 조합을 표시하는 도식적 모델인 결함수 Diagram을 작성하여 장치 이상이나 운전자 실수의 상관관계를 도출하는 기법
  ㉡ 사건수 분석법(Event tree analysis) : 초기사건으로 알려진 특정장치의 이상이나 운전자의 실수로부터 발생되는 잠재적인 사고결과를 평가하는 귀납적 기법으로 도식적 모델인 사건수 Diagram을 작성하여 초기사건으로부터 후속사건까지의 순서 및 상관관계를 파악하는 방법

㉯ 사고 원인-결과 영향 분석방법(Cause-Consequence analysis) : 사고결과 분석(Consequence analysis)은 공정상에서 발생하는 화재, 폭발, 독성가스 누출 등의 중대산업 사고가 발생하였을 때 인간과 주변시설물에 어떻게 영향을 미치고 그 피해와 손실이 어느 정도인가를 평가하는 방법

㉰ 위험도 분석방법(Risk analysis)
  ㉠ 위험도 매트릭스(Risk Matrix)
  ㉡ F-N 커브(Frequence-Number Curve)
  ㉢ 위험도 형태(Risk Profile)
  ㉣ 위험도 밀도 커브(Risk Density Curve)

해답
① 정성적 위험성 평가방법 : 위 해설 중 택 3 기술
② 정량적 위험성 평가방법 : 위 해설 중 택 3 기술

---

05 트라이에틸알루미늄에 대해 다음 물음에 알맞은 답을 쓰시오.
① 물과의 반응식
② 물과의 반응으로 생성된 기체의 위험도

해설
트라이에틸알루미늄[$(C_2H_5)_3Al$]
① 물과 접촉하면 폭발적으로 반응하여 에테인을 형성하고 이때 발열, 폭발에 이른다.
  $(C_2H_5)_3Al + 3H_2O \rightarrow Al(OH)_3 + 3C_2H_6$
② 에테인가스의 경우 연소범위는 3~12.4이므로
  위험도 $H = \dfrac{(12.4 - 3.0)}{3.0} = 3.13$

해답
① $(C_2H_5)_3Al + 3H_2O \rightarrow Al(OH)_3 + 3C_2H_6$
② 3.13

06 다음에서 주어진 할론소화약제의 저장용기의 충전비를 쓰시오.

① 할론 2402(가압식)
② 할론 2402(축압식)
③ 할론 1211
④ 할론 1301
⑤ HFC−23

해설

저장용기 등의 충전비는 할론 2402 중에서 가압식 저장용기 등에 저장하는 것은 0.51 이상 0.67 이하, 축압식 저장용기 등에 저장하는 것은 0.67 이상 2.75 이하, 할론 1211은 0.7 이상 1.4 이하, 할론 1301 및 HFC−227ea는 0.9 이상 1.6 이하, HFC−23 및 HFC−125는 1.2 이상 1.5 이하일 것

해답

① 0.51 이상 0.67 이하
② 0.67 이상 2.75 이하
③ 0.7 이상 1.4 이하
④ 0.9 이상 1.6 이하
⑤ 1.2 이상 1.5 이하

07 다음에서 주어진 구조식에 해당하는 물질에 대해 다음 물음에 답하시오.

$$H-\underset{\underset{NO_2}{\overset{|}{O}}}{\overset{\overset{H}{|}}{C}}-\underset{\underset{NO_2}{\overset{|}{O}}}{\overset{\overset{H}{|}}{C}}-\underset{\underset{NO_2}{\overset{|}{O}}}{\overset{\overset{H}{|}}{C}}-H$$

① 명칭
② 유별
③ 품명
④ 지정수량
⑤ 구성물질을 기준으로 위험물의 제법을 적으시오.

해답

① 나이트로글리세린
② 제5류
③ 질산에스터류
④ 시험결과에 따라 제1종인 경우 10kg, 제2종인 경우 100kg에 해당한다.
⑤ 질산과 황산의 혼산 중에 글리세린을 반응시켜 제조한다.

$$C_3H_5(OH)_3 + 3HNO_3 \xrightarrow{H_2SO_4} C_3H_5(ONO_2)_3 + 3H_2O$$

08 위험물안전관리법상 제3류 위험물로서 은백색의 광택이 있으며 무른 경금속으로 융점이 97.7℃인 물질과 제4류 위험물로서 분자량이 46이고 지정수량 400리터에 해당하는 물질과의 화학반응식을 적으시오.

해설

㉠ 나트륨 : 제3류 위험물로 지정수량은 10kg이며, 은백색의 무른 금속으로 물보다 가볍고 노란색 불꽃을 내면서 연소한다. 원자량 23, 비중 0.97, 융점 97.7℃, 비점 880℃, 발화점 121℃

㉡ 에틸알코올 : 제4류 위험물 중 알코올류에 해당하며, 지정수량은 400L이고, 분자량 46, 증기비중 1.59, 인화점 13℃, 연소범위 4.3~19%

㉢ 나트륨은 알코올과 반응하여 나트륨에틸레이트와 수소가스를 발생한다.

$2Na + 2C_2H_5OH \rightarrow 2C_2H_5ONa + H_2$

해답

$2Na + 2C_2H_5OH \rightarrow 2C_2H_5ONa + H_2$

09 다음은 소화난이도 I등급에 해당하는 제조소 등의 기준이다. 빈칸에 들어갈 알맞은 것을 쓰시오.

제조소 등의 구분	제조소 등의 규모, 저장 또는 취급하는 위험물의 품명 및 최대수량 등
①	액 표면적이 40m² 이상인 것(제6류 위험물을 저장하는 것 및 고인화점 위험물만을 100℃ 미만의 온도에서 저장하는 것은 제외)
	지반면으로부터 탱크 옆판의 상단까지 높이가 6m 이상인 것(제6류 위험물을 저장하는 것 및 고인화점 위험물만을 100℃ 미만의 온도에서 저장하는 것은 제외)
	지중탱크 또는 해상탱크로서 지정수량의 100배 이상인 것(제6류 위험물을 저장하는 것 및 고인화점 위험물만을 100℃ 미만의 온도에서 저장하는 것은 제외)
	고체위험물을 저장하는 것으로서 지정수량의 100배 이상인 것
②	액 표면적이 40m² 이상인 것(제6류 위험물을 저장하는 것 및 고인화점 위험물만을 100℃ 미만의 온도에서 저장하는 것은 제외)
	바닥면으로부터 탱크 옆판의 상단까지 높이가 6m 이상인 것(제6류 위험물을 저장하는 것 및 고인화점 위험물만을 100℃ 미만의 온도에서 저장하는 것은 제외)
	탱크전용실이 단층건물 외의 건축물에 있는 것으로서 인화점 38℃ 이상 70℃ 미만의 위험물을 지정수량의 5배 이상 저장하는 것(내화구조로 개구부 없이 구획된 것은 제외한다)
③	모든 대상

해답

① 옥외탱크저장소

② 옥내탱크저장소

③ 이송취급소

10 다음 탱크의 내용적을 구하는 공식을 보고 그에 따른 탱크의 그림을 그리시오.

① $V = \dfrac{\pi ab}{4}\left[l + \dfrac{l_1 - l_2}{3}\right]$

② $V = \pi r^2 l$

해답

①

 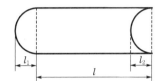

②

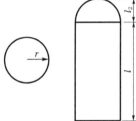

11 다음 주어진 물질들의 화학연소반응식을 쓰시오. (단, 연소반응이 없는 물질은 "없음"으로 적으시오.)

① 과염소산암모늄
② 과염소산
③ 메틸에틸케톤
④ 트라이에틸알루미늄
⑤ 메탄올

해설

① 과염소산암모늄 : 제1류 위험물(산화성 고체)로 불연성 물질에 해당하므로 연소반응이 없음.
② 과염소산 : 제6류 위험물(산화성 액체)로 불연성 물질에 해당하므로 연소반응이 없음.
③ 메틸에틸케톤 : 제4류 위험물 제1석유류
④ 트라이에틸알루미늄 : 제3류 위험물 중 알킬알루미늄
⑤ 메탄올 : 제4류 위험물

해답

① 없음
② 없음
③ $2CH_3COC_2H_5 + 11O_2 \rightarrow 8CO_2 + 8H_2O$
④ $2(C_2H_5)_3Al + 21O_2 \rightarrow 12CO_2 + 15H_2O + Al_2O_3$
⑤ $2CH_3OH + 3O_2 \rightarrow 2CO_2 + 4H_2O$

12 1,500만리터의 원유를 저장하는 옥외저장탱크와 500만리터의 원유를 저장하는 옥외저장탱크를 둘러싸고 있는 방유제와 간막이둑을 나타내는 그림을 참고하여 다음 물음에 알맞게 답하시오.

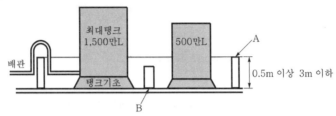

① A설비의 명칭
② A설비를 설치하는 이유
③ A설비의 최소용량
④ A설비의 용량범위에 대해 빗금으로 표시
⑤ B설비의 명칭
⑥ B의 최소높이
⑦ A와 B 사이의 높이
⑧ A와 B 중 재질을 흙으로 할 수 있는 설비 명칭
⑨ 이 경우 1인의 안전관리자를 중복하여 선임할 수 있는 옥외탱크 저장개수는?
⑩ 위의 옥외탱크저장소가 구조안전점검을 받아야 하는 시기는 완공검사필증을 교부받은 날부터 (   ) 이내, 최근의 정기검사를 받은 날부터 (   ) 이내에 실시하여야 한다.

해설

③ 방유제의 용량 : 방유제 안에 설치된 탱크가 하나인 때에는 그 탱크 용량의 110% 이상, 2기 이상인 때에는 그 탱크 중 용량이 최대인 것의 용량의 110% 이상으로 한다. 다만, 인화성이 없는 액체위험물의 옥외저장탱크의 주위에 설치하는 방유제는 "110%"를 "100%"로 본다. 따라서 1,500만리터×1.1＝1,650만리터

⑥~⑧ 용량이 1,000만L 이상인 옥외저장탱크의 주위에 설치하는 방유제와 간막이둑의 설치기준
  ㉠ 간막이둑의 높이는 0.3m(방유제 내에 설치되는 옥외저장탱크의 용량의 합계가 2억L를 넘는 방유제에 있어서는 1m) 이상으로 하되, 방유제의 높이보다 0.2m 이상 낮게 할 것
  ㉡ 간막이둑은 흙 또는 철근콘크리트로 할 것
  ㉢ 간막이둑의 용량은 간막이둑 안에 설치된 탱크 용량의 10% 이상일 것

⑩ 해당 제조소 등의 관계인은 정기점검 외에 다음에 해당하는 기간 이내에 1회 이상 구조안전점검 실시
  ㉠ 제조소 등의 설치허가에 따른 완공검사필증을 교부받은 날부터 12년
  ㉡ 최근의 정기검사를 받은 날부터 11년
  ㉢ 기술원에 구조안전점검시기 연장신청을 하여 해당 안전조치가 적장한 것으로 인정받은 경우에는 최근의 정기검사를 받은 날부터 13년

해답

① 방유제

② 탱크로부터 누출된 위험물의 확산방지

③ 1,650만리터

④

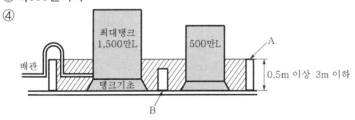

⑤ 간막이둑　　⑥ 0.3m

⑦ 0.2m　　⑧ 간막이둑

⑨ 30개　　⑩ 12년, 11년

13 다음은 이송취급소의 배관공사 시 설치해야 하는 주의표지이다. 각 번호에 알맞은 답을 쓰시오.

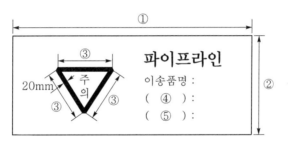

해설

주의표지는 지상배관의 경로에 설치할 것

㉮ 일반인이 접근하기 쉬운 장소, 기타 배관의 안전상 필요한 장소의 배관 직근에 설치할 것

㉯ 주의표지에 따른 주의사항

　㉠ 금속제의 판으로 할 것

　㉡ 바탕은 백색(역정삼각형 내는 황색)으로 하고, 문자 및 역정삼각형의 모양은 흑색으로 할 것

　㉢ 바탕색의 재료는 반사도료, 기타 반사성을 가진 것으로 할 것

　㉣ 역정삼각형 정점의 둥근 반경은 10mm로 할 것

　㉤ 이송품명에는 위험물의 화학명 또는 통칭명을 기재할 것

해답

① 1,000mm

② 500mm

③ 250mm

④ 이송자명

⑤ 긴급연락처

14 포방출구 형태에 따른 포수용액량을 적으시오.

구 분	Ⅰ형(L/m²)	Ⅱ형(L/m²)	특형(L/m²)
제4류 위험물 중 인화점이 21℃ 미만인 것			
제4류 위험물 중 인화점이 21℃ 이상 70℃ 미만인 것			
제4류 위험물 중 인화점이 70℃ 이상인 것			

해답

구 분	Ⅰ형(L/m²)	Ⅱ형(L/m²)	특형(L/m²)
제4류 위험물 중 인화점이 21℃ 미만인 것	120	220	240
제4류 위험물 중 인화점이 21℃ 이상 70℃ 미만인 것	80	120	160
제4류 위험물 중 인화점이 70℃ 이상인 것	60	100	120

15 이동탱크로부터 직접 위험물을 선박의 연료탱크에 주입하는 기준 3가지를 적으시오.

해답

① 선박이 이동하지 아니하도록 계류시킬 것
② 이동탱크저장소가 움직이지 않도록 조치를 강구할 것
③ 이동탱크저장소의 주입호스의 선단을 선박의 연료탱크의 급유구에 긴밀히 결합할 것
④ 이동탱크저장소의 주입설비를 접지할 것(택 3 기술)

16 에틸에터와 에틸알코올이 각각 4 : 1의 비율로 혼합되어 있는 위험물이 있다. 이 위험물의 폭발하한을 구하시오. (단, 에틸에터의 폭발범위는 1.91~48vol%, 에틸알코올의 폭발범위는 4.3~19vol%이다.)

해설

르 샤틀리에(Le Chatelier)의 혼합가스 폭발범위를 구하는 식

$$\frac{100}{L} = \frac{V_1}{L_1} + \frac{V_2}{L_2} + \frac{V_3}{L_3} + \cdots$$

$$L = \frac{100}{\left(\dfrac{V_1}{L_1} + \dfrac{V_2}{L_2} + \dfrac{V_3}{L_3} + \cdots\right)} = \frac{100}{\left(\dfrac{80}{1.91} + \dfrac{20}{4.3}\right)} \fallingdotseq 2.15$$

여기서, L : 혼합가스의 폭발한계치
L_1, L_2, L_3 : 각 성분의 단독 폭발한계치(vol%)
V_1, V_2, V_3 : 각 성분의 체적(vol%)

해답

2.15vol%

17 위험물안전관리법상 제4류 위험물로서 분자량이 78g/mol이고, 독성이 있으며, 인화점이 −11℃인 물질 2kg이 ① 공기 중에서 완전연소할 때의 반응식과 ② 이론산소량은 얼마인지 구하시오.

해설

벤젠(C_6H_6)의 일반적 성질

분자량	비중	비점	인화점	발화점	연소범위
78	0.9	80℃	−11℃	498℃	1.4~7.1%

① 80.1℃에서 끓고 5.5℃에서 응고되며, 겨울철에는 응고된 상태에서도 연소가 가능하다.
② 무색투명하며, 독특한 냄새를 가진 휘발성이 강한 액체로 위험성이 강하며, 인화가 쉽고, 다량의 흑연을 발생하고 뜨거운 열을 내며 연소한다. 또한 연소 시 이산화탄소와 물이 생성된다.

$$2C_6H_6 + 15O_2 \rightarrow 12CO_2 + 6H_2O$$

③ $\dfrac{2kg\text{-}C_6H_6}{} \Big| \dfrac{1kmol\text{-}C_6H_6}{78kg\text{-}C_6H_6} \Big| \dfrac{15kmol\text{-}O_2}{2kmol\text{-}C_6H_6} \Big| \dfrac{32kg\text{-}O_2}{1kmol\text{-}O_2} = 6.15kg\text{-}O_2$

해답

① $2C_6H_6 + 15O_2 \rightarrow 12CO_2 + 6H_2O$

② 6.15kg

18 1kg의 금속나트륨이 석유 속에 보관되어 있는 용기의 공간은 2L이다. 이 용기 안에 물 18g을 넣어 금속나트륨과 반응시킬 때 발생하는 기체의 최대압력은 몇 기압인지 구하시오. (단, 이 용기 내부의 온도 30℃, 공간의 부피 2L, 기체상수(R) 0.082L · atm/K · mol이다.)

해설

$2Na + 2H_2O \rightarrow 2NaOH + H_2$

① 1kg−Na과 18g−H₂O 중 한계반응물을 찾는다.

$\dfrac{1kg\text{-}Na}{} \Big| \dfrac{10^3g\text{-}Na}{1kg\text{-}Na} \Big| \dfrac{1mol\text{-}Na}{23g\text{-}Na} \Big| \dfrac{2mol\text{-}H_2O}{2mol\text{-}Na} \Big| \dfrac{18g\text{-}H_2O}{1mol\text{-}H_2O} = 782.61g\text{-}H_2O$

$\dfrac{18g\text{-}H_2O}{} \Big| \dfrac{1mol\text{-}H_2O}{18g\text{-}H_2O} \Big| \dfrac{2mol\text{-}Na}{2mol\text{-}H_2O} \Big| \dfrac{23g\text{-}Na}{1mol\text{-}Na} = 23g\text{-}Na$

② 한계반응물은 18g−H₂O로 여기에 해당하는 수소(H_2)의 몰(mol)을 구한다.

$\dfrac{18g\text{-}H_2O}{} \Big| \dfrac{1mol\text{-}H_2O}{18g\text{-}H_2O} \Big| \dfrac{1mol\text{-}H_2}{2mol\text{-}H_2O} = 0.5mol\text{-}H_2$

③ 0.5mol−H₂의 압력을 구한다.

$PV = nRT$

$$P = \frac{nRT}{V} = \frac{0.5mol \cdot 0.082atm \cdot L/K \cdot mol \cdot (30+273.15)K}{2L}$$

$$= 6.21atm$$

해답

6.21atm

19 옥내저장소의 설치기준에 대해 다음 괄호 안을 알맞게 채우시오.

① 저장창고의 출입구에는 60분+방화문·60분방화문 또는 30분방화문을 설치하되, 연소의 우려가 있는 외벽에 있는 출입구에는 수시로 열 수 있는 (   )을 설치하여야 한다.

② 저장창고의 창 또는 출입구에 유리를 이용하는 경우에는 (   )로 하여야 한다.

③ 제1류 위험물 중 알칼리금속의 과산화물 또는 이를 함유하는 것, 제2류 위험물 중 철분·금속분·마그네슘 또는 이 중 어느 하나 이상을 함유하는 것, 제3류 위험물 중 금수성 물질 또는 (   )의 저장창고의 바닥은 물이 스며 나오거나 스며들지 아니하는 구조로 하여야 한다.

④ (   )의 위험물의 저장창고의 바닥은 위험물이 스며들지 아니하는 구조로 하고, 적당하게 경사지게 하여 그 최저부에 (   )를 하여야 한다.

해답

① 자동폐쇄식의 60분+방화문 또는 60분방화문
② 망입유리
③ 제4류 위험물
④ 액상, 집유설비

제66회
(2019년 8월 24일 시행)

위험물기능장 실기

01 아세틸퍼옥사이드의 ① 구조식을 그리고, ② 증기비중을 구하시오.

해설

① 아세틸퍼옥사이드($(CH_3CO)_2O_2$)의 일반적 성질

$$H_3C - \overset{\displaystyle O}{\overset{\displaystyle \|}{C}} - O - O - \overset{\displaystyle O}{\overset{\displaystyle \|}{C}} - CH_3$$

㉠ 인화점 45℃, 발화점 121℃인 가연성 고체로 가열 시 폭발하며, 충격마찰에 의해서 분해한다.

㉡ 희석제 DMF를 75% 첨가시키고, 저장온도는 0~5℃를 유지한다.

② 아세틸퍼옥사이드의 분자량=$(12+3+12+16)×2+16×2=118$

그러므로 증기비중은 $\dfrac{118}{28.84}=4.09$이다.

해답

①
$$H_3C - \overset{\displaystyle O}{\overset{\displaystyle \|}{C}} - O - O - \overset{\displaystyle O}{\overset{\displaystyle \|}{C}} - CH_3$$

② 4.09

02 다음은 화학소방자동차에 갖추어야 하는 소화 능력 및 설비의 기준에 관한 설명이다. 괄호 안을 알맞게 채우시오.

화학소방자동차의 구분	소화 능력 및 설비의 기준
포수용액방사차	포수용액의 방사능력이 (①)L/분 이상일 것
	소화약액탱크 및 (②)를 비치할 것
	(③)L 이상의 포수용액을 방사할 수 있는 양의 소화약제를 비치할 것
분말방사차	분말의 방사능력이 35kg/초 이상일 것
	(④) 및 가압용 가스설비를 비치할 것
	(⑤)kg 이상의 분말을 비치할 것

해답

① 2,000   ② 소화약액혼합장치   ③ 10만
④ 분말탱크   ⑤ 1,400

03 방향족 탄화수소인 BTX에 대하여 BTX는 무엇의 약자인지 각 물질의 명칭과 화학식을 쓰시오.

[해답]

① B : 벤젠(Benzene), C_6H_6
② T : 톨루엔(Toluene), $C_6H_5CH_3$
③ X : 자일렌(Xylene), $C_6H_4(CH_3)_2$

04 위험물안전관리법상 제2류 위험물 중 삼황화인과 오황화인에 대해 다음 물음에 답하시오.
① 삼황화인과 오황화인의 연소반응식
② 오황화인과 물과의 반응식
③ 상기 ② 반응식에서 생성되는 증기의 연소반응식

[해답]

① ㉠ 삼황화인 : $P_4S_3 + 8O_2 \rightarrow 2P_2O_5 + 3SO_2$, ㉡ 오황화인 : $2P_2S_5 + 15O_2 \rightarrow 2P_2O_5 + 10SO_2$
② $P_2S_5 + 8H_2O \rightarrow 5H_2S + 2H_3PO_4$
③ $2H_2S + 3O_2 \rightarrow 2H_2O + 2SO_2$

05 위험물안전관리법상 제1류 위험물로서 분해온도가 400℃이며, 흑색화약의 원료로도 이용되는 물질에 대해 다음 물음에 답하시오.
① 화학식
② 지정수량
③ 위험등급
④ 이 물질 202g이 400℃에서 분해했을 때 생성되는 산소의 부피(L)

[해설]

KNO_3(질산칼륨, 질산카리, 초석)의 일반적 성질
㉠ 분자량 101, 비중 2.1, 융점 339℃, 분해온도 400℃, 용해도 26
㉡ 무색의 결정 또는 백색분말로 차가운 자극성의 짠맛이 난다.
㉢ 물이나 글리세린 등에는 잘 녹고 알코올에는 녹지 않으며, 수용액은 중성이다.
㉣ 약 400℃로 가열하면 분해하여 아질산칼륨(KNO_2)과 산소(O_2)가 발생하는 강산화제이다.

$2KNO_3 \rightarrow 2KNO_2 + O_2$

$$\frac{202g\text{-}KNO_3}{} \left| \frac{1mol\text{-}KNO_3}{101g\text{-}KNO_3} \right| \frac{1mol\text{-}O_2}{2mol\text{-}KNO_3} \left| \frac{22.4L\text{-}O_2}{1mol\text{-}O_2} \right. = 22.4L - O_2$$

샤를의 법칙에 따라 $\dfrac{V_1}{T_1} = \dfrac{V_2}{T_2}$

$T_1 = 0℃ + 273.15K = 273.15K$, $T_2 = 400℃ + 273.15K = 673.15K$

$V_1 = 22.4L$, $V_2 = \dfrac{V_1 T_2}{T_1} = \dfrac{22.4L \cdot 673.15K}{273.15K} \fallingdotseq 55.20L$

[해답]

① KNO_3　② 300kg　③ Ⅱ등급　④ 55.20L

06 다음의 용어들에 대한 위험물안전관리법상 정의를 쓰시오.

① 지중탱크　　　　　　　　　② 해상탱크
③ 특정 옥외탱크저장소　　　　④ 준특정 옥외탱크저장소

해답

① 지중탱크 : 저부가 지반면 아래에 있고 상부가 지반면 이상에 있으며, 탱크 내 위험물의 최고액면이 지반면 아래에 있는 원통 세로형식의 위험물탱크
② 해상탱크 : 해상의 동일 장소에 정치(定置)되어 육상에 설치된 설비와 배관 등에 의하여 접속된 위험물탱크
③ 특정 옥외탱크저장소 : 저장 또는 취급하는 액체 위험물의 최대수량이 100만L 이상의 것
④ 준특정 옥외탱크저장소 : 저장 또는 취급하는 액체 위험물의 최대수량이 50만L 이상 100만L 미만의 것

07 다음은 위험물안전관리에 관한 세부기준 내용 중 용접부시험에 관한 내용이다. 괄호 안을 알맞게 채우시오.

- 방사선투과시험의 실시범위(이하 "촬영개소"라 한다)는 재질, 판 두께, 용접이음 등에 따라서 다르게 적용할 수 있으며, 옆판 용접선의 방사선투과시험의 촬영개소는 수직이음의 경우 용접사별로 용접한 이음의 (①)m마다 임의의 위치 2개소(T이음부가 수직이음 촬영개소 전체 중 25% 이상 적용되도록 한다)로 하고, 수평이음의 경우 용접사별로 용접한 이음의 (②)m마다 임의의 위치 2개소로 한다.
- 추가 촬영개소의 판 두께는 (③)mm 이하, (④)mm 초과 (⑤)mm 이하, (⑥)mm 초과로 구분한다.

해설

방사선투과시험의 방법 및 판정기준
용접부시험 중 방사선투과시험의 실시범위(이하 "촬영개소"라 한다)는 재질, 판 두께, 용접이음 등에 따라서 다르게 적용할 수 있으며, 옆판 용접선의 방사선투과시험의 촬영개소는 다음 원칙으로 한다.
㉮ 기본 촬영개소
　㉠ 수직이음은 용접사별로 용접한 이음(같은 단의 이음에 한한다. 이하 다음과 같다)의 30m마다 임의의 위치 2개소(T이음부가 수직이음 촬영개소 전체 중 25% 이상 적용되도록 한다)
　㉡ 수평이음은 용접사별로 용접한 이음의 60m마다 임의의 위치 2개소
㉯ 추가 촬영개소

판 두께	최하단	2단 이상의 단
10mm 이하	모든 수직이음의 임의의 위치 1개소	
10mm 초과 25mm 이하	모든 수직이음의 임의의 위치 2개소 (단, 1개소는 가장 아랫부분으로 한다.)	모든 수직·수평 이음의 접합점 및 모든 수직이음의 임의 위치 1개소
25mm 초과	모든 수직이음 100%(온길이)	

해답

① 30　　② 60
③ 10　　④ 10　　⑤ 25　　⑥ 25

08 다음 주어진 물질들과 물과 접촉 시 생성되는 기체의 화학식을 쓰시오.

① 인화아연   ② 수소화리튬   ③ 탄화칼슘
④ 탄화알루미늄   ⑤ 트라이에틸알루미늄

[해설]

① 인화아연 : $Zn_3P_2 + 6H_2O \rightarrow 3Zn(OH)_2 + 2PH_3$
② 수소화리튬 : $LiH + H_2O \rightarrow LiOH + H_2$
③ 탄화칼슘 : $CaC_2 + 2H_2O \rightarrow Ca(OH)_2 + C_2H_2$
④ 탄화알루미늄 : $Al_4C_3 + 12H_2O \rightarrow 4Al(OH)_3 + 3CH_4$
⑤ 트라이에틸알루미늄 : $(C_2H_5)_3Al + 3H_2O \rightarrow Al(OH)_3 + 3C_2H_6$

[해답]

① PH_3(포스핀)   ② H_2(수소)   ③ C_2H_2(아세틸렌)
④ CH_4(메테인)   ⑤ C_2H_6(에테인)

09 위험물안전관리법상 위험물 중 실온에서 테르밋반응을 하며, 산화피막을 형성하는 금속에 대해 다음 주어진 물질과의 반응식을 쓰시오.

① 황산   ② 수산화나트륨 수용액

[해설]

알루미늄(Al)의 일반적 성질

㉠ 녹는점 660℃, 비중 2.7, 연성(퍼짐성), 전성(뽑힘성)이 좋고, 열전도율, 전기전도도가 큰 은 백색의 무른 금속으로, 진한 질산에서는 부동태가 되며 묽은 질산에는 잘 녹는다.
㉡ 공기 중에서는 표면에 산화피막(산화알루미늄)을 형성하여 내부를 부식으로부터 보호한다.
 $4Al + 3O_2 \rightarrow 2Al_2O_3$
㉢ 다른 금속산화물을 환원한다. 특히 Fe_3O_4와 강렬한 산화반응을 한다.
 $3Fe_3O_4 + 8Al \rightarrow 4Al_2O_3 + 9Fe$(테르밋반응)

[해답]

① $2Al + 3H_2SO_4 \rightarrow Al_2(SO_4)_3 + 3H_2$ ② $2Al + 2NaOH + 2H_2O \rightarrow 2NaAlO_2 + 3H_2$

10 ① 제1류 위험물로서 과산화칼륨과 제4류 위험물로서 아세트산과의 반응식을 적고, ② 위 반응으로부터 생성된 제6류 위험물의 열분해반응식을 쓰시오.

[해설]

과산화칼륨의 경우 에틸알코올에 용해되며, 묽은 산과 반응하여 제6류 위험물인 과산화수소(H_2O_2)를 생성한다.
$K_2O_2 + 2CH_3COOH \rightarrow 2CH_3COOK + H_2O_2$
또한, 과산화수소의 경우 가열에 의해 산소가 발생한다.
$2H_2O_2 \rightarrow 2H_2O + O_2$

[해답]

① $K_2O_2 + 2CH_3COOH \rightarrow 2CH_3COOK + H_2O_2$ ② $2H_2O_2 \rightarrow 2H_2O + O_2$

11

① 제1종 분말소화약제인 탄산수소나트륨의 850℃에서의 분해반응식과 ② 탄산수소나 트륨 336kg이 1기압, 25℃에서 발생시키는 탄산가스의 체적(m³)은 얼마인지 구하시오.

해설

탄산수소나트륨은 약 60℃ 부근에서 분해되기 시작하여 270℃와 850℃ 이상에서 다음과 같이 열분해된다.

$2NaHCO_3 \rightarrow Na_2CO_3 + H_2O + CO_2$ 흡열반응(at 270℃)
(중탄산나트륨)   (탄산나트륨)   (수증기)   (탄산가스)

$2NaHCO_3 \rightarrow Na_2O + H_2O + 2CO_2 - Q[kcal]$ (at 850℃ 이상)

$$\frac{336kg-NaHCO_3}{} \Big| \frac{1kmol-NaHCO_3}{84kg-NaHCO_3} \Big| \frac{2kmol-CO_2}{2kmol-NaHCO_3} \Big| \frac{22.4m^3-CO_2}{1kmol-CO_2} = 89.6m^3-CO_2$$

따라서, 샤를의 법칙 $\dfrac{V_1}{T_1} = \dfrac{V_2}{T_2}$ 에 따르면 $V_2 = \dfrac{T_2 \cdot V_1}{T_1} = \dfrac{(273.15+25) \times 89.6}{273.15} \fallingdotseq 97.80m^3$

해답

① $2NaHCO_3 \rightarrow Na_2O + H_2O + 2CO_2$

② $97.80m^3$

12

위험물제조소 등의 관계인이 작성해야 하는 예방규정 작성내용 5가지를 적으시오. (단, 그 밖에 위험물의 안전관리에 관하여 필요한 사항은 제외)

해설

위험물제조소 등의 관계인이 작성해야 하는 예방규정 작성내용

㉠ 위험물의 안전관리업무를 담당하는 자의 직무 및 조직에 관한 사항

㉡ 안전관리자가 여행·질병 등으로 인하여 그 직무를 수행할 수 없을 경우 그 직무의 대리자에 관한 사항

㉢ 자체소방대를 설치하여야 하는 경우에는 자체소방대의 편성과 화학소방자동차의 배치에 관한 사항

㉣ 위험물의 안전에 관계된 작업에 종사하는 자에 대한 안전 교육 및 훈련에 관한 사항

㉤ 위험물시설 및 작업장에 대한 안전순찰에 관한 사항

㉥ 위험물시설·소방시설, 그 밖의 관련시설에 대한 점검 및 정비에 관한 사항

㉦ 위험물시설의 운전 또는 조작에 관한 사항

㉧ 위험물 취급작업의 기준에 관한 사항

㉨ 이송취급소에 있어서는 배관공사 현장책임자의 조건 등 배관공사 현장에 대한 감독체제에 관한 사항과 배관 주위에 있는 이송취급소시설 외의 공사를 하는 경우 배관의 안전확보에 관한 사항

㉩ 재난, 그 밖에 비상시의 경우에 취하여야 하는 조치에 관한 사항

㉪ 위험물의 안전에 관한 기록에 관한 사항

㉫ 제조소 등의 위치·구조 및 설비를 명시한 서류와 도면의 정비에 관한 사항

해답

위 해설 중 택 5 기술

13 152kPa, 100℃ 아세톤의 증기밀도를 구하시오.

해설

이상기체 상태방정식을 사용하여 증기밀도를 구할 수 있다.

$PV = nRT$

n은 몰(mole)수이며 $n = \dfrac{w(\text{g})}{M(\text{분자량})}$ 이므로

$PV = \dfrac{wRT}{M}$ 에서

$\dfrac{152\text{kPa}}{} \left| \dfrac{1\text{atm}}{101.326\text{kPa}} \right. = 1.5\text{atm}$

$\rho = \dfrac{W}{V} = \dfrac{PM}{RT} = \dfrac{1.5\text{atm} \times 58\text{g/mol}}{0.082\text{L} \cdot \text{atm/K} \cdot \text{mol} \times (100+273.15)\text{K}} = 2.84\text{g/L}$

해답

2.84g/L

14 제3류 위험물인 트라이에틸알루미늄에 대한 다음 물음에 답하시오.
① 물과의 반응식
② 물과의 반응식에서 발생된 가스의 위험도

해설

① 물과 접촉하면 폭발적으로 반응하여 에테인을 형성하고 이때 발열, 폭발에 이른다.

　$(C_2H_5)_3Al + 3H_2O \rightarrow Al(OH)_3 + 3C_2H_6$

② 에테인의 연소범위는 3.0~12.4%이므로 위험도(H) = $\dfrac{12.4 - 3.0}{3.0} = 3.13$

해답

① $(C_2H_5)_3Al + 3H_2O \rightarrow Al(OH)_3 + 3C_2H_6$
② 3.13

15 다음 주어진 위험물 중 물보다 비중이 큰 것을 모두 물질명으로 적으시오.

　　　CS₂, C₆H₅CH₃, MEK, HCOOH, CH₃COOH, C₆H₅Br

해설

CS₂(이황화탄소, 비중=1.26)　　　C₆H₅CH₃(톨루엔, 비중=0.871)
MEK(메틸에틸케톤, 비중=0.806)　　HCOOH(의산, 비중=1.22)
CH₃COOH(초산, 비중=1.05)　　　　C₆H₅Br(브로모벤젠, 비중=1.5)

해답

이황화탄소, 의산, 초산, 브로모벤젠

16 다음은 위험물안전관리법상 제2류 위험물을 도표로 나타낸 것이다. 빈칸을 알맞게 채우시오.

품명	지정수량	위험등급
①	(⑦)kg	⑨
②		
황		
③	500kg	⑩
④		
⑤		
⑥	(⑧)kg	Ⅲ

해설

제2류 위험물의 종류와 지정수량

성질	위험등급	품명	지정수량
가연성 고체	Ⅱ	1. 황화인 2. 적린(P) 3. 황(S)	100kg
	Ⅲ	4. 철분(Fe) 5. 금속분 6. 마그네슘(Mg)	500kg
		7. 인화성 고체	1,000kg

해답

① 황화인   ② 적린   ③ 철분   ④ 금속분   ⑤ 마그네슘
⑥ 인화성 고체   ⑦ 100   ⑧ 1,000   ⑨ Ⅱ   ⑩ Ⅲ

17 ① 위험물안전관리법상 암반탱크저장소에서 암반탱크의 설치기준 3가지와 ② 암반탱크에 적합한 수리 조건 2가지를 적으시오.

해답

① 암반탱크저장소의 암반탱크의 설치기준

  ㉠ 암반탱크는 암반투수계수가 1초당 10만분의 1m 이하인 천연암반 내에 설치할 것

  ㉡ 암반탱크는 저장할 위험물의 증기압을 억제할 수 있는 지하수면하에 설치할 것

  ㉢ 암반탱크의 내벽은 암반균열에 의한 낙반을 방지할 수 있도록 볼트·콘크리크 등으로 보강할 것

② 암반탱크의 수리조건

  ㉠ 암반탱크 내로 유입되는 지하수의 양은 암반 내의 지하수 충전량보다 적을 것

  ㉡ 암반탱크의 상부로 물을 주입하여 수압을 유지할 필요가 있는 경우에는 수벽공을 설치할 것

  ㉢ 암반탱크에 가해지는 지하수압은 저장소의 최대운영압보다 항상 크게 유지할 것

  (이 중 택 2 기술)

18 다음은 위험물안전관리법상 주유취급소에 관한 내용이다. 다음 물음에 답하시오.

① 다음 주어진 그림의 설비명칭을 쓰시오.

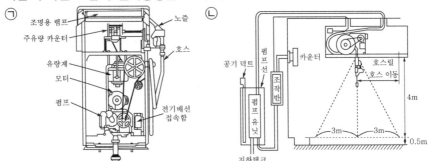

② ㉠ 자동차 등에 직접 주유하기 위한 설비로서 콘크리트 등으로 포장한 공간을 무엇이라 하며, ㉡ 그 크기는 얼마로 해야 하는가?

③ 유리를 부착하는 위치는 고정급유설비로부터 (㉠)m 이상 이격되어야 하며, 유리를 부착하는 범위는 전체의 담 또는 벽의 길이의 (㉡)를 초과하지 아니할 것

④ 주유관의 경우 노즐선단에 설치해야 하는 것은?

⑤ 자동차 등을 점검·정비하는 작업장 등에서 사용하는 폐유·윤활유 등의 위험물을 저장하는 탱크의 용량은?

⑥ 주유원 간이대기실의 바닥면적은 얼마로 해야 하는가?

⑦ 주유취급소에 출입하는 사람을 대상으로 한 휴게음식점의 경우 최대면적은?

⑧ 건축물 중 사무실, 그 밖의 화기를 사용하는 곳은 다음의 기준에 적합한 구조로 해야 한다. 그 이유를 쓰시오.
  • 출입구는 건축물의 안에서 밖으로 수시로 개방할 수 있는 자동폐쇄식의 것으로 할 것
  • 출입구 또는 사이통로의 문턱의 높이를 15cm 이상으로 할 것
  • 높이 1m 이하의 부분에 있는 창 등은 밀폐시킬 것

⑨ 다음에 해당하는 옥내주유취급소는 소방청장이 정하여 고시하는 용도로 사용하는 부분이 없는 건축물에 설치할 수 있다. 괄호 안을 알맞게 채우시오.
  • 건축물 안에 설치하는 주유취급소
  • 캐노피·처마·차양·부연·발코니 및 루버의 (㉠)이 주유취급소의 (㉡)의 3분의 1을 초과하는 주유취급소

⑩ 해당 주유취급소의 경우 ㉠ 소화난이도 등급과 ㉡ 설치해야 하는 소화설비에 대해 쓰시오.

해설

② 주유공지 및 급유공지
  ㉮ 자동차 등에 직접 주유하기 위한 설비로서(현수식 포함) 너비 15m 이상 길이 6m 이상의 콘크리트 등으로 포장한 공지를 보유한다.
  ㉯ 공지의 기준
    ㉠ 바닥은 주위 지면보다 높게 한다.
    ㉡ 그 표면을 적당하게 경사지게 하여 새어나온 기름, 그 밖의 액체가 공지의 외부로 유출되지 아니하도록 배수구·집유설비 및 유분리장치를 한다.

③ 담 또는 벽의 설치기준
 ㉮ 주유취급소의 주위에는 자동차 등이 출입하는 쪽 외의 부분에 높이 2m 이상의 내화구조 또는 불연재료의 담 또는 벽을 설치하되, 주유취급소의 인근에 연소의 우려가 있는 건축물이 있는 경우에는 소방청장이 정하여 고시하는 바에 따라 방화상 유효한 높이로 하여야 한다.
 ㉯ 상기 내용에도 불구하고 다음 기준에 모두 적합한 경우에는 담 또는 벽의 일부분에 방화상 유효한 구조의 유리를 부착할 수 있다.
  ㉠ 유리를 부착하는 위치는 주입구, 고정주유설비 및 고정급유설비로부터 4m 이상 이격될 것
  ㉡ 유리를 부착하는 방법은 다음의 기준에 모두 적합할 것
   • 주유취급소 내의 지반면으로부터 70cm를 초과하는 부분에 한하여 유리를 부착할 것
   • 하나의 유리판의 가로의 길이는 2m 이내일 것
   • 유리판의 테두리를 금속제의 구조물에 견고하게 고정하고 해당 구조물을 담 또는 벽에 견고하게 부착할 것
   • 유리의 구조는 접합유리(두 장의 유리를 두께 0.76mm 이상의 폴리바이닐뷰티랄 필름으로 접합한 구조를 말한다)로 하되, 「유리구획부분의 내화시험방법(KS F 2845)」에 따라 시험하여 비차열 30분 이상의 방화성능이 인정될 것
  ㉢ 유리를 부착하는 범위는 전체의 담 또는 벽의 길이의 10분의 2를 초과하지 아니할 것
④ 주유관의 기준
 ㉠ 고정주유설비 또는 고정급유설비의 주유관의 길이 : 5m 이내
 ㉡ 현수식 주유설비 길이 : 지면 위 0.5m 반경 3m 이내
 ㉢ 노즐선단에서는 정전기제거장치를 한다.
⑤ 탱크의 용량기준
 ㉠ 자동차 등에 주유하기 위한 고정주유설비에 직접 접속하는 전용탱크는 50,000L 이하
 ㉡ 고정급유설비에 직접 접속하는 전용탱크는 50,000L 이하
 ㉢ 보일러 등에 직접 접속하는 전용탱크는 10,000L 이하
 ㉣ 자동차 등을 점검·정비하는 작업장 등에서 사용하는 폐유·윤활유 등의 위험물을 저장하는 탱크 용량은 2,000L 이하
 ㉤ 고속국도 도로변에 설치된 주유취급소의 탱크 용량은 60,000L
⑥ 주유원 간이대기실 설치기준
 ㉠ 불연재료로 할 것
 ㉡ 바퀴가 부착되지 아니한 고정식일 것
 ㉢ 차량의 출입 및 주유작업에 장애를 주지 아니하는 위치에 설치할 것
 ㉣ 바닥면적이 2.5m² 이하일 것
⑦ ㉠ 주유취급소의 업무를 행하기 위한 사무소
 ㉡ 자동차 등의 점검 및 간이정비를 위한 작업장
 ㉢ 주유취급소에 출입하는 사람을 대상으로 한 점포·휴게음식점 또는 전시장
 상기 ㉠, ㉡ 및 ㉢의 용도에 제공하는 부분의 면적의 합은 1,000m²를 초과할 수 없다.
⑩ ㉠ 소화난이도 등급 Ⅲ에 해당하는 제조소

주유취급소	옥내주유취급소 외의 것으로서 소화난이도 등급 Ⅰ의 제조소 등에 해당하지 아니하는 것

ⓒ 소화난이도 등급 Ⅲ의 제조소 등에 설치하여야 하는 소화설비

그 밖의 제조소 등	소형수동식 소화기 등	능력단위의 수치가 건축물, 그 밖의 공작물 및 위험물의 소요단위의 수치에 이르도록 설치할 것. 다만, 옥내소화전설비, 옥외소화전설비, 스프링클러설비, 물분무 등 소화설비 또는 대형수동식 소화기를 설치한 경우에는 해당 소화설비의 방사능력범위 내의 부분에 대하여는 수동식 소화기 등을 그 능력단위의 수치가 해당 소요단위의 수치의 1/5 이상이 되도록 하는 것으로 족하다.

해답

① ㉠ 고정주유설비, ㉡ 현수식 주유설비
② ㉠ 주유공지
　　ㄴ 자동차 등에 직접 주유하기 위한 설비로서(현수식 포함) 너비 15m 이상 길이 6m 이상의 콘크리트 등으로 포장한 공지를 보유한다.
③ ㉠ 4, ㉡ 10분의 2
④ 정전기제거장치
⑤ 2,000L 이하
⑥ 2.5m² 이하
⑦ 1,000m²
⑧ 누설한 가연성의 증기가 그 내부에 유입되지 아니하도록 해야 하기 때문에
⑨ ㉠ 수평투영면적, ㉡ 공지면적
⑩ ㉠ 소화난이도 등급 Ⅲ, ㉣ 소형수동식 소화기 등

19 포소화설비에서 포소화약제 혼합방법 3가지를 쓰시오.

해설

포소화약제의 혼합장치
㉠ 펌프혼합방식(펌프프로포셔너 방식) : 펌프의 토출관과 흡입관 사이의 배관 도중에 설치한 흡입기에 펌프에서 토출된 물의 일부를 보내고 농도조절밸브에서 조정된 포소화약제의 필요량을 포소화약제 탱크에서 펌프 흡입측으로 보내어 이를 혼합하는 방식
㉡ 차압혼합방식(프레셔프로포셔너 방식) : 펌프와 발포기 중간에 설치된 벤투리관의 벤투리작용과 펌프 가압수의 포소화약제 저장탱크에 대한 압력에 의하여 포소화약제를 흡입·혼합하는 방식
㉢ 관로혼합방식(라인프로포셔너 방식) : 펌프와 발포기 중간에 설치된 벤투리관의 벤투리 작용에 의해 포소화약제를 흡입하여 혼합하는 방식
㉣ 압입혼합방식(프레셔사이드프로포셔너 방식) : 펌프의 토출관에 압입기를 설치하여 포소화약제 압입용 펌프로 포소화약제를 압입시켜 혼합하는 방식

해답

① 펌프프로포셔너 방식　　② 프레셔프로포셔너 방식
③ 라인프로포셔너 방식　　④ 프레셔사이드프로포셔너 방식　　(이 중 택 3 기술)

제67회
(2020년 6월 14일 시행)

위험물기능장 실기

01 할론 1301에 대하여 다음 각 물음에 답하시오. (단, 원자량은 C=12, F=19, Cl=35.5, Br =80이다.)
① 할론 1301의 각 숫자가 의미하는 원소
② 증기비중

해설

① 할론은 C, F, Cl, Br의 순서로 원소의 개수를 표시한다.
즉, 할론 1301에서 1은 탄소의 개수, 3은 플루오린의 개수, 0은 염소의 개수, 1은 브로민 의 개수를 의미한다.

② 증기비중$=\dfrac{\text{분자량}}{\text{공기의 평균 분자량}}=\dfrac{149}{28.84}=5.16$

해답

① 1−탄소, 3−플루오린, 0−염소, 1−브로민
② 5.16

02 제1류 위험물인 과산화칼륨이 다음 물질과 반응할 때의 화학반응식을 각각 적으시오. (단, 반응이 없으면 "반응 없음"으로 적으시오.)
① 물과의 반응
② 아세트산과의 반응
③ 염산과의 반응

해설

① 과산화칼륨은 흡습성이 있고, 물과 접촉하면 발열하며, 수산화칼륨(KOH)과 산소(O_2)를 발 생한다.
$2K_2O_2+2H_2O \rightarrow 4KOH+O_2$
② 에틸알코올에는 용해되며, 묽은 산과 반응하여 과산화수소(H_2O_2)를 생성한다.
$K_2O_2+2CH_3COOH \rightarrow 2CH_3COOK+H_2O_2$
③ 염산과 반응하여 염화칼륨(KCl)과 과산화수소(H_2O_2)를 생성한다.
$K_2O_2+2HCl \rightarrow 2KCl+H_2O_2$

해답

① $2K_2O_2+2H_2O \rightarrow 4KOH+O_2$
② $K_2O_2+2CH_3COOH \rightarrow 2CH_3COOK+H_2O_2$
③ $K_2O_2+2HCl \rightarrow 2KCl+H_2O_2$

03 위험물탱크 시험자가 갖추어야 할 ① 필수장비 3가지와 ② 그 외 필요한 경우에 갖추어야 할 장비 2가지를 적으시오.

해설

① 필수장비 : 자기탐상시험기, 초음파두께측정기 및 다음 ㉮ 또는 ㉯ 중 어느 하나
　㉮ 영상초음파탐상시험기
　㉯ 방사선투과시험기 및 초음파탐상시험기
② 필요한 경우에 두는 장비
　㉮ 충·수압시험, 진공시험, 기밀시험 또는 내압시험의 경우
　　㉠ 진공능력 53kPa 이상의 진공누설시험기
　　㉡ 기밀시험장치(안전장치가 부착된 것으로서 가압능력 200kPa 이상, 감압의 경우에는 감압능력 10kPa 이상·감도 10Pa 이하의 것으로서 각각의 압력변화를 스스로 기록할 수 있는 것)
　㉯ 수직·수평도 시험의 경우 : 수직·수평도 측정기
※ 둘 이상의 기능을 함께 가지고 있는 장비를 갖춘 경우에는 각각의 장비를 갖춘 것으로 본다.

해답

① 자기탐상시험기, 초음파두께측정기와 영상초음파탐상시험기 또는 방사선투과시험기 및 초음파탐상시험기
② 진공누설시험기, 기밀시험장치, 수직·수평도 측정기 中 2가지

04 다음 물음에 답하시오.
① 제조소를 구매한 자가 지위승계를 신고하고자 할 때 제출서류 3가지를 적으시오.
② 제조소 등의 위치·구조 또는 설비의 변경 없이 해당 제조소 등에서 저장하거나 취급하는 위험물의 품명·수량 또는 지정수량의 배수를 변경하고자 하는 자는 변경하고자 하는 날의 며칠 전까지 시·도지사에게 신고하여야 하는가?
③ B씨는 2019년 2월 1일 A씨로부터 위험물취급소를 인수한 후 수익성이 없는 것으로 보여 2019년 2월 20일 용도 폐지 후 2019년 3월 14일 용도 폐지 신청을 하였다.
　㉠ 위반자는?
　㉡ 위반내용은?
　㉢ 벌금은?
④ 화재예방과 화재 등 재해발생 시의 비상조치를 위하여 기재하는 서류 및 제출시기를 적으시오.
⑤ 안전관리자 퇴임 후 재선임 시 선임신고 주체, 선임기한, 선임신고기한을 적으시오.
⑥ 다음 위험물취급자격자의 자격사항에 대하여 빈칸을 채우시오.

위험물취급자격자의 구분	취급할 수 있는 위험물
「국가기술자격법」에 따라 위험물기능장, 위험물산업기사, 위험물기능사의 자격을 취득한 사람	(㉠)
안전관리자교육이수자(법 제28조 제1항에 따라 소방청장이 실시하는 안전관리자 교육을 이수한 자)	(㉡)
소방공무원 경력자(소방공무원으로 근무한 경력이 3년 이상인 자)	(㉢)

해설

① 규정에 의하여 제조소 등의 설치자의 지위승계를 신고하고자 하는 자는 신고서(전자문서로 된 신고서를 포함한다)에 제조소 등의 완공검사필증과 지위승계를 증명하는 서류(전자문서를 포함한다)를 첨부하여 시·도지사 또는 소방서장에게 제출하여야 한다.

② 제조소 등의 위치·구조 또는 설비의 변경 없이 해당 제조소 등에서 저장하거나 취급하는 위험물의 품명·수량 또는 지정수량의 배수를 변경하고자 하는 자는 변경하고자 하는 날의 1일 전까지 행정안전부령이 정하는 바에 따라 시·도지사에게 신고하여야 한다.

③ 제조소 등의 관계인(소유자·점유자 또는 관리자를 말한다. 이하 같다)은 해당 제조소 등의 용도를 폐지(장래에 대하여 위험물시설로서의 기능을 완전히 상실시키는 것을 말한다)한 때에는 행정안전부령이 정하는 바에 따라 제조소 등의 용도를 폐지한 날부터 14일 이내에 시·도지사에게 신고하여야 한다. 기간 이내에 지위승계 신고를 하지 않는 경우 과태료 200만원 이하를 부과한다.

④ 대통령령이 정하는 제조소 등의 관계인은 해당 제조소 등의 화재예방과 화재 등 재해발생 시의 비상조치를 위하여 행정안전부령이 정하는 바에 따라 예방규정을 정하여 해당 제조소 등의 사용을 시작하기 전에 시·도지사에게 제출하여야 한다. 예방규정을 변경한 때에도 또한 같다.

⑤~⑥ 위험물안전관리자

㉠ 제조소 등[허가를 받지 아니하는 제조소 등과 이동탱크저장소(차량에 고정된 탱크에 위험물을 저장 또는 취급하는 저장소를 말한다)를 제외한다. 이하 여기서 같다]의 관계인은 위험물의 안전관리에 관한 직무를 수행하게 하기 위하여 제조소 등마다 대통령령이 정하는 위험물의 취급에 관한 자격이 있는 자(위험물취급자격자)를 위험물안전관리자(안전관리자)로 선임하여야 한다. 다만, 제조소 등에서 저장·취급하는 위험물이 「화학물질관리법」에 따른 유독물질에 해당하는 경우 등 대통령령이 정하는 경우에는 해당 제조소 등을 설치한 자는 다른 법률에 의하여 안전관리 업무를 하는 자로 선임된 자 가운데 대통령령이 정하는 자를 안전관리자로 선임할 수 있다.

㉡ ㉠의 규정에 따라 안전관리자를 선임한 제조소 등의 관계인은 그 안전관리자를 해임하거나 안전관리자가 퇴직한 때에는 해임하거나 퇴직한 날부터 30일 이내에 다시 안전관리자를 선임하여야 한다.

㉢ 제조소 등의 관계인은 ㉠ 및 ㉡에 따라 안전관리자를 선임한 경우에는 선임한 날부터 14일 이내에 행정안전부령으로 정하는 바에 따라 소방본부장 또는 소방서장에게 신고하여야 한다.

해답

① 신고서, 완공검사필증, 지위승계를 증명하는 서류
② 1일 전
③ ㉠ B씨
　㉡ 용도를 폐지한 날부터 14일 이내에 시·도지사에게 신고하지 않음.
　㉢ 200만원 이하의 과태료
④ 예방규정, 사용을 시작하기 전
⑤ 관계인, 30일 이내, 14일 이내
⑥ ㉠ [별표 1]의 모든 위험물
　㉡ 제4류 위험물
　㉢ 제4류 위험물

05 지정수량 50kg, 분자량 78, 비중 2.8인 어떤 물질이 아세트산과 반응하는 경우의 화학반
응식을 적으시오.

해설

과산화나트륨(Na_2O_2)

㉮ 일반적 성질

　㉠ 분자량이 78이고, 비중은 20℃에서 2.805이며, 녹는점 및 분해온도는 460℃이다.

　㉡ 순수한 것은 백색이지만, 보통은 담홍색을 띠고 있는 정방정계 분말이다.

　㉢ 가열하면 열분해하여 산화나트륨(Na_2O)과 산소(O_2)를 발생한다.

　　$2Na_2O_2 \rightarrow 2Na_2O + O_2$

㉯ 위험성

　㉠ 흡습성이 있으므로 물과 접촉하면 발열하며, 수산화나트륨($NaOH$)과 산소(O_2)를 발생한다.

　　$2Na_2O_2 + 2H_2O \rightarrow 4NaOH + O_2$

　㉡ 공기 중의 탄산가스(CO_2)를 흡수하여 탄산염이 생성된다.

　　$2Na_2O_2 + 2CO_2 \rightarrow 2Na_2CO_3 + O_2$

　㉢ 에틸알코올에는 녹지 않으나, 묽은 산과 반응하여 과산화수소(H_2O_2)를 생성한다.

　　$Na_2O_2 + 2CH_3COOH \rightarrow 2CH_3COONa + H_2O_2$

해답

$Na_2O_2 + 2CH_3COOH \rightarrow 2CH_3COONa + H_2O_2$

06 인화점 −17℃, 분자량 27인 독성이 강한 제4류 위험물에 대하여 다음 물음에 답하시오.
① 물질명
② 구조식
③ 위험등급

해설

사이안화수소(HCN, 청산)

㉠ 제4류 위험물 제1석유류의 수용성 액체로서 위험등급은 Ⅱ등급이며, 지정수량은 400L에 해당한다.

분자량	액비중	증기비중	끓는점	인화점	발화점	연소범위
27	0.69	0.94	26℃	−17℃	540℃	6~41%

㉡ 독특한 자극성의 냄새가 나는 무색의 액체(상온)로, 물·알코올에 잘 녹으며 수용액은 약산
성이다.

㉢ 맹독성 물질이며, 휘발성이 높아 인화 위험도 매우 높다. 증기는 공기보다 약간 가벼우며
연소하면 푸른 불꽃을 내면서 탄다.

해답

① 사이안화수소

② H−C≡N

③ Ⅱ등급

07 메테인 75%, 프로페인 25%로 구성된 혼합가스의 위험도를 구하시오.

해설

㉠ 혼합가스의 연소범위

르 샤틀리에(Le Chatelier)의 혼합가스 폭발범위를 구하는 식은 다음과 같다.

$$\frac{100}{L} = \frac{V_1}{L_1} + \frac{V_2}{L_2} + \frac{V_3}{L_3} + \cdots$$

여기서, L : 혼합가스의 폭발한계치

　　　　L_1, L_2, L_3 : 각 성분의 단독 폭발한계치(vol%)

　　　　V_1, V_2, V_3 : 각 성분의 체적(vol%)

이때, 메테인의 연소범위는 5~15vol%, 프로페인의 연소범위는 2.1~9.5vol%이므로,

$$L_{하한} = \frac{100}{\left(\dfrac{V_1}{L_1} + \dfrac{V_2}{L_2}\right)} = \frac{100}{\left(\dfrac{75}{5} + \dfrac{25}{2.1}\right)} ≒ 3.72$$

$$L_{상한} = \frac{100}{\left(\dfrac{V_1}{L_1} + \dfrac{V_2}{L_2}\right)} = \frac{100}{\left(\dfrac{75}{15} + \dfrac{25}{9.5}\right)} ≒ 13.10$$

∴ 혼합가스의 연소범위는 3.72~13.10이다.

㉡ 위험도(H)

가연성 혼합가스의 연소범위에 의해 결정되는 값이다.

$$H = \frac{U - L}{L} = \frac{13.10 - 3.72}{3.72} ≒ 2.52$$

여기서, H : 위험도

　　　　U : 연소 상한치(UEL)

　　　　L : 연소 하한치(LEL)

해답

2.52

08 1기압, 35℃에서 1,000m³의 부피를 갖는 공기에 이산화탄소를 투입하여 산소를 15vol%로 하려면 소요되는 이산화탄소의 양은 몇 kg인지 구하시오. (단, 처음 공기 중 산소의 농도는 21vol%이고, 압력과 온도는 변하지 않는다.)

해설

$$CO_2의\ 체적 = \frac{21 - O_2}{O_2} \times V(방호구역\ 체적,\ m^3) = \frac{21 - 15}{15} \times 1,000m^3 = 400m^2$$

$$PV = \frac{wRT}{M}$$

$$\therefore\ w = \frac{PVM}{RT} = \frac{1atm \times 400m^3 \times 44kg/kmol}{0.082m^3 \cdot atm/kmol \cdot K \times (35 + 273.15)} = 696.52kg$$

해답

696.5kg

09 칼륨 지정수량의 50배, 인화성 고체 지정수량의 50배가 저장된 옥내저장소에 대하여 다음 물음에 답하시오. (단, 옥내저장소는 내화구조의 격벽으로 완전히 구획되어 있다.)
① 저장창고 바닥의 최대면적
② 벽, 기둥 및 바닥이 내화구조로 된 건축물의 경우 공지의 너비
③ 저장창고의 출입구에는 (   )을 설치하되, 연소의 우려가 있는 외벽에 있는 출입구에는 수시로 열 수 있는 (   )을 설치하여야 한다.

해설

① 하나의 저장창고의 바닥면적

위험물을 저장하는 창고	바닥면적
가. ㉠ 제1류 위험물 중 아염소산염류, 염소산염류, 과염소산염류, 무기과산화물, 그 밖에 지정수량이 50kg인 위험물 ㉡ 제3류 위험물 중 칼륨, 나트륨, 알킬알루미늄, 알킬리튬, 그 밖에 지정수량이 10kg인 위험물 및 황린 ㉢ 제4류 위험물 중 특수 인화물, 제1석유류 및 알코올류 ㉣ 제5류 위험물 중 유기과산화물, 질산에스터류, 그 밖에 지정수량이 10kg인 위험물 ㉤ 제6류 위험물	$1,000m^2$ 이하
나. ㉠~㉤ 외의 위험물을 저장하는 창고	$2,000m^2$ 이하
다. 내화구조의 격벽으로 완전히 구획된 실에 각각 저장하는 창고 (가목의 위험물을 저장하는 실의 면적은 $500m^2$를 초과할 수 없다.)	$1,500m^2$ 이하

② 옥내저장소의 보유공지

저장 또는 취급하는 위험물의 최대수량	공지의 너비	
	벽·기둥 및 바닥이 내화구조로 된 건축물	그 밖의 건축물
지정수량의 5배 이하	–	0.5m 이상
지정수량의 5배 초과, 10배 이하	1m 이상	1.5m 이상
지정수량의 10배 초과, 20배 이하	2m 이상	3m 이상
지정수량의 20배 초과, 50배 이하	3m 이상	5m 이상
지정수량의 50배 초과, 200배 이하	5m 이상	10m 이상
지정수량의 200배 초과	10m 이상	15m 이상

단, 지정수량의 20배를 초과하는 옥내저장소와 동일한 부지 내에 있는 다른 옥내저장소와의 사이에는 공지 너비의 $\frac{1}{3}$(해당 수치가 3m 미만인 경우는 3m)의 공지를 보유할 수 있다.

③ 저장창고의 출입구에는 60분+방화문 또는 60분방화문 또는 30분방화문을 설치하되, 연소의 우려가 있는 외벽에 있는 출입구에는 수시로 열 수 있는 자동폐쇄식의 60분+방화문 또는 60분방화문을 설치하여야 한다.

해답

① $1,500m^2$
② 5m 이상
③ 60분+방화문 · 60분방화문 또는 30분방화문, 자동폐쇄식의 60분+방화문 또는 60분방화문

10 제1종 분말소화약제의 주성분인 탄산수소나트륨의 분해반응식을 쓰고, 8.4g의 탄산수소나트륨이 반응하여 생성되는 이산화탄소의 부피(L)를 구하시오.

해설

탄산수소나트륨은 약 60℃ 부근에서 분해되기 시작하여 270℃에서 다음과 같이 열분해된다.

$2NaHCO_3 \rightarrow Na_2CO_3 + H_2O + CO_2$ (at 270℃)
(중탄산나트륨)　　(탄산나트륨)　(수증기)　(탄산가스)

$$\frac{8.4g-NaHCO_3}{} \left| \frac{1mol-NaHCO_3}{84g-NaHCO_3} \right| \frac{1mol-CO_2}{2mol-NaHCO_3} \left| \frac{22.4L-CO_2}{1mol-CO_2} \right. =1.12L$$

해답

1.12L

11 다음은 위험물저장탱크에 설치하는 포소화설비의 포방출구(Ⅰ형, Ⅱ형, Ⅲ형, Ⅳ형, 특형)의 설명이다. 괄호 안을 알맞게 채우시오.

① ( )형 : 고정지붕 구조 또는 부상덮개부착 고정지붕 구조의 탱크에 상부포주입법을 이용하는 것으로서 방출된 포가 탱크 옆판의 내면을 따라 흘러내려가면서 액면 아래로 몰입되거나 액면을 뒤섞지 않고 액면상을 덮을 수 있는 반사판 및 탱크 내의 위험물 증기가 외부로 역류되는 것을 저지할 수 있는 구조·기구를 갖는 포방출구

② ( )형 : 고정지붕 구조의 탱크에 저부포주입법을 이용하는 것으로서 평상시에는 탱크의 액면하의 저부에 설치된 격납통에 수납되어 있는 특수호스 등이 송포관의 말단에 접속되어 있다가 포를 보내는 것에 의하여 특수호스 등이 전개되어 그 선단이 액면까지 도달한 후 포를 방출하는 포방출구

③ ( )형 : 고정지붕 구조의 탱크에 상부포주입법을 이용하는 것으로서 방출된 포가 액면 아래로 몰입되거나 액면을 뒤섞지 않고 액면상을 덮을 수 있는 통계단 또는 미끄럼판 등의 설비 및 탱크 내의 위험물 증기가 외부로 역류되는 것을 저지할 수 있는 구조·기구를 갖는 포방출구

④ ( )형 : 고정지붕 구조의 탱크에 저부포주입법(탱크의 액면하에 설치된 포방출구로부터 포를 탱크 내에 주입하는 방법을 말한다)을 이용하는 것으로서 송포관(발포기 또는 포발생기에 의하여 발생된 포를 방출하는 포방출구

⑤ ( )형 : 부상지붕 구조의 탱크에 상부포주입법을 이용하는 것으로서 부상지붕의 부상부분상에 높이 0.9m 이상의 금속제의 칸막이(방출된 포의 유출을 막을 수 있고 충분한 배수능력을 갖는 배수구를 설치한 것에 한한다)를 탱크 옆판의 내측으로부터 1.2m 이상 이격하여 설치하고 탱크 옆판과 칸막이에 의하여 형성된 환상 부분에 포를 주입하는 것이 가능한 구조의 반사판을 갖는 포방출구

해답

① Ⅱ, ② Ⅳ, ③ Ⅰ, ④ Ⅲ, ⑤ 특

12 탄화리튬과 물과의 반응 시 생성되는 가연성 기체의 완전연소반응식을 적으시오.

[해설]

탄화리튬과 물은 반응 시 수산화리튬과 아세틸렌가스를 발생한다.

$Li_2C_2 + 2H_2O \rightarrow 2LiOH + C_2H_2$

가연성 가스인 아세틸렌가스의 연소방정식은 다음과 같다.

$2C_2H_2 + 5O_2 \rightarrow 4CO_2 + 2H_2O$

[해답]

$2C_2H_2 + 5O_2 \rightarrow 4CO_2 + 2H_2O$

13 이동탱크저장소에 방호틀을 설치하고자 한다. 스테인리스 규격이 130N/mm^{2}일 때 방파판과 방호틀의 두께는 얼마로 해야 하는지 구하시오.

[해설]

이동탱크저장소의 구조 및 재료 기준

㉠ 이동저장탱크의 탱크 · 칸막이 · 맨홀 및 주입관의 뚜껑

KS 규격품인 스테인리스강판, 알루미늄합금판, 고장력강판으로서, 두께는 다음 식에 의하여 산출된 수치(소수점 2자리 이하는 올림) 이상으로 하고 판 두께의 최소치는 2.8mm 이상일 것. 다만, 최대용량이 20kL를 초과하는 탱크를 알루미늄합금판으로 제작하는 경우에는 다음 식에 의하여 구한 수치에 1.1을 곱한 수치로 한다.

$$t = \sqrt[2]{\frac{400 \times 21}{\sigma \times A}} \times 3.2$$

여기서, t : 사용재질의 두께(mm), σ : 사용재질의 인장강도(N/mm^2), A : 사용재질의 신축률(%)

㉡ 이동저장탱크의 방파판

KS 규격품인 스테인리스강판, 알루미늄합금판, 고장력강판으로서, 두께가 다음 식에 의하여 산출된 수치(소수점 2자리 이하는 올림) 이상으로 한다.

$$t = \sqrt{\frac{270}{\sigma}} \times 1.6$$

여기서, t : 사용재질의 두께(mm), σ : 사용재질의 인장강도(N/mm^2)

$$\therefore \ t = \sqrt{\frac{270}{130}} \times 1.6 = 2.31mm$$

㉢ 이동저장탱크의 방호틀

KS 규격품인 스테인리스강판, 알루미늄합금판, 고장력강판으로서, 두께가 다음 식에 의하여 산출된 수치(소수점 2자리 이하는 올림) 이상으로 한다.

$$t = \sqrt{\frac{270}{\sigma}} \times 2.3$$

여기서, t : 사용재질의 두께(mm), σ : 사용재질의 인장강도(N/mm^2)

$$\therefore \ t = \sqrt{\frac{270}{130}} \times 2.3 = 3.31mm$$

[해답]

방파판 2.31mm 이상, 방호틀 3.31mm 이상

14 벤젠에 수은을 촉매로 하여 질산을 반응시켜 제조하는 물질로 DDNP(diazodinitro phenol)의 원료로 사용되는 물질로서 페놀을 진한 황산에 녹여 질산으로 작용시켜 만들기도 한다. 이 물질에 대한 다음 물음에 답하시오.
① 위험물안전관리법상 품명을 쓰시오.
② 구조식을 그리시오.

해설

트라이나이트로페놀[$C_6H_2(NO_2)_3OH$, 피크르산]
㉠ 순수한 것은 무색이나, 보통 공업용은 휘황색의 침전결정이며, 충격·마찰에 둔감하고 자연 분해하지 않으므로 장기 저장해도 자연발화의 위험 없이 안정하다.
㉡ 비중 1.8, 융점 122.5℃, 인화점 150℃, 비점 255℃, 발화온도 약 300℃, 폭발온도 3,320℃, 폭발속도 약 7,000m/s
㉢ 위험물안전관리법상 제5류 위험물로서 나이트로화합물에 해당한다.

해답

① 나이트로화합물, ②

15 제4류 위험물 지정수량 50리터, 살충제로 사용되며 증기비중이 2.6인 어떤 물질에 대하여 다음 물음에 답하시오.

> 옥외저장탱크는 벽 및 바닥이 두께가 (   )m 이상이고 누수가 되지 아니하는 (   )의 수조에 넣어 보관하여야 한다. 이 경우 보유공지, 통기관, (   )는 생략한다.

① 위의 괄호에 알맞은 답을 적으시오.
② 위에 저장하는 위험물의 완전연소반응식을 적으시오.

해설

이황화탄소(CS_2) - 비수용성 액체

분자량	비중	녹는점	끓는점	인화점	발화점	연소범위
76	1.26	-111℃	34.6℃	-30℃	90℃	1.0~50%

㉠ 이황화탄소의 옥외저장탱크는 벽 및 바닥의 두께가 0.2m 이상이고 누수가 되지 아니하는 철근콘크리트의 수조에 넣어 보관하여야 한다. 이 경우 보유공지·통기관 및 자동계량장치는 생략할 수 있다.
㉡ 이황화탄소는 휘발하기 쉽고 발화점이 낮아 백열등, 난방기구 등의 열에 의해 발화하며, 점화하면 청색을 내고 연소하는데, 연소생성물 중 SO_2는 유독성이 강하다.
$$CS_2 + 3O_2 \rightarrow CO_2 + 2SO_2$$

해답

① 0.2, 철근콘크리트, 자동계량장치
② $CS_2 + 3O_2 \rightarrow CO_2 + 2SO_2$

16 다음 소화설비의 능력단위에서 괄호 안을 알맞게 채우시오.

소화설비	용량	능력단위
마른모래	(①)L (삽 1개 포함)	0.5
팽창질석, 팽창진주암	160L (삽 1개 포함)	(③)
소화전용 물통	(②) L	0.3
수조	190L (소화전용 물통 6개 포함)	2.5
	80L (소화전용 물통 3개 포함)	(④)

해설

소화능력단위에 의한 분류

소화설비	용량	능력단위
마른모래	50L (삽 1개 포함)	0.5
팽창질석, 팽창진주암	160L (삽 1개 포함)	1
소화전용 물통	8L	0.3
수조	190L (소화전용 물통 6개 포함)	2.5
	80L (소화전용 물통 3개 포함)	1.5

해답

① 50, ② 8, ③ 1, ④ 1.5

17 70kPa, 30℃에서 탄화칼슘 10kg이 물과 반응하였을 때 발생하는 가스의 체적을 구하시오. (단, 1기압은 약 101.3kPa이다.)

해설

$CaC_2 + 2H_2O \rightarrow Ca(OH)_2 + C_2H_2$

$$\frac{10kg-CaC_2}{} \left| \frac{1kmol-CaC_2}{64kg-CaC_2} \right| \frac{1kmol-C_2H_2}{1kmol-CaC_2} \left| \frac{26kg-C_2H_2}{1kmol-C_2H_2} \right. = 4.06kg-C_2H_2$$

$$\frac{70kPa}{} \left| \frac{1atm}{101.35kPa} \right. = 0.69atm$$

따라서, 이상기체 상태방정식으로부터,

$$V = \frac{wRT}{PM} = \frac{4.06kg \times 0.082atm \cdot m^3/kg \cdot mol \times (30+273.15)K}{0.69atm \times 26kg/mol} = 5.63m^3$$

해답

$5.63m^3$

18 다음 물음에 답하시오.
① 화기·충격주의, 물기엄금, 가연물접촉주의 주의사항을 갖는 위험물을 덮을 때 쓰는 피복의 성질을 모두 적으시오.
② 제2류 위험물 중 방수성 피복 덮개를 사용해야 하는 위험물의 주의사항을 적으시오.
③ 차광성 피복 및 방수성 피복이 모두 덮여 있지 않은 위험물에 화기주의라고 표시되어 있다. 이에 해당하는 위험물의 품명을 모두 적으시오.

해설

㉠ 수납하는 위험물에 따른 주의사항

유별	구분	주의사항
제1류 위험물 (산화성 고체)	알칼리금속의 무기과산화물	"화기·충격주의" "물기엄금" "가연물접촉주의"
	그 밖의 것	"화기·충격주의" "가연물접촉주의"
제2류 위험물 (가연성 고체)	철분·금속분·마그네슘	"화기주의" "물기엄금"
	인화성 고체	"화기엄금"
	그 밖의 것	"화기주의"
제3류 위험물 (자연발화성 및 금수성 물질)	자연발화성 물질	"화기엄금" "공기접촉엄금"
	금수성 물질	"물기엄금"
제4류 위험물 (인화성 액체)	–	"화기엄금"
제5류 위험물 (자기반응성 물질)	–	"화기엄금" 및 "충격주의"
제6류 위험물 (산화성 액체)	–	"가연물접촉주의"

㉡ 적재하는 위험물에 따른 조치사항

차광성이 있는 것으로 피복해야 하는 경우	방수성이 있는 것으로 피복해야 하는 경우
• 제1류 위험물 • 제3류 위험물 중 자연발화성 물질 • 제4류 위험물 중 특수인화물 • 제5류 위험물 • 제6류 위험물	• 제1류 위험물 중 알칼리금속의 과산화물 • 제2류 위험물 중 철분, 금속분, 마그네슘 • 제3류 위험물 중 금수성 물질

해답

① 제1류 위험물에 대한 주의사항이므로 차광성, 방수성
② 화기주의, 물기엄금
③ 황화인, 적린, 황, 그 밖에 행정안전부령으로 정하는 것

19 주유취급소에는 자동차 등이 출입하는 쪽 외의 부분에 담 또는 벽의 일부분에 방화상 유효한 구조의 유리를 부착할 수 있다. 유리를 부착하는 방법에 대해 괄호 안을 알맞게 채우시오.
① 주유취급소 내의 지반면으로부터 (   )를 초과하는 부분에 한하여 유리를 부착할 것
② 하나의 유리판의 가로 길이는 (   ) 이내일 것
③ 유리를 부착하는 범위는 전체의 담 또는 벽의 길이의 (   )를 초과하지 아니할 것

해설

주유취급소의 담 또는 벽
㉮ 주유취급소의 주위에는 자동차 등이 출입하는 쪽 외의 부분에 높이 2m 이상의 내화구조 또는 불연재료의 담 또는 벽을 설치하되, 주유취급소의 인근에 연소의 우려가 있는 건축물이 있는 경우에는 소방청장이 정하여 고시하는 바에 따라 방화상 유효한 높이로 하여야 한다.
㉯ 상기 내용에도 불구하고 다음 기준에 모두 적합한 경우에는 담 또는 벽의 일부분에 방화상 유효한 구조의 유리를 부착할 수 있다.
  ㉠ 유리를 부착하는 위치는 주입구, 고정주유설비 및 고정급유설비로부터 4m 이상 이격될 것
  ㉡ 유리를 부착하는 방법은 다음의 기준에 모두 적합할 것
    • 주유취급소 내의 지반면으로부터 70cm를 초과하는 부분에 한하여 유리를 부착할 것
    • 하나의 유리판의 가로 길이는 2m 이내일 것
    • 유리판의 테두리를 금속제의 구조물에 견고하게 고정하고 해당 구조물을 담 또는 벽에 견고하게 부착할 것
    • 유리의 구조는 접합유리(두 장의 유리를 두께 0.76mm 이상의 폴리바이닐뷰티랄 필름으로 접합한 구조를 말한다)로 하되, 「유리구획 부분의 내화시험방법(KS F 2845)」에 따라 시험하여 비차열 30분 이상의 방화성능이 인정될 것
  ㉢ 유리를 부착하는 범위는 전체의 담 또는 벽의 길이의 10분의 2를 초과하지 아니할 것

해답

① 70cm, ② 2m, ③ 10분의 2

제68회
(2020년 8월 29일 시행)

위험물기능장 실기

01

다음 보기에서 설명하는 물질에 대해 답하시오.

- 제4류 위험물로 증기비중이 3.80이고, 벤젠을 철 촉매하에서 염소화시켜 제조한다.
- 황산을 촉매로 하여 트라이클로로에탄올과 반응해서 DDT를 제조하는 데 사용한다.

① 구조식
② 위험등급
③ 지정수량
④ 이동탱크저장소 도선접지 유무

해설

㉮ 클로로벤젠(C_6H_5Cl, 염화페닐) – 제2석유류(비수용성 1,000L)

분자량	비중	증기비중	녹는점	끓는점	인화점	발화점	연소범위
112.6	1.11	3.9	−45℃	132℃	27℃	638℃	1.3~7.1%

㉠ 일반적 성질
- 마취성이 있고 석유와 비슷한 냄새를 가진 무색의 액체이다.
- 물에는 녹지 않으나 유기용제 등에는 잘 녹고 천연수지, 고무, 유지 등을 잘 녹인다.
- 벤젠올 염화철 촉매하에서 염소와 반응하여 만든다.
㉡ 위험성 : 마취성이 있고, 독성이 있으나 벤젠보다 약하다.
㉢ 저장·취급 방법 및 소화방법 : 등유에 준한다.
㉣ 용도 : 용제, 염료, 향료, DDT의 원료, 유기합성의 원료 등
㉯ 제4류 위험물 중 특수인화물, 제1석유류 또는 제2석유류의 이동탱크저장소에는 다음의 기준에 의하여 접지도선을 설치하여야 한다.
㉠ 양도체(良導體)의 도선에 비닐 등의 절연재료로 피복하여 선단에 접지전극 등을 결착시킬 수 있는 클립(clip) 등을 부착할 것
㉡ 도선이 손상되지 아니하도록 도선을 수납할 수 있는 장치를 부착할 것

해답

①

② Ⅲ
③ 1,000L
④ 접지도선 설치

02 다음은 위험물제조소 등의 행정처분기준에 대한 내용이다. 빈칸을 알맞게 채우시오.

위반사항	행정처분기준		
	1차	2차	3차
규정에 의한 변경허가를 받지 아니하고, 제조소 등의 위치·구조 또는 설비를 변경한 때	경고 또는 사용정지 15일	①	허가취소
규정에 의한 완공검사를 받지 아니하고, 제조소 등을 사용한 때	②	③	허가취소
규정에 의한 정기검사를 받지 아니한 때	사용정지 10일	④	⑤

해설

위험물제조소 등에 대한 행정처분기준

위반사항	행정처분기준		
	1차	2차	3차
제조소 등의 위치·구조 또는 설비를 변경한 때	경고 또는 사용정지 15일	사용정지 60일	허가취소
완공검사를 받지 아니하고 제조소 등을 사용한 때	사용정지 15일	사용정지 60일	허가취소
수리·개조 또는 이전의 명령에 위반한 때	사용정지 30일	사용정지 90일	허가취소
위험물 안전관리자를 선임하지 아니한 때	사용정지 15일	사용정지 60일	허가취소
대리자를 지정하지 아니한 때	사용정지 10일	사용정지 30일	허가취소
정기점검을 하지 아니한 때	사용정지 10일	사용정지 30일	허가취소
정기검사를 받지 아니한 때	사용정지 10일	사용정지 30일	허가취소
저장·취급 기준 준수명령을 위반한 때	사용정지 30일	사용정지 60일	허가취소

해답

① 사용정지 60일, ② 사용정지 15일, ③ 사용정지 60일
④ 사용정지 30일, ⑤ 허가취소

03 위험물제조소 내의 위험물을 취급하는 배관의 재질에서 강관을 제외한 재질 3가지를 쓰시오.

해설

배관의 재질은 강관, 그 밖에 이와 유사한 금속성으로 하여야 한다. 다만, 다음의 기준에 적합한 경우에는 그러하지 아니하다.
㉠ 배관의 재질은 한국산업규격의 유리섬유강화플라스틱·고밀도폴리에틸렌 또는 폴리우레탄으로 할 것
㉡ 배관의 구조는 내관 및 외관의 이중으로 하고, 내관과 외관의 사이에는 틈새공간을 두어 누설 여부를 외부에서 쉽게 확인할 수 있도록 할 것. 다만, 배관의 재질이 취급하는 위험물에 의해 쉽게 열화될 우려가 없는 경우에는 그러하지 아니하다.
㉢ 국내 또는 국외의 관련 공인시험기관으로부터 안전성에 대한 시험 또는 인증을 받을 것
㉣ 배관은 지하에 매설할 것. 다만, 화재 등 열에 의하여 쉽게 변형될 우려가 없는 재질이거나 화재 등 열에 의한 악영향을 받을 우려가 없는 장소에 설치되는 경우에는 그러하지 아니하다.

해답

유리섬유강화플라스틱, 고밀도폴리에틸렌, 폴리우레탄

04 | 1기압, 25℃에서 에틸알코올 200g이 완전연소 시 필요한 이론공기량(g)을 구하시오.

[해설]

에틸알코올은 무색투명하며 인화가 쉽고, 공기 중에서 쉽게 산화한다. 또한 완전연소를 하므로 불꽃이 잘 보이지 않으며 그을음이 거의 없다.

$C_2H_5OH + 3O_2 \rightarrow 2CO_2 + 3H_2O$

$$\frac{200g\text{-}C_2H_5OH}{} \left| \frac{1mol\text{-}C_2H_5OH}{46g\text{-}C_2H_5OH} \right| \frac{3mol\text{-}O_2}{1mol\text{-}C_2H_5OH} \left| \frac{32g\text{-}O_2}{1mol\text{-}O_2} \right. = 417.39g\text{-}O_2$$

$$V = \frac{wRT}{PM} = \frac{417.39g \cdot (0.082atm \cdot L/K \cdot mol) \cdot (25+273.15)K}{1atm \cdot 32g/mol} = 318.92L$$

따라서,

$$\frac{318.92L\text{-}O_2}{} \left| \frac{1mol\text{-}O_2}{22.4L\text{-}O_2} \right| \frac{100mol\text{-}Air}{21mol\text{-}O_2} \left| \frac{28.84g\text{-}Air}{1mol\text{-}Air} \right. = 1955.28g\text{-}Air$$

[해답]

1955.28g

05 | 위험물안전관리법상 제4류 위험물 제1석유류로서 분자량은 60g/mol, 인화점은 −19℃, 비중 0.980이며, 가수분해하는 경우 제2석유류가 생성되는 물질에 대해 다음 물음에 답하시오.
① 가수분해하여 알코올류와 제2석유류를 생성하는 화학반응식을 적으시오.
② ①의 화학반응식에서 생성된 알코올류의 완전연소반응식을 적으시오.
③ ①의 화학반응식에서 생성된 제2석유류의 완전연소반응식을 적으시오.

[해설]

의산메틸($HCOOCH_3$)

분자량	비중	끓는점	발화점	인화점	연소범위
60	0.97	32℃	449℃	−19℃	5~23%

㉮ 일반적 성질
달콤한 향이 나는 무색의 휘발성 액체로 물 및 유기용제 등에 잘 녹는다.
㉯ 위험성
㉠ 인화 및 휘발의 위험성이 크다.
㉡ 습기, 알칼리 등과의 접촉을 방지한다.
㉢ 쉽게 가수분해하여 폼산과 맹독성의 메탄올이 생성된다.
　　$HCOOCH_3 + H_2O \rightarrow HCOOH + CH_3OH$
㉰ 저장 및 취급 방법
통풍이 잘 되는 곳에 밀봉하여 저장하고, 방폭조치를 한다.

[해답]

① $HCOOCH_3 + H_2O \rightarrow CH_3OH + HCOOH$
② $2CH_3OH + 3O_2 \rightarrow 4H_2O + 2CO_2$
③ $2HCOOH + O_2 \rightarrow 2H_2O + 2CO_2$

06 100kPa, 30℃에서 100g 드라이아이스의 부피(L)를 구하시오.

해설

드라이아이스는 이산화탄소(CO_2)를 의미한다.

$$\frac{100\text{kPa}}{}\bigg|\frac{1\text{atm}}{101.326\text{kPa}}=0.987\text{atm}$$

따라서, 이상기체방정식을 이용하여 기체의 부피를 구할 수 있다.

$$PV=nRT$$

n은 몰(mole)수이며 $n=\dfrac{w(\text{g})}{M(\text{분자량})}$ 이므로, $PV=\dfrac{wRT}{M}$

$$\therefore\ V=\frac{wRT}{PM}=\frac{100\text{g}\times0.082\text{L}\cdot\text{atm}/\text{K}\cdot\text{mol}\times(30+273.15)}{0.987\text{atm}\times44\text{g}/\text{mol}}=57.24\text{L}$$

해답

57.24L

07 다음은 옥외저장소의 위치·구조 및 설비의 기준에 대한 설명이다. 괄호 안에 들어갈 내용을 순서대로 쓰시오.
① (   ) 또는 (   )을 저장하는 옥외저장소에는 불연성 또는 난연성의 천막 등을 설치하여 햇빛을 가릴 것
② 경계표시에는 황이 넘치거나 비산하는 것을 방지하기 위한 천막 등을 고정하는 장치를 설치하되, 천막 등을 고정하는 장치는 경계표시의 길이 (   )마다 한 개 이상 설치할 것
③ 황을 저장 또는 취급하는 장소의 주위에는 (   )와 (   )를 설치할 것

해설

㉮ 과산화수소 또는 과염소산을 저장하는 옥외저장소의 기준
　　과산화수소 또는 과염소산을 저장하는 옥외저장소에는 불연성 또는 난연성의 천막 등을 설치하여 햇빛을 가릴 것
㉯ 옥외저장소 중 덩어리상태의 황만을 지반면에 설치한 경계표시의 안쪽에서 저장 또는 취급하는 것에 대한 기준
　　㉠ 하나의 경계표시 내부의 면적은 100m² 이하일 것
　　㉡ 2 이상의 경계표시를 설치하는 경우에 있어서는 각각의 경계표시 내부의 면적을 합산한 면적은 1,000m² 이하로 하고, 인접하는 경계표시와 경계표시와의 간격은 공지의 너비의 2분의 1 이상으로 할 것. 다만, 저장 또는 취급하는 위험물의 최대수량이 지정수량의 200배 이상인 경우에는 10m 이상으로 하여야 한다.
　　㉢ 경계표시는 불연재료로 만드는 동시에 황이 새지 아니하는 구조로 할 것
　　㉣ 경계표시의 높이는 1.5m 이하로 할 것
　　㉤ 경계표시에는 황이 넘치거나 비산하는 것을 방지하기 위한 천막 등을 고정하는 장치를 설치하되, 천막 등을 고정하는 장치는 경계표시의 길이 2m마다 한 개 이상 설치할 것
　　㉥ 황을 저장 또는 취급하는 장소의 주위에는 배수구와 분리장치를 설치할 것

해답

① 과산화수소, 과염소산, ② 2m, ③ 배수구, 분리장치

08 위험물안전관리법상 2가지 이상 포함하는 물품이 속하는 품명의 판단기준에 대해 다음 괄호 안을 알맞게 채우시오.
① 복수성상물품이 산화성 고체의 성상 및 가연성 고체의 성상을 가지는 경우
　：제(　)류에 의한 품명
② 복수성상물품이 산화성 고체의 성상 및 자기반응성 물질의 성상을 가지는 경우
　：제(　)류에 의한 품명
③ 복수성상물품이 가연성 고체의 성상과 자연발화성 물질의 성상 및 금수성 물질의 성상을 가지는 경우 ：제(　)류에 의한 품명
④ 복수성상물품이 자연발화성 물질의 성상, 금수성 물질의 성상 및 인화성 액체의 성상을 가지는 경우 ：제(　)류에 의한 품명
⑤ 복수성상물품이 인화성 액체의 성상 및 자기반응성 물질의 성상을 가지는 경우
　：제(　)류에 의한 품명

해설

위험물안전관리법 시행령 [별표 8]에서 위험물의 성질란에 규정된 성상을 2가지 이상 포함하는 물품(복수성상물품)이 속하는 품명의 판단기준은 다음과 같다.
① 복수성상물품이 산화성 고체의 성상 및 가연성 고체의 성상을 가지는 경우 : 제2류에 의한 품명
② 복수성상물품이 산화성 고체의 성상 및 자기반응성 물질의 성상을 가지는 경우 : 제5류에 의한 품명
③ 복수성상물품이 가연성 고체의 성상과 자연발화성 물질의 성상 및 금수성 물질의 성상을 가지는 경우 : 제3류에 의한 품명
④ 복수성상물품이 자연발화성 물질의 성상, 금수성 물질의 성상 및 인화성 액체의 성상을 가지는 경우 : 제3류에 의한 품명
⑤ 복수성상물품이 인화성 액체의 성상 및 자기반응성 물질의 성상을 가지는 경우 : 제5류에 의한 품명

해답

① 2, ② 5, ③ 3, ④ 3, ⑤ 5

09 다공성 물질을 규조토에 흡수시켜 다이너마이트를 제조하는 제5류 위험물에 대한 다음 물음에 답하시오.
① 품명
② 화학식
③ 분해반응식

해설

나이트로글리세린은 다이너마이트, 로켓, 무연화약의 원료로 이용되며, 제5류 위험물로서 질산에스터류에 해당한다. 순수한 것은 무색투명한 기름성의 액체(공업용 시판품은 담황색)이며, 점화하면 즉시 연소하고 폭발력이 강하다. 40℃에서 분해되기 시작하고 145℃에서 격렬히 분해되며, 200℃ 정도에서 스스로 폭발한다.
$4C_3H_5(ONO_2)_3 \rightarrow 12CO_2 + 10H_2O + 6N_2 + O_2$

해답

① 질산에스터류
② $C_3H_5(ONO_2)_3$
③ $4C_3H_5(ONO_2)_3 \rightarrow 12CO_2 + 10H_2O + 6N_2 + O_2$

10 불활성가스소화설비에서 이산화탄소소화설비의 설치기준에 대하여 다음 괄호 안을 알맞게 채우시오.
① 이산화탄소를 방사하는 분사헤드 중 고압식의 것에 있어서는 (㉠)MPa 이상, 저압식의 것[소화약제가 (㉡) 이하의 온도로 용기에 저장되어 있는 것]에 있어서는 1.05MPa 이상
② 국소방출방식에서 소화약제의 양을 ( ) 이내에 균일하게 방사할 것

해설

① 전역방출방식 이산화탄소소화설비의 분사헤드
  ㉮ 방사된 소화약제가 방호구역의 전역에 균일하고 신속하게 방사할 수 있도록 설치할 것
  ㉯ 분사헤드의 방사압력
    ㉠ 이산화탄소를 방사하는 분사헤드 중 고압식의 것에 있어서는 2.1MPa 이상, 저압식의 것(소화약제가 영하 18℃ 이하의 온도로 용기에 저장되어 있는 것)에 있어서는 1.05MPa 이상
    ㉡ 질소(IG-100), 질소와 아르곤의 용량비가 50 대 50인 혼합물(IG-55) 또는 질소와 아르곤과 이산화탄소의 용량비가 52 대 40 대 8인 혼합물(IG-541)을 방사하는 분사헤드는 1.9MPa 이상
  ㉰ 이산화탄소를 방사하는 것은 소화약제의 양을 60초 이내에 균일하게 방사하고, IG-100, IG-55 또는 IG-541을 방사하는 것은 소화약제의 양의 95% 이상을 60초 이내에 방사
② 국소방출방식 이산화탄소소화설비의 분사헤드
  ㉮ 분사헤드는 방호대상물의 모든 표면이 분사헤드의 유효사정 내에 있도록 설치
  ㉯ 소화약제의 방사에 의해서 위험물이 비산되지 않는 장소에 설치
  ㉰ 소화약제의 양을 30초 이내에 균일하게 방사

해답

① ㉠ 2.1, ㉡ 영하 18℃
② 30초

11 다음에 주어진 위험물과 물과의 반응식을 각각 적으시오. (단, 물과의 반응이 없는 경우 "반응 없음"이라고 기재)
① 과산화나트륨
② 과염소산나트륨
③ 트라이에틸알루미늄
④ 인화칼슘
⑤ 아세트알데하이드

해설

① 과산화나트륨 : 흡습성이 있으므로 물과 접촉하면 발열 및 수산화나트륨($NaOH$)과 산소(O_2)를 발생한다.
  $2Na_2O_2 + 2H_2O \rightarrow 4NaOH + O_2$
② 과염소산나트륨 : 물에 잘 녹으며, 가연성 물질과의 접촉으로 화재 시 물로 소화한다.

③ 트라이에틸알루미늄 : 물과 접촉하면 폭발적으로 반응하여 에테인을 형성하고, 이때 발열 · 폭발에 이른다.

$(C_2H_5)_3Al + 3H_2O \rightarrow Al(OH)_3 + 3C_2H_6$

④ 인화칼슘 : 물과 반응하면 가연성의 독성이 강한 인화수소(PH_3, 포스핀)가스를 발생한다.

$Ca_3P_2 + 6H_2O \rightarrow 3Ca(OH)_2 + 2PH_3$

⑤ 아세트알데하이드 : 물에 잘 녹고, 구리, 수은, 마그네슘, 은 및 그 합금으로 된 취급설비는 아세트알데하이드와 반응에 의해 이들 간에 중합반응을 일으켜 구조불명의 폭발성 물질을 생성한다.

해답

① $2Na_2O_2 + 2H_2O \rightarrow 4NaOH + O_2$

② 반응 없음

③ $(C_2H_5)_3Al + 3H_2O \rightarrow Al(OH)_3 + 3C_2H_6$

④ $Ca_3P_2 + 6H_2O \rightarrow 3Ca(OH)_2 + 2PH_3$

⑤ 반응 없음

12 다음 보기에서 주어진 위험물제조소 설치 시 방화상 유효한 담을 설치하고자 할 때, 방화상 유효한 담의 높이를 구하시오.

- 위험물제조소 외벽의 높이 2m
- 인근 건축물과의 거리 5m
- 인근 건축물의 높이 6m
- 제조소 등과 방화상 유효한 담과의 거리 2.5m
- 상수 0.15

해설

제조소 등의 안전거리의 단축기준

취급하는 위험물이 최대수량(지정수량 배수)의 10배 미만이고, 주거용 건축물, 문화재, 학교 등의 경우 불연재료로 된 방화상 유효한 담 또는 벽을 설치하는 경우에는 안전거리를 단축할 수 있다.

방화상 유효한 담의 높이는 다음과 같이 구한다.

- $H \leq pD^2 + a$인 경우 : $h = 2$
- $H > pD^2 + a$인 경우 : $h = H - p(D^2 - d^2)$

여기서, D : 제조소 등과 인근 건축물 또는 공작물과의 거리(m)

H : 인근 건축물 또는 공작물의 높이(m)

a : 제조소 등의 외벽의 높이(m)

d : 제조소 등과 방화상 유효한 담과의 거리(m)

h : 방화상 유효한 담의 높이(m)

보기에서 주어진 조건으로 계산하면, $6m > 0.15 \times 5^2 + 2$인 경우에 해당하므로,

$h = H - p(D^2 - d^2) = 6 - 0.15(5^2 - 2.5^2) = 3.19m$

해답

3.19m

13 위험물안전관리법상 제4류 위험물 중 특수인화물에 해당하는 것으로 물속에 보관하는 물질에 대해 다음 물음에 답하시오.
① 증기비중
② 연소반응식
③ 옥외저장탱크에 저장하는 경우 탱크 벽의 두께
④ 옥외저장탱크에 저장하는 경우 탱크 바닥의 두께

해설

① $\dfrac{76}{28.84} = 2.64$

② 휘발하기 쉽고 발화점이 낮아 백열등, 난방기구 등의 열에 의해 발화하며, 점화하면 청색을 내고 연소하는데 연소생성물 중 SO_2는 유독성이 강하다.
$$CS_2 + 3O_2 \rightarrow CO_2 + 2SO_2$$

③ 이황화탄소의 옥외저장탱크는 벽 및 바닥의 두께가 0.2m 이상이고 누수가 되지 아니하는 철근콘크리트의 수조에 넣어 보관하여야 한다. 이 경우 보유공지·통기관 및 자동계량장치는 생략할 수 있다.

해답

① 2.64
② $CS_2 + 3O_2 \rightarrow CO_2 + 2SO_2$
③ 0.2m
④ 0.2m

14 과산화칼륨에 대해 다음 물음에 답하시오.
① 물과의 반응식
② 아세트산과의 반응식
③ 염산과의 반응식

해설

① 흡습성이 있으므로 물과 접촉하면 발열하며 수산화칼륨(KOH)과 산소(O_2)가 발생한다.
$$2K_2O_2 + 2H_2O \rightarrow 4KOH + O_2$$

② 묽은산과 반응하여 과산화수소(H_2O_2)를 생성한다.
$$K_2O_2 + 2CH_3COOH \rightarrow 2CH_3COOK + H_2O_2$$

③ 염산과 반응하여 염화칼륨과 과산화수소를 생성한다.
$$K_2O_2 + 2HCl \rightarrow 2KCl + H_2O_2$$

해답

① $2K_2O_2 + 2H_2O \rightarrow 4KOH + O_2$
② $K_2O_2 + 2CH_3COOH \rightarrow 2CH_3COOK + H_2O_2$
③ $K_2O_2 + 2HCl \rightarrow 2KCl + H_2O_2$

15 제3류 위험물 중 옥내저장소 2,000m²에 저장할 수 있는 품명 5가지를 적으시오.

해설

㉮ 옥내저장소 하나의 저장창고의 바닥면적

위험물을 저장하는 창고	바닥면적
가. ㉠ 제1류 위험물 중 아염소산염류, 염소산염류, 과염소산염류, 무기과산화물, 그 밖에 지정수량이 50kg인 위험물 ㉡ 제3류 위험물 중 칼륨, 나트륨, 알킬알루미늄, 알킬리튬, 그 밖에 지정수량이 10kg인 위험물 및 황린 ㉢ 제4류 위험물 중 특수 인화물, 제1석유류 및 알코올류 ㉣ 제5류 위험물 중 유기과산화물, 질산에스터류, 그 밖에 지정수량이 10kg인 위험물 ㉤ 제6류 위험물	1,000m² 이하
나. ㉠~㉤ 외의 위험물을 저장하는 창고	2,000m² 이하
다. 내화구조의 격벽으로 완전히 구획된 실에 각각 저장하는 창고 (가목의 위험물을 저장하는 실의 면적은 500m²를 초과할 수 없다.)	1,500m² 이하

㉯ 제3류 위험물의 종류와 지정수량

성질	위험등급	품명	대표 품목	지정수량
자연 발화성 물질 및 금수성 물질	Ⅰ	1. 칼륨(K) 2. 나트륨(Na) 3. 알킬알루미늄 4. 알킬리튬	$(C_2H_5)_3Al$ C_4H_9Li	10kg
		5. 황린(P_4)	–	20kg
	Ⅱ	6. 알칼리금속류(칼륨 및 나트륨 제외) 및 알칼리토금속 7. 유기금속화합물(알킬알루미늄 및 알킬리튬 제외)	Li, Ca $Te(C_2H_5)_2$, $Zn(CH_3)_2$	50kg
	Ⅲ	8. 금속의 수소화물 9. 금속의 인화물 10. 칼슘 또는 알루미늄의 탄화물	LiH, NaH Ca_3P_2, AlP CaC_2, Al_4C_3	300kg
		11. 그 밖에 행정안전부령이 정하는 것 염소화규소화합물	$SiHCl_3$	300kg

해답

① 알칼리금속류(칼륨 및 나트륨 제외) 및 알칼리토금속
② 유기금속화합물(알킬알루미늄 및 알킬리튬 제외)
③ 금속의 수소화물
④ 금속의 인화물
⑤ 칼슘 또는 알루미늄의 탄화물

16 위험물안전관리에 관한 세부기준에 따르면 배관 등의 용접부에는 방사선투과시험을 실시한다. 다만, 방사선투과시험을 실시하기 곤란한 경우 (　　) 안에 알맞은 비파괴시험을 쓰시오.
① 두께 6mm 이상인 배관에 있어서 (㉠) 및 (㉡)을 실시할 것. 다만, 강자성체 외의 재료로 된 배관에 있어서는 (㉢)을 (㉣)으로 대체할 수 있다.
② 두께 6mm 미만인 배관과 초음파탐상시험을 실시하기 곤란한 배관에 있어서는 (㉤)을 실시할 것

해설

배관 등에 대한 비파괴시험방법
배관 등의 용접부에는 방사선투과시험 또는 영상초음파탐상시험을 실시한다. 다만, 방사선투과시험 또는 영상초음파탐상시험을 실시하기 곤란한 경우에는 다음의 기준에 따른다.
① 두께가 6mm 이상인 배관에 있어서는 초음파탐상시험 및 자기탐상시험을 실시할 것. 다만, 강자성체 외의 재료로 된 배관에 있어서는 자기탐상시험을 침투탐상시험으로 대체할 수 있다.
② 두께가 6mm 미만인 배관과 초음파탐상시험을 실시하기 곤란한 배관에 있어서는 자기탐상시험을 실시할 것

해답

① ㉠ 초음파탐상시험
　㉡ 자기탐상시험
　㉢ 자기탐상시험
　㉣ 침투탐상시험
② ㉤ 자기탐상시험

17 다음 주어진 용어의 위험물안전관리법에 따른 정의를 적으시오.
① 액체
② 기체
③ 인화성 고체

해설

㉠ "산화성 고체"라 함은 고체[액체(1기압 및 20도에서 액상인 것 또는 20도 초과, 40도 이하에서 액상인 것) 또는 기체(1기압 및 20도에서 기상인 것) 외의 것]로서 산화력의 잠재적인 위험성 또는 충격에 대한 민감성을 판단하기 위하여 소방청장이 정하여 고시(이하 "고시")하는 시험에서 고시로 정하는 성질과 상태를 나타내는 것을 말한다. 이 경우 "액상"이라 함은 수직으로 된 시험관(안지름 30밀리미터, 높이 120밀리미터의 원통형 유리관)에 시료를 55밀리미터까지 채운 다음 해당 시험관을 수평으로 하였을 때 시료 액면의 선단이 30밀리미터를 이동하는데 걸리는 시간이 90초 이내에 있는 것을 말한다.
㉡ "인화성 고체"라 함은 고형 알코올, 그 밖에 1기압에서 인화점이 40도 미만인 고체를 말한다.

해답

① 1기압 및 20도에서 액상인 것 또는 20도 초과, 40도 이하에서 액상인 것
② 1기압 및 20도에서 기상인 것
③ 고형 알코올, 그 밖에 1기압에서 인화점이 40도 미만인 고체

18 다음 위험물제조소에 방화에 관하여 필요한 게시판 설치 시 표시하여야 할 주의사항을 적으시오. (단, 해당 없으면 "해당 없음"이라고 쓸 것)
① 과산화나트륨
② 적린
③ 인화성 고체
④ 질산
⑤ 질산암모늄

해설

표지 및 게시판의 설치기준
㉮ 제조소에는 보기 쉬운 곳에 다음의 기준에 따라 "위험물제조소"라는 표시를 한 표지를 설치하여야 한다.
　㉠ 표지는 한 변의 길이가 0.3m 이상, 다른 한 변의 길이가 0.6m 이상인 직사각형으로 할 것
　㉡ 표지의 바탕은 백색으로, 문자는 흑색으로 할 것
㉯ 제조소에는 보기 쉬운 곳에 다음의 기준에 따라 방화에 관하여 필요한 사항을 게시한 게시판을 설치하여야 한다.
　㉠ 게시판은 한 변의 길이가 0.3m 이상, 다른 한 변의 길이가 0.6m 이상인 직사각형으로 할 것
　㉡ 게시판에는 저장 또는 취급하는 위험물의 유별·품명 및 저장최대수량 또는 취급최대수량, 지정수량의 배수 및 안전관리자의 성명 또는 직명을 기재할 것
　㉢ ㉡의 게시판의 바탕은 백색으로, 문자는 흑색으로 할 것
　㉣ ㉡의 게시판 외에 저장 또는 취급하는 위험물에 따라 다음의 규정에 의한 주의사항을 표시한 게시판을 설치할 것
　　·제1류 위험물 중 알칼리금속의 과산화물과 이를 함유한 것 또는 제3류 위험물 중 금수성 물질에 있어서는 "물기엄금"
　　·제2류 위험물(인화성 고체를 제외한다)에 있어서는 "화기주의"
　　·제2류 위험물 중 인화성 고체, 제3류 위험물 중 자연발화성 물질, 제4류 위험물 또는 제5류 위험물에 있어서는 "화기엄금"
　㉤ ㉣의 게시판의 색은 "물기엄금"을 표시하는 것에 있어서는 청색 바탕에 백색 문자로, "화기주의" 또는 "화기엄금"을 표시하는 것에 있어서는 적색 바탕에 백색 문자로 할 것

해답

① 물기엄금
② 화기주의
③ 화기엄금
④ 해당 없음
⑤ 해당 없음

19

A는 부산물(비수용성, 인화점 210℃)을 이용하여 석유제품(비수용성, 인화점 60℃)으로 정제 및 제조하기 위하여 위험물시설을 보유하고자 한다. A는 정제된 위험물 10만 리터를 옥외탱크에 저장하고, 이동탱크저장소를 이용하여 판매하는 동시에 추가로 2만 리터를 더 저장하여 판매하기 위한 공간을 마련할 계획이다. 이 사업장의 시설이 다음과 같을 경우, 물음에 답하시오.

〈사업장 시설〉
• 부산물을 수집하기 위한 탱크로리 용량 5천 리터 1대와 2만 리터 1대
• 위험물에 해당하는 부산물을 석유제품을 정제하기 위한 시설(지정수량 10배)
• 제조한 석유제품을 저장하기 위한 10만 리터 용량의 옥외탱크저장소 1기
• 제조한 위험물을 출하하기 위해 탱크로리에 주입하는 일반취급소
• 제조한 위험물을 판매처에 운송하기 위한 5천 리터 용량의 탱크로리 1대

① 위 사업장에서 허가받아야 하는 제조소 등의 종류를 모두 쓰시오.
② 위 사업장에서 선임해야 하는 안전관리자에 대해 다음 물음에 답하시오.
　㉠ 위험물안전관리자 선임대상인 제조소 등의 종류를 모두 쓰시오.
　㉡ 선임 가능한 자격 가능자를 쓰시오.
　㉢ 중복하여 선임할 수 있는 안전관리자의 최소인원은 몇 명인가?
③ 위 사업장에서 정기점검대상에 해당하는 제조소 등을 모두 쓰시오.
④ 위 사업장의 제조소에 관해 다음 물음에 답하시오.
　㉠ 위 제조소의 보유공지는 몇 m 이상인가?
　㉡ 제조소와 인근에 위치한 종합병원과의 안전거리는 몇 m 이상인가? (단, 제조소와 종합병원 사이에는 방화상 유효한 격벽이 설치되어 있지 않음)

해설

㉮ 위험물취급자격자의 자격

위험물취급자격자의 구분	취급할 수 있는 위험물
「국가기술자격법」에 따라 위험물기능장, 위험물산업기사, 위험물기능사의 자격을 취득한 사람	「위험물안전관리법」 시행령 [별표 1]의 모든 위험물
안전관리자 교육 이수자(소방청장이 실시하는 안전관리자 교육을 이수한 자)	제4류 위험물
소방공무원 경력자(소방공무원으로 근무한 경력이 3년 이상인 자)	

㉯ 다수의 제조소 등을 설치한 자가 1인의 안전관리자를 중복하여 선임할 수 있는 경우
　㉠ 위험물을 차량에 고정된 탱크 또는 운반용기에 옮겨 담기 위한 5개 이하의 일반취급소(일반취급소 간의 거리가 300m 이내인 경우에 한한다)와 그 일반취급소에 공급하기 위한 위험물을 저장하는 저장소를 동일인이 설치한 경우
　㉡ 다음의 기준에 모두 적합한 5개 이하의 제조소 등을 동일인이 설치한 경우
　　• 각 제조소 등이 동일 구내에 위치하거나 상호 100m 이내의 거리에 있을 것
　　• 각 제조소 등에서 저장 또는 취급하는 위험물의 최대수량이 지정수량의 3,000배 미만일 것(단, 저장소는 제외)
㉰ 정기점검대상인 제조소 등
　㉠ 지정수량의 10배 이상의 위험물을 취급하는 제조소
　㉡ 지정수량의 100배 이상의 위험물을 저장하는 옥외저장소

ⓒ 지정수량의 150배 이상의 위험물을 저장하는 옥내저장소

ⓛ 지정수량의 200배 이상을 저장하는 옥외탱크저장소

ⓜ 암반탱크저장소

ⓗ 이송취급소

ⓢ 지정수량의 10배 이상의 위험물을 취급하는 일반취급소[다만, 제4류 위험물(특수인화물을 제외한다)만을 지정수량의 50배 이하로 취급하는 일반취급소(제1석유류ㆍ알코올류의 취급량이 지정수량의 10배 이하인 경우에 한한다)로서 다음의 어느 하나에 해당하는 것을 제외]

  • 보일러ㆍ버너 또는 이와 비슷한 것으로서 위험물을 소비하는 장치로 이루어진 일반취급소

  • 위험물을 용기에 옮겨 담거나 차량에 고정된 탱크에 주입하는 일반취급소

ⓞ 지하탱크저장소

ⓩ 이동탱크저장소

ⓩ 제조소(지하탱크), 주유취급소 또는 일반취급소

㉔ 위험물제조소의 보유공지

취급하는 위험물의 최대수량	공지의 너비
지정수량 10배 이하	3m 이상
지정수량 10배 초과	5m 이상

㉕ 안전거리

제조소(제6류 위험물을 취급하는 제조소를 제외한다)는 건축물의 외벽 또는 이에 상당하는 공작물의 외측으로부터 해당 제조소의 외벽 또는 이에 상당하는 공작물의 외측까지의 사이에 규정에 의한 수평거리(안전거리)를 두어야 한다.

건축물	안전거리
사용전압 7,000V 초과 35,000V 이하의 특고압 가공전선	3m 이상
사용전압 35,000V 초과 특고압 가공전선	5m 이상
주거용으로 사용되는 것(제조소가 설치된 부지 내에 있는 것 제외)	10m 이상
고압가스, 액화석유가스 또는 도시가스를 저장 또는 취급하는 시설	20m 이상
학교, 병원(종합병원, 치과병원, 한방ㆍ요양 병원), 극장(공연장, 영화상영관, 수용인원 300명 이상 시설), 아동복지시설, 노인복지시설, 장애인복지시설, 모ㆍ부자복지시설, 보육시설, 성매매자를 위한 복지시설, 정신보건시설, 가정폭력피해자 보호시설, 수용인원 20명 이상의 다수인 시설	30m 이상
유형문화재, 지정문화재	50m 이상

해답

① 위험물제조소, 충전하는 일반취급소, 이동탱크저장소, 옥외탱크저장소

② ㉠ 제조소, 일반취급소, 옥외탱크저장소

  ㉡ 위험물기능장, 위험물산업기사, 위험물기능사, 안전관리자 교육이수자, 소방공무원 3년 이상 경력자

  ㉢ 2명

③ 제조소, 이동탱크저장소

④ ㉠ 3m, ㉡ 30m

제69회
(2021년 4월 3일 시행)

위험물기능장 실기

01 위험물안전관리법상 제1류 위험물 중 분자량 158, 지정수량 1,000kg이며 흑자색 결정으로 물에 녹으면 진한 보라색을 나타내는 물질에 대해 다음 물음에 답하시오.
① 240℃ 분해반응식
② 묽은황산과의 반응식

해설

과망가니즈산칼륨($KMnO_4$)

㉮ 일반적 성질
  ㉠ 분자량 : 158, 비중 : 2.7, 분해온도 : 약 200~250℃, 흑자색 또는 적자색의 결정
  ㉡ 수용액은 산화력과 살균력(3%-피부살균, 0.25%-점막살균)을 나타낸다.
  ㉢ 240℃에서 가열하면 망가니즈산칼륨, 이산화망가니즈, 산소가 발생한다.
    $2KMnO_4 \rightarrow K_2MnO_4 + MnO_2 + O_2$

㉯ 위험성
  ㉠ 에터, 알코올류, [진한황산+(가연성 가스, 염화칼륨, 테레빈유, 유기물, 피크르산)]과 혼촉되는 경우 발화하고 폭발의 위험성을 갖는다.
    (묽은황산과의 반응식) $4KMnO_4 + 6H_2SO_4 \rightarrow 2K_2SO_4 + 4MnSO_4 + 6H_2O + 5O_2$
    (진한황산과의 반응식) $2KMnO_4 + H_2SO_4 \rightarrow K_2SO_4 + 2HMnO_4$
  ㉡ 고농도의 과산화수소와 접촉 시 폭발하며, 황화인과 접촉 시 자연발화의 위험이 있다.
  ㉢ 환원성 물질(목탄, 황 등)과 접촉 시 폭발할 위험이 있다.
  ㉣ 망가니즈산화물의 산화성 크기 : $MnO < Mn_2O_3 < KMnO_2 < Mn_2O_7$

해답

① $2KMnO_4 \rightarrow K_2MnO_4 + MnO_2 + O_2$
② $4KMnO_4 + 6H_2SO_4 \rightarrow 2K_2SO_4 + 4MnSO_4 + 6H_2O + 5O_2$

02 위험물안전관리법상 인화성 고체에 대해 다음 물음에 답하시오.
① 정의
② 운반용기 외부에 표시해야 할 주의사항
③ 옥내저장소에서 1m 이상 간격을 두었을 경우 혼재 가능한 위험물의 유별(모두 기재)

해답

① 고형알코올, 그 밖에 1기압에서 인화점이 40℃ 미만인 고체
② 화기엄금
③ 제4류 위험물

03 제4류 위험물로서 벤젠핵에 수소원자대신 메틸기 1개가 치환된 무색투명하며 벤젠향과 같은 독특한 냄새를 가진 액체로 분자량이 92인 물질에 대해 다음 물음에 답하시오.
① 구조식
② 증기비중
③ 이 물질에 진한질산과 진한황산을 반응시키면 생성되는 위험물

해설

톨루엔($C_6H_5CH_3$) — 비수용성 액체
일반적 성질
㉠ 무색투명하며 벤젠향과 같은 독특한 냄새를 가진 액체로 진한질산과 진한황산을 반응시키면 나이트로화하여 T.N.T의 제조에 이용된다.
㉡ 분자량 92, 액비중 0.871(증기비중 3.19), 비점 111℃, 인화점 4℃, 발화점 490℃, 연소범위 1.4~6.7%로 벤젠보다 독성이 약하며 휘발성이 강하고 인화가 용이하며 연소할 때 자극성, 유독성 가스가 발생한다.
㉢ 증기는 공기와 혼합하여 연소범위를 형성하고 낮은 곳에 체류하며 이때 점화원에 의해 인화, 폭발한다.
㉣ 물에는 녹지 않으나 유기용제 및 수지, 유지, 고무를 녹이며 벤젠보다 휘발하기 어려우며, 강산화제에 의해 산화하여 벤조산(C_6H_5COOH, 안식향산)이 된다.

해답

①

② 증기비중 $= \dfrac{\text{분자량}(92)}{\text{공기의 평균분자량}(28.84)} = 3.19$

③ 트라이나이트로톨루엔(T.N.T)

04 A 50vol%, B 15vol%, C 4vol%, 나머지는 D로 혼합된 가스에 대한 공기 중 폭발하한값을 구하시오. (단, 폭발범위는 A 2.1~9.5%, B 1.8~8.4%, C 3.0~12%, D 5.0~15vol%이다.)

해설

르 샤틀리에(Le Chatelier)의 혼합가스 폭발범위를 구하는 식

$$\frac{100}{L} = \frac{V_1}{L_1} + \frac{V_2}{L_2} + \frac{V_3}{L_3} + \cdots$$

$$\therefore L = \frac{100}{\left(\dfrac{V_1}{L_1} + \dfrac{V_2}{L_2} + \dfrac{V_3}{L_3} + \cdots\right)} = \frac{100}{\left(\dfrac{50}{2.1} + \dfrac{15}{1.8} + \dfrac{4}{3.0} + \dfrac{31}{5.0}\right)} = 2.52$$

여기서, L : 혼합가스의 폭발한계치
L_1, L_2, L_3 : 각 성분의 단독 폭발한계치(vol%)
V_1, V_2, V_3 : 각 성분의 체적(vol%)

해답

2.52%

05 위험물안전관리법상 2가지 이상 포함하는 물품이 속하는 품명의 판단기준에 대해 다음 괄호 안을 알맞게 채우시오.

① 복수성상물품이 산화성 고체의 성상 및 가연성 고체의 성상을 가지는 경우
　: 제(　)류에 의한 품명

② 복수성상물품이 산화성 고체의 성상 및 자기반응성 물질의 성상을 가지는 경우
　: 제(　)류에 의한 품명

③ 복수성상물품이 가연성 고체의 성상과 자연발화성 물질의 성상 및 금수성 물질의 성상을 가지는 경우 : 제(　)류에 의한 품명

④ 복수성상물품이 자연발화성 물질의 성상과 금수성 물질의 성상 및 인화성 액체의 성상을 가지는 경우 : 제(　)류에 의한 품명

⑤ 복수성상물품이 인화성 액체의 성상 및 자기반응성 물질의 성상을 가지는 경우
　: 제(　)류에 의한 품명

해설

위험물안전관리법 시행령 [별표 8]에서 위험물의 성질란에 규정된 성상을 2가지 이상 포함하는 물품(이하 이 호에서 "복수성상물품"이라 한다)이 속하는 품명의 판단기준은 다음과 같다.

① 복수성상물품이 산화성 고체의 성상 및 가연성 고체의 성상을 가지는 경우 : 제2류에 의한 품명
② 복수성상물품이 산화성 고체의 성상 및 자기반응성 물질의 성상을 가지는 경우 : 제5류에 의한 품명
③ 복수성상물품이 가연성 고체의 성상과 자연발화성 물질의 성상 및 금수성 물질의 성상을 가지는 경우 : 제3류에 의한 품명
④ 복수성상물품이 자연발화성 물질의 성상과 금수성 물질의 성상 및 인화성 액체의 성상을 가지는 경우 : 제3류에 의한 품명
⑤ 복수성상물품이 인화성 액체의 성상 및 자기반응성 물질의 성상을 가지는 경우 : 제5류에 의한 품명

해답

① 2, ② 5, ③ 3, ④ 3, ⑤ 5

06 알킬알루미늄을 저장하는 이동탱크저장소에 대해 다음 물음에 답하시오.

① 이동탱크저장소에 저장할 수 있는 최대용량은 몇 L 미만인지 적으시오.
② 탱크 외면에 도장하는 색상을 적으시오.
③ 이동탱크저장소에 비치해야 하는 서류를 적으시오.
④ 운송책임자의 자격요건을 적으시오.
⑤ 알킬알루미늄 중 물과 반응 시 에테인을 발생하는 물질의 연소반응식을 적으시오.

해답

① 1,900L
② 적색
③ 완공검사필증(완공검사합격확인증), 정기점검기록
④ 위험물 국가기술자격을 취득하고 관련 업무에 1년 이상 종사한 경력이 있는 자 또는 위험물의 운송에 관한 안전교육을 수료하고 관련 업무에 2년 이상 종사한 경력이 있는 자
⑤ $2(C_2H_5)_3Al + 21O_2 \rightarrow Al_2O_3 + 12CO_2 + 15H_2O$

07 지하 7층, 지상 12층 건물에 경유를 저장하는 옥내저장탱크를 설치하고자 한다. 다음 물음에 답하시오.
① 옥내저장탱크를 설치할 수 있는 층을 모두 적으시오.
② 지상 3층에 옥내저장탱크를 설치하고자 하는 경우 용량은 몇 L로 해야 하는지 적으시오.
③ 지하 2층에 2개의 옥내저장탱크를 설치하고자 할 때 하나의 탱크용량이 1만 리터라면 나머지 1기의 탱크용량은 몇 L로 해야 하는지 적으시오.
④ 탱크전용실에 펌프를 설치하는 경우 그 주위에 불연재료로 된 턱을 몇 m 이상의 높이로 설치해야 하는지 적으시오.

해설

① 옥내저장탱크는 탱크전용실에 설치할 것. 이 경우 제2류 위험물 중 황화인·적린 및 덩어리 황, 제3류 위험물 중 황린, 제6류 위험물 중 질산의 탱크전용실은 건축물의 1층 또는 지하층에 설치하여야 한다.
② 옥내저장탱크의 용량(동일한 탱크전용실에 옥내저장탱크를 2 이상 설치하는 경우에는 각 탱크의 용량의 합계를 말한다)은 1층 이하의 층에 있어서는 지정수량의 40배(제4석유류 및 동식물유류 외의 제4류 위험물에 있어서 해당 수량이 2만L 초과할 때에는 2만L) 이하, 2층 이상의 층에 있어서는 지정수량의 10배(제4석유류 및 동식물유류 외의 제4류 위험물에 있어서 해당 수량이 5천L를 초과할 때에는 5천L) 이하일 것
③ 옥내저장탱크의 용량(동일한 탱크전용실에 옥내저장탱크를 2 이상 설치하는 경우에는 각 탱크용량의 합계를 말한다)은 지정수량의 40배(제4석유류 및 동식물유류 외의 제4류 위험물에 있어서 해당 수량이 20,000L를 초과할 때에는 20,000L) 이하일 것
④ 탱크전용실에 펌프설비를 설치하는 경우에는 견고한 기초 위에 고정한 다음 그 주위에는 불연재료로 된 턱을 0.2m 이상의 높이로 설치하는 등 누설된 위험물이 유출되거나 유입되지 아니하도록 하는 조치를 할 것

해답

① 모든 층, ② 5,000L, ③ 10,000L, ④ 0.2m

08 위험물안전관리법상 제4류 위험물로서 겨울철에 동결하고 독성이 강하며, 인화점이 −11℃인 위험물에 대해 다음 물음에 답하시오.
① 완전연소반응식
② 분자량
③ 위험등급

해설

① 무색투명하며 독특한 냄새를 가진 휘발성이 강한 액체로 위험성이 강하고 인화가 쉬우며 다량의 흑연을 발생하고 뜨거운 열을 내며 연소한다. 또한 연소 시 이산화탄소와 물이 생성된다.
$2C_6H_6 + 15O_2 \rightarrow 12CO_2 + 6H_2O$
② $12 \times 6 + 1 \times 6 = 78$

해답

① $2C_6H_6 + 15O_2 \rightarrow 12CO_2 + 6H_2O$, ② 78, ③ II등급

09 휘발유를 저장하는 옥외탱크저장소의 방유제의 기준에 대해 다음 물음에 답하시오.
① 방유제의 재질을 적으시오.
② 하나의 방유제 안에 설치하는 모든 옥외저장탱크 용량의 합이 20만L 이하인 경우 설치할 수 있는 탱크의 개수를 적으시오.
③ 방유제에 계단을 설치하는 간격을 적으시오.
④ 방유제의 두께는 몇 m 이상으로 하는지 적으시오.
⑤ 방유제의 지하 매설깊이는 몇 m 이상으로 하는지 적으시오.

[해설]

방유제는 저장 중인 액체 위험물이 주위로 누설 시 그 주위에 피해 확산을 방지하기 위하여 설치한 담을 의미한다.
① 방유제는 철근콘크리트로 하고, 방유제와 옥외저장탱크 사이의 지표면은 불연성과 불침윤성이 있는 구조(철근콘크리트 등)로 할 것
② 하나의 방유제 안에 설치되는 탱크의 수 10기 이하(단, 방유제 내 전 탱크의 용량이 200kL 이하이고, 인화점이 70℃ 이상 200℃ 미만인 경우에는 20기 이하)로 할 것
③ 높이가 1m를 넘는 방유제 및 간막이둑의 안팎에는 방유제 내에 출입하기 위한 계단 또는 경사로를 약 50m마다 설치할 것
④, ⑤ 높이 0.5m 이상 3.0m 이하, 면적 80,000m^2 이하, 두께 0.2m 이상, 지하 매설깊이 1m 이상으로 할 것

[해답]

① 철근콘크리트, ② 10개, ③ 50m, ④ 0.2m, ⑤ 1m

10 다음 위험물안전관리법상 일반취급소의 정의를, 취급하는 위험물과 양을 기준으로 적으시오.
① 분무도장작업 등의 일반취급소
② 세정작업의 일반취급소
③ 열처리작업 등의 일반취급소
④ 열매체유 순환장치를 설치하는 일반취급소
⑤ 절삭장치 등을 설치하는 일반취급소

[해답]

① 도장, 인쇄 또는 도포를 위하여 제2류 위험물 또는 제4류 위험물(특수인화물 제외)을 취급하는 일반취급소로서 지정수량의 30배 미만의 것
② 세정을 위하여 위험물(인화점이 40℃ 이상인 제4류 위험물에 한한다)을 취급하는 일반취급소로서 지정수량의 30배 미만의 것
③ 열처리작업 또는 방전가공을 위하여 위험물(인화점이 70℃ 이상인 제4류 위험물에 한한다)을 취급하는 일반취급소로서 지정수량의 30배 미만의 것
④ 위험물 외의 물건을 가열하기 위하여 위험물(고인화점 위험물에 한한다)을 이용한 열매체유 순환장치를 설치하는 일반취급소로서 지정수량의 30배 미만의 것
⑤ 절삭유의 위험물을 이용한 절삭장치, 연삭장치, 그 밖에 이와 유사한 장치를 설치하는 일반취급소(고인화점 위험물만을 100℃ 미만의 온도로 취급하는 것에 한한다)로서 지정수량의 30배 미만의 것

11 다음 괄호 안에 알맞은 답을 적으시오.
① 이동저장탱크로부터 알킬알루미늄 등을 저장하는 경우 (   )kPa 이하의 압력으로 불활성의 기체를 봉입해 두어야 한다.
② 옥외저장탱크 중 압력탱크에 아세트알데하이드 등을 저장하는 경우 (   )℃ 이하로 해야 한다.
③ 보냉장치가 있는 이동탱크저장소에 아세트알데하이드 등을 저장하는 경우 저장온도는 (   ) 이하로 해야 한다.
④ 보냉장치가 없는 이동탱크저장소에 아세트알데하이드 등을 저장하는 경우 저장온도는 (   )℃ 이하로 해야 한다.
⑤ 옥외저장탱크·옥내저장탱크 또는 지하저장탱크 중 압력탱크에 있어서는 아세트알데하이드 등의 취출에 의하여 해당 탱크 내의 압력이 (   ) 이하로 저하하지 아니하도록 불활성 기체를 봉입해야 한다.

해답

① 20, ② 40, ③ 비점, ④ 40, ⑤ 상용압력

12 다음 물음에 답하시오.
① 부피팽창계수가 0.00135/℃인 휘발유가 있다. 20L의 휘발유가 0℃에서 25℃로 될 때의 체적은 몇 L인지 구하시오.
② 휘발유를 저장하던 이동저장탱크에 등유나 경유를 주입할 때 또는 등유나 경유를 저장하던 이동저장탱크에 휘발유를 주입할 때에 대한 기준에 따라 다음 괄호 안을 알맞게 채우시오.
  ㉠ 이동저장탱크의 상부로부터 위험물을 주입할 때에는 위험물의 액표면이 주입관의 선단을 넘는 높이가 될 때까지 그 주입관 내의 유속을 초당 (   )m 이하로 할 것
  ㉡ 이동저장탱크의 밑부분으로부터 위험물을 주입할 때에는 위험물의 액표면이 주입관의 정상부분을 넘는 높이가 될 때까지 그 주입배관 내의 유속을 초당 (   )m 이하로 할 것
  ㉢ 그 밖의 방법에 의한 위험물의 주입은 이동저장탱크에 (   )가 잔류하지 아니하도록 조치하고 안전한 상태로 있음을 확인한 후에 해야 한다.

해설

$V = V_0(1 + \beta \Delta t)$

여기서, V : 최종부피

V_0 : 팽창 전 부피

β : 체적팽창계수

Δt : 온도변화량

∴ $V = 20L \times (1 + 0.00135/℃ \times (25 - 0)℃) = 20.68L$

해답

① 20.68L
② ㉠ 1, ㉡ 1, ㉢ 가연성 증기

13 아세트알데하이드를 은거울반응하면 발생하는 물질로서 융점이 16.6℃인 물질에 대해 다음 물음에 답하시오.
① 화학식
② 연소반응식
③ 지정수량

해설

① 아세트알데하이드 산화 시 초산이 생성된다.
   $2CH_3CHO + O_2 \rightarrow 2CH_3COOH$(산화작용)
② 초산은 제2석유류로서 인화점은 40℃이며, 연소 시 파란 불꽃을 내면서 탄다.
   $CH_3COOH + 2O_2 \rightarrow 2CO_2 + 2H_2O$

해답

① CH_3COOH
② $CH_3COOH + 2O_2 \rightarrow 2CO_2 + 2H_2O$
③ 2,000L

14 [보기]에 주어진 위험물 중 지정수량이 2,000L인 제4류 위험물을 고르시오.

[보기] 초산, 아세톤, 하이드라진, 아닐린, 글리세린, 나이트로벤젠

해설

제4류 위험물 중 제2, 제3 석유류의 종류와 지정수량

품명		품목	지정수량
제2석유류	비수용성	등유, 경유, 스타이렌, 자일렌(o-, m-, p-), 클로로벤젠, 장뇌유, 뷰틸알코올, 알릴알코올, 아밀알코올 등	1,000L
	수용성	폼산, 초산, 하이드라진, 아크릴산 등	2,000L
제3석유류	비수용성	중유, 크레오소트유, 아닐린, 나이트로벤젠, 나이트로톨루엔 등	2,000L
	수용성	에틸렌글리콜, 글리세린 등	4,000L

해답

초산, 하이드라진, 아닐린, 나이트로벤젠

15 90중량%의 염소산칼륨이 있다. 이것을 3중량%의 물질로 만들려면 염소산칼륨 1kg에 물 몇 kg을 더 첨가해야 하는지 구하시오.

해설

$3wt\% = \dfrac{1kg \times 0.9}{(1kg \times 0.9) + x} \times 100$, $3(0.9 + x) = 90$, $2.7 + 3x = 90$
$3x = 87.3$, $x = 29.1kg$

해답

29.1kg

16 제3류 위험물로서 수소화나트륨에 대해 다음 물음에 답하시오.
① 물과의 반응식을 적으시오.
② 물과 반응 시 발생하는 가스의 위험도를 구하시오.
    ㉠ 식
    ㉡ 답

해설

① 비중은 0.93이고, 분해온도는 약 800℃로 회백색의 결정 또는 분말이며, 불안정한 가연성 고체로 물과 격렬하게 반응하여 수소를 발생하고 발열하며, 이때 발생한 반응열에 의해 자연발화한다.

$NaH + H_2O \rightarrow NaOH + H_2$

② 위험도(H)

가연성 혼합가스의 연소범위에 의해 결정되는 값이다.

$$H = \frac{U - L}{L} = \frac{75 - 4}{4} = 17.75$$

여기서, H : 위험도
        U : 연소 상한치(UEL)
        L : 연소 하한치(LEL)

해답

① $NaH + H_2O \rightarrow NaOH + H_2$

② ㉠ $H = \dfrac{U - L}{L} = \dfrac{75 - 4}{4}$

   ㉡ 17.75

17 다음 [보기]에 주어진 위험물이 물과 접촉하는 경우의 화학반응식을 적으시오.

[보기] 칼슘, 수소화칼슘, 탄화칼슘, 인화칼슘

① 칼슘
② 수소화칼슘
③ 탄화칼슘
④ 인화칼슘
⑤ [보기]의 물질이 물과 반응 시 공통으로 발생하는 물질의 명칭

해답

① $Ca + 2H_2O \rightarrow Ca(OH)_2 + H_2$

② $CaH_2 + 2H_2O \rightarrow Ca(OH)_2 + 2H_2$

③ $CaC_2 + 2H_2O \rightarrow Ca(OH)_2 + C_2H_2$

④ $Ca_3P_2 + 6H_2O \rightarrow 3Ca(OH)_2 + 2PH_3$

⑤ 수산화칼슘

18 다음 물음에 답하시오.
① 시도지사의 허가를 받지 아니하고 해당 제조소 등을 설치하거나 그 위치·구조 또는 설비를 변경할 수 있으며, 신고를 하지 아니하고 위험물의 품명·수량 또는 지정수량의 배수를 변경할 수 있는 제조소 등에 대해 괄호 안에 알맞은 말을 적으시오.
　　㉠ 주택의 난방시설(공동주택의 중앙난방시설을 제외한다)을 위한 (　　) 또는 (　　)
　　㉡ 농예용·축산용 또는 수산용으로 필요한 난방시설 또는 건조시설을 위한 지정수량
　　　(　　)배 이하의 저장소
② 탱크안전성능검사의 종류 3가지를 적으시오.
③ 다음 제조소 등의 완공검사 신청시기를 적으시오.
　　㉠ 지하탱크가 있는 제조소 등
　　㉡ 이동탱크저장소
④ 지정수량 이상의 위험물을 제조소 등이 아닌 장소에서 저장·취급할 수 있는 경우
⑤ 소방산업기술원의 기술검토 대상이 되는 제조소의 종류를 모두 적으시오.

해설
② 탱크안전성능검사의 대상이 되는 탱크 및 신청시기

㉠ 기초·지반검사	검사대상	옥외탱크저장소의 액체위험물 탱크 중 그 용량이 100만L 이상인 탱크
	신청시기	위험물탱크의 기초 및 지반에 관한 공사의 개시 전
㉡ 충수·수압검사	검사대상	액체위험물을 저장 또는 취급하는 탱크
	신청시기	위험물을 저장 또는 취급하는 탱크에 배관, 그 밖에 부속설비를 부착하기 전
㉢ 용접부검사	검사대상	㉠의 규정에 의한 탱크
	신청시기	탱크 본체에 관한 공사의 개시 전
㉣ 암반탱크검사	검사대상	액체위험물을 저장 또는 취급하는 암반 내의 공간을 이용한 탱크
	신청시기	암반탱크의 본체에 관한 공사의 개시 전

해답
① ㉠ 저장소, 취급소
　　㉡ 20
② 기초지반검사, 충수수압검사, 용접부검사, 암반탱크검사 중 3개
③ ㉠ 지하탱크를 매설하기 전
　　㉡ 이동저장탱크를 완공하고 상치장소를 확보한 후
④ 90일 이내의 기간 동안 임시로 저장 또는 취급하는 장소, 군부대가 군사목적으로 임시로 저장 또는 취급하는 장소 중 1개
⑤ 지정수량의 1천배 이상의 위험물을 취급하는 제조소 또는 일반취급소, 50만L 이상인 옥외탱크저장소 또는 암반탱크저장소

19 다음에 주어진 제조소 등의 경우 소화난이도등급 I의 제조소 등에 대해 설치해야 하는 소화설비는 무엇인지 적으시오.
① 처마높이 6m 이상인 단층건물 또는 다른 용도의 부분이 있는 건축물에 설치한 옥내저장소
② 황만을 저장하는 옥외탱크저장소
③ 인화점이 70℃ 이상인 제4류 위험물을 저장하는 옥외탱크저장소
④ 황만을 저장하는 옥내탱크저장소

해설

제조소 등의 구분			소화설비
옥내 저장소	처마높이가 6m 이상인 단층건물 또는 다른 용도의 부분이 있는 건축물에 설치한 옥내저장소		스프링클러설비 또는 이동식 외의 물분무 등 소화설비
	그 밖의 것		옥외소화전설비, 스프링클러설비, 이동식 외의 물분무 등 소화설비 또는 이동식 포소화설비(포소화전을 옥외에 설치하는 것에 한한다)
옥외 탱크 저장소	지중탱크 또는 해상탱크 외의 것	황만을 저장·취급하는 것	물분무소화설비
		인화점 70℃ 이상의 제4류 위험물 만을 저장·취급하는 것	물분무소화설비 또는 고정식 포소화설비
		그 밖의 것	고정식 포소화설비(포소화설비가 적응성이 없는 경우에는 분말소화설비)
옥내 탱크 저장소	황만을 저장·취급하는 것		물분무소화설비
	인화점 70℃ 이상의 제4류 위험물 만을 저장·취급하는 것		물분무소화설비, 고정식 포소화설비, 이동식 외의 불활성가스소화설비, 이동식 외의 할로겐화합물소화설비 또는 이동식 외의 분말소화설비
	그 밖의 것		고정식 포소화설비, 이동식 외의 불활성가스소화설비, 이동식 외의 할로겐화합물소화설비 또는 이동식 외의 분말소화설비

해답
① 스프링클러설비 또는 이동식 외의 물분무 등 소화설비
② 물분무소화설비
③ 물분무소화설비 또는 고정식 포소화설비
④ 물분무소화설비

제70회
(2021년 8월 21일 시행)

위험물기능장 실기

01 제1류 위험물로서 백색 결정이며, 분자량이 78g/mol, 비중은 2.8이고, 지정수량은 50kg인 물질에 대해 다음 물음에 답하시오.
① 물과의 반응식을 적으시오.
② 이산화탄소와의 반응식을 적으시오.

해설

Na_2O_2(과산화나트륨)의 일반적 성질
㉠ 분자량은 78, 비중은 20℃에서 2.805, 융점 및 분해온도는 460℃이다.
㉡ 순수한 것은 백색이지만, 보통은 담홍색을 띠고 있는 정방정계 분말이다.
㉢ 가열하면 열분해되어 산화나트륨(Na_2O)과 산소(O_2)를 발생한다.
$$2Na_2O_2 \rightarrow 2Na_2O + O_2$$
㉣ 흡습성이 있으므로 물과 접촉하면 발열하고, 수산화나트륨($NaOH$)과 산소(O_2)가 발생한다.
$$2Na_2O_2 + 2H_2O \rightarrow 4NaOH + O_2$$
㉤ 공기 중의 탄산가스(CO_2)를 흡수하여 탄산염을 생성한다.
$$2Na_2O_2 + 2CO_2 \rightarrow 2Na_2CO_3 + O_2$$

해답

① $2Na_2O_2 + 2H_2O \rightarrow 4NaOH + O_2$
② $2Na_2O_2 + 2CO_2 \rightarrow 2Na_2CO_3 + O_2$

02 다음에 주어진 각 위험물의 화학식과 품명(수용성 여부)을 적으시오.
① 메틸에틸케톤
② 사이클로헥세인
③ 피리딘
④ 아닐린
⑤ 클로로벤젠

해답

① $CH_3COC_2H_5$, 제1석유류(비수용성)
② C_6H_{12}, 제1석유류(비수용성)
③ C_5H_5N, 제1석유류(수용성)
④ C_6H_7N, 제3석유류(비수용성)
⑤ C_6H_5Cl, 제2석유류(비수용성)

03 다음 물음에 답하시오.
① 제1종 분말소화약제(270℃)의 분해반응식을 적으시오.
② 제3종 분말소화약제(190℃)의 분해반응식을 적으시오.

해설

① 탄산수소나트륨은 약 60℃ 부근에서 분해되기 시작하여 270℃와 850℃ 이상에서 다음과 같이 열분해된다.

$2NaHCO_3 \rightarrow Na_2CO_3 + H_2O + CO_2$ 흡열반응(at 270℃)
(중탄산나트륨) (탄산나트륨) (수증기) (탄산가스)

$2NaHCO_3 \rightarrow Na_2O + H_2O + 2CO_2 - Q[kcal]$ (at 850℃ 이상)
              (산화나트륨)

② 제1인산암모늄의 열분해반응식은 다음과 같다.

$NH_4H_2PO_4 \rightarrow NH_3 + H_2O + HPO_3$

$NH_4H_2PO_4 \rightarrow NH_3 + H_3PO_4$ (인산, 오르토인산) at 190℃

$2H_3PO_4 \rightarrow H_2O + H_4P_2O_7$ (피로인산)   at 215℃

$H_4P_2O_7 \rightarrow H_2O + 2HPO_3$ (메타인산)   at 300℃

$2HPO_3 \rightarrow P_2O_5 + H_2O$ at 1,000℃

해답

① $2NaHCO_3 \rightarrow Na_2CO_3 + H_2O + CO_2$

② $NH_4H_2PO_4 \rightarrow NH_3 + H_3PO_4$

04 제2류 위험물인 알루미늄(Al)에 대해 다음 물음에 알맞게 답하시오.
① 염산과의 반응식을 적으시오.
② 수분과의 반응식을 적으시오.
③ 공기와의 반응식을 적으시오.

해설

① 알루미늄은 대부분의 산과 반응하여 수소가 발생한다(단, 진한 질산 제외).

$2Al + 6HCl \rightarrow 2AlCl_3 + 3H_2$

② 알루미늄이 물과 반응하면 수소가스가 발생한다.

$2Al + 6H_2O \rightarrow 2Al(OH)_3 + 3H_2$

③ 알루미늄 분말이 발화하면 다량의 열이 발생하며, 광택과 흰 연기를 내면서 연소하므로 소화가 곤란하다.

$4Al + 3O_2 \rightarrow 2Al_2O_3$

해답

① $2Al + 6HCl \rightarrow 2AlCl_3 + 3H_2$

② $2Al + 6H_2O \rightarrow 2Al(OH)_3 + 3H_2$

③ $4Al + 3O_2 \rightarrow 2Al_2O_3$

05 분자량 227g/mol, 융점 81℃, 순수한 것은 무색 결정 또는 담황색의 결정이고, 직사광선에 의해 다갈색으로 변하며, 톨루엔과 질산을 일정 비율로 황산 촉매하에 반응시키면 얻어지는 물질에 대해, 다음 물음에 답하시오.
① 유별을 적으시오.
② 품명을 적으시오.

[해설]

트라이나이트로톨루엔의 성질
㉠ 제5류 위험물로서 나이트로화합물류에 속한다.
㉡ 비중 1.66, 융점 81℃, 비점 280℃, 분자량 227, 발화온도 약 300℃이다.
㉢ 몇 가지 이성질체가 있으며, 2,4,6-트라이나이트로톨루엔의 폭발력이 가장 강하다.
㉣ 1몰의 톨루엔과 3몰의 질산을 황산 촉매하에 반응시키면 나이트로화에 의해 T.N.T가 만들어진다.

$$C_6H_5CH_3 + 3HNO_3 \xrightarrow[\text{나이트로화}]{c-H_2SO_4} \underset{NO_2}{\overset{CH_3}{\underset{}{\bigcirc}}}(NO_2)_2 + 3H_2O$$

[해답]

① 제5류 위험물, ② 나이트로화합물

06 지정수량 이상의 하이드록실아민 등을 취급하는 제조소의 안전거리를 구하는 공식을 쓰고, 각 기호가 의미하는 바를 쓰시오.

[해설]

하이드록실아민 등을 취급하는 제조소의 기준
㉮ 지정수량 이상의 하이드록실아민 등을 취급하는 제조소의 안전거리
$D = 51.1 \times \sqrt[3]{N}$
여기서, D : 거리(m)
N : 해당 제조소에서 취급하는 하이드록실아민 등의 지정수량 배수
㉯ 제조소의 주위에는 담 또는 토제를 설치할 것
㉠ 담 또는 토제는 해당 제조소의 외벽 또는 이에 상당하는 공작물의 외측으로부터 2m 이상 떨어진 장소에 설치할 것
㉡ 담 또는 토제의 높이는 해당 제조소에 있어서 하이드록실아민 등을 취급하는 부분의 높이 이상으로 할 것
㉢ 담은 두께 15cm 이상의 철근콘크리트조·철골철근콘크리트조 또는 두께 20cm 이상의 보강콘크리트블록조로 할 것
㉣ 토제 경사면의 경사도는 60° 미만으로 할 것
㉰ 하이드록실아민 등을 취급하는 설비에는 철이온 등의 혼입에 의한 위험 반응을 방지하기 위한 조치를 강구할 것

[해답]

$D = 51.1 \times \sqrt[3]{N}$
여기서, D : 거리(m), N : 해당 제조소에서 취급하는 하이드록실아민 등의 지정수량 배수

07 위험물안전관리법에서 정하는 안전교육대상자를 쓰시오.

해설

안전관리자 · 탱크시험자 · 위험물운송자 등 위험물의 안전관리와 관련된 업무를 수행하는 자로서 대통령령이 정하는 자는 해당 업무에 관한 능력의 습득 또는 향상을 위하여 소방청장이 실시하는 교육을 받아야 한다.

해답

안전관리자, 탱크시험자, 위험물운송자

08 위험물안전관리법상 액상의 정의에 대한 내용이다. 괄호 안을 알맞게 채우시오.

> "액상"이라 함은 수직으로 된 시험관(안지름 (①)mm, 높이 (②)mm의 원통형 유리관을 말한다)에 시료를 (③)mm까지 채운 다음 해당 시험관을 수평으로 하였을 때 시료 액면의 선단이 (④)mm를 이동하는 데 걸리는 시간이 (⑤)초 이내에 있는 것을 말한다.

해답

① 30, ② 120, ③ 55, ④ 30, ⑤ 90

09 금속칼륨 50kg, 인화칼슘 6,000kg을 저장할 경우, 소화약제인 마른모래의 필요량은 몇 L인지 구하시오.

해설

㉠ 소화능력단위에 의한 소화설비의 분류

소화설비	용량	능력단위
마른모래	50L(삽 1개 포함)	0.5
팽창질석, 팽창진주암	160L(삽 1개 포함)	1
소화전용 물통	8L	0.3
수조	190L(소화전용 물통 6개 포함)	2.5
	80L(소화전용 물통 3개 포함)	1.5

㉡ 소요단위(소화설비의 설치대상이 되는 건축물의 규모 또는 위험물 양에 대한 기준단위)

1단위	제조소 또는 취급소용 건축물의 경우	내화구조 외벽을 갖춘 연면적 $100m^2$
		내화구조 외벽이 아닌 연면적 $50m^2$
	저장소 건축물의 경우	내화구조 외벽을 갖춘 연면적 $150m^2$
		내화구조 외벽이 아닌 연면적 $75m^2$
	위험물의 경우	지정수량의 10배

$$총\ 소요단위 = \frac{저장수량}{지정수량의\ 10배} = \frac{50kg}{10kg \times 10} + \frac{6000kg}{300kg \times 10} = 2.5$$

0.5단위당 50L이므로, 2.5단위에 대한 마른모래의 필요량은 250L이다.

해답

250L

10 위험물안전관리법에서 정의하는 위험물안전관리 대행기관의 지정기준에 대해 다음 물음에 알맞게 답하시오.

① 대행기관의 지정을 받을 때 갖추어야 할 장비 2가지를 적으시오. (단, 두께측정기, 안전용구 및 소화설비 점검기구는 제외한다.)

② 1인의 기술인력을 다수의 제조소 등의 안전관리자로 중복하여 지정하는 경우에는 안전관리자의 업무를 성실히 대행할 수 있는 범위 내에서 관리하는 제조소등의 수가 몇 개를 초과하지 않아야 하는지 적으시오.

③ 안전관리 대행기관의 영업소재지 및 대표자의 변경에 대한 ㉠ 변경신고기한과 ㉡ 행정기관의 장을 적으시오.

④ 1인의 안전관리자를 중복하여 선임할 수 있는 옥외탱크저장소는 몇 개인지 적으시오.

⑤ 안전관리자로 지정된 안전관리 대행기관의 기술인력은 위험물의 취급작업에 참여하여 안전관리자의 책무를 성실히 수행하여야 하며, 기술인력이 위험물의 취급작업에 참여하지 아니하는 경우에 기술인력은 점검 및 감독을 매월 (㉠)회(저장소의 경우에는 매월 (㉡)회) 이상 실시하여야 한다.

⑥ 안전관리 대행업체의 지정취소 사유 2가지를 적으시오.

해설

① 위험물안전관리 대행기관의 지정기준

기술인력	㉠ 위험물기능장 또는 위험물산업기사 1인 이상 ㉡ 위험물산업기사 또는 위험물기능사 2인 이상 ㉢ 기계분야 및 전기분야의 소방설비기사 1인 이상
시설	전용사무실을 갖출 것
장비	㉠ 절연저항계 ㉡ 접지저항측정기(최소눈금 0.1Ω 이하) ㉢ 가스농도측정기 ㉣ 정전기전위측정기 ㉤ 토크렌치 ㉥ 진동시험기 ㉦ 안전밸브시험기 ㉧ 표면온도계(-10~300℃) ㉨ 두께측정기(1.5~99.9mm) ㉩ 유량계, 압력계 ㉪ 안전용구(안전모, 안전화, 손전등, 안전로프 등) ㉫ 소화설비 점검기구(소화전밸브압력계, 방수압력측정계, 포컬렉터, 헤드렌치, 포컨테이너)

※ 2 이상의 기술인력을 동일인이 겸할 수 없다.

② 안전관리 대행기관은 규정에 의하여 기술인력을 안전관리자로 지정함에 있어서 1인의 기술인력을 다수의 제조소 등의 안전관리자로 중복하여 지정하는 경우에는 규정에 적합하게 지정하거나 안전관리자의 업무를 성실히 대행할 수 있는 범위 내에서 관리하는 제조소 등의 수가 25를 초과하지 아니하도록 지정하여야 한다. 이 경우 각 제조소 등(지정수량의 20배 이하를 저장하는 저장소는 제외한다)의 관계인은 해당 제조소 등마다 위험물의 취급에 관한 국가기술자격자 또는 법에 따른 안전교육을 받은 자를 안전관리원으로 지정하여 대행기관이 지정한 안전관리자의 업무를 보조하게 하여야 한다.

③ 안전관리 대행기관은 지정받은 사항의 변경이 있는 때에는 그 사유가 있는 날부터 14일 이내에, 휴업·재개업 또는 폐업을 하고자 하는 때에는 휴업·재개업 또는 폐업하고자 하는 날의 14일 전에 다음의 구분에 의한 해당 서류(전자문서를 포함한다)를 첨부하여 소방청장에게 제출하여야 한다.
　㉠ 영업소의 소재지, 법인명칭 또는 대표자를 변경하는 경우 : 위험물안전관리 대행기관 지정서
　㉡ 기술인력을 변경하는 경우 : 기술인력자의 연명부, 변경된 기술인력자의 기술자격증
　㉢ 휴업·재개업 또는 폐업을 하는 경우 : 위험물안전관리 대행기관 지정서
④ 다수의 위험물저장소를 설치한 자가 1인의 안전관리자를 중복하여 선임할 수 있는 경우
　㉠ 10개 이하의 옥내저장소
　㉡ 30개 이하의 옥외탱크저장소
　㉢ 옥내탱크저장소
　㉣ 지하탱크저장소
　㉤ 간이탱크저장소
　㉥ 10개 이하의 옥외저장소
　㉦ 10개 이하의 암반탱크저장소
⑤ 안전관리자로 지정된 안전관리 대행기관의 기술인력 또는 안전관리원으로 지정된 자는 위험물의 취급작업에 참여하여 안전관리자의 책무를 성실히 수행하여야 하며, 기술인력이 위험물의 취급작업에 참여하지 아니하는 경우에 기술인력은 점검 및 감독을 매월 4회(저장소의 경우에는 매월 2회) 이상 실시하여야 한다.
⑥ 안전관리 대행기관의 지정취소 사유
　㉠ 허위, 그 밖의 부정한 방법으로 지정을 받은 때
　㉡ 탱크 시험자의 등록 또는 다른 법령에 의하여 안전관리업무를 대행하는 기관의 지정·승인 등이 취소된 때
　㉢ 다른 사람에게 지정서를 대여한 때
　㉣ 안전관리 대행기관의 지정기준에 미달되는 때
　㉤ 규정에 의한 소방청장의 지도·감독에 정당한 이유 없이 따르지 아니하는 때
　㉥ 규정에 의한 변경·휴업 또는 재개업의 신고를 연간 2회 이상 하지 아니한 때
　㉦ 안전관리 대행기관의 기술인력이 규정에 의한 안전관리 업무를 성실하게 수행하지 아니한 때

해답

① ㉠ 절연저항계
　㉡ 접지저항측정기(최소눈금 0.1Ω 이하)
　㉢ 가스농도측정기
　㉣ 정전기전위측정기
　㉤ 토크렌치
　㉥ 진동시험기
　㉦ 안전밸브시험기
　㉧ 표면온도계(-10~300℃)
　㉨ 유량계, 압력계
　위 ㉠~㉨ 중 2가지
② 25개
③ ㉠ 14일 이내, ㉡ 소방청장
④ 30개
⑤ ㉠ 4, ㉡ 2
⑥ 위 해설의 ㉠~㉦ 중 2가지

11 위험물안전관리법령에 따른 이송취급소의 배관 설치기준 중 해상에 설치하는 경우의 기준에 대해 적으시오.

해답

① 배관은 지진·풍압·파도 등에 대하여 안전한 구조의 지지물에 의하여 지지할 것
② 배관은 선박 등의 항행에 의하여 손상을 받지 아니하도록 해면과의 사이에 필요한 공간을 확보하여 설치할 것
③ 선박의 충돌 등에 의해서 배관 또는 그 지지물이 손상을 받을 우려가 있는 경우에는 견고하고 내구력이 있는 보호설비를 설치할 것
④ 배관은 다른 공작물(해당 배관의 지지물을 제외한다)에 대하여 배관의 유지관리상 필요한 간격을 보유할 것

12 제3류 위험물로, 지정수량 300kg, 비중 2.5, 녹는점 1,600℃의 적갈색 고체 분말인 물질에 대해 다음 물음에 답하시오.
① 물과의 반응식을 적으시오.
② 위험등급을 적으시오.

해설

① 인화칼슘은 물과 반응하면 가연성의 독성이 강한 인화수소(PH_3, 포스핀)가스가 발생한다.
$$Ca_3P_2 + 6H_2O \rightarrow 3Ca(OH)_2 + 2PH_3$$
② 제3류 위험물의 종류와 지정수량

성질	위험등급	품명	대표 품목	지정수량
자연 발화성 물질 및 금수성 물질	I	1. 칼륨(K) 2. 나트륨(Na) 3. 알킬알루미늄 4. 알킬리튬	$(C_2H_5)_3Al$ C_4H_9Li	10kg
		5. 황린(P_4)	–	20kg
	II	6. 알칼리금속류(칼륨 및 나트륨 제외) 및 알칼리토금속 7. 유기금속화합물(알킬알루미늄 및 알킬리튬 제외)	Li, Ca $Te(C_2H_5)_2$, $Zn(CH_3)_2$	50kg
	III	8. 금속의 수소화물 9. 금속의 인화물 10. 칼슘 또는 알루미늄의 탄화물	LiH, NaH Ca_3P_2, AlP CaC_2, Al_4C_3	300kg
		11. 그 밖에 행정안전부령이 정하는 것 염소화규소화합물	$SiHCl_3$	300kg

해답

① $Ca_3P_2 + 6H_2O \rightarrow 3Ca(OH)_2 + 2PH_3$
② III등급

13 위험물안전관리법상 옥외탱크저장소에는 피뢰침을 설치해야 하지만, 설치하지 않아도 되는 경우 3가지를 적으시오.

[해설]

지정수량의 10배 이상인 옥외탱크저장소(제6류 위험물의 옥외탱크저장소를 제외한다)에는 규정에 준하여 피뢰침을 설치하여야 한다. 다만, 탱크에 저항이 5Ω 이하인 접지시설을 설치하거나 인근 피뢰설비의 보호범위 내에 들어가는 등 주위의 상황에 따라 안전상 지장이 없는 경우에는 피뢰침을 설치하지 아니할 수 있다.

[해답]

① 제6류 위험물의 옥외탱크저장소
② 탱크에 저항이 5Ω 이하인 접지시설을 설치한 경우
③ 인근 피뢰설비의 보호범위 내에 들어가는 등 주위의 상황에 따라 안전상 지장이 없는 경우

14 위험물안전관리법령에서 정하는 불활성가스 소화설비에 대하여 다음 물음에 답하시오.

- IG-100, IG-55, IG-541을 방사하는 분사헤드의 방사압력은 (㉠)MPa 이상으로 한다.
- 이산화탄소를 방사하는 분사헤드의 방사압력은 고압식의 것에 있어서는 (㉡)MPa 이상, 저압식의 것에 있어서는 (㉢)MPa 이상으로 한다.

① 위의 괄호 안에 알맞은 답을 적으시오.
② IG-100, IG-55, IG-541의 구성성분과 각 성분의 비율을 각각 적으시오.

[해설]

전역방출방식 불활성가스 소화설비의 분사헤드
㉮ 방사된 소화약제가 방호구역의 전역에 균일하고 신속하게 방사할 수 있도록 설치할 것
㉯ 분사헤드의 방사압력
  ㉠ 이산화탄소를 방사하는 분사헤드 중 고압식의 것에 있어서는 2.1MPa 이상, 저압식의 것(소화약제가 영하 18℃ 이하의 온도로 용기에 저장되어 있는 것)에 있어서는 1.05MPa 이상으로 한다.
  ㉡ 질소(IG-100), 질소와 아르곤의 용량비가 50 대 50인 혼합물(IG-55) 또는 질소와 아르곤과 이산화탄소의 용량비가 52 대 40 대 8인 혼합물(IG-541)을 방사하는 분사헤드는 1.9MPa 이상으로 한다.
㉰ 이산화탄소를 방사하는 것은 소화약제의 양을 60초 이내에 균일하게 방사하고, IG-100, IG-55 또는 IG-541을 방사하는 것은 소화약제 양의 95% 이상을 60초 이내에 방사한다.

[해답]

① ㉠ 1.9, ㉡ 2.1, ㉢ 1.05
② IG-100 : N_2 100%
  IG-55 : N_2 50%, Ar 50%
  IG-541 : N_2 52%, Ar 40%, CO_2 8%

15 위험물제조소에 다음 표의 위험물을 저장·취급하는 경우, 위험물안전관리법령에 따라 방화에 관하여 필요한 게시판 설치 시 표시하여야 할 주의사항과 운반용기 외부에 표시하여야 하는 주의사항을 빈칸에 알맞게 적으시오. (단, 표시할 내용이 없는 경우 "없음"이라 쓰시오.)

구분	위험물제조소	운반용기
트라이나이트로페놀	①	②
철	③	④
적린	⑤	⑥
과염소산	⑦	⑧
과아이오딘산	⑨	⑩

해설

㉮ 문제에서 주어진 위험물의 유별은 다음과 같다.

　㉠ 트라이나이트로페놀 : 제5류 위험물

　㉡ 철 : 제2류 위험물

　㉢ 적린 : 제2류 위험물

　㉣ 과염소산 : 제6류 위험물

　㉤ 과아이오딘산 : 제1류 위험물

㉯ 위험물제조소에 저장 또는 취급하는 위험물에 따라, 다음의 규정에 의한 주의사항을 표시한 게시판을 설치할 것

　㉠ 제1류 위험물 중 알칼리금속의 과산화물과 이를 함유한 것 또는 제3류 위험물 중 금수성 물질에 있어서는 "물기엄금"

　㉡ 제2류 위험물(인화성 고체를 제외한다)에 있어서는 "화기주의"

　㉢ 제2류 위험물 중 인화성 고체, 제3류 위험물 중 자연발화성 물질, 제4류 위험물 또는 제5류 위험물에 있어서는 "화기엄금"

㉰ 수납하는 위험물에 따른 주의사항

유별	구분	주의사항
제1류 위험물 (산화성 고체)	알칼리금속의 무기과산화물	"화기·충격주의" "물기엄금" "가연물접촉주의"
	그 밖의 것	"화기·충격주의" "가연물접촉주의"
제2류 위험물 (가연성 고체)	철분·금속분·마그네슘	"화기주의" "물기엄금"
	인화성 고체	"화기엄금"
	그 밖의 것	"화기주의"
제5류 위험물 (자기반응성 물질)	–	"화기엄금" 및 "충격주의"
제6류 위험물 (산화성 액체)	–	"가연물접촉주의"

해답
① 화기엄금
② 화기엄금, 충격주의
③ 화기주의
④ 화기주의, 물기엄금
⑤ 화기주의
⑥ 화기주의
⑦ 없음
⑧ 가연물접촉주의
⑨ 없음
⑩ 화기주의, 충격주의, 가연물접촉주의

16 알코올 10g과 물 20g이 혼합되었을 때 비중이 0.94라면, 이때의 부피는 몇 mL인지 구하시오.

해설

$10g + 20g = 30g$

비중 $= \dfrac{W}{V}$ 에서, $V = \dfrac{W}{비중} = \dfrac{30g}{0.94g/mL} = 31.91mL$

해답

31.91mL

17 제6류 위험물에 대하여 다음 물음에 답하시오.
① 크산토프로테인 반응을 하는 어떤 물질이 위험물안전관리법상 위험물이 되는 조건을 적으시오.
② N_2H_4와 반응하여 물과 질소를 생성하는 어떤 물질의 분해반응식을 적으시오.
③ 할로젠간화합물 3가지를 화학식으로 적으시오.

해설

① 질산은 피부에 닿으면 노란색으로 변색이 되는 크산토프로테인 반응(단백질 검출)을 한다.
② 과산화수소는 하이드라진과 접촉 시 발화 또는 폭발한다.

　　$2H_2O_2 + N_2H_4 \rightarrow 4H_2O + N_2$

해답

① 비중 1.49 이상

② $2H_2O_2 \xrightarrow{MnO_2(촉매)} 2H_2O + O_2$

③ ICl, IBr, BrF₃, IF₅, BrF₅ 중 3가지

18 위험물제조소의 건축물 구조기준에 대한 설명이다. 다음 물음에 답하시오.

① 위험물이 스며들 우려가 있는 부분에 대하여 아스팔트, 그 밖에 부식되지 아니하는 재료로 피복하여야 하는 위험물을 적으시오.

② 액체의 위험물을 취급하는 건축물의 바닥기준을 적으시오.

③ 다음 괄호 안을 알맞게 채우시오.

> • 지붕은 (㉠)로 덮어야 한다.
> • 위험물을 취급하는 건축물의 창 및 출입구에 유리를 이용하는 경우에는 (㉡) 로 한다.

해설

제조소 건축물의 구조기준

㉮ 지하층이 없도록 하여야 한다.

㉯ 벽·기둥·바닥·보·서까래 및 계단은 불연재료로 하고, 연소의 우려가 있는 외벽은 개구부가 없는 내화구조의 벽으로 하여야 한다. 연소의 우려가 있는 외벽은 다음에 정한 선을 기산점으로 하여 3m(2층 이상의 층에 대해서는 5m) 이내에 있는 제조소 등의 외벽을 말한다.

　㉠ 제조소 등이 설치된 부지의 경계선

　㉡ 제조소 등에 인접한 도로의 중심선

　㉢ 제조소 등의 외벽과 동일 부지 내 다른 건축물의 외벽 간의 중심선

㉰ 지붕은 폭발력이 위로 방출될 정도의 가벼운 불연재료로 덮어야 한다.

㉱ 출입구와 비상구는 60분+방화문·60분방화문 또는 30분방화문으로 설치하되, 연소의 우려가 있는 외벽에 설치하는 출입구에는 수시로 열 수 있는 자동폐쇄식의 60분+방화문 또는 60분방화문을 설치하여야 한다.

㉲ 위험물을 취급하는 건축물의 창 및 출입구에 유리를 이용하는 경우에는 망입유리로 하여야 한다.

㉳ 액체의 위험물을 취급하는 건축물의 바닥은 위험물이 스며들지 못하는 재료를 사용하고, 적당한 경사를 두어 그 최저부에 집유설비를 설치하여야 한다.

해답

① 제6류 위험물

② 위험물이 스며들지 못하는 재료를 사용하고, 적당한 경사를 두어 그 최저부에 집유설비를 설치한다.

③ ㉠ 폭발력이 위로 방출될 정도의 가벼운 불연재료

　㉡ 망입유리

19 다음은 위험물안전관리법상 지정과산화물을 저장하는 옥내저장소의 저장창고에 대한 기준이다. 괄호 안을 알맞게 채우시오.

- 저장창고는 (①)m² 이내마다 격벽으로 완전하게 구획할 것. 이 경우 해당 격벽은 두께 (②)cm 이상의 철근콘크리트조 또는 철골철근콘크리트조로 하거나 두께 40cm 이상의 보강콘크리트블록조로 하고, 해당 저장창고의 양측 외벽으로부터 1m 이상, 상부의 지붕으로부터 (③)cm 이상 돌출하게 하여야 한다.
- 저장창고의 외벽은 두께 (④)cm 이상의 철근콘크리트조나 철골철근콘크리트조 또는 두께 (⑤)cm 이상의 보강콘크리트블록조로 할 것
- 저장창고의 창은 바닥면으로부터 (⑥)m 이상의 높이에 두되, 하나의 벽면에 두는 창의 면적의 합계를 해당 벽면의 면적의 (⑦)분의 1 이내로 하고, 하나의 창의 면적을 (⑧)m² 이내로 할 것

해설

지정과산화물을 저장 또는 취급하는 옥내저장소의 저장창고 기준

㉮ 저장창고는 150m² 이내마다 격벽으로 완전하게 구획할 것. 이 경우 해당 격벽은 두께 30cm 이상의 철근콘크리트조 또는 철골철근콘크리트조로 하거나 두께 40cm 이상의 보강콘크리트블록조로 하고, 해당 저장창고의 양측 외벽으로부터 1m 이상, 상부의 지붕으로부터 50cm 이상 돌출하게 하여야 한다.

㉯ 저장창고의 외벽은 두께 20cm 이상의 철근콘크리트조나 철골철근콘크리트조 또는 두께 30cm 이상의 보강콘크리트블록조로 할 것

㉰ 저장창고의 지붕
　㉠ 중도리 또는 서까래의 간격은 30cm 이하로 할 것
　㉡ 지붕의 아래쪽 면에는 한 변의 길이가 45cm 이하인 환강·경량형강 등으로 된 강제의 격자를 설치할 것
　㉢ 지붕의 아래쪽 면에 철망을 쳐서 불연재료의 도리·보 또는 서까래에 단단히 결합할 것
　㉣ 두께 5cm 이상, 너비 30cm 이상의 목재로 만든 받침대를 설치할 것

㉱ 저장창고의 출입구에는 60분+방화문 또는 60분방화문을 설치할 것

㉲ 저장창고의 창은 바닥면으로부터 2m 이상의 높이에 두되, 하나의 벽면에 두는 창의 면적의 합계를 해당 벽면의 면적의 80분의 1 이내로 하고, 하나의 창의 면적을 0.4m² 이내로 할 것

해답

① 150, ② 30, ③ 50, ④ 20
⑤ 30, ⑥ 2, ⑦ 80, ⑧ 0.4

제71회
(2022년 5월 7일 시행)

위험물기능장 실기

01 위험물안전관리법에 따라, 다음 빈칸을 알맞게 채우시오.

유별	성질	품명	지정수량
제1류	산화성 고체	브로민산염류, (①), 질산염류	300kg
제2류	가연성 고체	황화인, 적린, (②)	100kg
		(③)	1,000kg
제3류	자연발화성 물질 및 금수성 물질	금속의 수소화물, (④), 칼슘 또는 알루미늄의 탄화물	300kg

[해답]

① 아이오딘산염류, ② 황, ③ 인화성 고체, ④ 금속의 인화물

02 위험물안전관리법상 제1류 위험물에 해당하며, 안포폭약의 주원료로 사용되는 물질에 대해 다음 물음에 답하시오.
① 화학식을 적으시오.
② 품명을 적으시오.
③ 위험등급을 적으시오.
④ 폭발반응식을 적으시오.

[해설]

질산암모늄(NH_4NO_3)의 일반적 성질

㉠ 제1류 위험물 중 질산염류에 해당하며, 지정수량은 300kg, 위험등급은 Ⅱ등급이다.

㉡ 강력한 산화제로 화약의 재료이며, 200℃에서 열분해되어 산화이질소와 물을 생성한다. 특히 안포폭약은 질산암모늄(NH_4NO_3)과 경유를 94%와 6%로 혼합하여 기폭약으로 사용하며, 급격한 가열이나 충격을 주면 단독으로 폭발한다.

$$2NH_4NO_3 \rightarrow 4H_2O + 2N_2 + O_2$$

[해답]

① NH_4NO_3, ② 질산염류, ③ Ⅱ등급
④ $2NH_4NO_3 \rightarrow 4H_2O + 2N_2 + O_2$

03 제3류 위험물인 트라이에틸알루미늄에 대해 다음 물음에 답하시오.
① 물과의 반응식을 적으시오.
② 메탄올과의 반응식을 적으시오.
③ 공기 중에서 연소하는 반응식을 적으시오.

해설

트라이에틸알루미늄$[(C_2H_5)_3Al]$의 일반적 성질

㉠ 무색투명한 액체로 외관은 등유와 유사한 가연성이며, C_1~C_4는 자연발화성이 강하다. 공기 중에 노출되면 공기와 접촉하여 백연을 발생하며 연소한다.

단, C_5 이상은 점화하지 않으면 연소하지 않는다.

$$2(C_2H_5)_3Al + 21O_2 \rightarrow 12CO_2 + Al_2O_3 + 15H_2O$$

㉡ 물, 산, 알코올과 접촉하면 폭발적으로 반응하여 에테인을 형성하고, 이때 발열·폭발에 이른다.

$$(C_2H_5)_3Al + 3H_2O \rightarrow Al(OH)_3 + 3C_2H_6$$

$$(C_2H_5)_3Al + HCl \rightarrow (C_2H_5)_2AlCl + C_2H_6$$

$$(C_2H_5)_3Al + 3CH_3OH \rightarrow Al(CH_3O)_3 + 3C_2H_6$$

해답

① $(C_2H_5)_3Al + 3H_2O \rightarrow Al(OH)_3 + 3C_2H_6$
② $(C_2H_5)_3Al + 3CH_3OH \rightarrow Al(CH_3O)_3 + 3C_2H_6$
③ $2(C_2H_5)_3Al + 21O_2 \rightarrow 12CO_2 + Al_2O_3 + 15H_2O$

04 위험물제조소 등에 대한 위험물탱크 안전성능검사의 종류를 4가지 적으시오.

해설

위험물탱크 안전성능검사의 대상이 되는 탱크 및 신청시기

① 기초·지반검사	검사대상	옥외탱크저장소의 액체 위험물탱크 중 그 용량이 100만L 이상인 탱크
	신청시기	위험물탱크의 기초 및 지반에 관한 공사의 개시 전
② 충수·수압검사	검사대상	액체 위험물을 저장 또는 취급하는 탱크
	신청시기	위험물을 저장 또는 취급하는 탱크에 배관, 그 밖에 부속설비를 부착하기 전
③ 용접부검사	검사대상	①의 규정에 의한 탱크
	신청시기	탱크 본체에 관한 공사의 개시 전
④ 암반탱크검사	검사대상	액체 위험물을 저장 또는 취급하는 암반 내의 공간을 이용한 탱크
	신청시기	암반탱크의 본체에 관한 공사의 개시 전

해답

① 기초·지반검사
② 충수·수압검사
③ 용접부검사
④ 암반탱크검사

05 위험물안전관리법상 옥외탱크저장소에 대한 내용이다. 다음 물음에 알맞게 답하시오.
① 보유공지에 대한 내용이다. 빈칸을 알맞게 채우시오.

저장 또는 취급하는 위험물의 최대수량	공지의 너비
지정수량의 500배 이하	3m 이상
지정수량의 500배 초과, 1,000배 이하	(㉠)m 이상
지정수량의 1,000배 초과, 2,000배 이하	(㉡)m 이상
지정수량의 2,000배 초과, 3,000배 이하	12m 이상
지정수량의 3,000배 초과, 4,000배 이하	15m 이상

② 지정수량의 2,500배를 저장하는 옥외탱크저장소(원주 50m)의 보유공지를 6m로 하기 위해 물분무소화설비를 설치하는 경우, 물분무소화설비의 방수량(L/min)을 구하시오.
③ 해당 소화설비의 수원의 양(L)을 구하시오.

해설

② 옥외저장탱크에 물분무설비로 방호조치를 하는 경우에는 보유공지를 규정에 의한 보유공지의 2분의 1 이상의 너비(최소 3m 이상)로 할 수 있다. 이 경우 공지 단축 옥외저장탱크의 화재 시 $1m^2$당 20kW 이상의 복사열에 노출되는 표면을 갖는 인접한 옥외저장탱크가 있으면 해당 표면에도 다음 기준에 적합한 물분무설비로 방호조치를 함께 하여야 한다.
㉠ 탱크의 표면에 방사하는 물의 양은 탱크의 원주길이 1m에 대하여 분당 37L 이상으로 할 것
㉡ 수원의 양은 ㉠의 규정에 의한 수량으로 20분 이상 방사할 수 있는 수량으로 할 것

따라서, 물분무소화설비의 방수량은 원주 $50m \times \dfrac{37L/min}{m} = 1,850L/min$

③ 수원의 양은 $1,850L/min \times 20min = 37,000L$

해답

① ㉠ 5, ㉡ 9
② 1,850L/min
③ 37,000L

06 제1류 위험물인 과산화칼륨에 대해 다음 물음에 답하시오.
① 초산과 접촉 시의 화학반응식을 쓰시오.
② 위 ①의 반응식에서 생성되는 제6류 위험물의 열분해반응식을 쓰시오.

해설

① 과산화칼륨은 에틸알코올에 용해되며, 묽은 산과 반응하여 과산화수소(H_2O_2)를 생성한다.
$K_2O_2 + 2CH_3COOH \rightarrow 2CH_3COOK + H_2O_2$
② 과산화수소는 가열에 의해 산소가 발생한다.
$2H_2O_2 \rightarrow 2H_2O + O_2$

해답

① $K_2O_2 + 2CH_3COOH \rightarrow 2CH_3COOK + H_2O_2$
② $2H_2O_2 \rightarrow 2H_2O + O_2$

07 다음 [보기]는 어떤 물질의 제조방법 3가지를 설명하고 있다. 이러한 방법으로 제조되는 제4류 위험물에 대해 각 물음에 답하시오.

[보기]
- 에틸렌과 산소를 염화구리($CuCl_2$) 또는 염화팔라듐($PdCl_2$) 촉매하에서 반응시켜 제조
- 에탄올을 산화시켜 제조
- 황산수은(Ⅱ) 촉매하에서 아세틸렌에 물을 첨가시켜 제조

① 이 물질의 위험도는 얼마인가?
② 이 물질이 공기 중 산소에 의해 산화되어 다른 종류의 제4류 위험물이 생성되는 반응식을 쓰시오.

해설

아세트알데하이드의 일반적 성질

㉮ 무색이며, 고농도는 자극성 냄새가 나고 저농도의 것은 과일 향이 나는 휘발성이 강한 액체로서, 물 · 에탄올 · 에터에 잘 녹고, 고무를 녹인다.

㉯ 산화 시 초산, 환원 시 에탄올이 생성된다.
$$2CH_3CHO + O_2 \rightarrow 2CH_3COOH(산화작용)$$
$$CH_3CHO + H_2 \rightarrow C_2H_5OH(환원작용)$$

㉰ 분자량(44), 비중(0.78), 비점(21℃), 인화점(−39℃), 발화점(175℃)이 매우 낮고 연소범위(4.1~57%)가 넓으나, 증기압(750mmHg)이 높아 휘발이 잘 되고, 인화성 · 발화성이 강하며, 수용액 상태에서도 인화의 위험이 있다.

㉱ 연소범위가 4.1~57%이므로, 위험도(H) = $\dfrac{57-4.1}{4.1}$ ≒ 12.90

㉲ 제조방법
  ㉠ 에틸렌의 직접산화법 : 에틸렌을 염화구리 또는 염화팔라듐의 촉매하에서 산화반응시켜 제조한다.
  $$2C_2H_4 + O_2 \rightarrow 2CH_3CHO$$
  ㉡ 에틸알코올의 직접산화법 : 에틸알코올을 이산화망가니즈 촉매하에서 산화시켜 제조한다.
  $$2C_2H_5OH + O_2 \rightarrow 2CH_3CHO + 2H_2O$$
  ㉢ 아세틸렌의 수화법 : 아세틸렌과 물을 수은 촉매하에서 수화시켜 제조한다.
  $$C_2H_2 + H_2O \rightarrow CH_3CHO$$

해답

① 12.90
② $2CH_3CHO + O_2 \rightarrow 2CH_3COOH$

08 위험물안전관리법상 제3류 위험물로서 은백색의 광택이 있는 무른 경금속이며 융점이 97.7℃인 물질과 제4류 위험물로서 분자량이 46이고 지정수량 400L에 해당하는 물질과의 화학반응식을 적으시오.

해설

㉠ 나트륨 : 제3류 위험물로 지정수량이 10kg인 은백색의 무른 금속으로, 물보다 가볍고 노란색 불꽃을 내면서 연소한다. 원자량 23, 비중 0.97, 융점 97.7℃, 비점 880℃, 발화점 121℃이다.

㉡ 에틸알코올 : 제4류 위험물 중 알코올류에 해당하며, 지정수량은 400L이고, 분자량 46, 증기비중 1.59, 인화점 13℃, 연소범위 4.3~19%이다.

㉢ 나트륨은 알코올과 반응하여 나트륨에틸레이트와 수소가스를 발생한다.

$$2Na + 2C_2H_5OH \rightarrow 2C_2H_5ONa + H_2$$

해답

$$2Na + 2C_2H_5OH \rightarrow 2C_2H_5ONa + H_2$$

09 다음 제5류 위험물에 대한 구조식을 각각 적으시오.
① 나이트로글리세린
② 과산화벤조일

해답

10 다음 설명에 해당하는 제4류 위험물에 대하여, 각 물질의 명칭과 시성식을 적으시오.
① 특수인화물로서 분자량 74.12, 액비중 0.72, 비점 34℃, 인화점 −40℃, 발화점 180℃로 매우 낮고, 연소범위가 1.9~48%로 넓어 인화성·발화성이 강하다.
② 제1석유류로서 분자량 53, 액비중 0.8, 증기는 공기보다 무겁고, 공기와 혼합하여 아주 작은 점화원에 의해 인화·폭발의 위험성이 높으며, 낮은 곳에 체류하여 흐른다.
③ 제2석유류로서 분자량 46, 액비중 1.22, 무색투명한 액체로 강한 자극성 냄새가 있고, 강한 산성이며, 신맛이 난다.

해답

① 다이에틸에터, $C_2H_5OC_2H_5$
② 아크릴로나이트릴, $CH_2=CHCN$
③ 폼산, $HCOOH$

11 위험물안전관리법상 성상을 2가지 이상 포함하는 물품이 속하는 품명의 판단기준에 대해 다음 괄호 안을 알맞게 채우시오.

① 복수성상물품이 산화성 고체의 성상 및 가연성 고체의 성상을 가지는 경우
 : 제(　)류에 의한 품명
② 복수성상물품이 산화성 고체의 성상 및 자기반응성 물질의 성상을 가지는 경우
 : 제(　)류에 의한 품명
③ 복수성상물품이 가연성 고체의 성상과 자연발화성 물질의 성상 및 금수성 물질의 성상을 가지는 경우
 : 제(　)류에 의한 품명
④ 복수성상물품이 자연발화성 물질의 성상, 금수성 물질의 성상 및 인화성 액체의 성상을 가지는 경우
 : 제(　)류에 의한 품명
⑤ 복수성상물품이 인화성 액체의 성상 및 자기반응성 물질의 성상을 가지는 경우
 : 제(　)류에 의한 품명

해답
① 2, ② 5, ③ 3, ④ 3, ⑤ 5

12 다음 [보기]에서 설명하는 위험물에 대해 묻는말에 알맞게 답하시오.

[보기]	지정수량	비중	비점	인화점	발화점	연소범위
	50L	0.83	34℃	−37℃	465℃	2.5~38.5%

① 구조식을 쓰시오.
② 증기비중을 구하시오.
③ 지하저장탱크 중 압력탱크에 저장하는 경우 유지하여야 할 온도(℃)는?
④ 보냉장치가 없는 이동저장탱크에 저장하는 경우 유지하여야 할 온도(℃)는?

해설
③ 옥외저장탱크, 옥내저장탱크 또는 지하저장탱크 중 압력탱크에 저장하는 아세트알데하이드 등 또는 다이에틸에터 등의 온도는 40℃ 이하로 유지할 것
④ 보냉장치가 없는 이동저장탱크에 저장하는 아세트알데하이드 등 또는 다이에틸에터 등의 온도는 40℃ 이하로 유지할 것
 ※ 보냉장치가 있는 이동저장탱크에 저장하는 아세트알데하이드 등 또는 다이에틸에터 등의 온도는 해당 위험물의 비점으로 유지할 것

해답
①
$$\begin{array}{ccccc} & H & H & H & \\ & | & | & | & \\ H-&C-&C-&C-&H \\ & | & | & | & \\ & O & & H & \end{array}$$

② 증기비중 $= \dfrac{분자량(58)}{공기의\ 평균분자량(28.84)} = 2.01$

③ 40℃ 이하, ④ 40℃ 이하

13 제4류 위험물인 경유를 상부가 개방되어 있는 용기에 저장하려고 한다. 액체의 표면적이 $50m^2$이고 이곳에 국소방출방식의 분말소화설비를 설치할 경우, 제3종 분말소화약제를 얼마나 저장해야 하는지 구하시오.

해설

면적식 국소방출방식의 경우 분말소화약제의 저장량

$Q = S \cdot K \cdot h$

여기서, Q : 약제량(kg)

S : 방호구역의 표면적(m^2)

K : 방출계수(kg/m^2)

h : 1.1(할증계수)

해답

$Q = 50m^2 \times 5.2kg/m^2 \times 1.1 = 286kg$

14 다음 [보기]에서 설명하는 위험물에 대해 묻는 말에 알맞게 답하시오.

[보기]
- 백색 또는 담황색의 왁스상 가연성·자연발화성 고체이다.
- 증기는 공기보다 무겁고, 매우 자극적이며, 맹독성 물질이다.
- 물에는 녹지 않으나, 벤젠, 알코올에는 약간 녹고, 이황화탄소 등에는 잘 녹는다.

① 공기 중에서 연소하는 경우 생성되는 물질의 명칭과 화학식을 쓰시오.
② 수산화칼륨 수용액과의 반응식을 쓰시오.
③ 옥내저장소에 저장하는 경우 바닥면적은 몇 m^2 이하이어야 하는가?

해설

① 황린은 공기 중에서 격렬하게 오산화인의 백색 연기를 내며 연소하고, 일부 유독성의 포스핀 (PH_3)도 발생하며, 환원력이 강하여 산소농도가 낮은 분위기에서도 연소한다.

$P_4 + 5O_2 \rightarrow 2P_2O_5$

② 황린은 수산화칼륨 수용액 등 강한 알칼리 용액과 반응하여 가연성·유독성의 포스핀가스를 발생한다.

$P_4 + 3KOH + 3H_2O \rightarrow PH_3 + 3KH_2PO_2$

③ 유별 위험물 중 위험등급 I군의 경우 바닥면적 $1,000m^2$ 이하로 한다(다만, 제4류 위험물 중 위험등급 II군에 속하는 제1석유류와 알코올류의 경우 인화점이 상온 이하이므로 $1,000m^2$ 이하로 함).

해답

① 오산화인, P_2O_5
② $P_4 + 3KOH + 3H_2O \rightarrow PH_3 + 3KH_2PO_2$
③ $1,000m^2$

15 위험물안전관리에 관한 세부기준에 따른 불활성가스 소화설비와 분말소화설비 저장기준에 대해 다음 빈칸을 알맞게 채우시오.

가. 불활성가스 소화설비의 저장용기 기준
- 온도가 (①)℃ 이하이고, 온도 변화가 적은 장소에 설치할 것
- (②) 및 빗물이 침투할 우려가 적은 장소에 설치할 것

나. 분말소화설비의 저장용기 기준
- 저장용기(축압식인 것은 내압력이 (③)MPa인 것에 한한다)에는 용기 밸브를 설치할 것
- 가압식의 저장용기 등에는 (④)를 설치할 것
- 보기 쉬운 장소에 충전소화약제량, 소화약제의 종류, (⑤)(가압식인 것에 한한다), 제조년월 및 제조자명을 표시할 것

해설

가. 불활성가스 소화설비의 저장용기 기준
- ㉠ 방호구역 외의 장소에 설치할 것
- ㉡ 온도가 40℃ 이하이고 온도 변화가 적은 장소에 설치할 것
- ㉢ 직사일광 및 빗물이 침투할 우려가 적은 장소에 설치할 것
- ㉣ 저장용기에는 안전장치(용기 밸브에 설치되어 있는 것을 포함한다)를 설치할 것
- ㉤ 저장용기의 외면에 소화약제의 종류와 양, 제조년도 및 제조자를 표시할 것

나. 분말소화설비의 저장용기 기준
- ㉠ 저장탱크는 「압력용기-설계 및 제조 일반」(KS B 6750)의 기준에 적합한 것 또는 이와 동등 이상의 강도 및 내식성이 있는 것을 사용할 것
- ㉡ 저장용기 등에는 안전장치를 설치할 것
- ㉢ 저장용기(축압식인 것은 내압력이 1.0MPa인 것에 한한다)에는 용기 밸브를 설치할 것
- ㉣ 가압식의 저장용기 등에는 방출밸브를 설치할 것
- ㉤ 보기 쉬운 장소에 충전소화약제량, 소화약제의 종류, 최고사용압력(가압식인 것에 한한다), 제조년월 및 제조자명을 표시할 것

해답

① 40
② 직사일광
③ 1
④ 방출밸브
⑤ 최고사용압력

16 다음 [보기]의 위험물 중 열분해하여 산소가 생성되는 물질을 모두 찾아 분해반응식을 적으시오.

> [보기] 염소산나트륨, 질산칼륨, 나이트로글리세린, 에탄올, 트라이에틸알루미늄

해설

㉠ 염소산나트륨($NaClO_3$)은 300℃에서 가열분해하여 염화나트륨($NaCl$)과 산소(O_2)가 발생한다.
$$2NaClO_3 \rightarrow 2NaCl + 3O_2$$

㉡ 질산칼륨(KNO_3)은 약 400℃로 가열하면 분해하여 아질산칼륨(KNO_2)과 산소(O_2)가 발생하는 강산화제이다.
$$2KNO_3 \rightarrow 2KNO_2 + O_2$$

㉢ 나이트로글리세린[$C_3H_5(ONO_2)_3$]은 40℃에서 분해하기 시작하고, 145℃에서 격렬히 분해하며, 200℃ 정도에서 스스로 폭발한다.
$$4C_3H_5(ONO_2)_3 \rightarrow 12CO_2 + 10H_2O + 6N_2 + O_2$$

해답

염소산나트륨 : $2NaClO_3 \rightarrow 2NaCl + 3O_2$

질산칼륨 : $2KNO_3 \rightarrow 2KNO_2 + O_2$

나이트로글리세린 : $4C_3H_5(ONO_2)_3 \rightarrow 12CO_2 + 10H_2O + 6N_2 + O_2$

17 다음 주어진 문장의 빈칸을 알맞게 채우시오.

적재하는 위험물의 성질에 따라 일광의 직사 또는 빗물의 침투를 방지하기 위하여 유효하게 피복하는 등 다음 각 목에서 정하는 기준에 따른 조치를 하여야 한다.

가. 제1류 위험물, 제3류 위험물 중 자연발화성 물질, 제4류 위험물 중 특수인화물, (①) 위험물 또는 (②) 위험물은 차광성이 있는 피복으로 가릴 것

나. 제1류 위험물 중 (③)의 과산화물 또는 이를 함유한 것, 제2류 위험물 중 (④)·(⑤)·(⑥) 또는 이들 중 어느 하나 이상을 함유한 것 또는 제3류 위험물 중 금수성 물질은 방수성이 있는 피복으로 덮을 것

다. 제5류 위험물 중 (⑦)℃ 이하의 온도에서 분해될 우려가 있는 것은 보냉 컨테이너에 수납하는 등 적정한 온도관리를 할 것

라. 액체 위험물 또는 위험등급 (⑧)의 고체 위험물을 기계에 의하여 하역하는 구조로 된 운반용기에 수납하여 적재하는 경우에는 해당 용기에 대한 충격 등을 방지하기 위한 조치를 강구할 것. 다만, 위험등급 (⑧)의 고체 위험물을 플렉시블(flexible)의 운반용기, 파이버판제의 운반용기 및 목제의 운반용기 외의 운반용기에 수납하여 적재하는 경우에는 그러하지 아니하다.

해답

① 제5류, ② 제6류

③ 알칼리금속, ④ 철분, ⑤ 금속분, ⑥ 마그네슘

⑦ 55, ⑧ Ⅱ

18 다음 [보기]의 물질들을 주어진 비율대로 혼합하여, 그 반응으로 인해 생성된 기체의 폭발 하한값을 구하시오.

> [보기]
> • 탄화알루미늄과 물이 반응하여 생성된 기체 30vol%
> • 탄화칼슘과 물이 반응하여 생성된 기체 45vol%
> • 아연과 황산이 반응하여 생성된 기체 25vol%

해설

㉠ 탄화알루미늄은 물과 반응하여 가연성·폭발성의 메테인가스를 만들며, 밀폐된 실내에서 메테인이 축적되는 경우 인화성 혼합기를 형성하여 2차 폭발의 위험이 있다.

$$Al_4C_3 + 12H_2O \rightarrow 4Al(OH)_3 + 3CH_4$$

㉡ 탄화칼슘은 물과 격렬하게 반응하여 수산화칼슘과 아세틸렌을 만들며, 공기 중 수분과 반응하여도 아세틸렌이 발생한다.

$$CaC_2 + 2H_2O \rightarrow Ca(OH)_2 + C_2H_2$$

㉢ 아연이 산과 반응하면 수소가스가 발생한다.

$$Zn + H_2SO_4 \rightarrow ZnSO_4 + H_2$$

위에서 발생한 각 기체에 대한 연소범위는 메테인(CH_4) 5~15.0vol%, 아세틸렌(C_2H_2) 2.5~81vol%, 수소(H_2) 4~75vol%이며, 르샤틀리에(Le Chatelier)의 혼합가스 폭발범위를 구하는 식에 따라 폭발한계치를 구하면 다음과 같다.

$$\frac{100}{L} = \frac{V_1}{L_1} + \frac{V_2}{L_2} + \frac{V_3}{L_3} + \cdots$$

여기서, L : 혼합가스의 폭발한계치

L_1, L_2, L_3 : 각 성분의 단독 폭발한계치(vol%)

V_1, V_2, V_3 : 각 성분의 체적(vol%)

$$\therefore L = \frac{100}{\left(\dfrac{V_1}{L_1} + \dfrac{V_2}{L_2} + \dfrac{V_3}{L_3} + \cdots\right)} = \frac{100}{\left(\dfrac{30}{5} + \dfrac{45}{2.5} + \dfrac{25}{4}\right)} \fallingdotseq 3.31$$

해답

3.31%

19 위험물안전관리법령에서 정한 포소화설비에 대한 내용이다. 다음 물음에 알맞은 답을 적으시오.

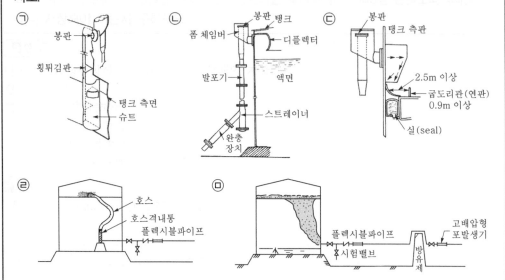

① 위 그림을 보고 각 기호에 해당하는 포방출구의 종류를 적으시오.
② 고정지붕구조의 탱크에 상부포 주입법을 이용하는 덧으로서, 방출된 포가 액면 아래로 몰입되거나 액면을 뒤섞지 않고 액면상을 덮을 수 있는 통계단 또는 미끄럼판 등의 설비 및 탱크 내의 위험물 증기가 외부로 역루되는 것을 저지할 수 있는 구조의 기구를 갖는 포방출구를 위 그림에서 찾아 기호를 적으시오.
③ 포소화약제의 혼합방식 종류를 2가지 적으시오.
④ 포헤드방식의 포헤드 설치기준에 대한 다음 내용에서, 괄호 안을 알맞게 채우시오.
방호대상물의 표면적(건축물의 경우에는 바닥면적) (㉠)m²당 1개 이상의 헤드를, 방호대상물의 표면적 1m²당의 방사량이 (㉡)L/min 이상의 비율로 계산한 양의 포수용액을 표준방사량으로 방사할 수 있도록 설치할 것

해설

① 포방출구의 분류
  ㉮ 포방출구(Foam outlet)란 포소화설비에서 포가 방출되는 최종 말단으로서, 방출구의 종류에는 고정포 방출구, 포헤드, 포소화전, 호스릴포, 포모니터 등이 있다.

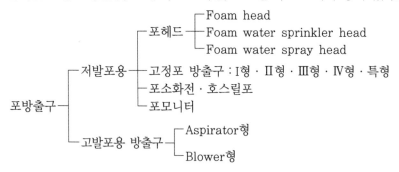

㉯ 고정포 방출구 : 주로 위험물 옥외탱크저장소에 Foam chamber를 설치하여 포를 방출하는
　　　 방식의 방출구로서 옥외위험물탱크 이외에 공장, 창고, 주차장, 격납고 등에 설치할 수 있다.
　　　 탱크의 직경, 포방출구의 종류에 따라 일정한 수량의 방출구를 탱크 측면에 설치한다.

　　㉰ Foam chamber의 종류

　　　　㉠ Ⅰ형(cone roof tank에 사용하는 통, tube 등의 부대시설이 있는 경우)

　　　　㉡ Ⅱ형(반사판이 있는 경우)

　　　　㉢ Ⅲ형(표면하 주입식 방출구)

　　　　㉣ Ⅳ형(반표면하 주입식 방출구)

　　　　㉤ 특형(floating roof tank에 사용하는 경우) 등이 있다.

　③ 포소화약제의 혼합장치

　　㉮ 펌프혼합방식(펌프프로포셔너 방식) : 펌프의 토출관과 흡입관 사이의 배관 도중에 설치한
　　　 흡입기에 펌프에서 토출된 물의 일부를 보내고 농도조절밸브에서 조정된 포소화약제의
　　　 필요량을 포소화약제 탱크에서 펌프 흡입 측으로 보내어 이를 혼합하는 방식

　　㉯ 차압혼합방식(프레셔프로포셔너 방식) : 펌프와 발포기 중간에 설치된 벤투리관의 벤투리
　　　 작용과 펌프 가압수의 포소화약제 저장탱크에 대한 압력에 의하여 포소화약제를 흡입 ·
　　　 혼합하는 방식

　　㉰ 관로혼합방식(라인프로포셔너 방식) : 펌프와 발포기 중간에 설치된 벤투리관의 벤투리
　　　 작용에 의해 포소화약제를 흡입 · 혼합하는 방식

　　㉱ 압입혼합방식(프레셔사이드프로포셔너 방식) : 펌프의 토출관에 압입기를 설치하여 포소
　　　 화약제 압입용 펌프로 포소화약제를 압입시켜 혼합하는 방식

　④ 포헤드방식의 포헤드는 다음 ㉮ 내지 ㉰에 정한 것에 의하여 설치할 것

　　㉮ 포헤드는 방호대상물의 모든 표면이 포헤드의 유효사정 내에 있도록 설치할 것

　　㉯ 방호대상물의 표면적(건축물의 경우에는 바닥면적) $9m^2$당 1개 이상의 헤드를, 방호대상물의
　　　 표면적 $1m^2$당의 방사량이 6.5L/min 이상의 비율로 계산한 양의 포수용액을 표준방사량으
　　　 로 방사할 수 있도록 설치 할 것

　　㉰ 방사구역은 $100m^2$ 이상(방호대상물의 표면적이 $100m^2$ 미만인 경우에는 해당 표면적)으
　　　 로 할 것

해답

① ㉠ Ⅰ형, ㉡ Ⅱ형, ㉢ 특형, ㉣ Ⅳ형, ㉤ Ⅲ형

② ㉠

③ 펌프혼합방식, 차압혼합방식, 관로혼합방식, 압입혼합방식
　(상기 해답 중 택 2가지 기술)

④ ㉠ 9, ㉡ 6.5

제72회
(2022년 8월 14일 시행)

위험물기능장 실기

01 위험물제조소에 국소배출방식으로 가로 6m, 세로 8m, 높이 4m에 해당하는 배출설비를 설치하려고 한다. 이때의 배출용량을 구하시오.

해설

배출능력은 1시간당 배출장소 용적의 20배 이상인 것으로 하여야 한다. 다만, 전역방식의 경우에는 바닥면적 1m²당 18m³ 이상으로 할 수 있다.
따라서, 8m×6m×4m×20배=3,840m³/h

해답

3,840m³/h

02 인화점 -17℃, 분자량 27인 독성이 강한 제4류 위험물에 대하여 다음 물음에 답하시오.
① 물질명
② 시성식
③ 품명
④ 증기비중(계산식 포함)

해설

사이안화수소(HCN, 청산)의 일반적 성질

㉠ 제4류 위험물, 제1석유류의 수용성 액체로서 위험등급은 Ⅱ등급이며, 지정수량은 400L에 해당한다.

분자량	액비중	증기비중	끓는점	인화점	발화점	연소범위
27	0.69	0.94	26℃	-17℃	540℃	6~41%

㉡ 독특한 자극성의 냄새가 나는 무색의 액체(상온)로, 물·알코올에 잘 녹으며, 수용액은 약산성이다.

㉢ 맹독성 물질이며, 휘발성이 높아 인화 위험도 매우 높다. 증기는 공기보다 약간 가벼우며, 연소하면 푸른 불꽃을 내면서 탄다.

해답

① 사이안화수소
② HCN
③ 제1석유류
④ 증기비중 $= \dfrac{\text{기체의 분자량(27g/mol)}}{\text{공기의 분자량(28.84g/mol)}} = 0.94$

03 다음은 위험물제조소 등의 방화상 유효한 담의 높이를 산정하는 방법에 관한 그림이다. 물음에 답하시오.

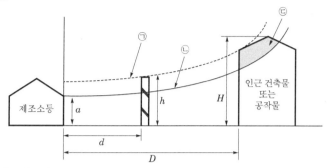

① 그림에서 ㉠, ㉡, ㉢ 부분의 명칭을 쓰시오.

② $H > pD^2 + a$인 경우, 방화상 유효한 담의 높이를 산정하는 공식을 쓰시오.

해설

제조소 등의 안전거리의 단축기준

취급하는 위험물이 최대수량(지정수량 배수)의 10배 미만이고, 주거용 건축물, 문화재, 학교 등의 경우 불연재료로 된 방화상 유효한 담 또는 벽을 설치하는 경우에는 안전거리를 단축할 수 있다.

[방화상 유효한 담의 높이]

㉠ $H \leq pD^2 + a$인 경우 : $h = 2$

㉡ $H > pD^2 + a$인 경우 : $h = H - p(D^2 - d^2)$

㉢ D, H, a, d, h 및 p는 다음과 같다.

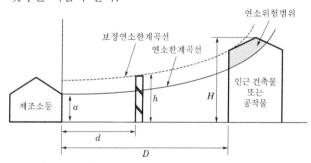

여기서, D : 제조소 등과 인근 건축물 또는 공작물과의 거리(m)

　　　　H : 인근 건축물 또는 공작물의 높이(m)

　　　　a : 제조소 등의 외벽의 높이(m)

　　　　d : 제조소 등과 방화상 유효한 담과의 거리(m)

　　　　h : 방화상 유효한 담의 높이(m)

해답

① ㉠ 보정 연소한계곡선, ㉡ 연소한계곡선, ㉢ 연소위험범위

② $h = H - p(D^2 - d^2)$

04 제5류 위험물로서 담황색 결정을 가진 폭발성 고체로, 보관 중 직사광선에 의해 다갈색으로 변색할 우려가 있는 있으며 분자량이 227g/mol인 위험물에 대해, 다음 물음에 답하시오.
① 이 물질의 제조반응식을 쓰시오.
② 분해반응식을 쓰시오.

해설

트라이나이트로톨루엔[T.N.T., $C_6H_2CH_3(NO_2)_3$]

㉮ 일반적 성질
　㉠ 순수한 것은 무색 결정 또는 담황색의 결정이며, 직사광선에 의해 다갈색으로 변하고, 중성으로 금속과는 반응이 없으며, 장기 저장해도 자연발화의 위험 없이 안정하다.
　㉡ 물에는 불용이며, 에터, 아세톤 등에는 잘 녹고, 알코올에는 가열하면 약간 녹는다.
　㉢ 충격감도는 피크르산보다 둔하지만, 급격한 타격을 주면 폭발한다.
　㉣ 몇 가지 이성질체가 있으며, 2, 4, 6-트라이나이트로톨루엔의 폭발력이 가장 강하다.
　㉤ 비중 1.66, 융점 81℃, 비점 280℃, 분자량 227, 발화온도 약 300℃이다.
　㉥ 제법 : 1몰의 톨루엔과 3몰의 질산을 황산 촉매하에 반응시키면 나이트로화에 의해 T.N.T.가 만들어진다.

$$C_6H_5CH_3 + 3HNO_3 \xrightarrow[\text{나이트로화}]{c-H_2SO_4} \text{T.N.T.} + 3H_2O$$

㉯ 위험성
　㉠ 강력한 폭약으로 피크린산보다는 약하며, 점화하면 연소하지만 기폭약을 쓰지 않으면 폭발하지 않는다.
　㉡ K, KOH, HCl, $Na_2Cr_2O_7$과 접촉 시 조건에 따라 발화하거나 충격·마찰에 민감하고 폭발 위험성이 있으며, 분해되면 다량의 기체가 발생하고, 불완전연소 시 유독성의 질소산화물과 CO를 생성한다.

$$2C_6H_2CH_3(NO_2)_3 \rightarrow 12CO + 2C + 3N_2 + 5H_2$$

　㉢ NH_4NO_3와 T.N.T.를 3 : 1wt%로 혼합하면 폭발력이 현저히 증가하여 폭파약으로 사용된다.

해답

① $C_6H_5CH_3 + 3HNO_3 \xrightarrow[\text{나이트로화}]{c-H_2SO_4} \text{T.N.T.} + 3H_2O$
② $2C_6H_2CH_3(NO_2)_3 \rightarrow 12CO + 2C + 3N_2 + 5H_2$

05 제1류 위험물로서 분자량 85g/mol, 비중 2.27, 녹는점 308℃인 물질로, 380℃에 분해하기 시작하며 액체 암모니아에 녹는 물질에 대해, 다음 물음에 답하시오.
① 분해반응식(380℃)을 쓰시오.
② 위험등급을 쓰시오.
③ 플라스틱 용기에 저장 시 최대용량(L)을 쓰시오. (단, 드럼은 아니다.)

해설

$NaNO_3$(질산나트륨, 칠레초석, 질산소다)의 일반적 성질
㉠ 분자량 85, 비중 2.27, 융점 308℃, 분해온도 380℃이며, 무색의 결정 또는 백색 분말로 조해성 물질이다.
㉡ 물이나 글리세린 등에는 잘 녹고, 알코올에는 녹지 않는다.
㉢ 약 380℃에서 분해되어 아질산나트륨($NaNO_2$)과 산소(O_2)를 생성한다.
$$2NaNO_3 \rightarrow 2NaNO_2 + O_2$$

해답

① $2NaNO_3 \rightarrow 2NaNO_2 + O_2$
② Ⅱ등급, ③ 10L

06 제4류 위험물 중 다음의 2가지 조건을 모두 충족시키는 위험물의 품명을 2가지 이상 쓰시오.

• 옥내저장소에 저장할 때 바닥면적을 1,000m² 이하로 하여야 하는 위험물
• 옥외저장소에 저장·취급할 수 없는 위험물

해설

㉮ 옥내저장소 하나의 저장창고의 바닥면적

위험물을 저장하는 창고	바닥면적
가. ㉠ 제1류 위험물 중 아염소산염류, 염소산염류, 과염소산염류, 무기과산화물, 그 밖에 지정수량이 50kg인 위험물 ㉡ 제3류 위험물 중 칼륨, 나트륨, 알킬알루미늄, 알킬리튬, 그 밖에 지정수량이 10kg인 위험물 및 황린 ㉢ 제4류 위험물 중 특수 인화물, 제1석유류 및 알코올류 ㉣ 제5류 위험물 중 유기과산화물, 질산에스터류, 그 밖에 지정수량이 10kg인 위험물 ㉤ 제6류 위험물	1,000m² 이하
나. ㉠~㉤ 외의 위험물을 저장하는 창고	2,000m² 이하
다. 내화구조의 격벽으로 완전히 구획된 실에 각각 저장하는 창고 (가목의 위험물을 저장하는 실의 면적은 500m²를 초과할 수 없다.)	1,500m² 이하

㉯ 옥외저장소에 저장할 수 있는 위험물
㉠ 제2류 위험물 중 황, 인화성 고체(인화점이 0℃ 이상인 것에 한함)
㉡ 제4류 위험물 중 제1석유류(인화점이 0℃ 이상인 것에 한함), 제2석유류, 제3석유류, 제4석유류, 알코올류, 동식물유류
㉢ 제6류 위험물

해답

특수인화물, 제1석유류(인화점이 0℃ 미만인 것)

07 이송취급소 배관 용접장소의 침투탐상시험 합격기준 3가지를 적으시오.

해답

① 균열이 확인된 경우에는 불합격으로 할 것
② 선상 및 원형상의 결함 크기가 4mm를 초과할 경우에는 불합격으로 할 것
③ 2 이상의 결함지시모양이 동일선상에 연속해서 존재하고 그 상호 간의 간격이 2mm 이하인 경우에는 상호 간의 간격을 포함하여 연속된 하나의 결함지시모양으로 간주할 것. 다만, 결함지시모양 중 짧은 쪽의 길이가 2mm 이하이면서 결함지시모양 상호 간의 간격 이하인 경우에는 독립된 결함지시모양으로 한다.
④ 결함지시모양이 존재하는 임의의 개소에 있어서 $2,500mm^2$의 사각형(한 변의 최대길이는 150mm로 한다) 내에 길이 1mm를 초과하는 결함지시모양의 길이의 합계가 8mm를 초과하는 경우에는 불합격으로 할 것
(상기 해답 중 택 3가지 기술)

08 80wt% 아세톤 300kg을 저장하고 있는 저장탱크에 화재가 발생한 경우 다량의 물로 희석하여 소화를 하려고 한다. 아세톤 농도를 3wt% 이하로 하고, 실제 소화용수의 양은 이론양의 1.5배를 준비해야 한다면, 저장하여야 하는 소화용수의 양(kg)을 구하시오.

해답

$$\frac{300 \times 0.8(\text{아세톤의 양})}{300 + X(\text{물의 양})} \times 100 = 3\%$$

$3(300 + X) = 24,000$

$900 + 3X = 24,000$

$3X = 23,100$

$X = 7,700 \rightarrow$ 이론 양의 1.5배 준비

$\therefore 7,700 \times 1.5 = 11,550kg$

09 위험물안전관리법상 제6류 위험물에 대하여 다음 각 물음에 답하시오.
① 질산의 열분해반응식을 적으시오.
② 과산화수소의 분해반응식을 적으시오.
③ 제6류 위험물 중 할로젠간화합물을 1개만 적으시오.

해답

① $4HNO_3 \rightarrow 2H_2O + 4NO_2 \uparrow + O_2$
② $2H_2O_2 \xrightarrow{MnO_2(\text{촉매})} 2H_2O + O_2$
③ ICl, IBr, BrF_3, IF_5, BrF_5
　(상기 해답 중 택 1가지 기술)

10

제3류 위험물인 트라이에틸알루미늄이 다음에 주어진 물질과 반응하는 화학반응식을 각각 적으시오.
① 물
② 산소
③ 염산

해설

트라이에틸알루미늄[$(C_2H_5)_3Al$]의 일반적 성질

㉠ 무색투명한 액체로 외관은 등유와 유사한 가연성이며, $C_1 \sim C_4$는 자연발화성이 강하다. 공기 중에 노출되면 공기와 접촉하여 백연을 발생하며 연소한다. 단, C_5 이상은 점화하지 않으면 연소하지 않는다.
$$2(C_2H_5)_3Al + 21O_2 \rightarrow 12CO_2 + Al_2O_3 + 15H_2O$$

㉡ 물, 산, 알코올과 접촉하면 폭발적으로 반응하여 에테인을 형성하고, 이때 발열·폭발에 이른다.
$$(C_2H_5)_3Al + 3H_2O \rightarrow Al(OH)_3 + 3C_2H_6$$
$$(C_2H_5)_3Al + HCl \rightarrow (C_2H_5)_2AlCl + C_2H_6$$
$$(C_2H_5)_3Al + 3CH_3OH \rightarrow Al(CH_3O)_3 + 3C_2H_6$$

해답

① $(C_2H_5)_3Al + 3H_2O \rightarrow Al(OH)_3 + 3C_2H_6$

② $2(C_2H_5)_3Al + 21O_2 \rightarrow 12CO_2 + Al_2O_3 + 15H_2O$

③ $(C_2H_5)_3Al + HCl \rightarrow (C_2H_5)_2AlCl + C_2H_6$

11

위험물안전관리법상 제4류 위험물로서 분자량이 78g/mol이고 독성이 있으며, 인화점이 −11℃인 물질 2kg에 대해 다음 물음에 답하시오.
① 공기 중에서 완전연소할 때의 반응식을 쓰시오.
② 이론산소량은 얼마인지 구하시오.

해설

벤젠(C_6H_6)의 일반적 성질

분자량	비중	비점	인화점	발화점	연소범위
78	0.9	80℃	−11℃	498℃	1.4~7.1%

㉠ 80.1℃에서 끓고, 5.5℃에서 응고되며, 겨울철에는 응고된 상태에서도 연소가 가능하다.

㉡ 무색투명하며, 독특한 냄새를 가진 휘발성이 강한 액체로, 위험성이 강하며 인화가 쉽고, 다량의 흑연을 발생하고 뜨거운 열을 내며 연소한다. 또한 연소 시 이산화탄소와 물이 생성된다.
$$2C_6H_6 + 15O_2 \rightarrow 12CO_2 + 6H_2O$$

㉢ $\dfrac{2kg\text{-}C_6H_6}{} \bigg| \dfrac{1kmol\text{-}C_6H_6}{78kg\text{-}C_6H_6} \bigg| \dfrac{15kmol\text{-}O_2}{2kmol\text{-}C_6H_6} \bigg| \dfrac{32kg\text{-}O_2}{1kmol\text{-}O_2} = 6.15kg\text{-}O_2$

해답

① $2C_6H_6 + 15O_2 \rightarrow 12CO_2 + 6H_2O$

② 6.15kg

12 위험물안전관리법상 옥외저장탱크 중 압력탱크 외의 탱크에 있어서는 밸브 없는 통기관 또는 대기밸브 부착 통기관을 설치해야 한다. 다음 물음에 답하시오.

① 압력탱크의 정의를 적으시오.
② 저장할 수 있는 유별 위험물의 종류를 적으시오.
③ 안전장치 종류를 2가지 적으시오.
④ 인화점이 몇 ℃ 미만의 위험물을 저장 또는 취급하는 탱크에 설치하는 통기관에는 화염방지장치를 설치해야 하는가?

해설

옥외저장탱크 중 압력탱크(최대상용압력이 부압 또는 정압 5kPa을 초과하는 탱크를 말한다) 외의 탱크(제4류 위험물의 옥외저장탱크에 한한다)에 있어서는 밸브 없는 통기관 또는 대기밸브 부착 통기관을 다음에 정하는 바에 의하여 설치하여야 하고, 압력탱크에 있어서는 규정에 의한 안전장치를 설치하여야 한다.

㉮ 밸브 없는 통기관
  ㉠ 지름은 30mm 이상일 것
  ㉡ 끝부분은 수평면보다 45° 이상 구부려 빗물 등의 침투를 막는 구조로 할 것
  ㉢ 인화점이 38℃ 미만인 위험물만을 저장 또는 취급하는 탱크에 설치하는 통기관에는 화염방지장치를 설치하고, 그 외의 탱크에 설치하는 통기관에는 40메시(mesh) 이상의 구리망 또는 동등 이상의 성능을 가진 인화방지장치를 설치할 것. 다만, 인화점이 70℃ 이상인 위험물만을 해당 위험물의 인화점 미만의 온도로 저장 또는 취급하는 탱크에 설치하는 통기관에는 인화방지장치를 설치하지 않을 수 있다.
  ㉣ 가연성의 증기를 회수하기 위한 밸브를 통기관에 설치하는 경우에 있어서는 해당 통기관의 밸브는 저장탱크에 위험물을 주입하는 경우를 제외하고는 항상 개방되어 있는 구조로 하는 한편, 폐쇄하였을 경우에 있어서는 10kPa 이하의 압력에서 개방되는 구조로 할 것. 이 경우 개방된 부분의 유효단면적은 777.15mm^2 이상이어야 한다.

㉯ 대기밸브 부착 통기관
  ㉠ 5kPa 이하의 압력 차이로 작동할 수 있을 것
  ㉡ '㉮'의 '㉢'의 기준에 적합할 것

해답

① 최대상용압력이 부압 또는 정압 5kPa을 초과하는 탱크
② 제4류 위험물
③ 자동적으로 압력의 상승을 정지시키는 장치,
   감압 측에 안전밸브를 부착한 감압밸브,
   안전밸브를 병용하는 경보장치,
   파괴판(위험물의 성질에 따라 안전밸브의 작동이 곤란한 가압설비에 한한다)
   (상기 해답 중 택 2가지 기술)
④ 38℃

13 옥내저장소에 [보기]의 물질을 저장하고 있으며, 유별이 다른 위험물은 내화구조의 격벽으로 완전 구획하여 보관하고 있다. 다음 물음에 답하시오.

> [보기]
> • 제2석유류 비수용성 2,000L
> • 제3석유류 비수용성 4,000L
> • 유기과산화물 100kg

① 학교로부터 안전거리 32m를 확보할 경우, 설치 가능한지 여부
② 주택가로부터 안전거리 20m를 확보할 경우, 설치 가능한지 여부
③ 무형문화재로부터 안전거리 52m를 확보할 경우, 설치 가능한지 여부

해설

안전거리

제조소(제6류 위험물을 취급하는 제조소를 제외한다)는 건축물의 외벽 또는 이에 상당하는 공작물의 외측으로부터 해당 제조소의 외벽 또는 이에 상당하는 공작물의 외측까지의 사이에 규정에 의한 수평거리(안전거리)를 두어야 한다.

건축물	안전거리
사용전압 7,000V 초과 35,000V 이하의 특고압 가공전선	3m 이상
사용전압 35,000V 초과 특고압 가공전선	5m 이상
주거용으로 사용되는 것(제조소가 설치된 부지 내에 있는 것 제외)	10m 이상
고압가스, 액화석유가스 또는 도시가스를 저장 또는 취급하는 시설	20m 이상
학교, 병원(종합병원, 치과병원, 한방·요양 병원), 극장(공연장, 영화상영관, 수용인원 300명 이상 시설), 아동복지시설, 노인복지시설, 장애인복지시설, 모·부자복지시설, 보육시설, 성매매자를 위한 복지시설, 정신보건시설, 가정폭력피해자 보호시설, 수용인원 20명 이상의 다수인 시설	30m 이상
유형문화재, 지정문화재	50m 이상

해답

① 가능
② 가능
③ 가능

14 제2류 위험물인 마그네슘에 대해, 다음 물음에 답하시오.
① 연소반응식을 쓰시오.
② 물과의 반응식을 쓰시오.
③ 물과 반응 시 발생한 가스의 위험도를 구하시오.

┌ **해설** ┐

① 마그네슘은 가열하면 연소가 쉽고, 양이 많은 경우 맹렬히 연소하며 강한 빛을 낸다. 특히 연소열이 매우 높기 때문에 온도가 높아지고 화세가 격렬하여 소화가 곤란하다.

$$2Mg + O_2 \rightarrow 2MgO$$

② 온수와 반응하여 많은 양의 열과 수소(H_2)가 발생한다.

$$Mg + 2H_2O \rightarrow Mg(OH)_2 + H_2$$

③ 수소의 폭발범위는 4~75%이며, 위험도(H)는 가연성 혼합가스의 연소범위에 의해 결정되는 값이다.

$$H = \frac{U - L}{L} \text{ (여기서, } H : \text{위험도, } U : \text{연소상한치}(UEL), L : \text{연소하한치}(LEL))}$$

$$\therefore H = \frac{75 - 4}{4} = 17.75$$

┌ **해답** ┐

① $2Mg + O_2 \rightarrow 2MgO$

② $Mg + 2H_2O \rightarrow Mg(OH)_2 + H_2$

③ 17.75

---

15 │ 제5류 위험물인 나이트로글리콜에 대해, 다음 물음에 답하시오.
│ ① 구조식을 적으시오.
│ ② 공업용의 색상을 적으시오.
│ ③ 액비중을 적으시오.
│ ④ 분자 내 질소 함유량을 구하시오.
│ ⑤ 폭발속도를 적으시오.

┌ **해설** ┐

㉮ 나이트로글리콜[$C_2H_4(ONO_2)_2$]의 일반적 성질

  ㉠ 액비중 1.5(증기비중은 5.2), 융점 −11.3℃, 비점 105.5℃, 응고점 −22℃, 발화점 215℃, 폭발속도 약 7,800m/s, 폭발열 1,550kcal/kg이다. 순수한 것은 무색이나, 공업용은 담황색 또는 분홍색의 무거운 기름상 액체로 유동성이 있다.

  ㉡ 알코올, 아세톤, 벤젠에 잘 녹는다.

  ㉢ 산의 존재하에 분해가 촉진되며, 폭발할 수 있다.

  ㉣ 다이너마이트 제조에 사용되며, 운송 시 부동제에 흡수시켜 운반한다.

㉯ 나이트로글리콜 분자 내 질소 함유량

$$\frac{N_2}{(CH_2ONO_2)_2} \times 100 = \frac{28}{152} \times 100 = 18.42wt\%$$

┌ **해답** ┐

①
```
      H    H
      |    |
  H - C -  C - H
      |    |
    ONO₂  ONO₂
```

② 담황색, ③ 1.5, ④ 18.42wt%, ⑤ 7,800m/s

16 제4류 위험물인 아세트알데하이드에 대하여, 다음 물음에 답하시오.
① 품명을 쓰시오.
② 시성식을 쓰시오.
③ 연소반응식을 쓰시오.
④ 아세트알데하이드 등을 저장 또는 취급하는 지하탱크저장소에 대하여, 강화되는 특례기준 2가지를 적으시오.

해설

아세트알데하이드 등을 저장 또는 취급하는 지하탱크저장소에 대하여 강화되는 기준
㉮ 지하저장탱크는 지반면 하에 설치된 탱크 전용실에 설치할 것
㉯ 지하저장탱크의 설비는 다음의 규정에 의한 아세트알데하이드 등의 옥외저장탱크의 설비기준을 준용할 것. 다만, 지하저장탱크가 아세트알데하이드 등의 온도를 적당한 온도로 유지할 수 있는 구조인 경우에는 냉각장치 또는 보냉장치를 설치하지 아니할 수 있다.
  ㉠ 옥외저장탱크의 설비는 동·마그네슘·은·수은 또는 이들을 성분으로 하는 합금으로 만들지 아니할 것
  ㉡ 옥외저장탱크에는 냉각장치 또는 보냉장치, 그리고 연소성 혼합기체의 생성에 의한 폭발을 방지하기 위한 불활성의 기체를 봉입하는 장치를 설치할 것

해답

① 특수인화물
② CH_3CHO
③ $2CH_3CHO + 5O_2 \rightarrow 4CO_2 + 4H_2O$
④ 가. 지하저장탱크는 지반면 하에 설치된 탱크 전용실에 설치할 것
   나. 지하저장탱크의 설비는 규정(옥외저장탱크의 설비는 동·마그네슘·은·수은 또는 이들을 성분으로 하는 합금으로 만들지 아니할 것, 옥외저장탱크에는 냉각장치 또는 보냉장치, 그리고 연소성 혼합기체의 생성에 의한 폭발을 방지하기 위한 불활성의 기체를 봉입하는 장치를 설치할 것)에 의한 아세트알데하이드등의 옥외저장탱크의 설비의 기준을 준용할 것. 다만, 지하저장탱크가 아세트알데하이드등의 온도를 적당한 온도로 유지할 수 있는 구조인 경우에는 냉각장치 또는 보냉장치를 설치하지 아니할 수 있다.

17 위험물안전관리법에 따른 판매취급소에 대해, 다음 물음에 답하시오.
① 판매취급소의 배합실에서 배합할 수 있는 위험물의 품명을 2가지 이상 적으시오.
② 다음 괄호 안을 알맞게 채우시오.
  • 제2종 판매취급소의 용도로 사용하는 부분에 상층이 있는 경우에 있어서는 상층의 바닥을 (㉠)구조로 하는 동시에 상층으로의 (㉡)를 방지하기 위한 조치를 강구하고, 상층이 없는 경우에는 지붕을 (㉠)구조로 할 것
  • 제2종 판매취급소의 용도로 사용하는 부분 중 연소의 우려가 없는 부분에 한하여 창을 두되, 해당 창에는 (㉢)을 설치할 것

해설

① 제2종 판매취급소 작업실에서 배합할 수 있는 위험물의 종류
  ㉠ 황
  ㉡ 도료류
  ㉢ 제1류 위험물 중 염소산염류 및 염소산염류만을 함유한 것
② 제2종 판매취급소의 위치·구조 및 설비의 기준
  ㉠ 제2종 판매취급소의 용도로 사용하는 부분은 벽·기둥·바닥 및 보를 내화구조로 하고, 천장이 있는 경우에는 이를 불연재료로 하며, 판매취급소로 사용되는 부분과 다른 부분과의 격벽은 내화구조로 할 것
  ㉡ 제2종 판매취급소의 용도로 사용하는 부분에 상층이 있는 경우에 있어서는 상층의 바닥을 내화구조로 하는 동시에 상층으로의 연소를 방지하기 위한 조치를 강구하고, 상층이 없는 경우에는 지붕을 내화구조로 할 것
  ㉢ 제2종 판매취급소의 용도로 사용하는 부분 중 연소의 우려가 없는 부분에 한하여 창을 두되, 해당 창에는 60분+방화문·60분방화문 또는 30분방화문을 설치할 것
  ㉣ 제2종 판매취급소의 용도로 사용하는 부분의 출입구에는 60분+방화문·60분방화문 또는 30분방화문을 설치할 것. 다만, 해당 부분 중 연소의 우려가 있는 벽에 설치하는 출입구에는 수시로 열 수 있는 자동폐쇄식의 60분+방화문 또는 60분방화문을 설치해야 한다.

해답

① 염소산염류, 황
② ㉠ 내화, ㉡ 연소, ㉢ 60분+방화문·60분방화문 또는 30분방화문

18 다음은 위험물안전관리법에서 정하는 불활성가스 소화설비에 대한 내용이다. 다음 소화설비에 대한 저장용기의 충전비를 각각 적으시오.
① 이산화탄소 저압식
② 이산화탄소 고압식
③ 할론 2402 가압식
④ 할론 2402 축압식
⑤ HFC-125

해설

㉮ 이산화탄소 저장용기의 충전비 기준
  이산화탄소를 소화약제로 하는 경우에 저장용기의 충전비는 고압식인 경우에는 1.5 이상 1.9 이하이고, 저압식인 경우에는 1.1 이상 1.4 이하일 것
㉯ 전역방출방식 또는 국소방출방식의 할로젠화합물 소화설비 기준
  ㉠ 할로젠화합물 소화설비에 사용하는 소화약제는 할론 2402, 할론 1211, 할론 1301, HFC-23, HFC-125 또는 HFC-227ea로 할 것
  ㉡ 저장용기 등의 충전비는 할론 2402 중에서 가압식 저장용기 등에 저장하는 것은 0.51 이상 0.67 이하, 축압식 저장용기 등에 저장하는 것은 0.67 이상 2.75 이하, 할론 1211은 0.7 이상 1.4 이하, 할론 1301 및 HFC-227ea는 0.9 이상 1.6 이하, HFC-23 및 HFC-125는 1.2 이상 1.5 이하일 것

해답

① 1.1 이상 1.4 이하, ② 1.5 이상 1.9 이하, ③ 0.51 이상 0.67 이하
④ 0.67 이상 2.75 이하, ⑤ 1.2 이상 1.5 이하

19 다음은 위험물안전관리법에 따른 주유취급소의 기준에 대한 설명이다. 묻는 말에 답하시오.
① 고정주유설비와 도로경계선 간의 거리 산정에 있어서 기산점은?
② 고정주유설비와 고정급유설비 간의 거리 산정에 있어서 기산점은?
③ 주유취급소 내에 이동탱크저장소의 상치장소를 확보하는 경우의 기준을 2가지 적으시오.
④ 괄호 안에 들어갈 알맞은 내용을 쓰시오.

> 지하에 매설하지 아니하는 폐유탱크 등의 위치·구조 및 설비는 규정에 의한 (㉠) 저장탱크의 위치·구조·설비 또는 (㉡)에 정하는 지정수량 미만인 탱크의 위치·구조 및 설비의 기준을 준용할 것

⑤ 압축수소충전설비를 설치한 주유취급소에 다음 [보기]의 탱크 외에 지하에 매설할 수 있는 탱크와 그 탱크의 최대용량을 적으시오.

> [보기] • 고정주유설비 또는 고정급유설비에 직접 접속하는 전용탱크
> • 보일 등에 직접 접속하는 전용탱크
> • 자동차 등을 점검·정비하는 작업장 등에서 사용하는 폐유탱크
> • 고정주유설비 또는 고정급유설비에 직접 접속하는 간이탱크

해설

① 고정주유설비의 중심선을 기점으로 하여 도로경계선까지 4m 이상, 부지경계선·담 및 건축물의 벽까지 2m(개구부가 없는 벽까지는 1m) 이상의 거리를 유지
② 고정급유설비의 중심선을 기점으로 하여 도로경계선까지 4m 이상, 부지경계선 및 담까지 1m 이상, 건축물의 벽까지 2m(개구부가 없는 벽까지는 1m) 이상의 거리를 유지
③ 이동탱크저장소의 상치장소는 다음의 기준에 적합하여야 한다.
  ㉠ 옥외에 있는 상치장소는 화기를 취급하는 장소 또는 인근의 건축물로부터 5m 이상(인근의 건축물이 1층인 경우에는 3m 이상)의 거리를 확보하여야 한다. 다만, 하천의 공지나 수면, 내화구조 또는 불연재료의 담 또는 벽 그 밖에 이와 유사한 것에 접하는 경우를 제외한다.
  ㉡ 옥내에 있는 상치장소는 벽·바닥·보·서까래 및 지붕이 내화구조 또는 불연재료로 된 건축물의 1층에 설치하여야 한다.
④ 지하에 매설하지 아니하는 폐유탱크 등의 위치·구조 및 설비는 규정에 의한 옥내저장탱크의 위치·구조·설비 또는 시·도의 조례에 정하는 지정수량 미만인 탱크의 위치·구조 및 설비의 기준을 준용할 것
⑤ 압축수소충전설비 설치 주유취급소에는 인화성 액체를 원료로 하여 수소를 제조하기 위한 개질장치에 접속하는 원료탱크(50,000L 이하의 것에 한정한다)를 설치할 수 있다. 이 경우 원료탱크는 지하에 매설한다.

해답

① 고정주유설비의 중심선, ② 고정급유설비의 중심선
③ ㉠ 옥외에 있는 상치장소는 화기를 취급하는 장소 또는 인근의 건축물로부터 5m 이상(인근의 건축물이 1층인 경우에는 3m 이상)의 거리를 확보하여야 한다. 다만, 하천의 공지나 수면, 내화구조 또는 불연재료의 담 또는 벽 그 밖에 이와 유사한 것에 접하는 경우를 제외한다.
  ㉡ 옥내에 있는 상치장소는 벽·바닥·보·서까래 및 지붕이 내화구조 또는 불연재료로 된 건축물의 1층에 설치하여야 한다.
④ ㉠ 옥내, ㉡ 시·도의 조례
⑤ 원료탱크, 50,000L 이하

제73회

(2023년 3월 25일 시행)

위험물기능장 실기

01 다음에 주어진 동식물유류를 건성유와 불건성유로 구분하여 적으시오.

들기름, 아마인유, 동유, 정어리유, 올리브유, 피마자유, 동백유, 땅콩기름, 야자유

해설

아이오딘값 : 유지 100g에 부가되는 아이오딘의 g수로, 불포화도가 증가할수록 아이오딘값이 증가하며 자연발화의 위험이 있다.

ⓐ 건성유 : 아이오딘값이 130 이상인 것

이중결합이 많아 불포화도가 높기 때문에 공기 중에서 산화되어 액 표면에 피막을 만드는 기름

예 아마인유, 들기름, 동유, 정어리기름, 해바라기유 등

ⓑ 반건성유 : 아이오딘값이 100~130인 것

공기 중에서 건성유보다 얇은 피막을 만드는 기름

예 참기름, 옥수수기름, 청어기름, 채종유, 면실유(목화씨유), 콩기름, 쌀겨유 등

ⓒ 불건성유 : 아이오딘값이 100 이하인 것

공기 중에서 피막을 만들지 않는 안정된 기름

예 올리브유, 피마자유, 야자유, 땅콩기름, 동백유 등

해답

① 건성유 : 들기름, 아마인유, 동유, 정어리유

② 불건성유 : 올리브유, 피마자유, 동백유, 땅콩기름, 야자유

02 다음 표는 위험물안전관리법상 소화난이도등급 Ⅱ의 제조소 등에 설치하여야 하는 소화설비에 대한 내용이다. 괄호 안을 알맞게 채우시오.

제조소 등의 구분	소화설비
제조소, 옥내저장소, 옥외저장소, (①), (②), (③)	방사능력범위 내의 해당 건축물, 그 밖의 공작물 및 위험물이 포함되도록 대형 수동식 소화기를 설치하고, 해당 위험물 소요단위의 1/5 이상에 해당되는 능력단위의 소형 수동식 소화기 등을 설치할 것
옥외탱크저장소, 옥내탱크저장소	(④) 및 (⑤) 등을 각각 1개 이상 설치할 것

해답

① 주유취급소, ② 판매취급소, ③ 일반취급소

④ 대형 수동식 소화기, ⑤ 소형 수동식 소화기

03 다음에 주어진 할론 소화약제 저장용기의 충전비를 각각 쓰시오.
① 할론 2402(가압식)
② 할론 2402(축압식)
③ 할론 1211
④ 할론 1301
⑤ HFC−23

해답

① 0.51 이상 0.67 이하
② 0.67 이상 2.75 이하
③ 0.7 이상 1.4 이하
④ 0.9 이상 1.6 이하
⑤ 1.2 이상 1.5 이하

04 1kg의 T.N.T가 폭발한 경우 표준상태에서 기체의 부피는 830L이다. 1기압, 2,217℃에서 기체의 부피는 고체상태일 때 T.N.T의 몇 배인지 구하시오. (단, 고체상태일 때 T.N.T의 밀도는 1.65kg/L이다.)

해설

T.N.T는 K, KOH, HCl, $Na_2Cr_2O_7$과 접촉 시 조건에 따라 발화한다. 충격·마찰에 민감하고 폭발 위험성이 있으며, 분해되면 다량의 기체가 발생하고, 불완전연소 시 유독성의 질소산화물과 CO를 생성한다.

$2C_6H_2CH_3(NO_2)_3 \rightarrow 12CO + 2C + 3N_2 + 5H_2$

㉠ 폭발 전 고체상태 T.N.T 1kg의 부피(V_1)

T.N.T의 밀도는 1.65kg/L이므로, $\dfrac{1kg}{V_1} = \dfrac{1.65kg}{1L}$

$V_1 = \dfrac{1}{1.65}L$

㉡ 1기압 2,217℃에서 폭발한 기체의 부피(V_2)

샤를의 법칙에 따라, $\dfrac{V_1}{T_1} = \dfrac{V_2}{T_2}$, $V_2 = \dfrac{T_2 V_1}{T_1}$

$V_2 = 830L \times \dfrac{(2,217 + 273.15)}{273.15} = 7556.628L$

$\therefore \dfrac{V_2}{V_1} = \dfrac{7556.628}{1/1.65} = 12468.44배$

해답

12468.44배

05 다음은 지정수량 15배 미만의 소규모 옥내저장소의 설치기준에 대한 내용이다. 괄호 안을 알맞게 채우거나 묻는 말에 적절하게 답하시오.
① 하나의 저장창고의 바닥면적은 (   )m² 이하로 할 것
② 저장창고의 처마높이는 (   )m 미만으로 할 것
③ 저장창고는 벽·기둥·바닥·보 및 지붕을 (   )로 할 것
④ 저장창고의 출입구에는 수시로 개방할 수 있는 (   )을 설치할 것
⑤ 벽에 창문을 설치할 수 있는지 여부

해설

소규모 옥내저장소의 특례
지정수량의 50배 이하인 소규모 옥내저장소 중 저장창고의 처마높이가 6m 미만인 것으로서 저장창고가 다음 기준에 적합한 것에 대하여는 기존의 옥내저장소 규정은 적용하지 아니한다.
㉠ 저장창고의 주위에는 다음 표에 정하는 너비의 공지를 보유할 것

저장 또는 취급하는 위험물의 최대수량	공지의 너비
지정수량의 5배 이하	-
지정수량의 5배 초과, 20배 이하	1m 이상
지정수량의 20배 초과, 50배 이하	2m 이상

㉡ 하나의 저장창고의 바닥면적은 150m² 이하로 할 것
㉢ 저장창고는 벽·기둥·바닥·보 및 지붕을 내화구조로 할 것
㉣ 저장창고의 출입구에는 수시로 개방할 수 있는 자동폐쇄방식의 60분+방화문 또는 60분방화문을 설치할 것
㉤ 저장창고에는 창을 설치하지 아니할 것

해답

① 150
② 6
③ 내화구조
④ 자동폐쇄방식의 60분+방화문 또는 60분방화문
⑤ 창을 설치하지 아니할 것

06 위험물안전관리법에서 정한 이송취급소 허가신청의 첨부서류 중 긴급차단밸브 및 차단밸브의 첨부서류 5가지를 적으시오.

해답

① 구조설명서(부대설비 포함)
② 기능설명서
③ 강도에 관한 설명서
④ 제어계통도
⑤ 밸브의 종류, 형식 및 재료에 관하여 기재한 서류

07 다음 구조식을 보고, 각 질문에 답하시오.

①의 지정수량과 위험등급을 적으시오.
②의 증기비중을 구하시오.
③을 기계에 의하여 하역하는 구조가 아닌, 용기만을 겹쳐 쌓을 경우의 최대높이를 적으시오.

해설

① 피리딘은 제1석유류 수용성이며, 지정수량은 400L이다.

② 톨루엔의 증기비중 $= \dfrac{\text{톨루엔의 분자량}(92)}{\text{공기의 평균 분자량}(28.84)} = 3.19$

③ 클로로벤젠은 제2석유류에 해당한다.
   옥내저장소에서 위험물을 저장하는 경우에는 다음의 규정에 의한 높이를 초과하여 용기를 겹쳐 쌓지 아니하여야 한다(옥외저장소에서 위험물을 저장하는 경우에 있어서도 본 규정에 의한 높이를 초과하여 용기를 겹쳐 쌓지 아니하여야 한다).
   ㉠ 기계에 의하여 하역하는 구조로 된 용기만을 겹쳐 쌓는 경우에 있어서는 6m
   ㉡ 제4류 위험물 중 제3석유류, 제4석유류 및 동식물유류를 수납하는 용기만을 겹쳐 쌓는 경우에 있어서는 4m
   ㉢ 그 밖의 경우에 있어서는 3m

해답

① 400L, 위험등급 Ⅱ
② 3.19, ③ 3m

08 탄화칼슘과 탄화알루미늄에 대하여 물과의 화학반응식과 발생기체의 연소반응식을 각각 쓰시오.
① 탄화칼슘
   ㉠ 물과의 화학반응식
   ㉡ 발생기체의 연소반응식
② 탄화알루미늄
   ㉠ 물과의 화학반응식
   ㉡ 발생기체의 연소반응식

해답

① 탄화칼슘
   ㉠ 물과의 화학반응식 : $CaC_2 + 2H_2O \rightarrow Ca(OH)_2 + C_2H_2$
   ㉡ 발생기체의 연소반응식 : $2C_2H_2 + 5O_2 \rightarrow 4CO_2 + 2H_2O$
② 탄화알루미늄
   ㉠ 물과의 화학반응식 : $Al_4C_3 + 12H_2O \rightarrow 4Al(OH)_3 + 3CH_4$
   ㉡ 발생기체의 연소반응식 : $CH_4 + 2O_2 \rightarrow CO_2 + 2H_2O$

09 다음과 같은 건축물의 구조에 위험물을 저장하는 경우, 소요단위 또는 능력단위를 각각 구하시오.
① 300m²의 내화구조인 위험물취급소의 소요단위
② 300m²의 내화구조가 아닌 위험물제조소의 소요단위
③ 300m²의 내화구조가 아닌 위험물저장소의 소요단위
④ 삽 1개를 포함하는 마른 모래 800L의 능력단위
⑤ 소화전용물통 3개를 포함하는 수조 800L의 능력단위

해설

㉠ 소요단위(소화설비의 설치대상이 되는 건축물의 규모 또는 위험물 양에 대한 기준단위)

1단위	제조소 또는 취급소용 건축물의 경우	내화구조 외벽을 갖춘 연면적 100m²
		내화구조 외벽이 아닌 연면적 50m²
	저장소 건축물의 경우	내화구조 외벽을 갖춘 연면적 150m²
		내화구조 외벽이 아닌 연면적 75m²
	위험물의 경우	지정수량의 10배

① $\dfrac{300\text{m}^2}{100\text{m}^2} = 3$소요단위

② $\dfrac{300\text{m}^2}{50\text{m}^2} = 6$소요단위

③ $\dfrac{300\text{m}^2}{75\text{m}^2} = 4$소요단위

㉡ 소화능력단위에 의한 분류

소화설비	용량	능력단위
마른 모래	50L (삽 1개 포함)	0.5
팽창질석, 팽창진주암	160L (삽 1개 포함)	1
소화전용물통	8L	0.3
수조	190L (소화전용물통 6개 포함)	2.5
	80L (소화전용물통 3개 포함)	1.5

④ 800L÷50L×0.5 = 8능력단위
⑤ 800L÷80L×1.5 = 15능력단위

해답

① 3소요단위
② 6소요단위
③ 4소요단위
④ 8능력단위
⑤ 15능력단위

10 제3류 위험물인 칼륨이 이산화탄소, 에탄올, 사염화탄소와 반응할 때의 반응식을 각각 쓰시오.

[해설]

금속칼륨의 위험성

㉠ 고온에서 수소와 수소화물(KH)을 형성하며, 수은과 반응하여 아말감을 만든다.

㉡ 가연성 고체로 농도가 낮은 산소 중에서도 연소 위험이 있으며, 연소 시 불꽃이 붙은 용융상태에서 비산하여 화재를 확대하거나 몸에 접촉하면 심한 화상을 초래한다.

㉢ 물과 격렬히 반응하여 발열하고 수산화칼륨과 수소가 발생한다. 이때 발생된 열은 점화원의 역할을 한다.

$$2K + 2H_2O \rightarrow 2KOH + H_2$$

㉣ CO_2, CCl_4와 격렬히 반응하여 연소·폭발의 위험이 있으며, 연소 중에 모래를 뿌리면 규소(Si) 성분과 격렬히 반응한다.

$$4K + 3CO_2 \rightarrow 2K_2CO_3 + C \ (연소 \cdot 폭발)$$

$$4K + CCl_4 \rightarrow 4KCl + C \ (폭발)$$

㉤ 알코올과 반응하여 칼륨에틸레이트를 만들며 수소가 발생한다.

$$2K + 2C_2H_5OH \rightarrow 2C_2H_5OK + H_2$$

㉥ 대량의 금속칼륨이 연소할 때 적당한 소화방법이 없으므로 매우 위험하다.

[해답]

① 이산화탄소와 반응 시 : $4K + 3CO_2 \rightarrow 2K_2CO_3 + C$

② 에탄올과 반응 시 : $2K + 2C_2H_5OH \rightarrow 2C_2H_5OK + H_2$

③ 사염화탄소와 반응 시 : $4K + CCl_4 \rightarrow 4KCl + C$

11 제2류 위험물로 분자량이 27이며, 공기 중에서 표면에 산화피막을 형성하여 내부를 보호하는 물질에 대해 다음 물음에 답하시오.
① 이 물질의 물과의 반응식을 쓰시오.
② 2기압, 30℃에서 이 물질 50g이 물과 반응하여 생성되는 기체의 부피를 구하시오.

[해설]

① 알루미늄은 물과 반응하면 수소가스가 발생한다.

② $\dfrac{50g \ Al}{} \bigg| \dfrac{1mol \ Al}{27g \ Al} \bigg| \dfrac{3mol \ H_2}{2mol \ Al} \bigg| \dfrac{2g \ H_2}{1mol \ H_2} = 5.56g \ H_2$

이상기체 상태방정식에 따라, $PV = \dfrac{wRT}{M}$

$\therefore V = \dfrac{wRT}{PM} = \dfrac{5.56g \times 0.082L \cdot atm/K \cdot mol \times (30 + 273.15)}{2atm \times 2g/mol} = 34.55L$

[해답]

① $2Al + 6H_2O \rightarrow 2Al(OH)_3 + 3H_2$

② 34.55L

12 인화점 −17℃, 분자량 27인 독성이 강한 제4류 위험물에 대하여 다음 물음에 답하시오.
① 물질명을 쓰시오.
② 구조식을 쓰시오.
③ 위험등급을 쓰시오.

해설

사이안화수소(HCN, 청산)

분자량	액비중	증기비중	끓는점	인화점	발화점	연소범위
27	0.69	0.94	26℃	−17℃	540℃	6~41%

㉠ 제4류 위험물 제1석유류의 수용성 액체로서 위험등급은 Ⅱ등급이며, 지정수량은 400L에 해당한다.

㉡ 독특한 자극성의 냄새가 나는 무색 액체(상온)로, 물·알코올에 잘 녹으며, 수용액은 약산성이다.

㉢ 맹독성 물질이며, 휘발성이 높아 인화 위험도 매우 높다. 증기는 공기보다 약간 가벼우며, 연소하면 푸른 불꽃을 내면서 탄다.

해답

① 사이안화수소, ② H−C≡N, ③ Ⅱ등급

13 R-CHO에 해당하는 특수인화물에 대해 다음 물음에 답하시오.
① 시성식을 쓰시오.
② 산화하면 제2석유류가 생성되는 반응식을 적으시오.
③ 지하탱크저장소의 압력탱크에 저장할 때의 온도는 몇 ℃ 이하로 해야 하는지 적으시오.
  (단, 온도에 대한 별도의 기준이 없을 경우 "해당 없음"으로 표기하시오.)
④ 옥외탱크저장소의 압력탱크 외의 탱크에 저장할 때의 온도는 몇 ℃ 이하로 해야 하는지 적으시오. (단, 온도에 대한 별도의 기준이 없을 경우 "해당 없음"으로 표기하시오.)

해설

② 아세트알데하이드는 산화 시 초산이 생성된다.
  $2CH_3CHO + O_2 \rightarrow 2CH_3COOH$ (산화작용)

③ 옥외저장탱크·옥내저장탱크 또는 지하저장탱크 중 압력탱크에 저장하는 아세트알데하이드 등 또는 다이에틸에터 등의 온도는 40℃ 이하로 유지할 것

④ 옥외저장탱크·옥내저장탱크 또는 지하저장탱크 중 압력탱크 외의 탱크에 저장하는 다이에틸에터 등 또는 아세트알데하이드 등의 온도는 산화프로필렌과 이를 함유한 것 또는 다이에틸에터 등에 있어서는 30℃ 이하로, 아세트알데하이드 또는 이를 함유한 것에 있어서는 15℃ 이하로 각각 유지할 것

해답

① CH_3CHO

② $2CH_3CHO + O_2 \rightarrow 2CH_3COOH$

③ 40℃ 이하

④ 15℃ 이하

14 다음은 위험물안전관리법상 옥내저장소에 대한 설치기준에 대한 내용이다. 질문에 적절하게 답하시오.
① 저장창고의 벽·기둥 및 바닥은 내화구조로 하고, 보와 서까래는 불연재료로 하여야 한다. 단, 연소의 우려가 없는 벽·기둥 및 바닥을 예외적으로 불연재료로 할 수 있는데, 이는 어떤 경우인가?
② 저장창고는 지붕을 폭발력이 위로 방출될 정도의 가벼운 불연재료로 하고, 천장을 만들지 않아야 한다. 다음 각 물음에 답하시오.
ⓐ 지붕을 내화구조로 할 수 있는 경우는?
ⓑ 천장을 불연재료 또는 난연재료로 할 수 있는 경우는?

해설

① 저장창고의 벽·기둥 및 바닥은 내화구조로 하고, 보와 서까래는 불연재료로 하여야 한다. 다만, 지정수량의 10배 이하의 위험물의 저장창고 또는 제2류 위험물(인화성 고체는 제외)과 제4류 위험물(인화점이 70℃ 미만인 것은 제외)만의 저장창고에 있어서는 연소의 우려가 없는 벽·기둥 및 바닥은 불연재료로 할 수 있다.
② 저장창고는 지붕을 폭발력이 위로 방출될 정도의 가벼운 불연재료로 하고, 천장을 만들지 않아야 한다. 다만, 제2류 위험물(분말상태의 것과 인화성 고체를 제외)과 제6류 위험물만의 저장창고에 있어서는 지붕을 내화구조로 할 수 있고, 제5류 위험물만의 저장창고에 있어서는 해당 저장창고 내의 온도를 저온으로 유지하기 위하여 난연재료 또는 불연재료로 된 천장을 설치할 수 있다.

해답

① 지정수량의 10배 이하의 위험물 저장창고 또는 제2류 위험물(인화성 고체는 제외)과 제4류 위험물(인화점이 70℃ 미만인 것은 제외)만의 저장창고
② ⓐ 제2류 위험물(분말상태의 것과 인화성 고체를 제외)과 제6류 위험물만의 저장창고
　 ⓑ 제5류 위험물만의 저장창고

15 이동탱크의 내부 압력이 상승할 경우 안전장치를 통해 압력을 방출하여 탱크를 보호하기 위해 설치하는 안전장치가 다음의 경우에 대해 작동해야 하는 압력의 기준을 각각 쓰시오.
① 상용압력이 18kPa인 탱크
② 상용압력이 21kPa인 탱크

해설

이동탱크의 내부 압력이 상승할 경우 안전장치를 통해 압력을 방출하여 탱크를 보호하기 위하여 안전장치를 설치한다.
ⓐ 상용압력 20kPa 이하 : 20kPa 이상 24kPa 이하의 압력
ⓑ 상용압력 20kPa 초과 : 상용압력의 1.1배 이하의 압력

해답

① 20kPa 이상 24kPa 이하의 압력
② 21×1.1=23.1kPa 이하의 압력

16 다음은 위험물안전관리법상 안전관리 대행기관의 지정기준에 관한 내용이다. 바르지 못한 부분을 3가지만 찾아 바르게 고쳐 적으시오.

기술인력	1. 위험물기능장 또는 위험물산업기사 2인 이상 2. 위험물산업기사 또는 위험물기능사 3인 이상 3. 기계분야 및 전기분야의 소방설비기사 1인 이상
시설	전용사무실을 갖출 것
장비	1. 절연저항계 2. 접지저항 측정기(최소눈금 0.1Ω 이하) 3. 가스농도 측정기 4. 정전기전위 측정기 5. 토크렌치 6. 진공펌프 7. 안전밸브시험기 8. 냉각가열기(-10~300℃) 9. 두께측정기(1.5~99.9mm) 10. 유량계, 압력계 11. 안전용구(안전모, 안전화, 손전등, 안전로프 등) 12. 소화설비 점검기구(소화전밸브 압력계, 방수압력 측정계, 포컬렉터, 헤드렌치, 포컨테이너)

※ 2 이상의 기술인력을 동일인이 겸할 수 있다.

해답

① 위험물기능장 또는 위험물산업기사 2인 이상 → 위험물기능장 또는 위험물산업기사 1인 이상
② 위험물산업기사 또는 위험물기능사 3인 이상 → 위험물산업기사 또는 위험물기능사 2인 이상
③ 진공펌프 → 진동시험기
④ 냉각가열기 → 표면온도계
⑤ 2 이상의 기술인력을 동일인이 겸할 수 있다. → 2 이상의 기술인력을 동일인이 겸할 수 없다.
(상기 해답 중 택 3가지 기술)

17 다음 표는 위험물안전관리법에 따른 운반용기 최대용적기준에 대한 내용이다. 적응성이 있는 곳에 ○ 표시를 하시오.

운반용기				수납 위험물의 종류		
내장 용기	최대용적 또는 중량	외장 용기	최대용적 또는 중량	아염소산 나트륨	질산 나트륨	과망가니즈산 나트륨
유리 용기 또는 플라스틱 용기	10L	나무 상자 또는 플라스틱 상자	125kg			
금속제 용기	30L	파이버판 상자	55kg			
플라스틱필름 포대 또는 종이 포대	5kg	나무 상자 또는 플라스틱 상자	50kg			

해설

고체 위험물 운반용기의 최대용적 또는 중량

운반용기				수납 위험물의 종류		
내장 용기		외장 용기		제1류		
용기의 종류	최대용적 또는 중량	용기의 종류	최대용적 또는 중량	I	II	III
유리 용기 또는 플라스틱 용기	10L	나무 상자 또는 플라스틱 상자(필요에 따라 불활성의 완충재를 채울 것)	125kg	○	○	○
			225kg		○	○
		파이버판 상자(필요에 따라 불활성의 완충재를 채울 것)	40kg	○	○	○
			55kg		○	○
금속제 용기	30L	나무 상자 또는 플라스틱 상자	125kg	○	○	○
			225kg		○	○
		파이버판 상자	40kg	○	○	○
			55kg		○	○
플라스틱필름 포대 또는 종이 포대	5kg	나무 상자 또는 플라스틱 상자	50kg	○	○	○
	50kg		50kg	○	○	○
	125kg		125kg		○	○
	225kg		225kg			○
	5kg	파이버판 상자	40kg	○	○	○
	40kg		40kg	○	○	○
	55kg		55kg			○

제1류 위험물 중 아염소산나트륨은 I등급, 질산나트륨은 II등급, 과망가니즈산나트륨은 III등급에 해당한다.

해답

운반용기				수납 위험물의 종류		
내장 용기	최대용적 또는 중량	외장 용기	최대용적 또는 중량	아염소산 나트륨	질산 나트륨	과망가니즈산 나트륨
유리 용기 또는 플라스틱 용기	10L	나무 상자 또는 플라스틱 상자	125kg	○	○	○
금속제 용기	30L	파이버판 상자	55kg		○	○
플라스틱필름 포대 또는 종이 포대	5kg	나무 상자 또는 플라스틱 상자	50kg	○	○	○

18 제1류 위험물로서 분자량이 101, 분해온도가 400℃이며, 흑색화약의 원료인 물질에 대해 다음 물음에 답하시오.
① 물질의 명칭을 쓰시오.
② 분해반응식을 쓰시오.
③ 흑색화약에서의 역할을 쓰시오.

해설

KNO_3(질산칼륨, 질산카리, 초석)
㉮ 일반적 성질
  ㉠ 분자 101, 비중 2.1, 융점 339℃, 분해온도 400℃, 용해도 26
  ㉡ 무색 결정 또는 백색 분말로, 차가우며 자극성의 짠맛이 난다.
  ㉢ 물이나 글리세린 등에는 잘 녹고, 알코올에는 녹지 않는다. 수용액은 중성이다.
  ㉣ 약 400℃로 가열하면 분해되어 아질산칼륨(KNO_2)과 산소(O_2)가 발생하는 강산화제이다.
    $2KNO_3 \rightarrow 2KNO_2 + O_2$
㉯ 위험성
  ㉠ 강한 산화제이므로, 가연성 분말이나 유기물과 접촉 시 폭발한다.
  ㉡ 가연성 분말, 유기물, 환원성 물질과 혼합 시 가열·충격으로 폭발하며, 흑색화약(질산칼륨 75%+황 10%+목탄 15%)의 원료로 이용된다.
    $16KNO_3 + 3S + 21C \rightarrow 13CO_2 + 3CO + 8N_2 + 5K_2CO_3 + K_2SO_4 + 2K_2S$

해답

① 질산칼륨
② $2KNO_3 \rightarrow 2KNO_2 + O_2$
③ 산소공급원

19 다음 [보기]를 보고 아래 질문에 알맞은 답을 쓰시오.

[보기]
㉮ 휘발유 50만리터를 저장하는 옥외탱크저장소
㉯ 경유 100만리터를 저장하는 옥외탱크저장소
㉰ 동식물유류 100만리터를 저장하는 옥외탱크저장소
㉱ 경유 1,000리터를 2개월 이내 임시 사용하는 옥외탱크저장소
㉲ 경유 900리터를 2개월 이내 임시 사용하는 옥외탱크저장소
㉳ 경유 2,000리터를 4개월 이내 임시 사용하는 옥외탱크저장소
㉴ 경유 10만리터를 저장하는 지하탱크저장소
㉵ 휘발유 100리터의 지하매설탱크를 포함하는 지정수량 1천배의 위험물제조소
㉶ 휘발유 1,000리터의 옥외취급탱크를 포함하는 지정수량 3천배의 위험물제조소

① 한국소방산업기술원에 기술검토를 받아야 하는 제조소등에 해당하는 것을 모두 골라 기호를 쓰시오.
② 제조소등의 설치허가 없이 임시로 저장 또는 취급할 수 있는 제조소등에 해당하는 것을 모두 골라 기호를 쓰시오.
③ 연 1회 실시하는 정기점검을 받아야 하는 제조소등에 해당하는 것을 모두 골라 기호를 쓰시오.
④ 정기검사대상인 제조소등에 해당하는 것을 모두 골라 기호를 쓰시오.
⑤ [보기]에서 반드시 허가를 받아야 하는 제조소등은 총 몇 개인지 쓰시오.

해설

① 다음의 제조소등은 다음에서 정한 사항에 대하여 한국소방산업기술원의 기술검토를 받고 그 결과가 행정안전부령으로 정하는 기준에 적합한 것으로 인정될 것
    ㉠ 지정수량의 1천배 이상의 위험물을 취급하는 제조소 또는 일반취급소 : 구조·설비에 관한 사항
    ㉡ 옥외탱크저장소(저장용량이 50만리터 이상인 것만 해당) 또는 암반탱크저장소 : 위험물탱크의 기초·지반, 탱크 본체 및 소화설비에 관한 사항

② 다음의 어느 하나에 해당하는 경우에는 제조소등이 아닌 장소에서 지정수량 이상의 위험물을 취급할 수 있다. 이 경우 임시로 저장 또는 취급하는 장소에서의 저장 또는 취급의 기준과 임시로 저장 또는 취급하는 장소의 위치·구조 및 설비의 기준은 시·도의 조례로 정한다.
    ㉠ 시·도의 조례가 정하는 바에 따라 관할소방서장의 승인을 받아 지정수량 이상의 위험물을 90일 이내의 기간 동안 임시로 저장 또는 취급하는 경우
    ㉡ 군부대가 지정수량 이상의 위험물을 군사목적으로 임시로 저장 또는 취급하는 경우
    즉, 경유 1,000리터를 2개월 이내 임시 사용하는 옥외탱크저장소는 90일 이내이므로 완공허가를 받지 않고 임시 사용승인을 받아 사용 가능하다.

③ 정기점검의 대상인 제조소등
    ㉠ 예방규정을 정하여야 하는 제조소등
      – 지정수량의 10배 이상의 위험물을 취급하는 제조소
      – 지정수량의 100배 이상의 위험물을 저장하는 옥외저장소
      – 지정수량의 150배 이상의 위험물을 저장하는 옥내저장소
      – 지정수량의 200배 이상을 저장하는 옥외탱크저장소
      – 암반탱크저장소
      – 이송취급소
      – 지정수량의 10배 이상의 위험물을 취급하는 일반취급소
    ㉡ 지하탱크저장소
    ㉢ 이동탱크저장소
    ㉣ 위험물을 취급하는 탱크로서 지하에 매설된 탱크가 있는 제조소·주유취급소 또는 일반취급소

④ 정기검사의 대상인 제조소 등 : 액체 위험물을 저장 또는 취급하는 50만L 이상의 옥외탱크저장소

⑤ ㉣는 90일 이내이나 "시·도조례"와 "관할소방서장"에 대한 언급이 없다.
    ㉤는 지정수량 미만이다.
    ㉥는 90일을 초과한다.

해답

① ㉮, ㉯, ㉰, ㉺, ㉻
② ㉣
③ ㉮, ㉯, ㉷, ㉺, ㉻
④ ㉮, ㉯, ㉰
⑤ 8개

제74회
(2023년 8월 12일 시행)

위험물기능장 실기

01 다음 기준에 따라 아래 보기의 위험물과 1m 이상의 간격을 두는 경우 저장이 가능한 위험물을 각각 쓰시오.

> 유별을 달리하는 위험물은 동일한 저장소에 저장하지 아니하여야 한다. 다만, 옥내저장소 또는 옥외저장소에 있어서 서로 1m 이상의 간격을 두는 경우에는 그러하지 아니하다.

① 제1류 위험물(알칼리금속의 과산화물 또는 이를 함유한 것을 제외한다.)
② 제6류 위험물
③ 제3류 위험물 중 자연발화성 물질(황린 또는 이를 함유한 것에 한한다.)
④ 제2류 위험물 중 인화성 고체
⑤ 제3류 위험물 중 알킬알루미늄 등

해설

유별을 달리하는 위험물은 동일한 저장소(내화구조의 격벽으로 완전히 구획된 실이 2 이상 있는 저장소에 있어서는 동일한 실)에 저장하지 아니하여야 한다. 다만, 옥내저장소 또는 옥외저장소에 있어서 다음의 규정에 의한 위험물을 저장하는 경우로서 위험물을 유별로 정리하여 저장하는 한편, 서로 1m 이상의 간격을 두는 경우에는 그러하지 아니하다.

㉠ 제1류 위험물(알칼리금속의 과산화물 또는 이를 함유한 것을 제외)과 제5류 위험물을 저장하는 경우
㉡ 제1류 위험물과 제6류 위험물을 저장하는 경우
㉢ 제1류 위험물과 제3류 위험물 중 자연발화성 물질(황린 또는 이를 함유한 것에 한함)을 저장하는 경우
㉣ 제2류 위험물 중 인화성 고체와 제4류 위험물을 저장하는 경우
㉤ 제3류 위험물 중 알킬알루미늄 등과 제4류 위험물(알킬알루미늄 또는 알킬리튬을 함유한 것에 한함)을 저장하는 경우
㉥ 제4류 위험물과 제5류 위험물 중 유기과산화물 또는 이를 함유한 것을 저장하는 경우

해답

① 제5류 위험물
② 제1류 위험물
③ 제1류 위험물
④ 제4류 위험물
⑤ 제4류 위험물(알킬알루미늄 또는 알킬리튬을 함유한 것에 한한다.)

02 제3종 분말소화약제인 제1인산암모늄이 다음의 물질을 생성하는 열분해반응식을 각각 적으시오.

① 오르토인산

② 피로인산

③ 메타인산

해답

① $NH_4H_2PO_4 \rightarrow NH_3 + H_3PO_4$ (at 190℃)

② $2H_3PO_4 \rightarrow H_2O + H_4P_2O_7$ (at 215℃)

③ $H_4P_2O_7 \rightarrow H_2O + 2HPO_3$ (at 300℃)

03 질산 31.5g이 물에 녹아 질산수용액 360g이 되었다. 이때, 다음 각 물음에 답하시오.

① 질산과 물의 몰분율을 각각 구하시오.

② 질산수용액의 몰농도를 구하시오. (단, 수용액의 비중은 1.1이다.)

해설

① 질산의 몰수 $= \dfrac{31.5g-HNO_3}{} \left| \dfrac{1mol-HNO_3}{63g-HNO_3} \right. = 0.5mol-HNO_3$

물의 양 $= 360 - 31.5 = 328.5g$ 이므로,

물의 몰수 $= \dfrac{328.5g-H_2O}{} \left| \dfrac{1mol-H_2O}{18g-H_2O} \right. = 18.25mol-H_2O$

따라서, 질산의 몰분율 $= \dfrac{0.5}{0.5+18.25} = 0.0267$

물의 몰분율 $= \dfrac{18.25}{0.5+18.25} = 0.973$

② 질산수용액 360g을 부피로 환산하면,

비중 $= \dfrac{W}{V} = 1.1$ 에서, $V = \dfrac{360}{1.1} = 327.27mL$

몰농도(M)는 용액 1L(1,000mL)에 포함된 용질의 몰수이므로,

몰농도 $= \dfrac{\text{용질의 몰수}}{\text{용액의 부피(L)}} = \dfrac{\dfrac{g}{M_w}}{\dfrac{V}{1,000}} = \dfrac{\dfrac{31.5}{63}}{\dfrac{327.27}{1,000}} = 1.53M$

여기서, g : 용질의 g수

M_w : 분자량

V : 용액의 부피(mL)

해답

① 질산의 몰분율 : 0.0267, 물의 몰분율 : 0.973

② 1.53M

04 다음은 옥외저장소의 위치·구조 및 설비의 기준에 대한 설명이다. 괄호 안에 들어갈 적절한 내용을 순서대로 적으시오.
① (   ) 또는 (   )을 저장하는 옥외저장소에는 불연성 또는 난연성의 천막 등을 설치하여 햇빛을 가릴 것
② 경계표시에는 황이 넘치거나 비산하는 것을 방지하기 위한 천막 등을 고정하는 장치를 설치하되, 천막 등을 고정하는 장치는 경계표시의 길이 (   )마다 한 개 이상 설치할 것
③ 황을 저장 또는 취급하는 장소의 주위에는 (   )와 (   )를 설치할 것

해설

옥외저장소 중 덩어리상태의 황만을 지반면에 설치한 경계표시의 안쪽에서 저장 또는 취급하는 것에 대한 기준
㉠ 하나의 경계표시의 내부의 면적은 100m² 이하일 것
㉡ 2 이상의 경계표시를 설치하는 경우에 있어서는 각각의 경계표시 내부의 면적을 합산한 면적은 1,000m² 이하로 하고, 인접하는 경계표시와 경계표시와의 간격은 공지의 너비의 2분의 1 이상으로 할 것. 다만, 저장 또는 취급하는 위험물의 최대수량이 지정수량의 200배 이상인 경우에는 10m 이상으로 하여야 한다.
㉢ 경계표시는 불연재료로 만드는 동시에 황이 새지 아니하는 구조로 할 것
㉣ 경계표시의 높이는 1.5m 이하로 할 것
㉤ 경계표시에는 황이 넘치거나 비산하는 것을 방지하기 위한 천막 등을 고정하는 장치를 설치하되, 천막 등을 고정하는 장치는 경계표시의 길이 2m마다 한 개 이상 설치할 것
㉥ 황을 저장 또는 취급하는 장소의 주위에는 배수구와 분리장치를 설치할 것

해답

① 과산화수소, 과염소산
② 2m
③ 배수구, 분리장치

05 ANFO 폭약의 원료로 사용하는 물질에 대해, 다음 물음에 답하시오.
① 제1류 위험물에 해당하는 물질의 단독 완전분해 폭발반응식을 쓰시오.
② 제4류 위험물에 해당하는 물질의 지정수량과 위험등급을 쓰시오.

해설

① 질산암모늄은 강력한 산화제로 화약의 재료이며, 200℃에서 열분해되어 산화이질소와 물을 생성한다. 특히 ANFO 폭약은 NH_4NO_3와 경유를 94%와 6%로 혼합하여 기폭약으로 사용하며, 급격한 가열이나 충격을 주면 단독으로 폭발한다.
② 경유는 제4류 위험물 중 제2석유류에 해당하며, 비수용성이므로 지정수량은 1,000L이고, 위험등급은 Ⅲ등급이다.

해답

① $2NH_4NO_3 \rightarrow 4H_2O + 2N_2 + O_2$
② 1,000L, Ⅲ등급

06 50L의 휘발유(부피팽창계수 = 0.00135/℃)가 5℃에서 25℃로 온도가 상승했다고 한다. 이때 다음 물음에 답하시오.
① 최종 부피를 구하시오.
② 부피증가율을 구하시오.

해설

① $V = V_0(1 + \beta \cdot \Delta t)$

여기서, V : 최종 부피, V_0 : 팽창 전 부피, β : 체적팽창계수, Δt : 온도변화량

$V = 50L \times (1 + 0.00135/℃ \times (25 - 5)℃) = 51.35L$

② 부피증가율 $= \dfrac{51.35 - 50}{50} \times 100 = 2.7\%$

해답

① 51.35L
② 2.7%

07 제2류 위험물인 황화인 중 담황색 결정이며 분자량이 222, 비중이 2.09인 물질에 대해 다음 물음에 답하시오.
① 물과의 반응식을 쓰시오.
② 물과 접촉하여 생성되는 물질 중 유독성 가스의 연소반응식을 쓰시오.

해설

오황화인은 담황색 결정으로 분자량 222, 비중 2.09에 해당하며, 알코올이나 이황화탄소(CS_2)에 녹고, 물이나 알칼리와 반응하면 분해되어 황화수소(H_2S)와 인산(H_3PO_4)으로 된다.

해답

① $P_2S_5 + 8H_2O \rightarrow 5H_2S + 2H_3PO_4$
② $2H_2S + 3O_2 \rightarrow 2H_2O + 2SO_2$

08 제3류 위험물인 트라이에틸알루미늄에 대해 다음 물음에 답하시오.
① 물과의 반응식을 쓰시오.
② 물과의 반응식에서 발생된 가스의 위험도는 얼마인지 구하시오.

해설

① 트라이에틸알루미늄은 물과 접촉하면 폭발적으로 반응하여 에테인을 형성하고, 이때 발열 · 폭발에 이른다.

② 에테인의 연소범위는 3.0~12.4%이므로, 위험도(H) $= \dfrac{12.4 - 3.0}{3.0} = 3.13$

해답

① $(C_2H_5)_3Al + 3H_2O \rightarrow Al(OH)_3 + 3C_2H_6$
② 3.13

09 다음은 위험물안전관리법에서 정하는 소요단위의 계산방법이다. 괄호 안을 알맞게 채우시오.
① 제조소 또는 취급소용 건축물의 경우 내화구조 외벽을 갖춘 연면적 (   )m²를 1소요단위로 한다.
② 제조소 또는 취급소용 건축물의 경우 내화구조 외벽이 아닌 연면적 (   )m²를 1소요단위로 한다.
③ 저장소 건축물의 경우 내화구조 외벽을 갖춘 연면적 (   )m²를 1소요단위로 한다.
④ 저장소 건축물의 경우 내화구조 외벽이 아닌 연면적 (   )m²를 1소요단위로 한다.
⑤ 제조소 등의 옥외에 설치된 공작물은 외벽이 내화구조인 것으로 간주하고 공작물의 (   )면적을 연면적으로 간주하여 소요단위를 산정한다.

해설

소요단위 : 소화설비의 설치대상이 되는 건축물의 규모 또는 위험물 양에 대한 기준단위

1단위	제조소 또는 취급소용 건축물의 경우	내화구조 외벽을 갖춘 연면적 100m²
		내화구조 외벽이 아닌 연면적 50m²
	저장소 건축물의 경우	내화구조 외벽을 갖춘 연면적 150m²
		내화구조 외벽이 아닌 연면적 75m²
	위험물의 경우	지정수량의 10배

해답

① 100, ② 50, ③ 150, ④ 75, ⑤ 최대수평투영

10 다음 주어진 물질들의 화학연소반응식을 각각 쓰시오. (단, 연소반응이 없는 물질은 "없음"이라고 적으시오.)
① 과염소산암모늄
② 과염소산
③ 메틸에틸케톤
④ 트라이에틸알루미늄
⑤ 메탄올

해설

① 과염소산암모늄 : 제1류 위험물(산화성 고체)로 불연성 물질에 해당하므로, 연소반응이 없다.
② 과염소산 : 제6류 위험물(산화성 액체)로 불연성 물질에 해당하므로, 연소반응이 없다.
③ 메틸에틸케톤 : 제4류 위험물 중 제1석유류
④ 트라이에틸알루미늄 : 제3류 위험물 중 알킬알루미늄
⑤ 메탄올 : 제4류 위험물

해답

① 없음.
② 없음.
③ $2CH_3COC_2H_5 + 11O_2 \rightarrow 8CO_2 + 8H_2O$
④ $2(C_2H_5)_3Al + 21O_2 \rightarrow 12CO_2 + 15H_2O + Al_2O_3$
⑤ $2CH_3OH + 3O_2 \rightarrow 2CO_2 + 4H_2O$

11 제5류 위험물의 담황색 결정을 가진 폭발성 고체로, 보관 중 직사광선에 의해 다갈색으로 변색할 우려가 있는 물질로서, 벤젠의 수소원자 1개를 메틸기 1개로 치환한 물질에 대해 다음 물음에 답하시오.
① 구조식을 적으시오.
② 분해반응식을 적으시오.
③ 이 물질 1몰에 해당되는 질소 함유량(wt%)은 얼마인지 구하시오.

해설

트라이나이트로톨루엔[T.N.T, $C_6H_2CH_3(NO_2)_3$]

㉮ 일반적 성질
  ㉠ 순수한 것은 무색 또는 담황색 결정으로 직사광선에 의해 다갈색으로 변하며, 중성으로 금속과는 반응이 없고, 장기 저장해도 자연발화의 위험 없이 안정하다.
  ㉡ 물에는 불용이며, 에터, 아세톤 등에는 잘 녹고, 알코올에는 가열하면 약간 녹는다.
  ㉢ 몇 가지 이성질체가 있으며, 2,4,6-트라이나이트로톨루엔이 폭발력이 가장 강하다.
  ㉣ 비중 1.66, 융점 81℃, 비점 280℃, 분자량 227, 발화온도 약 300℃이다.
  ㉤ 제법 : 1몰의 톨루엔과 3몰의 질산을 황산 촉매하에 반응시키면 나이트로화에 의해 T.N.T가 만들어진다.

$$C_6H_5CH_3 + 3HNO_3 \xrightarrow[\text{나이트로화}]{c-H_2SO_4} T.N.T + 3H_2O$$

㉯ 위험성
  ㉠ 강력한 폭약으로 피크르산보다는 약하고 점화하면 연소하고, 급격한 타격을 주면 폭발하지만, 기폭약을 쓰지 않으면 폭발하지 않는다.
  ㉡ K, KOH, HCl, $Na_2Cr_2O_7$과 접촉 시 조건에 따라 발화하거나 충격·마찰에 민감하고 폭발 위험성이 있으며, 분해하면 다량의 기체가 발생하고 불완전연소 시 유독성의 질소산화물과 CO를 생성한다.
  ㉢ NH_4NO_3와 T.N.T를 3 : 1wt%로 혼합하면 폭발력이 현저히 증가하여 폭파약으로 사용된다.
  ㉣ 분자량은 227g/mol, 원자량은 C : 12, H : 1, N : 14, O : 16이다.
㉰ 트라이나이트로톨루엔[$C_6H_2CH_3(NO_2)_3$]의 질소 함유량

$$= \frac{\text{질소 함유량(g/mol)}}{\text{트라이나이트로톨루엔의 분자량(g/mol)}} \times 100$$
$$= \frac{42(\text{g/mol})}{227(\text{g/mol})} \times 100 = 18.5\,\text{wt}\%$$

해답

①

② $2C_6H_2CH_3(NO_2)_3 \longrightarrow 12CO + 2C + 3N_2 + 5H_2$

③ 18.5wt%

12 용량이 1,000만L인 옥외저장탱크의 주위에 설치하는 방유제에 해당 탱크마다 간막이둑을 설치하여야 할 때, 다음 사항에 대한 기준을 쓰시오. (단, 방유제 내에 설치되는 옥외저장탱크 용량의 합계가 2억L를 넘지 않는다.)
① 간막이둑의 높이
② 간막이둑의 재질
③ 간막이둑의 용량

해설

용량이 1,000만L 이상인 옥외저장탱크의 주위에 설치하는 방유제에는 다음 규정에 따라 해당 탱크마다 간막이둑을 설치하여야 한다.
① 간막이둑의 높이는 0.3m(방유제 내에 설치되는 옥외저장탱크 용량의 합계가 2억L를 넘는 방유제에 있어서는 1m) 이상으로 하되, 방유제의 높이보다 0.2m 이상 낮게 할 것
② 간막이둑은 흙 또는 철근콘크리트로 할 것
③ 간막이둑의 용량은 간막이둑 안에 설치된 탱크 용량의 10% 이상일 것

해답

① 0.3m 이상으로 하되, 방유제 높이보다 0.2m 이상 낮게 한다.
② 흙 또는 철근콘크리트로 한다.
③ 간막이둑 안에 설치된 탱크 용량의 10% 이상으로 한다.

13 인화점 −17℃, 분자량 27인 독성이 강한 제4류 위험물에 대하여 다음 물음에 답하시오.
① 물질명과 구조식을 적으시오.
② 위험등급을 적으시오.
③ 질소 등이 생성되는 연소반응식을 적으시오.

해설

사이안화수소(HCN, 청산)

분자량	액비중	증기비중	끓는점	인화점	발화점	연소범위
27	0.69	0.94	26℃	−17℃	540℃	6~41%

㉠ 제4류 위험물 제1석유류의 수용성 액체로서 위험등급은 Ⅱ등급이며, 지정수량은 400L에 해당한다.
㉡ 독특한 자극성의 냄새가 나는 무색 액체(상온)로, 물 · 알코올에 잘 녹으며, 수용액은 약산성이다.
㉢ 맹독성 물질이며, 휘발성이 높아 인화 위험도 매우 높다. 증기는 공기보다 약간 가벼우며, 연소하면 푸른 불꽃을 내면서 탄다.

해답

① 사이안화수소, $H-C≡N$
② Ⅱ등급
③ $4HCN + 5O_2 \rightarrow 2N_2 + 4CO_2 + 2H_2O$

14 제1~5류 위험물에 대하여 위험등급Ⅰ에 해당하는 품명을 각 유별로 모두 적으시오. (단, 없는 경우 "없음"이라고 적으시오.)
① 제1류
② 제2류
③ 제3류
④ 제4류

해설

위험물의 위험등급
㉮ 위험등급Ⅰ의 위험물
  ㉠ 제1류 위험물 중 아염소산염류, 염소산염류, 과염소산염류, 무기과산화물, 그 밖에 지정수량이 50kg인 위험물
  ㉡ 제3류 위험물 중 칼륨, 나트륨, 알킬알루미늄, 알킬리튬, 황린, 그 밖에 지정수량이 10kg인 위험물
  ㉢ 제4류 위험물 중 특수인화물
  ㉣ 제5류 위험물 중 유기과산화물, 질산에스터류, 그 밖에 지정수량이 10kg인 위험물
  ㉤ 제6류 위험물
㉯ 위험등급Ⅱ의 위험물
  ㉠ 제1류 위험물 중 브로민산염류, 질산염류, 아이오딘산염류, 그 밖에 지정수량이 300kg인 위험물
  ㉡ 제2류 위험물 중 황화인, 적린, 황, 그 밖에 지정수량이 100kg인 위험물
  ㉢ 제3류 위험물 중 알칼리금속(칼륨 및 나트륨을 제외) 및 알칼리토금속, 유기금속화합물(알킬알루미늄 및 알킬리튬을 제외), 그 밖에 지정수량이 50kg인 위험물
  ㉣ 제4류 위험물 중 제1석유류 및 알코올류
  ㉤ 제5류 위험물 중 ㉮의 ㉣에 정하는 위험물 외의 것
㉰ 위험등급Ⅲ의 위험물
  ㉮ 및 ㉯에 정하지 아니한 위험물

해답

① 아염소산염류, 염소산염류, 과염소산염류, 무기과산화물, 차아염소산염류
② 없음.
③ 칼륨, 나트륨, 알킬알루미늄, 알킬리튬, 황린
④ 특수인화물

15 다음은 동소체로서 황린과 적린에 대해 비교한 도표이다. 빈칸을 알맞게 채우시오.

구분	색상	독성	연소생성물	CS₂에 대한 용해도	위험등급
황린					
적린					

해답

구분	색상	독성	연소생성물	CS₂에 대한 용해도	위험등급
황린	백색 또는 담황색	있음	P_2O_5	용해함	I
적린	암적색	없음	P_2O_5	용해하지 않음	II

16 다음은 위험물안전관리법에 따른 이송취급소에 대한 기준이다. 물음에 알맞게 답하시오.
① 다음 각 장소에 설치해야 하는 경보설비를 모두 적으시오.
　㉠ 이송기지
　㉡ 가연성 증기를 발생하는 위험물을 취급하는 펌프실
② 다음 괄호에 들어갈 적절한 내용을 쓰시오.
　• 제거조치로써 배관에는 서로 인접하는 2개의 긴급차단밸브 사이의 구간마다 해당 배관의 위험물을 안전하게 (㉠) 또는 (㉡)로 치환할 수 있는 조치를 하여야 한다.
　• 배관의 경로에는 안전상 필요한 장소와 25km의 거리마다 (㉢) 및 (㉣)를 설치하여야 한다.
③ 다음 괄호 안에 공통적으로 들어가는 단어를 쓰시오.
　• ( )장치는 배관의 강도와 동등 이상의 강도를 가질 것
　• ( )장치는 해당 장치의 내부 압력을 안전하게 방출할 수 있고 내부 압력을 방출한 후가 아니면 피그를 삽입하거나 배출할 수 없는 구조로 할 것
　• ( )장치는 배관 내에 이상응력이 발생하지 아니하도록 설치할 것
　• ( )장치를 설치한 장소의 바닥은 위험물이 침투하지 아니하는 구조로 하고 누설한 위험물이 외부로 유출되지 아니하도록 배수구 및 집유설비를 설치할 것
　• ( )장치의 주변에는 너비 3m 이상의 공지를 보유할 것. 다만, 펌프실 내에 설치하는 경우에는 그러하지 아니하다.

해설

이송취급소에는 다음의 기준에 의하여 경보설비를 설치하여야 한다.
㉠ 이송기지에는 비상벨장치 및 확성장치를 설치할 것
㉡ 가연성 증기를 발생하는 위험물을 취급하는 펌프실 등에는 가연성 증기 경보설비를 설치할 것

해답

① ㉠ 비상벨장치 및 확성장치
　㉡ 가연성 증기 경보설비
② ㉠ 물, ㉡ 불연성 기체
　㉢ 지진감지장치, ㉣ 강진계
③ 피그

17 다음은 위험물안전관리법상 옥외탱크저장소의 물분무소화설비에 대한 기준이다. 괄호 안에 들어갈 적절한 내용을 순서대로 적으시오.

① 옥외저장탱크에 물분무설비로 방호조치를 하는 경우에는 탱크의 표면에 방사하는 물의 양은 탱크 원주 길이 1m에 대하여 분당 (　)L 이상으로 하며, 수원의 양은 규정에 의한 수량으로 (　)분 이상 방사할 수 있는 수량으로 할 것

② 물분무소화설비의 방사구역은 (　)m^2 이상(방호대상물의 표면적이 (　)m^2 미만인 경우에는 해당 표면적)으로 할 것

③ 수원의 수량은 분무헤드가 가장 많이 설치된 방사구역의 모든 분무헤드를 동시에 사용할 경우에 해당 방사구역의 표면적 1m^2당 1분당 (　)L의 비율로 계산한 양으로 (　)분간 방사할 수 있는 양 이상이 되도록 설치할 것

해답

① 37, 20
② 150, 150
③ 20, 30

18 위험물제조소 등에 대한 행정처분사항 중 위험물 안전관리자를 선임하지 아니한 때의 1차 · 2차 · 3차 행정처분기준을 각각 쓰시오.

① 1차
② 2차
③ 3차

해설

제조소 등에 대한 행정처분기준

위반사항	행정처분기준		
	1차	2차	3차
제조소 등의 위치 · 구조 또는 설비를 변경한 때	경고 또는 사용정지 15일	사용정지 60일	허가취소
완공검사를 받지 아니하고 제조소 등을 사용한 때	사용정지 15일	사용정지 60일	허가취소
수리 · 개조 또는 이전의 명령에 위반한 때	사용정지 30일	사용정지 90일	허가취소
위험물 안전관리자를 선임하지 아니한 때	사용정지 15일	사용정지 60일	허가취소
대리자를 지정하지 아니한 때	사용정지 10일	사용정지 30일	허가취소
정기점검을 하지 아니한 때	사용정지 10일	사용정지 30일	허가취소
정기검사를 받지 아니한 때	사용정지 10일	사용정지 30일	허가취소
저장 · 취급 기준 준수명령을 위반한 때	사용정지 30일	사용정지 60일	허가취소

해답

① 사용정지 15일
② 사용정지 60일
③ 허가취소

19 아래 그림은 지하탱크저장소이다. 위험물안전관리법령에서 정하는 지하탱크저장소의 기준에 대해 다음 물음에 알맞은 답을 쓰시오.

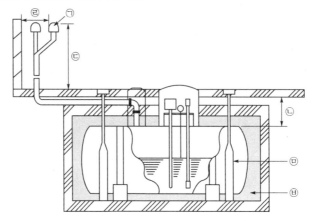

① ㉠의 명칭을 쓰시오.
② ㉡의 높이는 몇 m 이상을 의미하는지 쓰시오.
③ ㉢의 높이는 몇 m 이상을 의미하는지 쓰시오.
④ ㉣의 거리는 몇 m 이상을 의미하는지 쓰시오.
⑤ ㉤에 해당하는 설비의 명칭을 쓰고, 몇 개 이상을 설치해야 하는지 적으시오.
⑥ ㉥의 시공방법을 적으시오.
⑦ 강제 단일벽탱크와 이중벽탱크 중 이중벽탱크의 종류 2가지를 적으시오.
⑧ 압력탱크 외의 탱크에 수압시험을 할 경우 압력과 시간, 확인하여야 할 사항 등에 관한 기준을 적으시오.
⑨ 수압시험을 대신할 수 있는 경우를 적으시오.
⑩ 과충전 방지장치의 설치기준 2가지를 적으시오.

해설

①~④ 지하탱크저장소의 구조
  ㉮ 지하저장탱크의 윗부분은 지면으로부터 0.6m 이상 아래에 있어야 한다.
  ㉯ 지하저장탱크를 2 이상 인접해 설치하는 경우에는 그 상호 간에 1m(해당 2 이상의 지하저장탱크 용량의 합계가 지정수량의 100배 이하인 때에는 0.5m) 이상의 간격을 유지하여야 한다. 다만, 그 사이에 탱크 전용실의 벽이나 두께가 20cm 이상인 콘크리트 구조물이 있는 경우에는 그러하지 아니하다.
  ㉰ 액체 위험물의 지하저장탱크에는 위험물의 양을 자동적으로 표시하는 장치 및 계량구를 설치하고, 계량구 직하에 있는 탱크의 밑판에 그 손상을 방지하기 위한 조치를 하여야 한다.
⑤ 액체 위험물의 누설을 검사하기 위한 관을 기준에 따라 4개소 이상 적당한 위치에 설치하여야 한다.
⑥ 탱크 전용실은 해당 탱크의 주위에 마른 모래 또는 습기 등에 의하여 응고되지 아니하는 입자지름 5mm 이하의 마른 자갈분을 채워야 한다.
⑨ 수압시험은 소방청장이 정하여 고시하는 기밀시험과 비파괴시험을 동시에 실시하는 방법으로 대신할 수 있다.

해답

① 통기관

② 0.6m 이상

③ 4m 이상

④ 1.5m 이상

⑤ 누유검사관, 4개 이상

⑥ 마른 모래 또는 습기 등에 의하여 응고되지 아니하는 입자 지름 5mm 이하의 마른 자갈분을 채워야 한다.

⑦ 강화플라스틱제 이중벽탱크, 강제 이중벽탱크

⑧ 70kPa의 압력으로 10분간 수압시험을 실시하여 새거나 변형되지 아니하여야 한다.

⑨ 기밀시험과 비파괴시험을 동시에 실시하는 경우

⑩ • 탱크 용량을 초과하는 위험물이 주입될 때 자동으로 그 주입구를 폐쇄하거나 위험물의 공급을 자동으로 차단하는 방법
   • 탱크 용량의 90%가 찰 때 경보음을 울리는 방법

제75회
(2024년 3월 16일 시행)

위험물기능장 실기

01 다음 물음에 답하시오.
① 제1종, 제2종, 제3종 분말소화약제의 주성분에 대한 화학식을 각각 적으시오.
② 분자량이 84인 소화약제로 주방화재에 사용할 경우 가장 효과가 있는 소화약제는 몇 종인지 적으시오.
③ 제3종 분말소화약제가 열분해에 의해 가연물의 표면에 유리상의 피막을 형성하는 물질이 무엇인지 적으시오.

해설

① 분말소화약제의 종류

종류	주성분	화학식	착색	적응화재
제1종	탄산수소나트륨(중탄산나트륨)	$NaHCO_3$	–	B · C급 화재
제2종	탄산수소칼륨(중탄산칼륨)	$KHCO_3$	담회색	B · C급 화재
제3종	제1인산암모늄	$NH_4H_2PO_4$	담홍색 또는 황색	A · B · C급 화재
제4종	탄산수소칼륨+요소	$KHCO_3+CO(NH_2)_2$	–	B · C급 화재

② 제1종 분말소화약제 소화효과
CO_2에 의한 질식, H_2O에 의한 냉각, Na 이온에 의한 부촉매 소화효과 외에, 일반요리용 기름화재 시 기름과 중탄산나트륨이 반응하면 금속비누가 만들어지고 거품을 생성하여 기름의 표면을 덮어 질식소화효과 및 재발화 억제 · 방지 효과를 나타내는 비누화현상이 나타난다.

③ 제3종 분말소화약제 소화효과
  ㉠ 열분해 시 흡열반응에 의한 냉각효과
  ㉡ 열분해 시 발생되는 불연성 가스(NH_3, H_2O 등)에 의한 질식효과
  ㉢ 반응과정에서 생성된 메타인산(HPO_3)의 방진효과
  ㉣ 열분해 시 유리된 $NH_4{}^+$와 분말 표면의 흡착에 의한 부촉매효과

해답

① 제1종 분말소화약제 : $NaHCO_3$
   제2종 분말소화약제 : $KHCO_3$
   제3종 분말소화약제 : $NH_4H_2PO_4$
② 제1종 분말소화약제
③ 메타인산

02 500g의 나이트로글리세린($MW=227$g/mol)이 완전연소할 때 온도 1,000℃, 부피 320mL 용기에서 폭발하는 경우 압력은 얼마인지 구하시오. (단, 생성되는 기체는 이상기체로 가정한다.)

해설

$4C_3H_5(ONO_2)_3 \rightarrow 12CO_2+10H_2O+6N_2+O_2$

위 반응식에서 나이트로글리세린이 완전분해하는 경우 용기에서 생성되는 기체는 $12mol CO_2+10H_2O+6N_2+1O_2$로서 29mol에 해당한다.

따라서, $\dfrac{500g-C_3H_5(ONO_2)_3}{} \left|\dfrac{1mol-C_3H_5(ONO_2)_3}{227g-C_3H_5(ONO_2)_3}\right| \dfrac{29mol-gas}{4mol-C_3H_5(ONO_2)_3}=15.97mol-gas$

$PV=nRT$

$\therefore P=\dfrac{nRT}{V}=\dfrac{15.97\text{mol}\times 0.082\text{L}\cdot\text{atm/K}\cdot\text{mol}\times(1,000+273.15)\text{K}}{0.32\text{L}}=5210.13\text{atm}$

해답

5210.13atm

03 다음은 지정과산화물을 10배 초과 20배 이하로 저장하는 옥내저장창고의 안전거리에 관한 기준이다. ①~③의 건축물 주위에 담 또는 토제를 설치한 경우 확보해야 할 안전거리와 담 또는 토제를 설치하지 않은 경우 확보해야 할 안전거리를 각각 적으시오.

구분	담 또는 토제를 설치한 경우	담 또는 토제를 설치하지 않은 경우
① 주거용 건축물		
② 병원		
③ 문화재		

해설

지정과산화물의 옥내저장창고 안전거리 기준

저장 또는 취급하는 위험물의 최대수량	주거용 건축물		학교, 병원, 극장		문화재	
	담 또는 토제를 설치한 경우	왼쪽 칸에 정하는 경우 외의 경우	담 또는 토제를 설치한 경우	왼쪽 칸에 정하는 경우 외의 경우	담 또는 토제를 설치한 경우	왼쪽 칸에 정하는 경우 외의 경우
10배 이하	20m 이상	40m 이상	30m 이상	50m 이상	50m 이상	60m 이상
10배 초과 20배 이하	22m 이상	45m 이상	33m 이상	55m 이상	54m 이상	65m 이상

해답

구분	담 또는 토제를 설치한 경우	담 또는 토제를 설치하지 않은 경우
① 주거용 건축물	22m 이상	45m 이상
② 병원	33m 이상	55m 이상
③ 문화재	54m 이상	65m 이상

04 [보기]에 주어진 위험물을 인화점이 낮은 것부터 순서대로 나열하시오.

[보기] 다이에틸에터, 벤젠, 톨루엔, 에탄올, 아세톤, 산화프로필렌

해설

품목	다이에틸에터	벤젠	톨루엔	에탄올	아세톤	산화프로필렌
품명	특수인화물	제1석유류	제1석유류	알코올류	제1석유류	특수인화물
인화점	−40℃	−11℃	4℃	13℃	−18.5℃	−37℃

해답

다이에틸에터 − 산화프로필렌 − 아세톤 − 벤젠 − 톨루엔 − 에탄올

05 다음 [보기]에 주어진 위험물의 위험등급을 분류하시오.

[보기] 칼륨, 나이트로셀룰로스, 염소산칼륨, 황, 리튬, 질산칼륨, 아세톤, 에탄올, 클로로벤젠, 아세트산

해설

㉮ 위험등급 Ⅰ의 위험물
  ㉠ 제1류 위험물 중 아염소산염류, 염소산염류, 과염소산염류, 무기과산화물, 그 밖에 지정수량이 50kg인 위험물
  ㉡ 제3류 위험물 중 칼륨, 나트륨, 알킬알루미늄, 알킬리튬, 황린, 그 밖에 지정수량이 10kg인 위험물
  ㉢ 제4류 위험물 중 특수인화물
  ㉣ 제5류 위험물 중 유기과산화물, 질산에스터류, 그 밖에 지정수량이 10kg인 위험물
  ㉤ 제6류 위험물
㉯ 위험등급 Ⅱ의 위험물
  ㉠ 제1류 위험물 중 브로민산염류, 질산염류, 아이오딘산염류, 그 밖에 지정수량이 300kg인 위험물
  ㉡ 제2류 위험물 중 황화인, 적린, 황, 그 밖에 지정수량이 100kg인 위험물
  ㉢ 제3류 위험물 중 알칼리금속(칼륨 및 나트륨을 제외한다) 및 알칼리토금속, 유기금속화합물(알킬알루미늄 및 알킬리튬을 제외한다), 그 밖에 지정수량이 50kg인 위험물
  ㉣ 제4류 위험물 중 제1석유류 및 알코올류
  ㉤ 제5류 위험물 중 ㉮의 ㉣에 정하는 위험물 외의 것
㉰ 위험등급 Ⅲ의 위험물
  ㉮ 및 ㉯에 정하지 아니한 위험물

해답

① 위험등급 Ⅰ : 칼륨, 염소산칼륨, 나이트로셀룰로스
② 위험등급 Ⅱ : 황, 질산칼륨, 아세톤, 에탄올, 리튬
③ 위험등급 Ⅲ : 클로로벤젠, 아세트산

06 다음 불활성 기체 소화약제에 대한 구성 성분을 각각 쓰시오.
① 불연성·불활성 기체 혼합가스(IG-100)
② 불연성·불활성 기체 혼합가스(IG-541)
③ 불연성·불활성 기체 혼합가스(IG-55)

[해설]

소화설비에 적용되는 불활성 기체 소화약제는 다음 표에서 정하는 것에 한한다.

소화약제	구성원소와 비율
불연성·불활성 기체 혼합가스(IG-01)	Ar : 100%
불연성·불활성 기체 혼합가스(IG-100)	N_2 : 100%
불연성·불활성 기체 혼합가스(IG-541)	N_2 : 52%, Ar : 40%, CO_2 : 8%
불연성·불활성 기체 혼합가스(IG-55)	N_2 : 50%, Ar : 50%

[해답]

① N_2
② N_2, Ar, CO_2
③ N_2, Ar

07 직경 6m, 높이 5m의 원통형 탱크에 글리세린을 90% 저장한다고 했을 때, 이 탱크에 저장 가능한 글리세린은 지정수량의 몇 배까지 가능한지 구하시오.

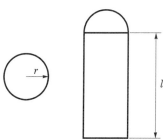

[해설]

$V = \pi r^2 l = \pi \times 3^2 \times 5 = 141.3 m^3 ≒ 141,300L$
내용적의 90%를 저장한다고 했으므로,
$141,300L \times 0.9 = 127,170L$
글리세린은 제4류 위험물 중 제3석유류 수용성에 해당하므로, 지정수량은 4,000L이다.
따라서, $\frac{127,170}{4,000} = 31.79$

[해답]

31.79배

08 다음은 위험물안전관리법에서 정하는 위험물의 정의에 대한 내용이다. 괄호 안을 알맞게 채우시오.

- "알코올류"라 함은 1분자를 구성하는 탄소원자의 수가 1개부터 3개까지인 포화 1가 알코올(변성 알코올을 포함한다)을 말한다. 다만, 다음 각 목의 1에 해당하는 것은 제외한다.
    가. 1분자를 구성하는 탄소원자의 수가 1개 내지 3개의 포화 1가 알코올의 함유량이 (①)중량퍼센트 미만인 수용액
    나. 가연성 액체량이 (②)중량퍼센트 미만이고 인화점 및 연소점(태그개방식 인화점 측정기에 의한 연소점을 말한다)이 에틸알코올 (③)중량퍼센트 수용액의 인화점 및 연소점을 초과하는 것
- "금속분"이라 함은 알칼리금속·알칼리토류금속·철 및 마그네슘 외의 금속의 분말을 말하고, 구리분·니켈분 및 150마이크로미터의 체를 통과하는 것이 (④)중량퍼센트 미만인 것은 제외한다.
- "철분"이라 함은 철의 분말로서 53마이크로미터의 표준체를 통과하는 것이 (⑤)중량퍼센트 미만인 것은 제외한다.

해답

① 60, ② 60, ③ 60, ④ 50, ⑤ 50

09 당밀, 고구마, 감자 등을 원료로 하는 발효방법 또는 인산을 촉매로 하여 에틸렌으로부터 제조하기도 하는 물질에 대해 다음 물음에 답하시오.
① 화학식
② 가장 우수한 소화약제
③ 상기 약제가 우수한 이유

해설

에틸알코올의 일반적 성질

㉠ 당밀, 고구마, 감자 등을 원료로 하는 발효방법으로 제조한다.
㉡ 무색투명하며 인화가 쉽고 공기 중에서 쉽게 산화한다. 또한 완전연소를 하므로 불꽃이 잘 보이지 않으며 그을음이 거의 없다.
$C_2H_5OH + 3O_2 \rightarrow 2CO_2 + 3H_2O$
㉢ 물에는 잘 녹고, 유기용매 등에는 농도에 따라 녹는 정도가 다르며, 수지 등을 잘 용해시킨다.
㉣ 산화되면 아세트알데하이드(CH_3CHO)가 되며, 최종적으로 초산(CH_3COOH)이 된다.
㉤ 에틸렌을 물과 합성하여 제조한다.

$$C_2H_4 + H_2O \xrightarrow[\text{300℃, 70kg/cm}^2]{\text{인산}} C_2H_5OH$$

㉥ 분자량 46, 비중 0.789(증기비중 1.6), 비점 78℃이고, 인화점은 13℃, 발화점은 363℃로 낮으며, 연소범위가 4.3~19%로 넓어서 용기 내 인화 위험이 있고 용기를 파열할 수도 있다.

해답

① C_2H_5OH
② 알코올형 포소화약제
③ 파포되지 않기 때문

10 다음 주어진 위험물에 대하여 공기 중 연소반응식과 물과의 반응식을 각각 적으시오. (단, 해당 없으면 "없음"이라 적으시오.)
① 트라이에틸알루미늄
② 금속나트륨
③ 하이드라진

해답

① 트라이에틸알루미늄
  - 공기 중 연소반응식 : $2(C_2H_5)_3Al + 21O_2 \rightarrow 12CO_2 + Al_2O_3 + 15H_2O$
  - 물과의 반응식 : $(C_2H_5)_3Al + 3H_2O \rightarrow Al(OH)_3 + 3C_2H_6$
② 금속나트륨
  - 공기 중 연소반응식 : $4Na + O_2 \rightarrow 2Na_2O$
  - 물과의 반응식 : $2Na + 2H_2O \rightarrow 2NaOH + H_2$
③ 하이드라진
  - 공기 중 연소반응식 : $N_2H_4 + O_2 \rightarrow N_2 + 2H_2O$
  - 물과의 반응식 : 없음.

11 무색 또는 오렌지색의 분말로, 분자량 110이며 제1류 위험물 중 무기과산화물류에 속하는 물질에 대해 다음 물질과의 반응식을 쓰시오.
① 물
② 이산화탄소
③ 황산

해설

K_2O_2(과산화칼륨)의 일반적 성질
㉠ 분자량은 110, 비중은 20℃에서 2.9, 융점은 490℃이다.
㉡ 순수한 것은 백색이나 보통은 오렌지색의 분말 또는 과립상으로, 흡습성·조해성이 강하다.
㉢ 가열하면 열분해되어 산화칼륨(K_2O)과 산소(O_2)가 발생한다.
  $2K_2O_2 \rightarrow 2K_2O + O_2$
㉣ 흡습성이 있으므로 물과 접촉하면 발열하며 수산화칼륨(KOH)과 산소(O_2)가 발생한다.
  $2K_2O_2 + 2H_2O \rightarrow 4KOH + O_2$
㉤ 공기 중의 탄산가스를 흡수하여 탄산염을 생성한다.
  $2K_2O_2 + 2CO_2 \rightarrow 2K_2CO_3 + O_2$
㉥ 에틸알코올에는 용해되며, 묽은산과 반응하여 과산화수소(H_2O_2)를 생성한다.
  $K_2O_2 + 2CH_3COOH \rightarrow 2CH_3COOK + H_2O_2$
㉦ 황산과 반응하여 황산칼륨과 과산화수소를 생성한다.
  $K_2O_2 + H_2SO_4 \rightarrow K_2SO_4 + H_2O_2$

해답

① $2K_2O_2 + 2H_2O \rightarrow 4KOH + O_2$
② $2K_2O_2 + 2CO_2 \rightarrow 2K_2CO_3 + O_2$
③ $K_2O_2 + H_2SO_4 \rightarrow K_2SO_4 + H_2O_2$

12 위험물안전관리법에 따른 옥내탱크저장소에 대한 다음 질문에 답하시오.
① 옥내저장탱크와 탱크 전용실의 벽과의 사이 및 옥내저장탱크의 상호간에는 몇 m 이상의 간격을 유지해야 하는가?
② 탱크 전용실의 벽, 기둥, 바닥을 불연재료로 할 수 있는 경우를 적으시오.
③ 탱크 전용실의 경우 천장 설치 가능 여부를 적으시오.
④ 탱크 전용실의 창에 유리 설치 가능 여부를 적으시오.

해설

① 옥내저장탱크와 탱크 전용실의 벽과의 사이 및 옥내저장탱크의 상호간에는 0.5m 이상의 간격을 유지할 것. 다만, 탱크의 점검 및 보수에 지장이 없는 경우에는 그러하지 아니하다.
② 탱크 전용실은 벽·기둥 및 바닥을 내화구조로 하고, 보를 불연재료로 하며, 연소의 우려가 있는 외벽은 출입구 외에는 개구부가 없도록 할 것. 다만, 인화점이 70℃ 이상인 제4류 위험물만의 옥내저장탱크를 설치하는 탱크 전용실에 있어서는 연소의 우려가 없는 외벽·기둥 및 바닥을 불연재료로 할 수 있다.
③ 탱크 전용실은 지붕을 불연재료로 하고, 천장을 설치하지 아니할 것
④ 탱크 전용실의 창 또는 출입구에 유리를 이용하는 경우에는 망입유리로 할 것

해답

① 0.5m
② 인화점이 70℃ 이상인 제4류 위험물만의 옥내저장탱크를 설치하는 경우
③ 불가능
④ 가능

13 위험물안전관리법상 휘발유를 저장하는 옥외탱크저장소에 대해 다음 물음에 답하시오.
① 방유제의 높이를 적으시오.
② 펌프실 외의 장소에 설치하는 턱의 높이는 몇 m 이상으로 해야 하는가?
③ 집유설비에 유분리장치를 설치해야 하는 위험물은 몇 류 위험물인지 적으시오. (단, 해당 위험물의 조건이 있다면 조건을 포함하여 작성하시오.)

해설

① 방유제의 경우 높이 0.5m 이상 3.0m 이하, 면적 80,000m² 이하, 두께 0.2m 이상, 지하매설깊이 1m 이상으로 할 것. 다만, 방유제와 옥외저장탱크 사이의 지반면 아래에 불침윤성 구조물을 설치하는 경우에는 지하매설깊이를 해당 불침윤성 구조물까지로 할 수 있다.
②,③ 펌프실 외의 장소에 설치하는 펌프설비에는 그 직하의 지반면의 주위에 높이 0.15m 이상의 턱을 만들고 해당 지반면은 콘크리트 등 위험물이 스며들지 아니하는 재료로 적당히 경사지게 하여 그 최저부에는 집유설비를 할 것. 이 경우 제4류 위험물(온도 20℃의 물 100g에 용해되는 양이 1g 미만인 것에 한한다)을 취급하는 펌프설비에 있어서는 해당 위험물이 직접 배수구에 유입하지 아니하도록 집유설비에 유분리장치를 설치하여야 한다.

해답

① 0.5m 이상 3m 이하
② 0.15m
③ 제4류 위험물(온도 20℃의 물 100g에 용해되는 양이 1g 미만인 것에 한한다)

14 다음 빈칸을 알맞게 채우시오.

명칭(물질명)	화학식	품명
(①)	$(CH_3)_2CHOH$	(②)
에틸렌글리콜	(③)	(④)
(⑤)	$C_3H_5(OH)_3$	(⑥)

해답

① 아이소프로필알코올
② 알코올류
③ $C_2H_4(OH)_2$
④ 제3석유류
⑤ 글리세린
⑥ 제3석유류

15 다음은 위험물안전관리법령상 기계에 의하여 하역하는 구조로 된 운반용기의 수납기준이다. 다음 빈칸을 알맞게 채우시오.

- 금속제의 운반용기, 경질 플라스틱제의 운반용기 또는 플라스틱 내용기 부착의 운반용기에 있어서는 다음에 정하는 시험 및 점검에서 누설 등 이상이 없을 것
  - (①)년 6개월 이내에 실시한 기밀시험(액체의 위험물 또는 10kPa 이상의 압력을 가하여 수납 또는 배출하는 고체의 위험물을 수납하는 운반용기에 한한다)
  - (①)년 6개월 이내에 실시한 운반용기의 외부의 점검·부속 설비의 기능 점검 및 5년 이내의 사이에 실시한 운반용기의 내부의 점검
- 액체 위험물을 수납하는 경우에는 55℃의 온도에서의 증기압이 (②)kPa 이하가 되도록 수납할 것
- 경질 플라스틱제의 운반용기 또는 플라스틱 내용기 부착의 운반용기에 액체 위험물을 수납하는 경우에는 해당 운반용기는 제조된 때로부터 (③)년 이내의 것으로 할 것
- 휘발유, 벤젠, 그 밖의 (④)에 의한 재해가 발생할 우려가 있는 액체의 위험물을 운반용기에 수납 또는 배출할 때에는 해당 재해의 발생을 방지하기 위한 조치를 강구할 것
- 복수의 폐쇄장치가 연속하여 설치되어 있는 운반용기에 위험물을 수납하는 경우에는 (⑤)에 가까운 폐쇄장치를 먼저 폐쇄할 것

해답

① 2
② 130
③ 5
④ 정전기
⑤ 용기 본체

16 다음은 위험물안전관리에 관한 세부기준에 따른 고정식 포소화설비의 포방출구에 대한 기준이다. 물음에 알맞게 답하시오.

- 부상덮개 부착 고정지붕구조
- 직경 46m
- 제2류 위험물(비수용성)

① 포방출구 종류는 몇 형인지 적으시오.
② 포방출구의 개수는 몇 개인지 적으시오.

해설

① 위험물안전관리에 관한 세부기준 제133조(포소화설비의 기준)
   Ⅱ형 : 고정지붕구조 또는 부상덮개 부착 고정지붕구조(옥외저장탱크의 액상에 금속제의 플로팅, 팬 등의 덮개를 부착한 고정지붕구조의 것을 말한다)의 탱크에 상부포주입법을 이용하는 것으로서 방출된 포가 탱크 옆판의 내면을 따라 흘러내려가면서 액면 아래로 몰입되거나 액면을 뒤섞지 않고 액면상을 덮을 수 있는 반사판 및 탱크 내의 위험물 증기가 외부로 역류되는 것을 저지할 수 있는 구조·기구를 갖는 포방출구

② 탱크 직경 46m 이상 53m 미만의 경우 부상덮개 부착 고정지붕구조의 경우 포방출구는 8개

해답

① Ⅱ형, ② 8개

17 다음 각 물음에 답하시오.
① 탄화칼슘 100kg이 물과 반응할 경우 생성되는 가스의 부피(m^3)를 구하시오. (단, 1기압, 100℃ 기준이다.)
② 위에서 생성되는 가스의 위험도를 구하시오. (단, 생성되는 가연성 기체의 폭발상한계는 81%이다.)

해설

① 탄화칼슘은 물과 강하게 반응하여 수산화칼슘과 아세틸렌을 만들며, 공기 중 수분과 반응하여도 아세틸렌이 발생한다.

$CaC_2 + 2H_2O \rightarrow Ca(OH)_2 + C_2H_2$

$$\frac{100kg-CaC_2}{} \left| \frac{1kmol-CaC_2}{64kg-CaC_2} \right| \frac{1kmol-C_2H_2}{1kmol-CaC_2} \left| \frac{22.4m^3-C_2H_2}{1kmol-C_2H_2} \right| = 35m^3-C_2H_2$$

샤를의 법칙에서, $\dfrac{V_1}{T_1} = \dfrac{V_2}{T_2}$

$$\therefore V_2 = \frac{T_2 V_1}{T_1} = \frac{(100+273.15)K \times 35}{(0+273.15)K} = 47.81 m^3$$

② C_2H_2의 폭발범위 : 2.5~81%

$$위험도(H) = \frac{U-L}{L} = \frac{81-2.5}{2.5} = 31.4$$

해답

① 47.81m^3, ② 31.4

18 다음은 위험물안전관리법에 따른 제조소의 배출설비기준에 관한 설명이다. 물음에 알맞게 답하시오.
① 위험물제조소의 경우 가연성의 증기 또는 미분이 체류할 우려가 있는 건축물에는 그 증기 또는 미분을 옥외의 높은 곳으로 배출할 수 있도록 배출설비를 국소방식으로 해야 한다. 이때, 전역방식으로 할 수 있는 경우 2가지를 적으시오.
② 가로 100m, 세로 50m, 높이 10m일 때, 다음 배출량을 각각 구하시오.
  ㉠ 국소방출방식
  ㉡ 전역방출방식
③ 다음 괄호에 들어갈 적절한 내용을 쓰시오.
  배풍기는 강제배기방식으로 하고, 옥내 덕트의 내압이 (   ) 이상이 되지 아니하는 위치에 설치하여야 한다.

해설

① 위험물제조소의 배출설비기준
  가연성의 증기 또는 미분이 체류할 우려가 있는 건축물에는 그 증기 또는 미분을 옥외의 높은 곳으로 배출할 수 있도록 다음의 기준에 의하여 배출설비를 설치하여야 한다.
  ㉮ 배출설비는 국소방식으로 하여야 한다. 다만, 다음의 어느 하나에 해당하는 경우에는 전역방식으로 할 수 있다.
    ㉠ 위험물취급설비가 배관이음 등으로만 된 경우
    ㉡ 건축물의 구조ㆍ작업장소의 분포 등의 조건에 의하여 전역방식이 유효한 경우
  ㉯ 배출설비는 배풍기ㆍ배출덕트ㆍ후드 등을 이용하여 강제적으로 배출하는 것으로 하여야 한다.
  ㉰ 배출능력은 1시간당 배출장소 용적의 20배 이상인 것으로 하여야 한다. 다만, 전역방식의 경우에는 바닥면적 $1m^2$당 $18m^3$ 이상으로 할 수 있다.
② 국소방식은 1시간당 배출장소 용적의 20배 이상이므로,
  국소방출방식의 배출량$=100\times50\times10\times20=1,000,000m^3/hr$
  전역방식은 $1m^2$당 $18m^3$ 이상이므로,
  전역방출방식의 배출량$=100\times50\times10\times18=900,000m^3$
③ 배풍기는 강제배기방식으로 하고, 옥내 덕트의 내압이 대기압 이상이 되지 아니하는 위치에 설치하여야 한다.

해답

① 위험물취급설비가 배관이음 등으로만 된 경우, 건축물의 구조ㆍ작업장소의 분포 등의 조건에 의하여 전역방식이 유효한 경우
② ㉠ 국소방출방식 $1,000,000m^3/hr$
  ㉡ 전역방출방식 $900,000m^3$
③ 대기압

19 다음 [보기]는 주유취급소에 설치된 시설물이다. 물음에 알맞게 답하시오.

[보기]
㉠ 고정급유설비에 직접 접속하는 휘발유 전용탱크로서 5만리터
㉡ 고정주유설비에 직접 접속하는 경유 전용탱크로서 5만리터
㉢ 보일러 등에 직접 접속하는 지하저장탱크로서 2만리터
㉣ 보일러 등에 직접 접속하는 옥외저장탱크로서 1,000리터
㉤ 폐유 등의 위험물을 저장하는 지하저장탱크로서 2,000리터
㉥ 폐유 등의 위험물을 저장하는 옥외저장탱크로서 1,000리터
㉦ 전기를 동력원으로 하는 자동차에 직접 전기를 공급하는 전기자동차용 충전설비
㉧ 전기를 원동력으로 하는 자동차 등에 수소를 충전하기 위한 압축수소 충전설비

① 위험물안전관리법상 시설별 설치가 잘못된 것을 찾고, 그 이유를 설명하시오. (단, 없으면 "없음"이라고 적으시오.)
② 주유 또는 그에 부대하는 업무를 위하여 사용되는 건축물 또는 시설 중 주유취급소 직원 외의 자가 출입하는 용도에 제공하는 부분의 면적을 제한할 수 있는 시설을 모두 적으시오.
③ 주유취급소의 소화난이도등급 Ⅰ등급을 결정하는 조건 중 건축물의 면적 외의 다른 조건을 적으시오.
④ 괄호 안에 들어갈 적절한 내용을 순서대로 적으시오.
　자가용 주유취급소는 주유취급소의 위치, 구조 및 설비의 기준에 대하여 (　)와 (　)를 적용받지 아니한다.

해답

① ㉢ 2만리터 → 10,000리터 이하
　㉤과 ㉥은 합계용량이 2,000L 이하이므로, ㉤과 ㉥ 중 1개만 설치 가능
② 주유취급소의 업무를 행하기 위한 사무소, 자동차 등의 점검 및 간이정비를 위한 작업장, 주유취급소에 출입하는 사람을 대상으로 한 점포·휴게음식점 또는 전시장
③ 용도(시설의 용도)
④ 주유공지, 급유공지

제76회
(2024년 8월 18일 시행)

위험물기능장 실기

01 다음은 주유취급소의 구조 및 설비에 대한 설명이다. 괄호 안을 알맞게 채우시오.
① 주유취급소의 고정주유설비 주위에는 주유를 받으려는 자동차 등이 출입할 수 있도록 너비 (㉠) 이상, 길이 (㉡) 이상의 콘크리트 등으로 포장한 공지(주유공지)를 보유하여야 한다.
② 고정급유설비를 설치하는 경우에는 고정급유설비의 (   ) 주위에 필요한 공지(급유공지)를 보유하여야 한다.
③ 공지의 바닥은 주위 지면보다 높게 하고, 그 표면을 적당하게 경사지게 하여 새어나온 기름, 그 밖의 액체가 공지의 외부로 유출되지 아니하도록 (㉠), (㉡) 및 (㉢)를 하여야 한다.

해답

① ㉠ 15m, ㉡ 6m
② 호스기기
③ ㉠ 배수구, ㉡ 집유설비, ㉢ 유분리장치

02 위험물안전관리법상 제3류 위험물로서 비중 0.86, 융점 63.7℃, 비점 774℃인 은백색의 광택이 있는 경금속으로, 녹는점 이상으로 가열하면 보라색 불꽃을 내면서 연소하는 물질에 대해 다음 물음에 답하시오.
① 이 물질의 지정수량을 쓰시오.
② 이 물질의 연소반응식을 쓰시오.
③ 이 물질과 물과의 반응식을 쓰시오.

해설

칼륨(K)의 일반적 성질
㉠ 금속칼륨은 제3류 위험물로서 위험등급 I에 해당하며 지정수량은 10kg이다.
㉡ 녹는점 이상으로 가열하면 보라색 불꽃을 내면서 연소한다.
㉢ 물과 격렬히 반응하여 발열하고 수산화칼륨과 수소가 발생한다.

해답

① 10kg
② $4K + O_2 \rightarrow 2K_2O$
③ $2K + 2H_2O \rightarrow 2KOH + H_2$

03 다음 표는 소화난이도등급 I 의 제조소 등에 설치하여야 할 소화설비를 나타낸 것이다. 괄호 안을 적절하게 채우시오.

제조소 등의 구분			소화설비
옥외 탱크 저장소	지중탱크 또는 해상탱크 외의 것	황만을 저장·취급하는 것	(①)
		인화점 70℃ 이상의 제4류 위험물만을 저장·취급하는 것	(②)
	지중탱크		(③)
	해상탱크		고정식 포소화설비, 물분무 포소화설비, 이동식 이외의 불활성가스 소화설비 또는 이동식 이외의 할로젠화합물 소화설비

해답

① 물분무소화설비
② 물분무소화설비 또는 고정식 포소화설비
③ 고정식 포소화설비, 이동식 이외의 불활성가스 소화설비 또는 이동식 이외의 할로젠화합물 소화설비

04 위험물안전관리법에 따른 포소화설비 중 가압송수장치의 설치기준에 따라, 다음 각 문제에서 설명하는 낙차, 압력, 전양정을 구하는 식을 주어진 [보기]의 기호를 이용하여 쓰시오.
① 고가수조를 이용한 가압송수장치의 필요 낙차(H)
② 압력수조를 이용한 가압송수장치의 필요 압력(P)
③ 펌프를 이용한 가압송수장치의 펌프 전양정(H)

[보기]
㉠ 배관의 마찰손실수두(m)
㉡ 배관의 마찰손실수두압(MPa)
㉢ 배관의 설계수두(m)
㉣ 고정식 포방출구의 설계압력 또는 이동식 포소화설비의 노즐 방사압력(MPa)
㉤ 고정식 포방출구의 설계압력 환산수두 또는 이동식 포소화설비의 노즐 방사압력 환산수두(m)
㉥ 고정식 포방출구의 설계압력 환산수두 또는 이동식 포소화설비의 노즐 선단 방사압력 환산수두(m)
㉦ 이동식 포소화설비의 소방용 호스 마찰손실수두압(MPa)
㉧ 이동식 포소화설비의 소방용 호스 마찰손실수두(m)
㉨ 낙차의 환산수두압(MPa)
㉩ 낙차(m)
㉪ 대기압(MPa)

해설

포소화설비의 가압송수장치 설치기준

① 고가수조를 이용하는 가압송수장치

$H = h_1 + h_2 + h_3$

여기서, H : 필요 낙차(m)

h_1 : 고정식 포방출구의 설계압력 환산수두 또는 이동식 포소화설비의 노즐 방사압
력 환산수두(m)

h_2 : 배관의 마찰손실수두(m)

h_3 : 이동식 포소화설비의 소방용 호스 마찰손실수두(m)

② 압력수조를 이용하는 가압송수장치

$P = p_1 + p_2 + p_3 + p_4$

여기서, P : 필요 압력(MPa)

p_1 : 고정식 포방출구의 설계압력 또는 이동식 포소화설비의 노즐 방사압력(MPa)

p_2 : 배관의 마찰손실수두압(MPa)

p_3 : 낙차의 환산수두압(MPa)

p_4 : 이동식 포소화설비의 소방용 호스 마찰손실수두압(MPa)

③ 펌프를 이용하는 가압송수장치

$H = h_1 + h_2 + h_3 + h_4$

여기서, H : 펌프의 전양정(m)

h_1 : 고정식 포방출구의 설계압력 환산수두 또는 이동식 포소화설비의 노즐 선단 방
사압력 환산수두(m)

h_2 : 배관의 마찰손실수두(m)

h_3 : 낙차(m)

h_4 : 이동식 포소화설비의 소방용 호스 마찰손실수두(m)

해답

① $H = ⑩ + ⑦ + ⑧$

② $P = ④ + ⑥ + ⑨ + ⑦$

③ $H = ⑧ + ⑦ + ⑩ + ⑧$

05 제1종 분말소화약제의 주성분인 탄산수소나트륨의 분해반응식을 쓰고, 8.4g의 탄산수소나
트륨이 반응하여 생성되는 이산화탄소의 부피(L)를 구하시오.

해설

탄산수소나트륨은 약 60℃ 부근에서 분해되기 시작하여 270℃에서 다음과 같이 열분해된다.

$2NaHCO_3 \rightarrow Na_2CO_3 + H_2O + CO_2$ (at 270℃)

(중탄산나트륨)　　(탄산나트륨)　(수증기)　(탄산가스)

$$\frac{8.4g-NaHCO_3}{} \left| \frac{1mol-NaHCO_3}{84g-NaHCO_3} \right| \frac{1mol-CO_2}{2mol-NaHCO_3} \left| \frac{22.4L-CO_2}{1mol-CO_2} \right. = 1.12L$$

해답

1.12L

06 휘발유를 취급하는 설비에서 고정식 벽의 면적이 50m²이고, 전체 둘레 면적이 200m²일 때 용적식 국소방출방식의 할론 1301 소화약제의 양(kg)을 구하시오. (단, 방호공간의 체적은 600m³이다.)

해설

국소방출방식의 할로젠화물 소화설비는 다음에 의하여 산출된 양에 저장 또는 취급하는 위험물에 따라 「위험물안전관리법」에 정한 소화약제에 따른 계수(휘발유는 1.0)를 곱하고, 다시 할론 2402 또는 할론 1211에 있어서는 1.1, 할론 1301에 있어서는 1.25를 각각 곱한 양 이상으로 한다.

다음 식에 의하여 구한 양에 방호공간의 체적을 곱한 양

$$Q = X - Y\frac{a}{A}$$

여기서, Q : 단위체적당 소화약제의 양(kg/m^3)

a : 방호대상물 주위에 실제로 설치된 고정벽 면적의 합계(m^2)

A : 방호공간 전체 둘레의 면적(m^2)

X 및 Y : 다음 표에 정한 소화약제의 종류에 따른 수치

소화약제의 종별	X의 수치	Y의 수치
할론 2402	5.2	3.9
할론 1211	4.4	3.3
할론 1301	4.0	3.0

따라서, $Q = 4.0 - 3.0 \times \dfrac{50}{200} = 3.25$

소화약제의 양은 방호공간의 체적×휘발유 계수×할론 1301 계수×단위체적당 소화약제의 양이므로

$600m^3 \times 1 \times 1.25 \times 3.25 = 2437.5kg$

해답

2437.5kg

07 액체상태의 물 1m³가 표준대기압 100℃에서 기체상태로 될 때 수증기의 부피가 약 1,700배로 증가하는 것을 이상기체방정식으로 증명하시오. (단, 물의 비중은 1,000kg/m³이다.)

해답

$$\frac{1m^3-H_2O}{}\left|\frac{1,000kg-H_2O}{1m^3-H_2O}\right|\frac{1,000g-H_2O}{1kg-H_2O}\left|\frac{1mol-H_2O}{18g-H_2O}\right. \fallingdotseq 55555.6mol-H_2O$$

$$V = \frac{nRT}{P}$$

$$= \frac{55555.6mol \cdot (0.08205L \cdot atm/K \cdot mol) \cdot (100+273.15)K}{1atm}$$

$$= 1,700,943L \fallingdotseq 1700.943m^3$$

따라서, 액체상태의 물 1m³가 100℃ 수증기로 증발할 때 부피는 약 1,700배가 된다.

08 위험물안전관리법에 따라, 다음에 주어진 위험물의 운반용기 외부에 표시해야 하는 주의사항을 적으시오.
① 질산
② 사이안화수소
③ 브로민산칼륨
④ 과산화나트륨
⑤ 아연

해설

수납하는 위험물에 따른 주의사항

유별	구분	주의사항
제1류 위험물 (산화성 고체)	알칼리금속의 무기과산화물	"화기·충격주의" "물기엄금" "가연물접촉주의"
	그 밖의 것	"화기·충격주의" "가연물접촉주의"
제2류 위험물 (가연성 고체)	철분·금속분·마그네슘	"화기주의" "물기엄금"
	인화성 고체	"화기엄금"
	그 밖의 것	"화기주의"
제3류 위험물 (자연발화성 및 금수성 물질)	자연발화성 물질	"화기엄금" "공기접촉엄금"
	금수성 물질	"물기엄금"
제4류 위험물 (인화성 액체)	–	"화기엄금"
제5류 위험물 (자기반응성 물질)	–	"화기엄금" 및 "충격주의"
제6류 위험물 (산화성 액체)	–	"가연물접촉주의"

해답

① 가연물접촉주의
② 화기엄금
③ 화기주의, 충격주의, 가연물접촉주의
④ 화기주의, 충격주의, 물기엄금, 가연물접촉주의
⑤ 화기주의, 물기엄금

09 다음은 위험물안전관리법상 금속분에 대한 설명이다. 물음에 답하시오.

> • "금속분"이라 함은 알칼리금속·알칼리토류금속·(㉠) 및 (㉡) 외의 금속 분말을 말하고, 구리분·니켈분 및 150마이크로미터의 체를 통과하는 것이 50중량퍼센트 미만인 것은 제외한다.
> • "(㉠)분"이라 함은 (㉠)의 분말로서 53마이크로미터의 표준체를 통과하는 것이 50중량퍼센트 미만인 것은 제외한다.
> • (㉢)은 순도가 60중량퍼센트 이상인 것을 말한다. 이 경우 순도 측정에 있어서 불순물은 활석 등 불연성 물질과 수분에 한한다.

① ㉠에 해당하는 물질의 운반용기 외부에 표시해야 하는 주의사항을 모두 적으시오.
② ㉡에 해당하는 물질의 화재에 이산화탄소 소화기를 사용하면 안 되는 이유를 설명하시오.
③ ㉡에 해당하는 물질을 저장하는 경우 해당 옥내저장소의 바닥은 어떤 구조로 하여야 하는지 적으시오.
④ ㉢ 물질의 완전연소반응식을 적으시오.
⑤ ㉠, ㉡, ㉢ 중 지정수량이 가장 작은 물질을 고르시오. (단, 복수일 경우 모두 적으시오.)

해설

• "금속분"이라 함은 알칼리금속·알칼리토류금속·철 및 마그네슘 외의 금속의 분말을 말하고, 구리분·니켈분 및 150마이크로미터의 체를 통과하는 것이 50중량퍼센트 미만인 것은 제외한다.
• "철분"이라 함은 철의 분말로서 53마이크로미터의 표준체를 통과하는 것이 50중량퍼센트 미만인 것은 제외한다.
• 황은 순도가 60중량퍼센트 이상인 것을 말한다. 이 경우 순도 측정에 있어서 불순물은 활석 등 불연성 물질과 수분에 한한다.

① 제2류 위험물(가연성 고체)의 주의사항

구분	주의사항
철분·금속분·마그네슘	"화기주의" "물기엄금"
인화성 고체	"화기엄금"
그 밖의 것	"화기주의"

② 제2류 위험물인 마그네슘의 경우 CO_2 등 질식성 가스와 접촉 시에는 가연성 물질인 C와 유독성인 CO 가스를 발생한다.
$2Mg + CO_2 \rightarrow 2MgO + C$
$Mg + CO_2 \rightarrow MgO + CO$

③ 제2류 위험물 중 철분·금속분·마그네슘 또는 이중 어느 하나 이상을 함유하는 것을 옥내저장소에 저장하는 경우 바닥은 물이 스며나오거나 스며들지 아니하는 구조로 해야 한다.

④ 황은 공기 중에서 연소하면 푸른 빛을 내며 아황산가스를 발생하며 아황산가스는 독성이 있다.

⑤ 제2류 위험물의 종류와 지정수량

위험등급	품명	대표품목	지정수량
Ⅱ	1. 황화인 2. 적린(P) 3. 황(S)	P_4S_3, P_2S_5, P_4S_7	100kg
Ⅲ	4. 철분(Fe) 5. 금속분 6. 마그네슘(Mg)	Al, Zn	500kg
	7. 인화성 고체	고형 알코올	1,000kg

해답

① 화기주의, 물기엄금
② 마그네슘이 CO_2 등 질식성 가스와 접촉 시 가연성 물질인 C와 유독성의 CO 가스를 발생하므로
③ 물이 스며나오거나 스며들지 아니하는 구조
④ $S + O_2 \rightarrow SO_2$
⑤ ⓒ

---

10 방향족 탄화수소를 의미하는 BTX는 무엇의 약자인지 각 물질의 명칭과 화학식을 쓰시오.

해답

① B : 벤젠(Benzene), C_6H_6
② T : 톨루엔(Toluene), $C_6H_5CH_3$
③ X : 자일렌(Xylene), $C_6H_4(CH_3)_2$

---

11 위험물안전관리법령에서 정하는 위험물제조소 등의 설치 및 변경 허가 시 한국소방산업기술원에 기술검토를 받아야 하는 제조소 등을 모두 적으시오.

해답

① 지정수량의 1천배 이상의 위험물을 취급하는 제조소 또는 일반취급소
② 옥외탱크저장소(저장용량이 50만리터 이상인 것만 해당)
③ 암반탱크저장소

---

12 아세트알데하이드를 은거울반응하면 발생하는 물질로서 융점이 16.6℃인 물질에 대해 다음 물음에 답하시오.
① 화학식
② 연소반응식
③ 지정수량

해설

㉠ 아세트알데하이드의 산화 시 초산이 생성된다.
　$2CH_3CHO + O_2 \rightarrow 2CH_3COOH$(산화작용)
㉡ 초산은 제2석유류로서 인화점은 40℃이며, 연소 시 파란 불꽃을 내면서 탄다.
　$CH_3COOH + 2O_2 \rightarrow 2CO_2 + 2H_2O$

해답

① CH_3COOH
② $CH_3COOH + 2O_2 \rightarrow 2CO_2 + 2H_2O$
③ 2,000L

13 다음 [보기]에 주어진 위험물이 물과 접촉하는 경우 생성되는 가연성 가스가 서로 동일한 물질에 대하여, 해당 물질과 물과의 반응식을 각각 적으시오.

[보기] 리튬, 나트륨, 트라이에틸알루미늄, 수소화리튬, 메틸리튬, 인화칼슘

해설

보기에 주어진 물질과 물과의 반응식은 각각 다음과 같다.

㉠ 리튬 : $2Li + 2H_2O \rightarrow 2LiOH + H_2$
㉡ 나트륨 : $2Na + 2H_2O \rightarrow 2NaOH + H_2$
㉢ 트라이에틸알루미늄 : $(C_2H_5)3Al + 3H_2O \rightarrow Al(OH)_3 + 3C_2H_6$
㉣ 수소화리튬 : $LiH + H_2O \rightarrow LiOH + H_2$
㉤ 메틸리튬 : $CH_3OH + H_2O \rightarrow LiOH + CH_4$
㉥ 인화칼슘 : $Ca3P_2 + 6H_2O \rightarrow 3Ca(OH)_2 + 2PH_3$

해답

① $2Li + 2H_2O \rightarrow 2LiOH + H_2$
② $2Na + 2H_2O \rightarrow 2NaOH + H_2$
③ $LiH + H_2O \rightarrow LiOH + H_2$

14 다음은 위험물안전관리법상 이송취급소의 배관을 지상에 설치하는 경우의 설치기준에 대한 내용이다. 빈칸을 알맞게 채우시오.

안전거리 확보 대상물	안전거리
철도 또는 도로의 경계선	(①)m 이상
고압가스, 액화석유가스, 도시가스 시설	(②)m 이상
학교, 종합병원, 병원, 치과병원, 한방병원, 요양병원, 공연장, 영화상영관, 복지시설	(③)m 이상
수도시설 중 위험물이 유입될 가능성이 있는 것	(④)m 이상
유형문화재, 지정문화재 시설	(⑤)m 이상

해설

지상 설치에 대한 배관 설치 안전거리기준
㉠ 철도(화물 수송용으로만 쓰이는 것을 제외한다) 또는 도로의 경계선으로부터 25m 이상
㉡ 학교, 종합병원, 병원, 치과병원, 한방병원, 요양병원, 공연장, 영화상영관, 복지시설로부터 45m 이상
㉢ 유형문화재, 지정문화재 시설로부터 65m 이상
㉣ 고압가스, 액화석유가스, 도시가스 시설로부터 35m 이상
㉤ 공공공지 또는 도시공원으로부터 45m 이상
㉥ 판매시설 · 숙박시설 · 위락시설 등 불특정다중을 수용하는 시설 중 연면적 $1,000m^2$ 이상인 것으로부터 45m 이상
㉦ 1일 평균 20,000명 이상 이용하는 기차역 또는 버스터미널로부터 45m 이상
㉧ 수도시설 중 위험물이 유입될 가능성이 있는 것으로부터 300m 이상
㉨ 주택 또는 ㉠ 내지 ㉧과 유사한 시설 중 다수의 사람이 출입하거나 근무하는 것으로부터 25m 이상

해답

① 25, ② 35, ③ 45, ④ 300, ⑤ 65

15 다음 할론 소화약제에 대한 화학식을 각각 쓰시오.
① 할론 1301
② 할론 2402
③ 할론 1211
④ 할론 1011
⑤ 할론 1001

해설

할론 소화약제 명명법
할론 X A B C
    → Br 원자의 개수
   → Cl 원자의 개수
  → F 원자의 개수
 → C 원자의 개수

해답

① CF_3Br, ② $C_2F_4Br_2$, ③ CF_2ClBr, ④ $CClBrH_2$, ⑤ $CBrH_3$

16 다음은 위험물안전관리법령에 따른 위험물의 저장 및 취급에 관한 기준이다. 물음에 알맞은 답을 쓰시오.
① 안전관리자법령에서 정한 이동탱크저장소의 취급기준에 따르면 휘발유, 벤젠, 그 밖에 정전기에 의한 재해 발생 우려가 있는 액체의 위험물을 이동저장탱크 상부로 주입하는 때에는 주입관을 사용하되, 어떠한 조치를 하여야 하는지 쓰시오. (단, 컨테이너식 이동탱크저장소는 제외한다.)
② 휘발유를 저장하던 이동탱크저장소에 등유나 경유를 주입할 때 또는 등유나 경유를 저장하던 이동저장탱크에 휘발유를 주입할 때에는 다음의 기준에 따라 정전기 등에 의한 재해를 방지하기 위한 조치를 하여야 한다. 다음 상황에 따른 조치에 대해 설명하시오.
 ㉠ 이동저장탱크 상부로부터 위험물을 주입할 경우
 ㉡ 이동저장탱크의 밑부분으로부터 위험물을 주입할 경우
 ㉢ 그 밖의 방법으로 위험물을 주입하는 경우

해답

① 주입관의 끝부분을 이동저장탱크의 밑바닥에 밀착할 것
② ㉠ 위험물의 액표면이 주입관의 끝부분을 넘는 높이가 될 때까지 그 주입관내의 유속을 초당 1m 이하로 할 것
 ㉡ 위험물의 액표면이 주입관의 정사부분을 넘는 높이가 될 때까지 그 주입배관 내의 유속을 초당 1m 이하로 할 것
 ㉢ 이동저장탱크에 가연성 증기가 잔류하지 아니하도록 조치하고 안전한 상태로 있음을 확인한 후에 할 것

17 다음 [보기]와 같은 위험물제조소에 대한 건축물의 총소요단위를 구하시오.

> [보기] • 제조소 건축물의 구조 : 내화구조이며, 1층과 2층을 모두 제조소로 사용하고, 각 층의 바닥면적이 1,000m²
> • 저장소 건축물의 구조 : 내화구조이며, 옥외에 설치높이 8m, 공작물의 최대 투영면적 200m²
> • 저장 또는 취급하는 위험물 : 다이에틸에터 3,000L, 경유 50,000L

[해설]

소요단위(소화설비의 설치대상이 되는 건축물의 규모 또는 위험물 양에 대한 기준단위)		
1단위	제조소 또는 취급소용 건축물의 경우	내화구조 외벽을 갖춘 연면적 100m²
		내화구조 외벽이 아닌 연면적 50m²
	저장소 건축물의 경우	내화구조 외벽을 갖춘 연면적 150m²
		내화구조 외벽이 아닌 연면적 75m²
	위험물의 경우	지정수량의 10배

총소요단위＝제조소＋저장소＋위험물

$$= \frac{1,000\text{m}^2 \times 2\text{개층}}{100\text{m}^2} + \frac{200\text{m}^2}{150\text{m}^2} + \frac{3,000\text{L}}{50\text{L} \times 10} + \frac{5,000\text{L}}{1,000\text{L} \times 10}$$

$$= 20 + 1.33 + 6 + 5 = 32.33$$

[해답]

32.33

18 위험물안전관리법에 따른 옥내저장소에 관한 기준이다. 다음 물음에 알맞은 답을 쓰시오.
① 단층 구조의 일반 옥내저장소 외의 다른 용도의 옥내저장소의 종류 2가지를 쓰시오.
② 옥내저장소에서 기술기준 완화를 받는 특례기준에 적용받는 옥내저장소의 종류 4가지를 쓰시오.
③ 옥내저장소에 저장 및 취급할 경우 성질에 따라 강화되는 위험물의 품명 2가지를 쓰시오.
④ 격벽으로 완전히 구획된 옥내저장소에 특수인화물과 경유를 다음과 같이 보관 중이다. 물음에 알맞은 답을 쓰시오.

A	B
특수인화물＋경유	경유

㉠ A저장소에 해당 위험물을 저장할 경우 최대허용면적(m²)을 쓰시오.
㉡ A저장소가 최대허용면적일 경우 B저장소의 면적(m²)을 쓰시오.

해설

하나의 저장창고의 바닥면적

위험물을 저장하는 창고	바닥면적
가. ㉠ 제1류 위험물 중 아염소산염류, 염소산염류, 과염소산염류, 무기과산화물, 그 밖에 지정수량이 50kg인 위험물 ㉡ 제3류 위험물 중 칼륨, 나트륨, 알킬알루미늄, 알킬리튬, 그 밖에 지정수량이 10kg인 위험물 및 황린 ㉢ 제4류 위험물 중 특수 인화물, 제1석유류 및 알코올류 ㉣ 제5류 위험물 중 유기과산화물, 질산에스터류, 그 밖에 지정수량이 10kg인 위험물 ㉤ 제6류 위험물	1,000m² 이하
나. ㉠~㉤ 외의 위험물을 저장하는 창고	2,000m² 이하
다. 내화구조의 격벽으로 완전히 구획된 실에 각각 저장하는 창고 (가목의 위험물을 저장하는 실의 면적은 500m²를 초과할 수 없다.)	1,500m² 이하

해답

① 다층 건물의 옥내저장소, 복합용도 건축물의 옥내저장소
② 소규모 옥내저장소, 고인화점 위험물의 단층 건물 옥내저장소, 고인화점 위험물의 소규모 옥내저장소
③ 유기과산화물, 알킬알루미늄, 하이드록실아민
④ ㉠ 500, ㉡ 1,000

위험물기능장 실기

2021. 6. 28. 초 판 1쇄 발행
2022. 1. 5. 개정 1판 1쇄 발행
2023. 1. 11. 개정 2판 1쇄 발행
2023. 2. 15. 개정 2판 2쇄 발행
2024. 1. 3. 개정 3판 1쇄 발행
2025. 1. 8. 개정 4판 1쇄 발행
2025. 2. 12. 개정 4판 2쇄 발행

지은이 | 현성호
펴낸이 | 이종춘
펴낸곳 | BM (주)도서출판 성안당

주소 | 04032 서울시 마포구 양화로 127 첨단빌딩 3층(출판기획 R&D 센터)
10881 경기도 파주시 문발로 112 파주 출판 문화도시(제작 및 물류)
전화 | 02) 3142-0036
031) 950-6300
팩스 | 031) 955-0510
등록 | 1973. 2. 1. 제406-2005-000046호
출판사 홈페이지 | www.cyber.co.kr
ISBN | 978-89-315-8436-3 (13570)
정가 | 35,000원

이 책을 만든 사람들
책임 | 최옥현
진행 | 이용화, 곽민선
교정 | 곽민선
전산편집 | 이다혜, 오정은
표지 디자인 | 박현정
홍보 | 김계향, 임진성, 김주승, 최정민
국제부 | 이선민, 조혜란
마케팅 | 구본철, 차정욱, 오영일, 나진호, 강호묵
마케팅 지원 | 장상범
제작 | 김유석

www.cyber.co.kr
성안당 Web 사이트